CATIA V5 基础教程

丁仁亮 编

机 械 工 业 出 版 社

本书是根据编者多年进行 CATIA V5 软件培训的讲义编写而成，书中详细介绍了运用 CATIA V5 进行工程设计的方法，着重讲解了 CATIA V5 的基础知识、草图设计、零件设计、线架与曲面设计、装配设计和工程图设计等知识和操作技巧。

本书适合作为 CATIA V5 用户培训、高等学校和职业技术学校的教材，也是一本很好的自学参考书，对 CATIA V5 高级用户同样具有极大的参考价值。本书附有自学和授课用的课件幻灯片及习题光盘。

图书在版编目（CIP）数据

CATIA V5 基础教程/丁仁亮编．—北京：机械工业出版社，2006.10（2013.1 重印）
ISBN 978-7-111-20176-2

Ⅰ.C…　Ⅱ.丁…　Ⅲ.工程设计：计算机辅助设计—应用软件，CATIA V5　Ⅳ.TB21

中国版本图书馆 CIP 数据核字（2006）第 124583 号

机械工业出版社（北京市百万庄大街 22 号　邮政编码 100037）
策划编辑：王海峰　孔文梅　责任编辑：李欣欣　版式设计：霍永明
责任校对：刘志文　　　　　责任印制：乔　宇
北京汇林印务有限公司印刷
2013 年 1 月第 1 版第 3 次印刷
184mm × 260mm · 21.5 印张 · 504 千字
7 001—8 500 册
标准书号：ISBN 978-7-111-20176-2
　　　　　ISBN 7-89482-004-0（光盘）
定价：45.00 元（含1CD）

凡购本书，如有缺页、倒页、脱页、由本社发行部调换

电话服务
社服务中心：（010）88361066
销 售 一 部：（010）68326294
销 售 二 部：（010）88379649
读者购书热线：（010）88379203

网络服务
门户网：http://www.cmpbook.com
教材网：http://www.cmpedu.com
封面无防伪标均为盗版

前　言

CATIA 是一种广泛应用于航空航天、汽车、造船和其他工业的设计、制造和工程分析的一体化软件，是目前居领导地位的 CAD/CAM/CAE（计算机辅助设计/计算机辅助制造/计算机辅助工程）软件，其强大的零件设计和曲面造型功能，可以完成复杂的产品外形和零件的设计及制造工作，为现代计算机辅助设计、制造和分析提供了一个良好的工作平台。

本书是根据编者在沈阳飞机工业集团公司多年从事培训工作的讲义编写而成，以工程实际应用为出发点，着重介绍如何运用 CATIA V5 来解决工程中的实际问题。本书根据 CATIA V5 的初学者的学习特点，由浅入深地介绍 CATIA V5 软件在机械制造行业中的应用，同时也介绍了使用该软件的操作方法及其规律和技巧。读者通过本课程的学习，可以掌握 CATIA V5 软件的基本操作方法和运用该软件进行工程设计的技能，同时读者也能从中掌握运用 CAD/CAM 软件从事工程设计、制造和装配的基本技能和技巧，同时为掌握现代设计和制造方法打下良好的基础。

本书共分为 6 章，各章的主要内容分别介绍如下：

第 1 章　CATIA V5 概述　介绍 CATIA V5 软件的主要功能、用户界面、基本操作方法和技巧等知识。

第 2 章　草图设计　介绍草图设计工作台、建立和编辑草图轮廓、约束草图的概念和方法等。

第 3 章　零件设计　介绍零件设计工作台的功能、各种特征的建立和编辑修改方法、实体间的布尔操作等。

第 4 章　线架与曲面设计　介绍线架与曲面设计工作台的功能、建立和编辑修改各种曲面方法及如何用曲面生成实体特征。

第 5 章　装配设计基础　介绍产品的概念、部件的移动、建立装配约束、装配分析等。

第 6 章　工程图设计　介绍用三维模型生成工程图的方法、交互绘制工程图的方法、尺寸的自动生成和手动标注、工程图中的注释和公差、标准的制定等。

本书所附的光盘中收录了编者的授课幻灯片课件和部分习题，可以用作培训或自学。

考虑当前 CATIA 软件应用的情况，本书的介绍内容以 V5 R14 版本为主。

由于编者的水平有限，殷切希望广大读者在使用过程中对本书的错误和欠妥之处提出批评和建议。

编　者

2006 年 3 月

目　　录

第1章 CATIA V5概述

1.1 CATIA 软件简介

CATIA 软件的全称是 Computer Aided Tri-Dimensional Interface Application，它是法国 Dassault System（达索系统）公司开发的 CAD/CAE/CAM 一体化软件。CATIA 诞生于 20 世纪 70 年代，从 1982 年到 1988 年，CATIA 相继发布了 V1 版本、V2 版本、V3 版本，并于 1993 年发布了功能强大的 V4 版本。

为了扩大软件的用户群并使软件能够易学易用，Dassault System（达索系统）公司于 1994 年开始重新开发全新的 CATIA V5 版本，新的 V5 版本界面更加友好，功能也日趋强大，并且开创了 CAD/CAE/CAM 软件的一种全新风貌。围绕数字化产品和电子商务集成概念进行系统结构设计的 CATIA V5 版本，可为数字化企业建立一个针对产品整个开发过程的工作环境。在这个环境中，可以对产品开发过程的各个方面进行仿真，并能够实现工程人员和非工程人员之间的电子通信。产品整个开发过程包括概念设计、详细设计、工程分析、成品定义和制造乃至成品在整个生命周期中（PLM）的使用和维护。

CATIA V5 版本具有以下应用特点：

1. 重新构造的新一代体系结构

为确保 CATIA 产品系列的持续发展，CATIA V5 新的体系结构突破传统的设计技术，采用了新一代的技术和标准，可快速地适应企业的业务发展需求，使客户的产品数据和制造具有更大的竞争优势。

2. 支持不同应用层次的可扩充性

CATIA V5 对于开发过程、功能和硬件平台可以进行灵活的搭配组合，可为产品开发链中的每个专业成员配置最合理的解决方案，允许任意配置的解决方案可满足从最小的供货商到最大的跨国公司的需要。

3. 与 NT 和 UNIX 硬件平台的独立性

CATIA V5 是在 Windows NT 平台和 UNIX 平台上开发完成的，并在所有支持的硬件平台上具有统一的数据、功能、版本发放日期、操作环境和应用支持。CATIA V5 在 Windows平台的应用可使设计师更加简便地同办公应用系统共享数据；而 UNIX 平台上 NT 风格的用户界面，可使用户在 UNIX 平台上高效地处理复杂的工作。

4. 专用知识的捕捉和重复使用

CATIA V5 结合了显式知识规则的优点，可在设计过程中交互式捕捉设计意图，定义产品的性能和变化。隐式的经验知识变成显式的专用知识，提高了设计的自动化程度，降低了设计错误的风险。

5. 为现有客户平稳升级

CATIA V4 版本和 V5 版本具有兼容性，两个版本可并行使用。对于现有的 CATIA V4

用户，V5 可引领他们走向全新的 Windows 应用平台。对于新的 CATIA V5 客户，可充分利用 CATIA V4 的成熟应用产品，组成一个完整的产品开发环境。

CATIA V5 可应用于不同的行业，并能适应这些行业的应用特点。CATIA V5 在以下行业中得到了越来越广泛的应用。

1. 航空航天

CATIA 源于航空航天工业，以其精确、安全和高可靠性满足航空航天领域各种应用的需要，是业界无可争辩的领袖。在航空航天业的多个项目中，CATIA 被应用于开发虚拟的原型机，其中包括 Boeing（波音）飞机公司（美国）的 Boeing 777 和 Boeing 737，Dassault（达索）飞机公司（法国）的 Rafale（阵风）战斗机、Bombardier（庞巴迪）飞机公司（加拿大）的 Global Express 公务机，以及 Lockheed Martin（洛克西德马丁）飞机公司（美国）的 Darkstar 无人驾驶侦察机。Boeing（波音）飞机公司在 Boeing777 项目中，应用 CATIA 设计了除发动机以外的 100% 的机械零件，并将包括发动机在内的所有零件进行了预装配。Boeing 777 也是迄今为止，惟一进行 100% 数字化设计和装配的大型喷气式客机，参与 Boeing 777 项目的工程师、工装设计师、技师以及项目管理人员超过 1 700 人，分布于美国、日本、英国等不同地区。他们通过 1 400 套 CATIA 工作站联系在一起，进行并行工作。设计人员对 Boeing 777 的全部零件进行了三维实体造型，并在计算机上对整个飞机进行了全尺寸的预装配。这种预装配使工程师不必再制造一个物理样机，工程师在预装配的数字化模型上即可检查和修改设计中的干涉和不协调。Boeing（波音）飞机公司宣布在 Boeing 777 项目中，与传统设计和装配流程相比较，由于应用 CATIA 软件节省了 50% 的重复工作和错误修改时间。CATIA 的后参数化处理功能在 Boeing 777 的设计中也显示出了其优越性和强大功能。为迎合特殊用户的需求，利用 CATIA 的参数化设计，Boeing（波音）公司不必重新设计和建立物理样机，只需进行参数更改，就可以得到满足用户需要的数字化样机，用户可以在计算机上进行预览。

2. 汽车工业

CATIA 是汽车工业的事实标准，是欧洲、北美洲和亚洲顶尖汽车制造商所用的核心系统。CATIA 在自由风格造型、车身和引擎设计等方面具有独到的长处，为各种车辆的设计和制造提供了全面的解决方案，解决方案涉及产品、加工和人三个关键因素。CATIA 的可伸缩性和并行工作能力可显著缩短产品上市时间，提高产品的竞争力。

一级方程式赛车、跑车、轿车、卡车、商用车、有轨电车、地铁列车、高速列车等各种车辆在 CATIA 上都可以作为数字化产品，在数字化工厂内，通过数字化流程，进行数字化工程实施。CATIA 在汽车工业领域内的技术是无人可及的，并且被各国的汽车零部件供应商所认可。

3. 造船工业

CATIA 软件为造船工业提供了优秀的解决方案，包括专门的船体产品和船载设备、机械解决方案。船体设计解决方案已被应用于众多船舶制造企业，涉及所有类型船舶的零件设计、制造、装配。船体的结构设计与定义是基于三维参数化模型的。参数化管理零件之间的相关性，相关零件的更改，可以影响船体的外型。船体设计解决方案与其他 CATIA 产品是完全集成的。传统的 CATIA 实体和曲面造型功能用于基本设计和船体光顺。

应用 GSM（创成式外型设计）作为参数化引擎，可以进行船舰的概念设计和与其他船舶结构设计解决方案进行数据交换。

4. 厂房设计

在丰富经验的基础上，IBM 公司和 Dassault Systems（达索系统）公司为造船业、发电厂、加工厂和工程建筑公司开发了新一代的解决方案，包括管道、装备、结构和自动化文档。CCPlant 是这些行业中的第一个面向对象的知识工程技术的系统。

CCPlant 已被成功应用于 Chrysler（克莱斯勒）公司及其扩展企业。使用 CCPlant 和 Deneb 仿真对正在建设中的 Toledo 吉普工厂设计进行了修改，费用的节省已经很明显地体现出来，并且对企业将来的运作有着深远的影响。

5. 加工和装配

一个产品仅有设计是不够的，还必须制造出来，CATIA 可以为各种零件作 2D/3D 关联、分析和数控加工。CATIA 特征驱动的混合建模方案支持高速生成和组装各种精密产品，如机床、医疗器械、胶印机、钟表及工厂设备等均能作到一次成功。

在机床工业中，用户要求产品能够迅速地进行精确制造和装配，CATIA 产品的强大功能使其应用于产品设计与制造的广泛领域。从大的产品制造商到众多小型企业，都可以从中获得较大的收益。

6. 消费品

全球有多种规模的消费品公司信赖 CATIA，其中部分原因是由于 CATIA 设计的产品风格新颖，而且该软件具有建模工具和高质量的渲染工具。CATIA 已用于设计和制造餐具、计算机、厨房设备、电视和收音机以及各种日用设备。

另外，为了验证一种新的概念在美观和风格选择上达到一致，CATIA 可以用数字化定义的产品模型，生成具有真实效果的渲染照片。在真实产品投产之前，即可进行产品的订购。

1.2　CATIA V5 基本功能简介

CATIA V5 的 PC 版是标准的 Windows 应用程序，可以在 Wingdows 2000、Windows XP 和 Wingdows 2003 操作系统上运行。CATIA V5 自 1994 年发布以来，进行了大量的改进，目前最新的是 V5R17 版本（考虑用户使用的版本不同，本书介绍的功能以 V5R14 版本为例）。CATIA V5 在发售时有三种产品 P1、P2 和 P3，为不同层次的用户提供不同的解决方案。CATIA V5 P1 平台是一个低价位的 3D PLM 解决方案，并具有能随企业未来的业务增长进行扩充的能力。CATIA V5 P1 解决方案中的产品关联设计工程、产品知识重用、端到端的关联性、产品的验证以及协同设计变更管理等功能，特别适合中小型企业使用。CATIA V5 P2 平台通过知识集成、流程加速器以及客户化工具，可实现设计到制造的自动化，并进一步对 PLM 流程优化。CATIA V5 P2 解决方案具有创成式产品工程设计能力。“针对目标设计（design-to-target）”的优化技术，可让用户轻松地捕捉并重用知识，同时也激发更多的协同创新。CATIA V5 P3 平台使用专用性解决方案，最大程度地提高特殊的复杂流程的效率。这些独有的和高度专业化的应用将产品和流程的专业知识集成起来，支持专家系统和产品创新。下面以 P2 产品为例，介绍 CATIA V5 的基本功能。

CATIA V5 共有 11 个功能模块，这些功能几乎涵盖现代工业领域的全部应用，这些模块包括如下内容：

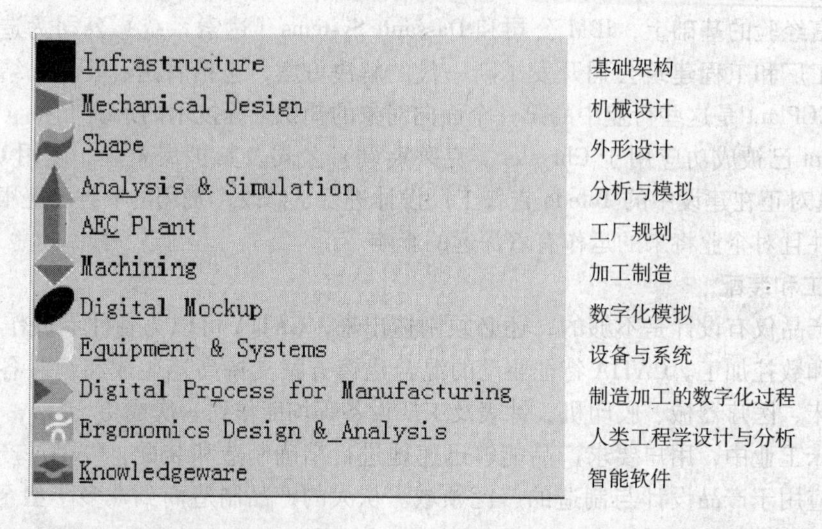

1.3 CATIA V5 用户界面

CATIA V5 的工作界面是标准 Windows 应用程序窗口，其窗口结构与其他应用程序窗口类似，窗口的四周是工具栏，上部有下拉菜单，中间部分是工作区域，工作区主要由以下三个部分组成（见图 1-1）。

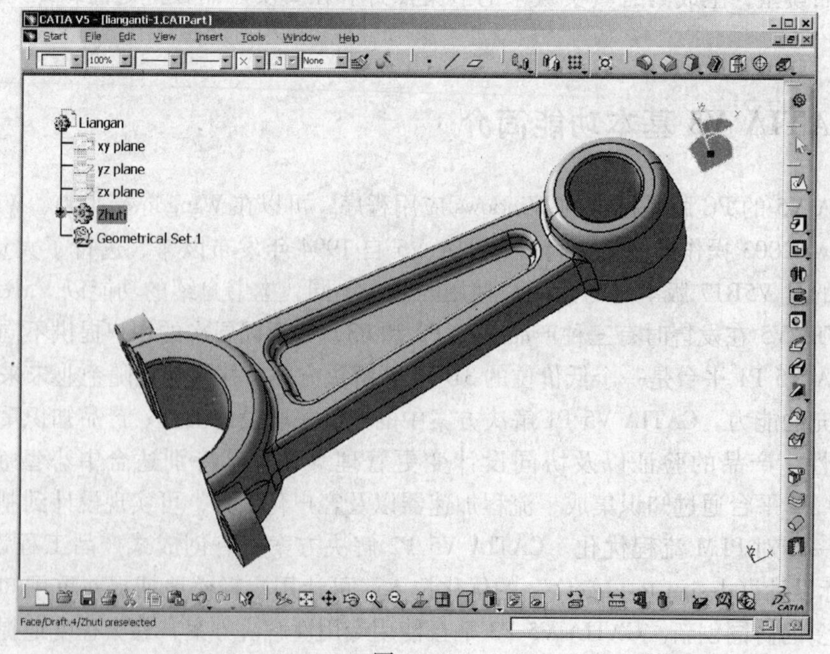

图 1-1

（1）树状特征图（Specifications） 用来记录用户建立的特征和元素。

（2）几何体显示区（Geometry） 用来显示用户构建的几何体。

（3）指南针（Compass） 用来指示方位、操作视图或移动、旋转几何体。

1.4 CATIA V5 基本操作方法

CATIA V5 以鼠标操作为主，用键盘输入数值。执行命令时主要是用鼠标单击工具图标，也可以通过点击下拉菜单命令或用键盘输入来执行命令。

1.4.1 鼠标的操作

与其他 CAD 软件类似，CATIA 提供各种鼠标按钮的组合功能，包括：执行命令、选择对象、编辑对象以及对视图和树的平移、旋转和缩放等。

在 CATIA 工作界面中选中的对象被加亮（显示为橘黄色），选择对象时，在几何图形区与在树上选择是相同的，并且是相互关联的。

利用鼠标也可以操作几何视图或树状图，要使几何视图或树状图成为当前操作的对象，可以单击树枝或窗口右下角的坐标轴图标。

鼠标在绘图工作区各键的一般功能见表 1-1。

表 1-1 鼠标各操作键的功能

动 作	功 能
单击左键	选择对象、点、命令等
拖动左键	窗选对象、移动对象、剪切粘贴对象等
单击中键	将指定点移动到视图中心
拖动中键	平移视图
单击右键	显示快捷菜单
按住中键 + 单击左键（或右键）	缩放视图或树状图
按住中键 + 左键（或右键）	旋转视图
转动滚轮	移动树

1.4.2 使用指南针

利用指南针可以旋转、平移视图，操作方法如图 1-2 所示。

另外，利用指南针还可以对部件或实体进行变换操作，详细说明见 5. 3. 1。

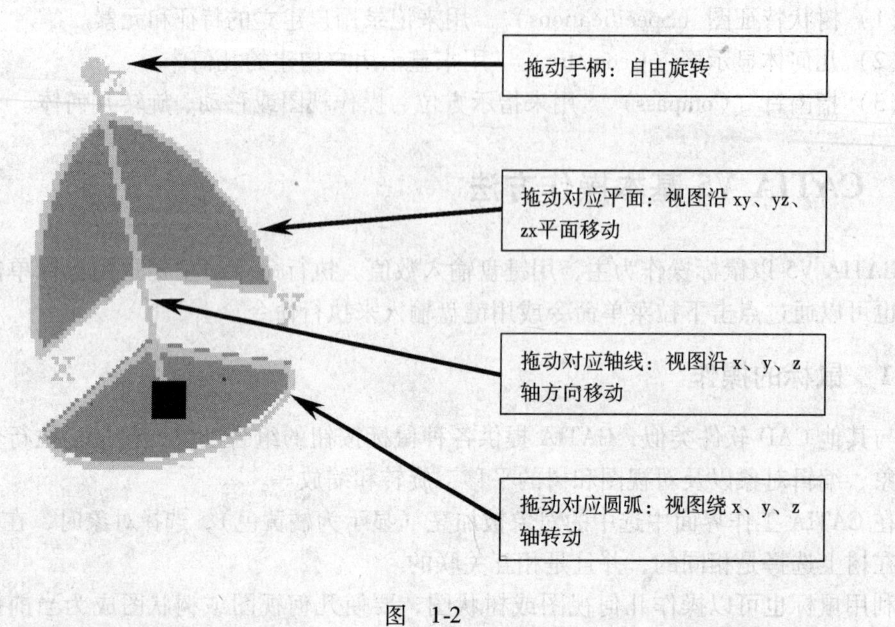

图 1-2

1.4.3 视图的显示方式

三维实体可以选择多种显示方式，显示方式可用视图工具栏中的视图显示工具控制，如图 1-3 所示。

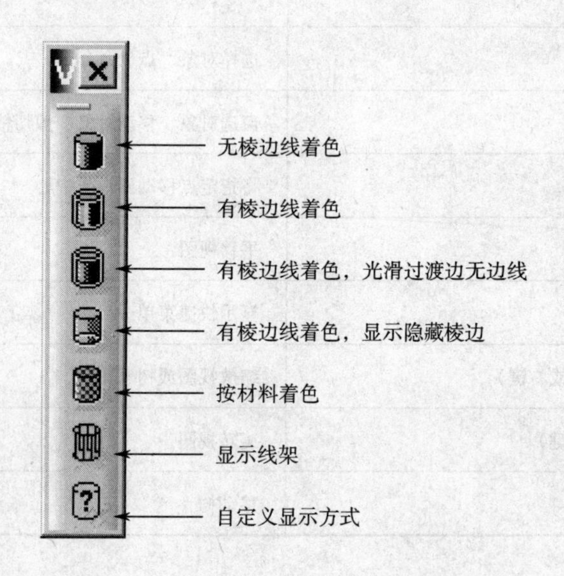

图 1-3

三维实体在屏幕上有两种显示方式，透视投影和平行投影方式。要选择三维实体在屏幕上的显示方式，可以在 View（视图菜单）中，选择 Render Style（显示方式）＞Parallel（平行投影，默认）或 Perspective（透视投影）。

1.5　进入 CATIA V5 各功能模块的方法

有多种方法进入各个功能模块，本节介绍几种常用的方法。

1.5.1　用 Start（开始）下拉菜单

在开始菜单中选择进入各功能模块的命令，比如：要进入零件设计模块，可以选择 Start（开始）> Mechanical Design（机械设计）> Part Design（零件设计）进入零件设计工作台。如图 1-4 所示。

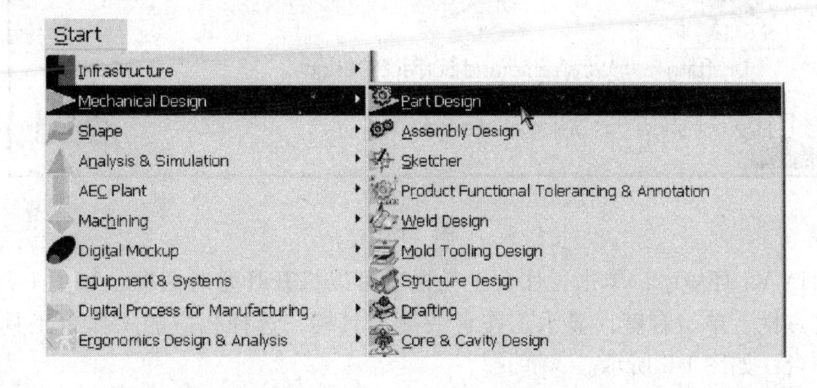

图　1-4

1.5.2　建立一个新文件

在 File（文件）下拉菜单，选择 New（建立新文件），显示新建文件类型对话框，在对话框中，选择新建文件的类型，单击“OK”，即可进入相应的工作台，如图 1-5 所示。

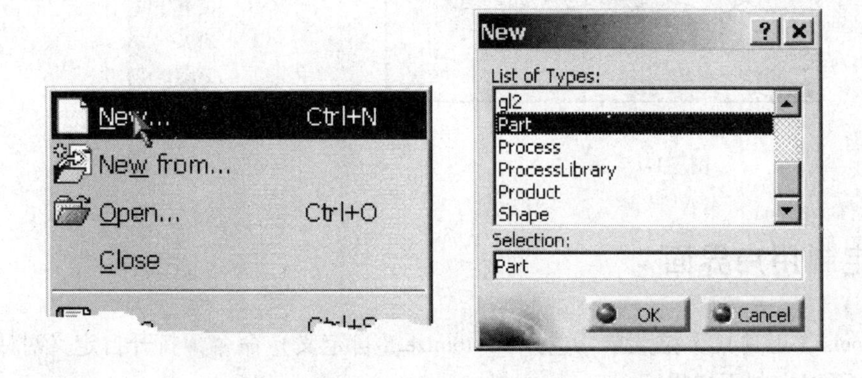

图　1-5

1.5.3　用开始对话框

如果在 CATIA V5 中定义了开始对话框，进入系统时就会显示开始对话框，在对话框中单击图标选择要进入的功能模块，如图 1-6 所示。

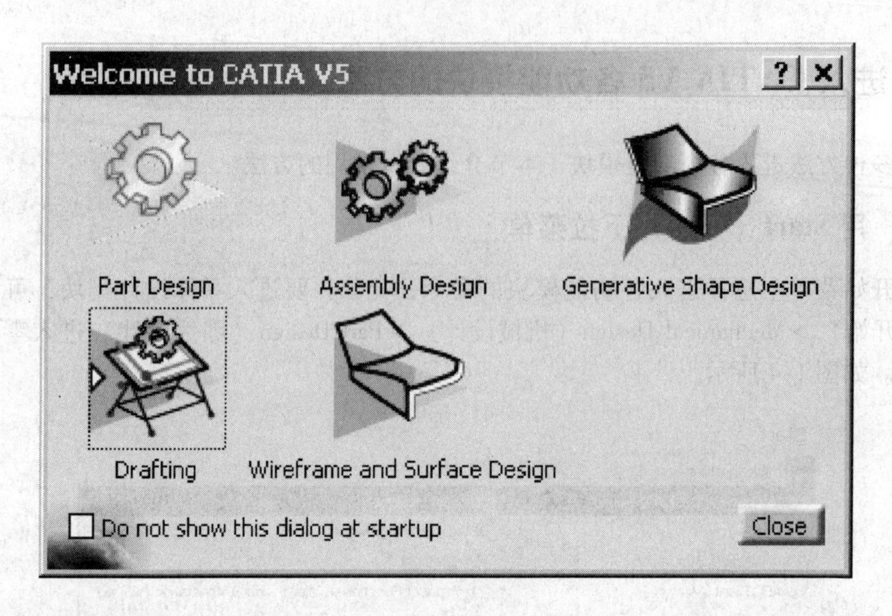

图 1-6

在 CATIA V5 环境中，单击工作台工具栏也可以打开开始对话框，如图 1-7 所示；或在工作台工具栏上单击右键，显示工作台快捷工具栏，选择相应的工作台工具图标进入对应的工作台，如图 1-8 所示。

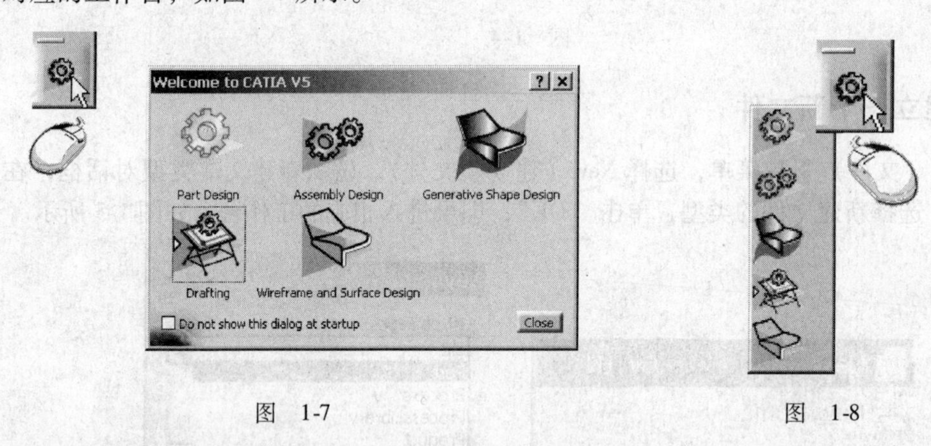

图 1-7 图 1-8

1.6 定制用户界面

用 Tools（工具）下拉菜单，选择 Customize（自定义）命令，打开自定义对话框（见图 1-9），可以定制用户界面。

1. 定制开始对话框

在对话框中选择 Start Menu（开始对话框）选项卡，可以定制开始对话框，选择的工作台命令可以在 Start（开始）菜单的前部显示，也可以在开始对话框中出现。

在左侧的列表中选择要定制的工作台命令，拖动命令到右侧列表框中，右侧的工作台命令会在开始对话框中出现。

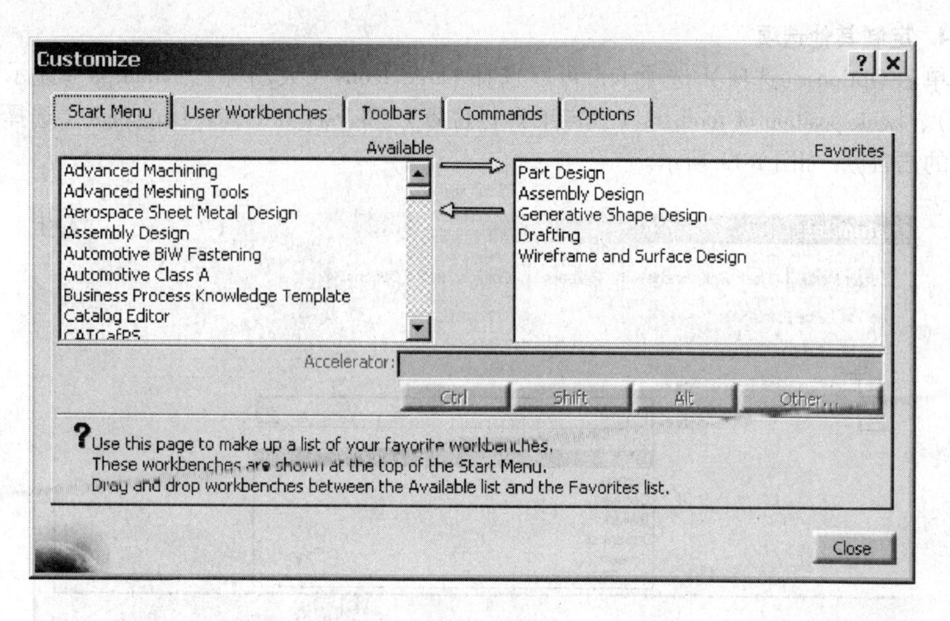

图　1-9

2. 定制用户工作台

User Workbenches（选择用户工作台）选项卡，可以自定义用户工作台。

3. 定制新工具栏

选择Toolbars（工具栏）选项卡，可以自定义新工具栏。如果窗口中的工具栏较乱，单击Restore position（恢复工具栏位置）按钮，工具栏即可恢复到默认位置，如图1-10所示。

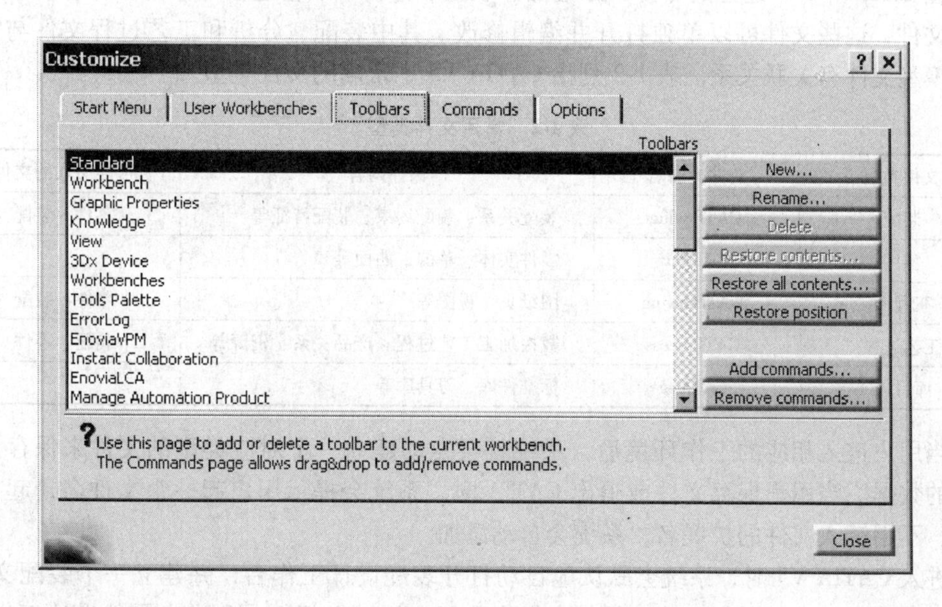

图　1-10

4. 定制其他选项

单击 Options（选项）选项卡，可以选择 Large Icons（大图标）、Tooltips（显示工具提示）、Lock position of toolbars（锁定工具栏位置）和 User Interface Language（选择用户界面的语言），如图 1-11 所示。

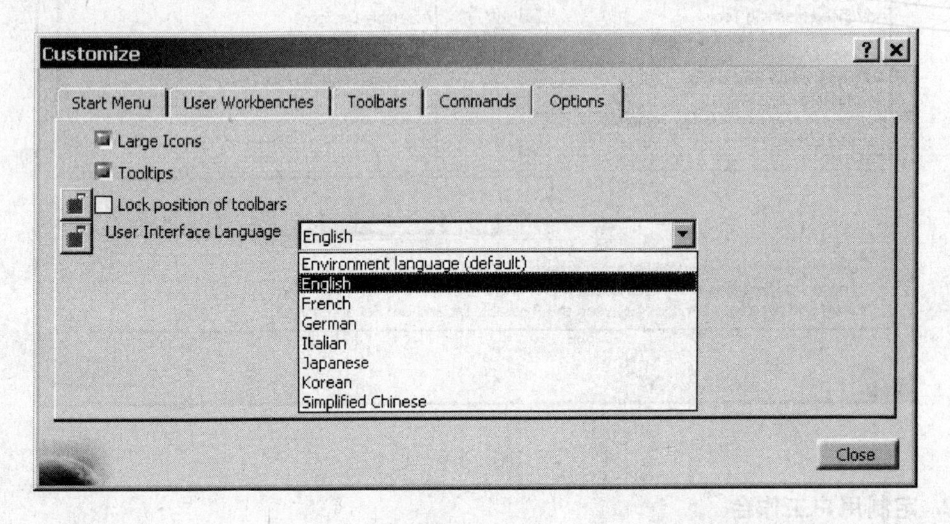

图 1-11

1.7 CATIA V5 中常用文件

在 CATIA V5 中建立的零件、工程图、装配、分析和工艺过程等，可以保存为单独的磁盘文件，这些文件可以单独打开并编辑修改。其中装配、分析和工艺过程文件与它引用的模型文件有关联关系。表 1-2 列出 CATIA V5 中常用的文件类型。

表 1-2 常用文件类型

文件类型	文件扩展名	保存内容	可能关联的文件
装配	. CATProduct	装配关系、装配约束、装配特征等	零件、装配
零件	. CATPart	零件实体、草图、曲面等	
工程图	. CATDrawing	图纸页、视图等	零件、装配
工艺过程	. CATProcess	数控加工工艺过程、产品关系、资源等	装配、零件
库目录	. CATalog	标准件库、刀具库等	

当用户进入相应的工作环境后，系统就会自动建立一个对应类型的文件来保存用户创建的数据。当用户保存文件或退出 CATIA 时，系统会提示用户起一个文件名，起文件名时，不用键入文件的扩展名，系统会自动添加。

进入 CATIA V5 时，系统会默认地自动打开装配设计工作台，并建立一个装配文件。如果这时建立一个新零件，这个零件会做为装配中的一个部件，并进入零件设计工作台，用户可以设计这个零件。若用户要建立一个单独的零件文件，可以关闭当前装配工作台窗口，再建立一个新的零件文件（也可以在系统环境中设置不建立初始文件）。

第2章　草图设计

在CATIA V5中建立实体模型时，通常建立的第一个特征是草图基础特征，这就需要先在一个平面上建立一个草图，再对草图进行拉伸、旋转等操作生成三维实体，因此建立特征的第一步是建立草图。所谓草图就是在一个二维平面上建立的平面几何元素的集合，如点、线等。

2.1　草图设计工作台介绍

在机械设计、外形设计等设计工作台都可以进入草图工作台。进入草图工作台的一般操作方法是：①选择一个草图平面（见图2-1）。②单击草图器工具图标（见图2-2）（也可以先单击工具后选择草图平面），系统自动进入草图工作台（也称为草图器）。

草图器是用户建立二维元素的工作界面，通过草图器中建立的二维草图轮廓可以生成三维实体或曲面，草图中各个元素间可用约束来限制它们的位置和尺寸。因此，建立草图是建立三维实体或曲面的基础。

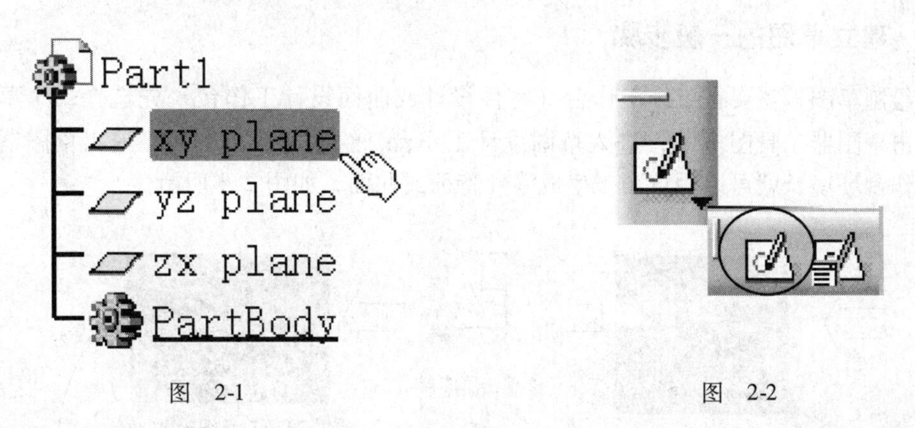

图　2-1　　　　图　2-2

注意：要进入草图器必须选择一个草图平面，选择平面可以在三维空间也可以在树上。如果用对话框进入草图器，需要定义草图平面的绝对坐标系。

2.1.1　用户界面

当进入草图工作台后，树上会记录一个新的草图，新草图的默认名为：Sketch. X（X—表示序号1、2、3、……）。图2-3是草图工作台的用户界面。

草图工作台的用户界面与零件设计工作台类似，是一个二维工作环境，在中间区域可以绘制二维草图。常用的工具栏如图2-3所示，在工具栏中，单击工具图标右下角的三角形标记可以展开下一级工具栏。

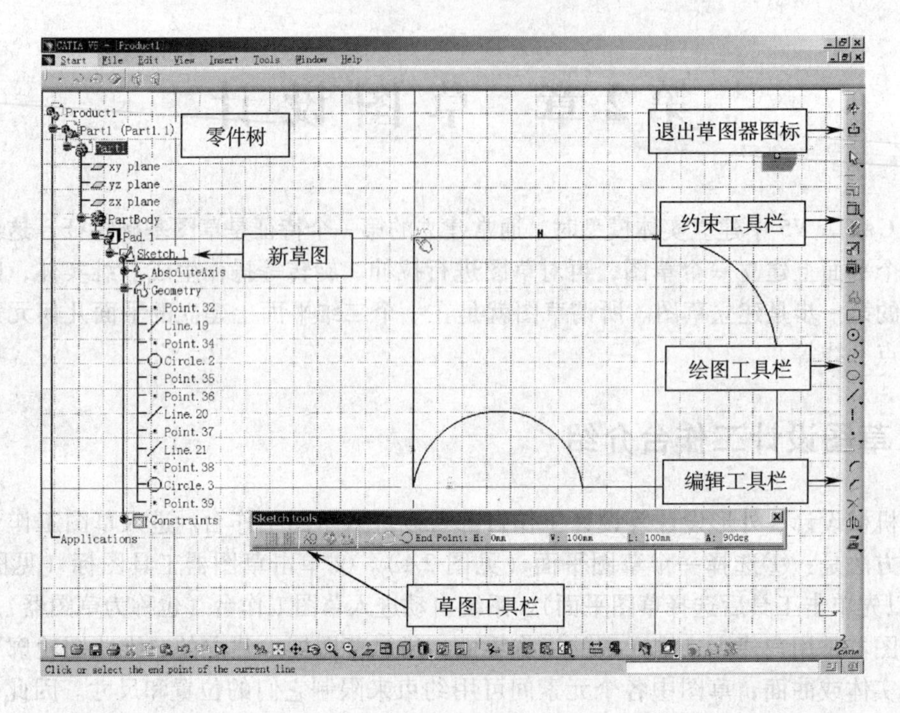

图 2-3

2.1.2 建立草图的一般步骤

要绘制草图，需要在三维工作台（零件设计或曲面设计工作台）先选择一个草图平面，单击草图器工具图标，进入草图设计工作台，绘制完成草图后，退出草图器回到三维工作台环境，就可以用草图来生成零件特征或曲面，如图 2-4 所示。

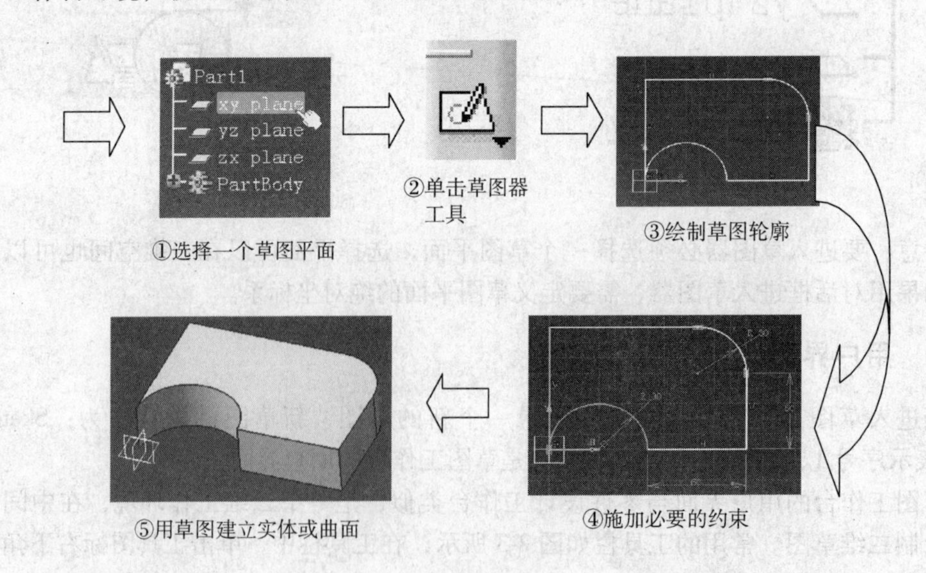

图 2-4

2.2 草图工作界面设置

可以在系统的 Options（选项）对话框中，按用户的不同使用习惯设置草图工作环境。

2.2.1 设置选项

选择菜单 Tools（工具）> Options（选项），在选项对话框中选择 Mechanical Design（机械设计）> Sketcher（草图）设置草图器选项，如图 2-5 所示。下面主要介绍 Grid（栅格）设置和 Sketch Plane（草图平面）设置。

1. 栅格设置

（1）Display 是否显示栅格。

（2）Snap to point 是否捕捉栅格。

（3）Allow Distortions H 和 V 轴使用不同的栅格间距。

（4）Primary spacing 设置栅格的主间距尺寸（mm）。

（5）Graduations 主间距的分格数，设置主间距内分为多少格。

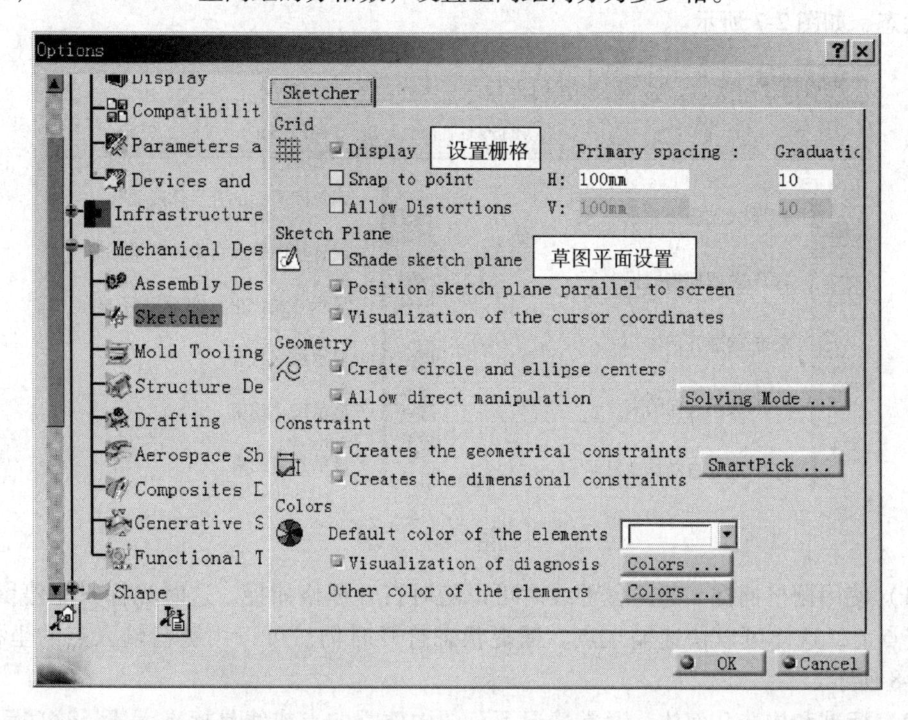

图 2-5

2. 草图平面设置

（1）Shade sketch plane 着色草图平面，草图平面用深色显示。

（2）Position sketch plane parallel to screen 每次进入草图器时，自动旋转草图平面与屏幕平行。

（3）Visualization of the cursor coordinates 在鼠标的光标点处显示坐标值。

2.2.2 对正草图平面

当选择了草图平面与屏幕平行，草图也可以进行缩放、平移或旋转等操作，如果想重新对正草图可以单击工具，再次单击草图平面会水平翻转 180°，如图 2-6 所示。

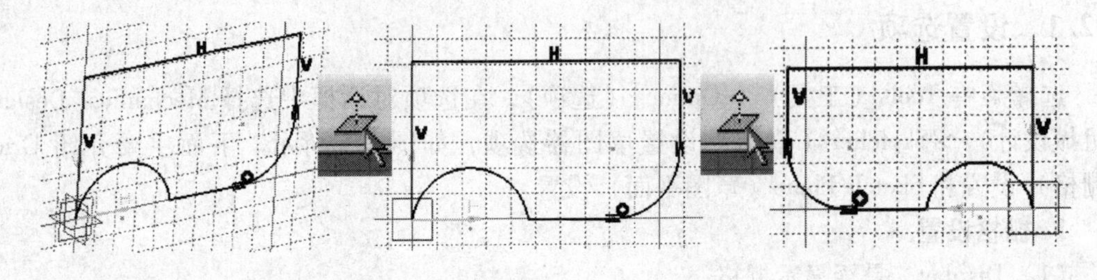

图 2-6

2.2.3 草图器辅助工具

草图器的辅助工具可以设置绘制草图时的工作状态；利用草图工具栏可以设置草图工作状态，如图 2-7 所示。

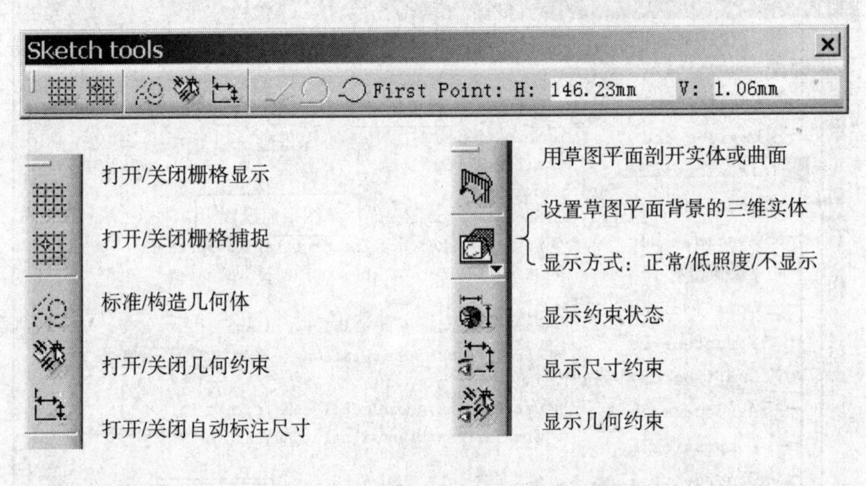

图 2-7

（1）使用栅格捕捉　建立各种线时可以随时打开栅格捕捉，这时光标只能停留在栅格的交点上，这样可以快速输入点。捕捉状态打开时仍然可以用键盘输入点的坐标值，如图 2-8 所示。

（2）标准和构造几何体　通常情况下草图中建立的点或线是标准元素，这些元素可以作为草图轮廓的一部分并可以生成三维实体或曲面。在建立草图时，有时需要建立一些辅助线或点，这些线或点不作为草图轮廓生成实体，这些辅助元素称为构造元素。构造元素在屏幕上用虚线显示，如图 2-9 所示。

（3）打开/关闭几何约束　打开时，系统会为用户建立的对象施加必要的几何约束（如相切、水平、垂直、重合等）；若关闭，系统将不能施加几何约束，在用户建立几何约束时会出现警告，说明建立的约束是临时的，不能施加到对象上。点击菜单 Tools（工

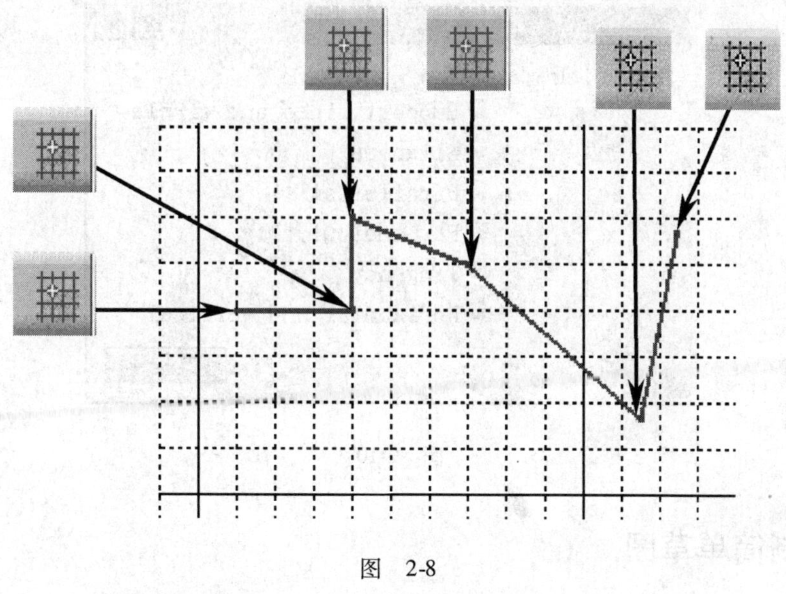

图　2-8

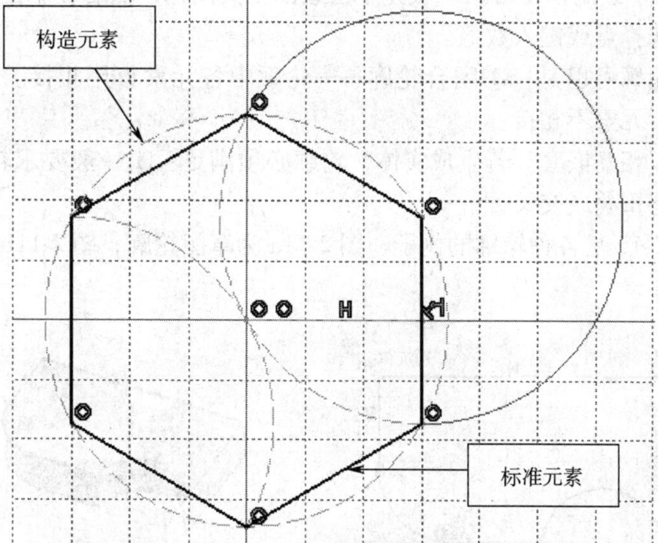

图　2-9

具）>Options（选项）>Mechanical Design（机械设计）>Sketcher（草图）>Constraint（约束）>SmartPick（智能捕捉），在这个对话框中可以设置自动几何约束的类型，如图2-10所示。

（4）自动尺寸标注　打开时，用户键入的坐标或尺寸能自动标注尺寸。

（5）数值区 First Point: H: 163.675mm　V: 71.086mm　建立几何元素时，用户可以键入点的坐标或数值，键入值时，第一个值直接键入，用Tab键在数值框间切换。

（6）命令选项 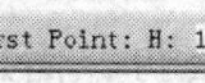　当执行的命令有不同选项时，可用这些工具图标改变选项。

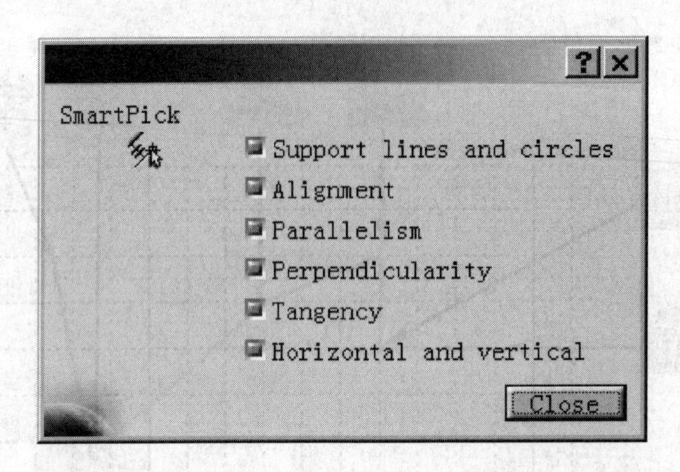

图 2-10

2.3 绘制简单草图

在 CATIA V5 中绘制草图时，一般先单击绘图工具图标，然后在草图工具工具栏设置必要的选项，再选择点或键入数值。

绘制的草图轮廓可以是：①闭合轮廓——轮廓中各元素首尾相接。②开放轮廓——轮廓中第一和最后元素不相接。

闭合轮廓可以相互嵌套。若生成实体，轮廓必须满足：①一般要求轮廓是闭合轮廓。②嵌套轮廓不能有重叠或交叉。

图 2-11 ~ 图 2-15 是各种轮廓的例子。图 2-11a 为草图轮廓，图 2-11b 为生成的实体立体图。

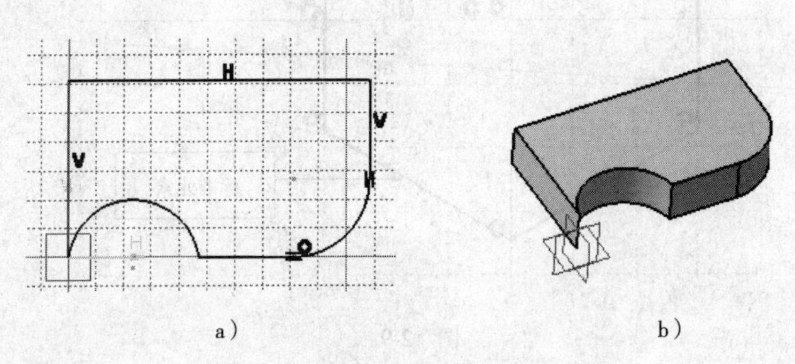

图 2-11
a）草图轮廓 b）生成的实体

开放的轮廓（见图 2-12）、有交叉的轮廓（见图 2-13）和重叠的轮廓（见图 2-14）一般不能生成实体（特殊情况下可以生成实体特征，如：加强肋、借助实体边的投影形成闭合轮廓、使用子轮廓等）。

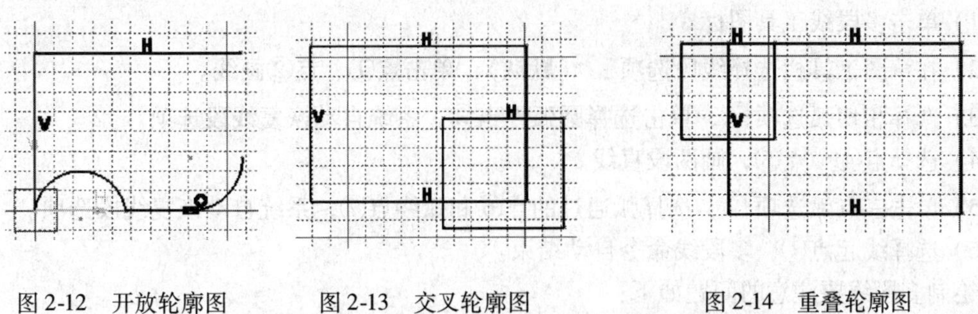

图 2-12　开放轮廓图　　图 2-13　交叉轮廓图　　图 2-14　重叠轮廓图

嵌套的闭合轮廓可以生成实体，从外向内进行加、减布尔运算，如图 2-15 所示。

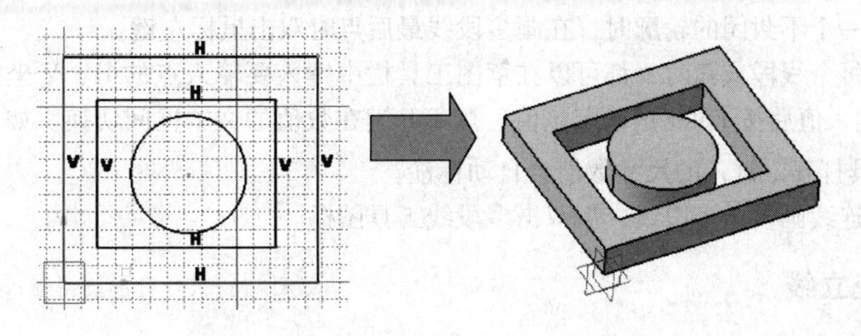

图　2-15

2.3.1　建立多段线

多段线命令是绘制草图时最常用的命令之一，使用多段线命令可以绘制包含线段和弧的连续轮廓线，轮廓可以是封闭的也可以是不封闭的。具体操作方法是首先通过零件设计或曲面设计工作台选择一个草图平面（也可以是实体或曲面的平面型表面），单击草图器工具进入草图设计工作台，然后按以下步骤绘制多段线（见图 2-16）。

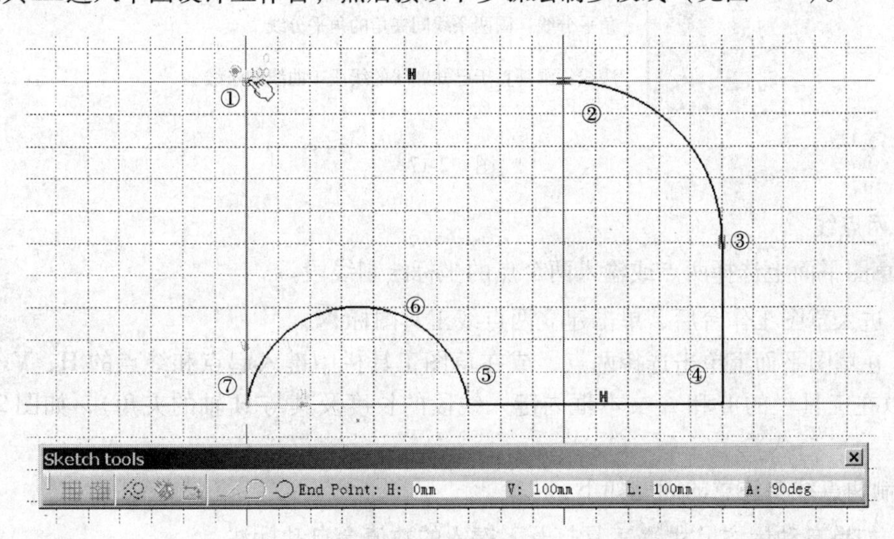

图　2-16

1）单击多段线工具图标。

2）在草图工具栏选择线段选项（默认），单击点①、点②画线。

3）选择相切弧选项，单击选择圆弧终点③，系统自动恢复线段选项。

4）选择点④、点⑤，画两段直线。

5）单击三点弧选项，选择弧通过的点⑥和弧终点⑦，系统自动恢复线段选项。

6）选择线起点①，多段线命令自动结束。

绘制多段线要注意的问题如下：

1）绘制线段或弧后若要绘制相切弧，可以在画弧起点时拖动鼠标，系统自动转换到相切弧选项。

2）画一个不封闭的轮廓时，在画多段线最后点时双击鼠标左键。

3）画每个线段或弧时，都可以在草图工具栏中键入要输入点的 H、V 坐标值或长度夹角等，键入值后按 Enter 键确定该值，按 Tab 键在数值的文本框间切换。如果自动标注尺寸工具打开，键入的尺寸数值会自动标注。

4）要连续画多条多段线，需双击多段线工具图标。

2.3.2 建立线

线在树上的记录是两个端点和一条线。可以用多种方法建立线段或直线，这些方法如图 2-17 所示。

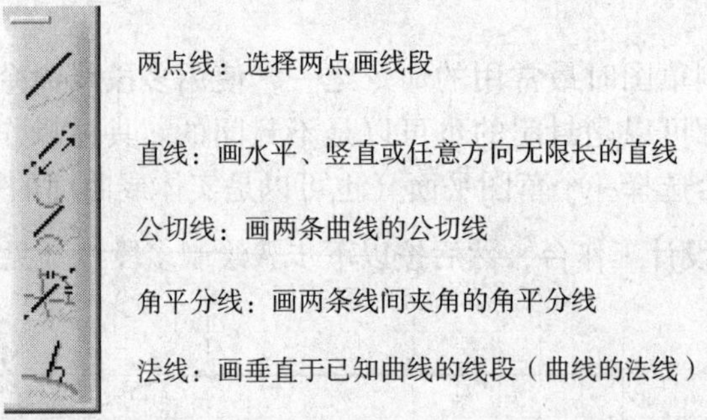

两点线：选择两点画线段

直线：画水平、竖直或任意方向无限长的直线

公切线：画两条曲线的公切线

角平分线：画两条线间夹角的角平分线

法线：画垂直于已知曲线的线段（曲线的法线）

图 2-17

1. 两点线

在草图平面上选择两点或输入两个点的坐标绘制线段。

1）进入草图工作台后，单击建立两点线工具图标。

2）在草图平面上单击选择两点，或在草图工具栏中键入起点和终点的 H、V 坐标值（也可以在工具栏的 L 和 A 文本框内键入线段的长度及其与 H 轴的夹角），如图 2-18 所示。

绘制两点线要注意的问题如下：

1）如果自动标注尺寸工具打开，键入的数值会自动标注。

2）双击两点线工具图标，可以连续画多条两点线。

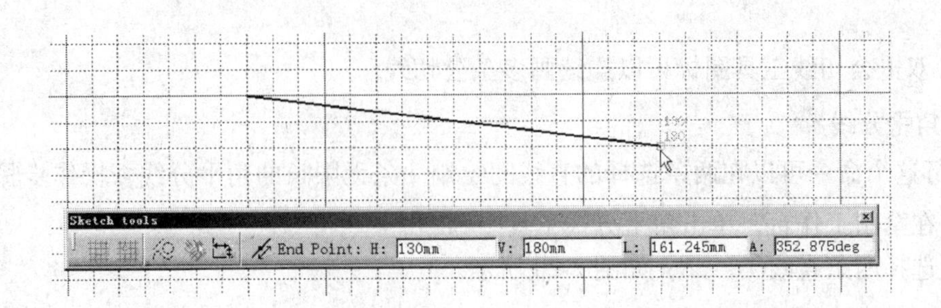

图　2-18

2. 直线

可以在草图平面画无限长的直线，这个命令有三个选项：水平线、竖直线和任意方向线。

1）在草图工作台，单击建立直线工具图标。

2）在草图工具工具栏选择画直线选项：水平线、竖直线或任意方向线。

3）画水平或竖直线只需选择直线通过的一点（或在工具栏键入直线通过点的 H 和 V 坐标值）。

绘制直线要注意：双击直线工具图标可以重复执行直线命令。

3. 公切线

执行这个命令可以绘制两条曲线（圆、圆弧、二次曲线、样条曲线等）的公切线，操作步骤如下：

1）在草图工作台，单击公切线工具图标。

2）选择直线要与之相切的两条曲线，如图 2-19 所示。

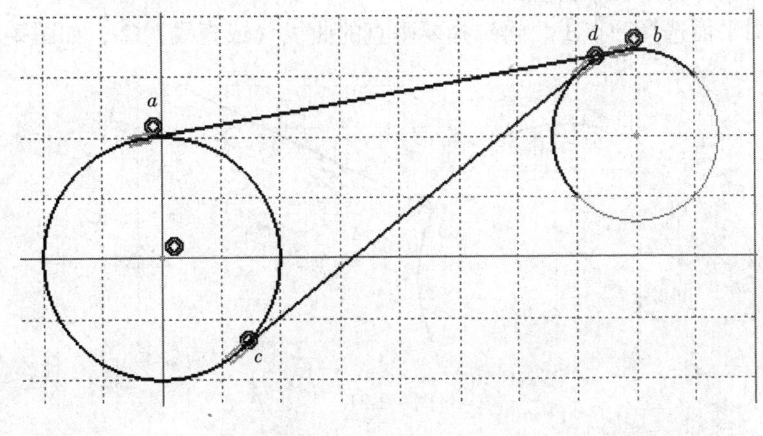

图　2-19

绘制公切线要注意的问题如下：

1）选择曲线时应尽可能接近切点，否则得到的切线不一定是你想要的，因为两条曲线间可能会有多条公切线，如图 2-19 中切线$\overline{ab}$、$\overline{cd}$。

2）在选择曲线时，可以选择一个点或一个对象，这时会通过选择的点，做曲线的切线。

3）双击公切线工具图标可以连续画多条公切线。

4. 角平分线

执行这个命令可以在两条选择的直线间绘制一条无限长的角平分线，操作步骤如下：

1）在草图工作台，单击角平分线工具图标。

2）选择两条直线①、②，如图 2-20 所示。

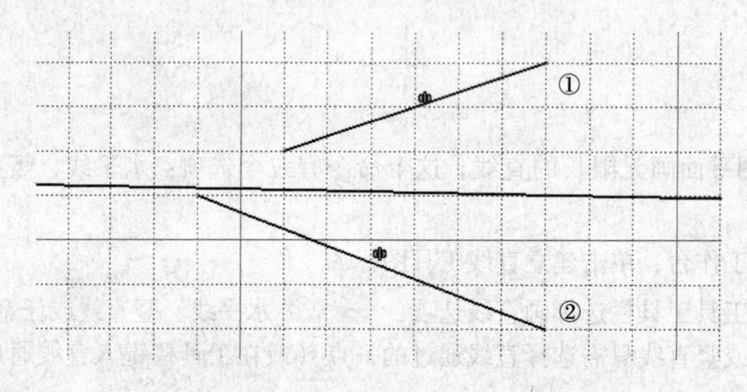

图 2-20

绘制角平分线要注意的问题如下：

1）如果选择的两条直线是平行线，则在两条平行线间做直线。

2）双击角平分线工具图标可以连续画多条角平分线。

5. 垂线

过一点做选择曲线的法线，操作步骤如下：

1）在草图工作台中，单击垂线工具图标。

2）在草图平面选择一点①，再选择要垂直的曲线（或直线）②，如图 2-21 所示。

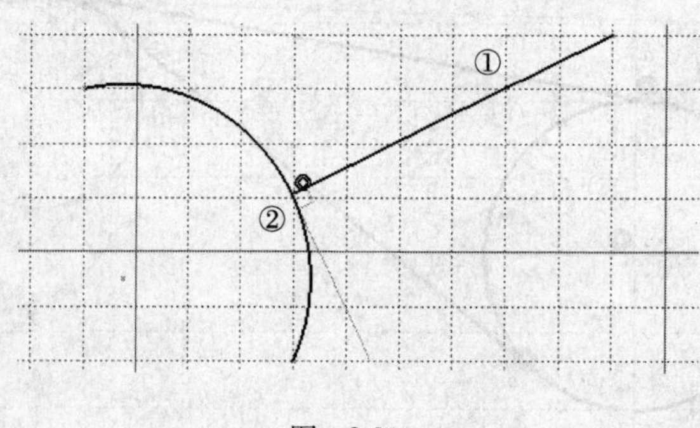

图 2-21

绘制垂线时要注意的问题如下：

1）选择①点时也可以在工具栏中键入 H、V 坐标值。

2）若垂足点不在曲线上，系统会在曲线的延长线上做垂线，如图 2-22 所示。

3）单击草图工具栏，可以先选择曲线后再选择一点。

4）双击垂线工具图标，可以连续画多条垂线。

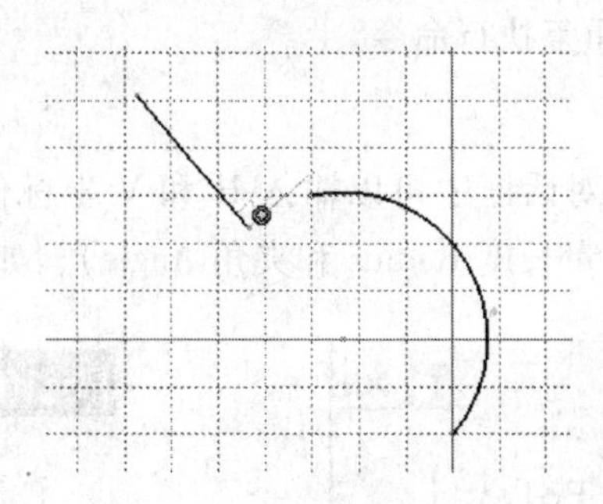

图 2-22

2.3.3 建立点

在草图平面上建立点的方法有多种，包括：建立直观点、坐标点、等分点、交点和投影点，Point（点）工具栏如图 2-23 所示。

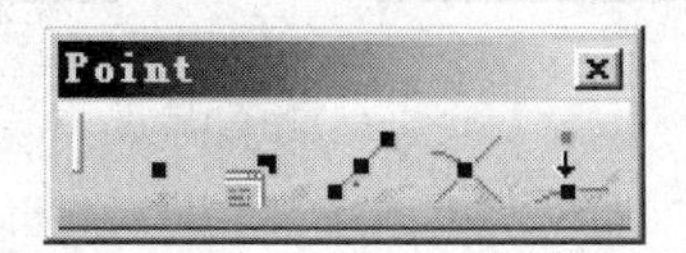

图 2-23

1. 直观点

执行这个命令，可以用鼠标的光标直接在界面上选择一点或在草图工具栏中键入点的 H 和 V 的坐标值。操作步骤如下：

1）在草图工作台，单击直观点工具图标。

2）在草图平面内单击选择一点，或在草图工具栏中键入 H 和 V 坐标值，即建立点，如图 2-24 所示。

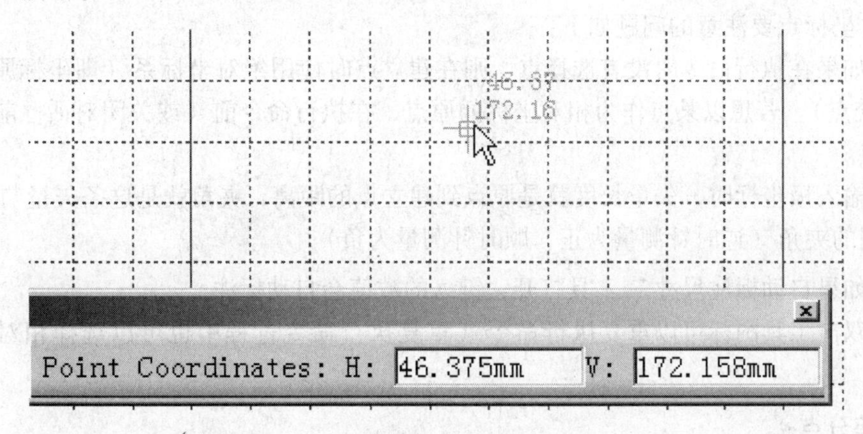

图 2-24

建立直观点时要注意：

1）选择点时要充分利用栅格捕捉或智能捕捉（Smart pick）。

2）双击工具图标可以重复执行命令。

2. 坐标点

利用对话框建立点，在对话框中可以输入 H 和 V 坐标值（见图 2-25、图 2-27），也可以输入点的极坐标值（矢量长度 Radius 和夹角 Angle），如图 2-26、图 2-28 所示。

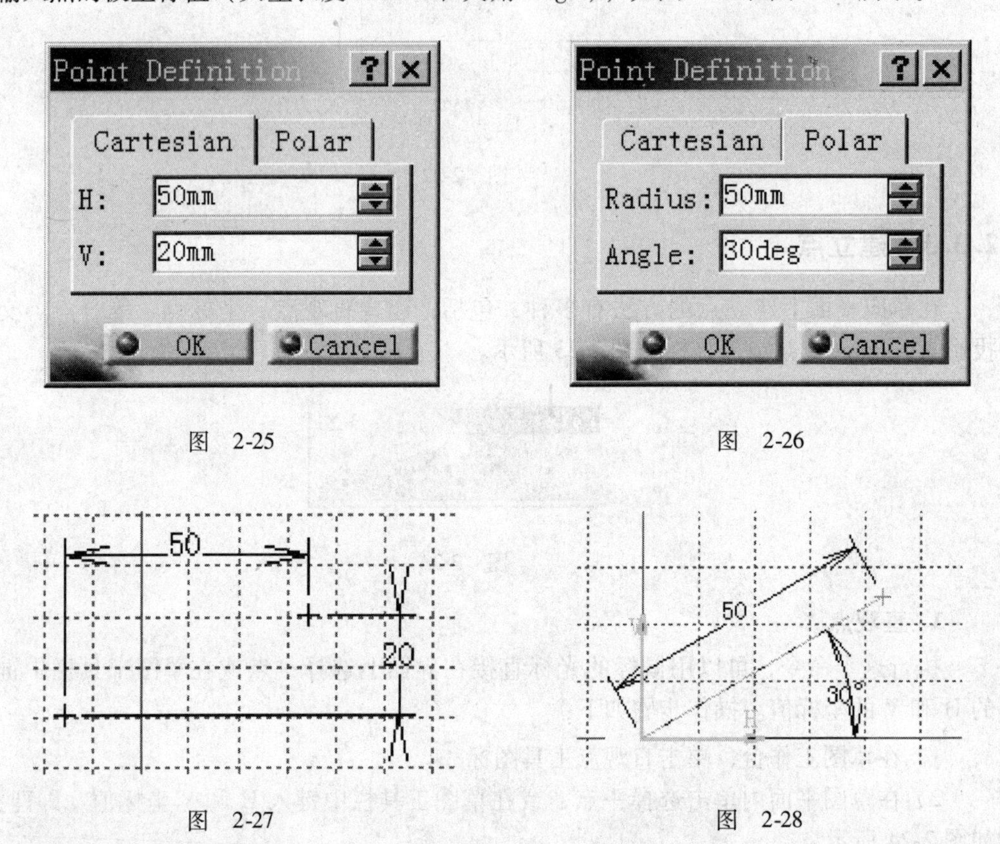

图 2-25

图 2-26

图 2-27

图 2-28

建立坐标点要注意的问题如下：

1）如果在执行命令时没有选择点，则在建立点时使用绝对坐标系（即坐标原点在 H 和 V 轴交点）。若想以某点作为相对坐标的原点，在执行命令前（或关闭对话框前）先选择这个点。

2）输入极坐标时，矢量长度就是原点到建立点的距离，夹角就是这条矢量与 H 轴正方向之间的夹角（逆时针测量为正，顺时针测量为负）。

3）如果自动标注尺寸工具打开，键入的数值会自动标注。

4）双击工具图标可以重复执行命令（重复执行命令过程中也可以选择相对坐标原点）。

3. 等分点

这个命令可以在一条线上建立多个点，这些点将这条线分为若干等份，在等分一条线或做等边多边形时，这个命令非常有用。如把一条线段分为 6 等份，操作步骤如下：

1）在草图工作平面，单击等分点工具图标。

2）选择要等分的线段。

3）在对话框中 New Points 键入等分点数量 5。

4）单击“OK”，即在线段上建立 5 个点，把线段分为 6 等份（见图 2-29）。

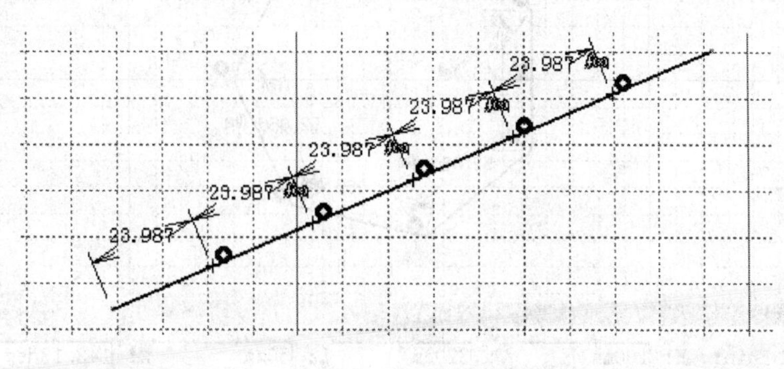

图 2-29

建立一个正多边形时，可以利用等分点命令建立辅助构造点。下图是建立正七边形的例子：

1）在草图工作台，单击草图工具栏标准/构造线工具图标，转换为构造元素模式，作正七边形外接圆的辅助线，如图 2-30 所示。

2）在外接圆辅助线上绘制 7 个辅助等分点，如图 2-31 所示。

3）单击草图工具栏标准/构造线工具图标，转换为标准元素模式。

4）单击多段线工具图标，选择圆上的等分点绘制七边形，如图 2-32 所示。

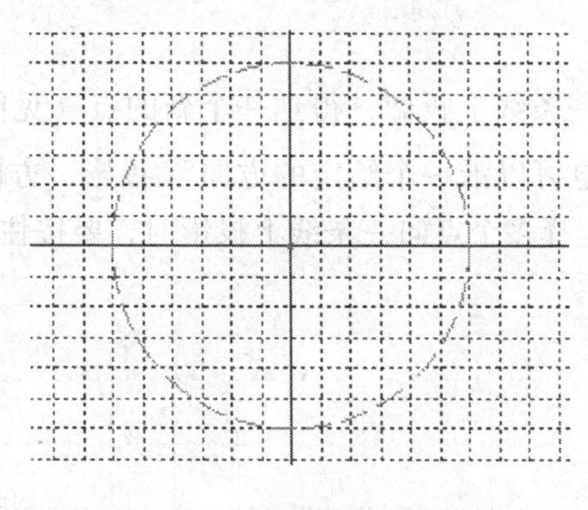

图 2-30

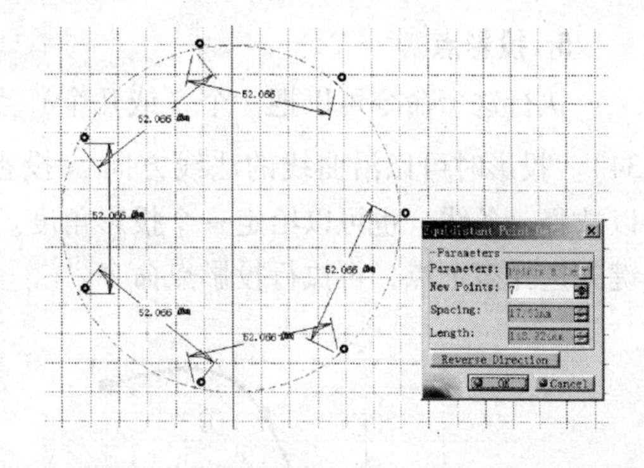

图 2-31

建立等分点时应注意：

1）等分开口线时，等分点数等于等分份数减 1。等分闭合曲线时，等分点数等于等分份数。

2）等分曲线时，点的间距按曲线长度计算。

3）如果要利用辅助等分点或线建立多边形，这些辅助线一定要建立构造元素。

4）双击工具图标可以重复执行命令。

4. 交点

执行这个命令可以在两条线的交点上建立一个点，如果两条线段没有相交，建立的

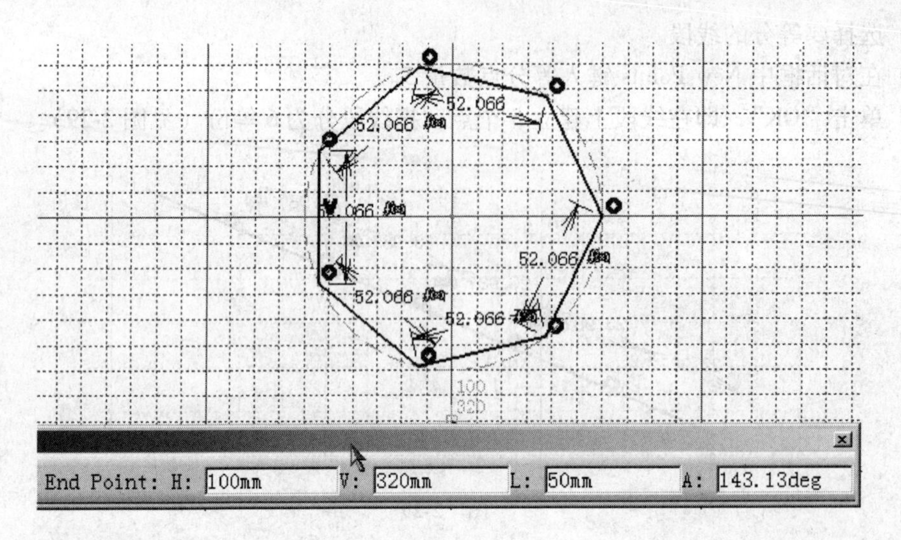

图 2-32

点就在线延长线交点上。操作步骤如下：

1）在草图工作台，单击交点工具图标。

2）选择求交点的两条线①、②，建立交点（见图 2-33）。

注意：

1）两条线可能会有多个交点。

2）不能求解样条曲线延长线上的交点。

5. 投影点

执行这个命令可以把一个（或几个）点向一条线上投影，得到一个新的点（见图 2-34）。投影时可以沿曲线的法线方向投影，也可以沿一个给定的方向投影，方向可以选择一条线，也可以给定一个投影角度。当选择多个点向一条线上投影时，要按住 Ctrl 键先选择多个点，再执行投影点命令。

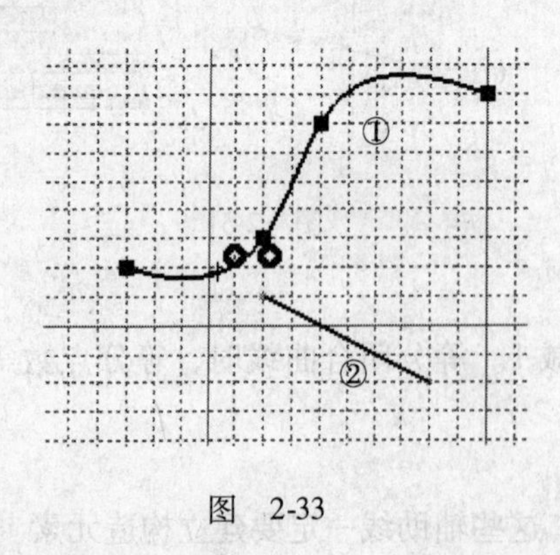

图 2-33

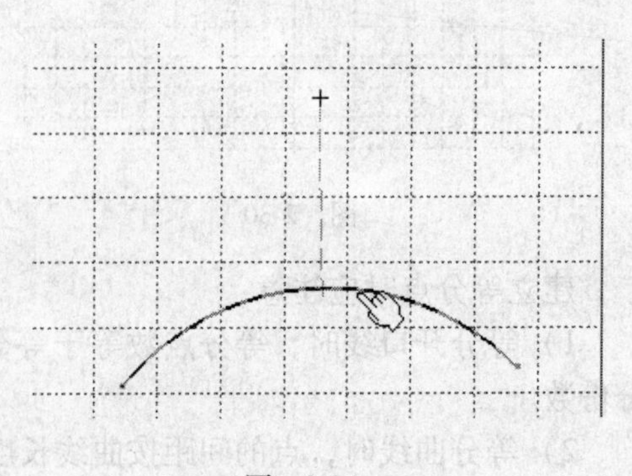

图 2-34

2.3.4 建立样条曲线

所谓 Spline（样条曲线）就是通过一系列给定控制点的一条光滑曲线，曲线在控制点处的形状取决于曲线在控制点处的切矢量方向和曲率半径（张力）。样条曲线是一种常用的曲线，在草图平面和三维空间中都可以建立样条曲线。草图中的样条曲线有两种，一种是样条曲线，另一种是连接曲线。

1. 样条曲线

绘制样条曲线时，选择一系列控制点，系统按默认的张力和切矢量方向绘出样条曲线，结束命令时须在选择最后一个控制点时双击鼠标左键或按 Esc 键。操作步骤如下：

1）在草图工作台，单击样条曲线工具图标。

2）在草图平面上单击选择一系列控制点，或在草图工具栏中键入这些控制点的坐标（见图 2-35），在最后一点处双击鼠标左键或按 Esc 键。

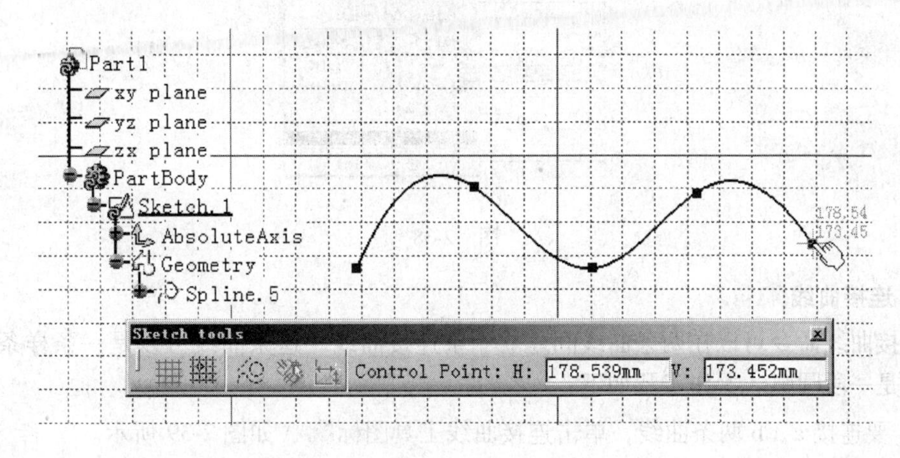

图 2-35

若要改变控制点的位置，可以拖动控制点，或双击要修改的控制点，用对话框修改控制点的坐标、切矢量方向和曲率半径，如图 2-36 所示。

要修改样条曲线的形状（不改变控制点），双击样条曲线，在 Spline Definition（定义样条曲线）对话框中可以在选择点之后（Add Point After）或之前（Add Point Before）添加控制点，也可以替换控制点（Replace point），闭合曲线（Close Spline），修改切矢量方向（Tangency）或曲率半径（Curvature Radius）（见图 2-37）。

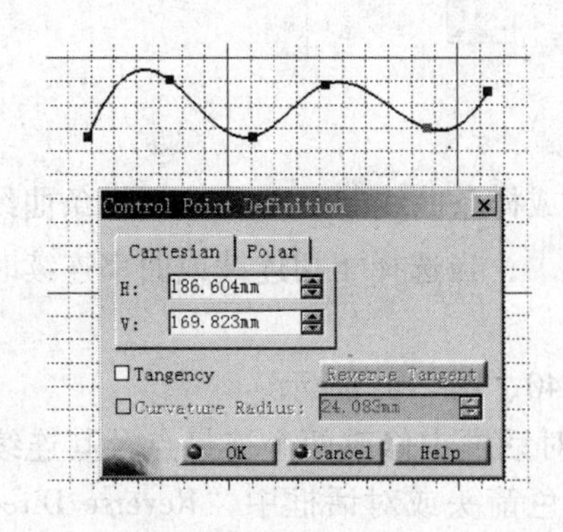

图 2-36

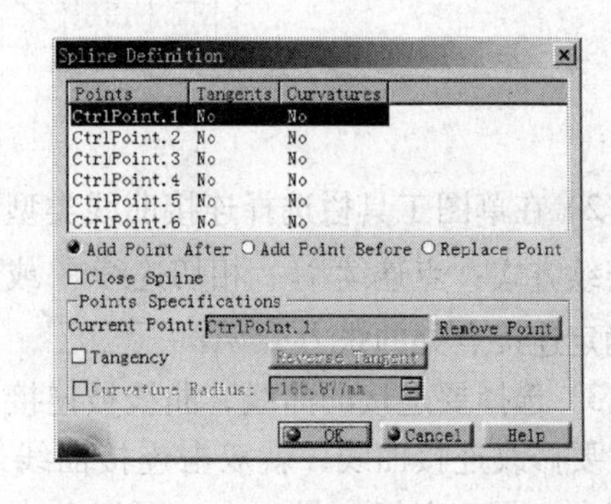

图 2-37

绘制样条曲线应注意：

1）修改样条曲线时，双击控制点可以改变控制点处的坐标、切矢量方向或曲率半径；双击曲线时可以添加或替换控制点；要删除控制点，可以选择要删除的控制点后单击右键选择快捷菜单的 Delete 或按键盘的 Delete 键，如图 2-38 所示。

2）双击工具图标可以重复执行命令。

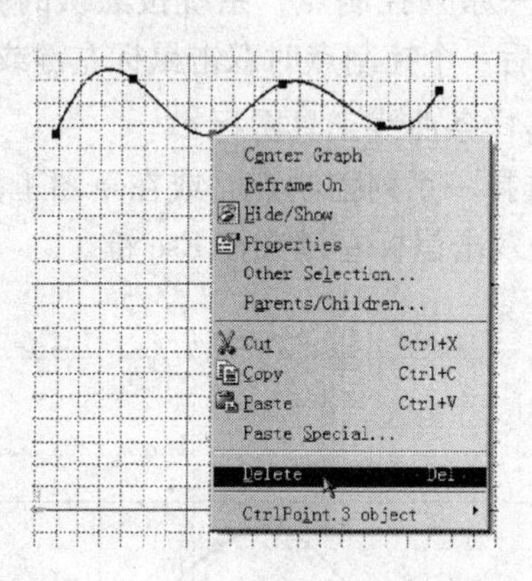

图 2-38

2. 连接曲线

连接曲线命令可以在两条曲线间建立一条连接曲线，这条曲线可以是一条样条曲线，也可以是一段圆弧。操作步骤如下：

1）要连接 a、b 两条曲线，单击连接曲线工具图标，如图 2-39 所示。

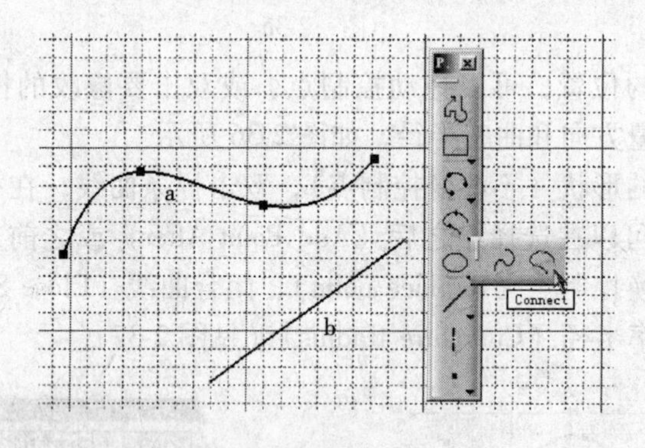

图 2-39

2）在草图工具栏选择连接曲线类型：圆弧或样条曲线；如果选择样条曲线，选择连续方式：点连续、相切连续或曲率连续；当选择相切连续或曲率连续时还可以确定连接点处的张力 Tension: 1 。

3）选择要连接的曲线，曲线被连接，如图 2-40、图 2-41 所示。

要修改连接曲线，就双击连接曲线，可以在对话框中修改两个连接点及其连续方式和张力；要改变切矢量方向，可以单击图上的红色箭头或对话框中“Reverse Direction”（翻转方向）。

建立连接曲线时应注意的问题如下：

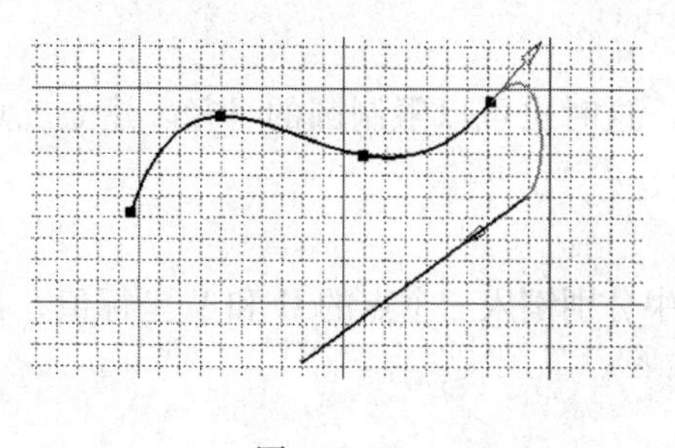

图 2-40

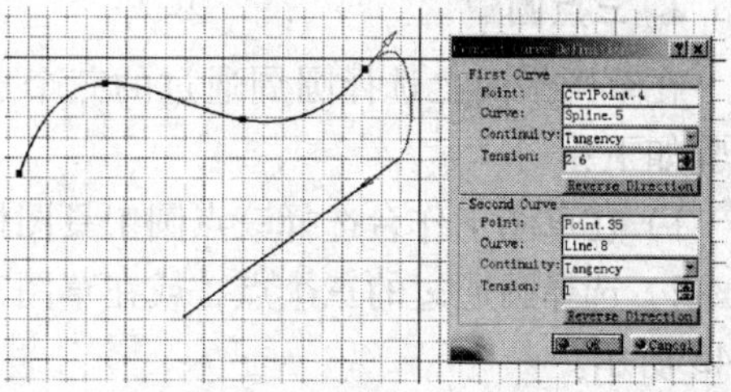

图 2-41

1）要根据连接曲线在连接点处的光滑情况，选择适当的连续方式。

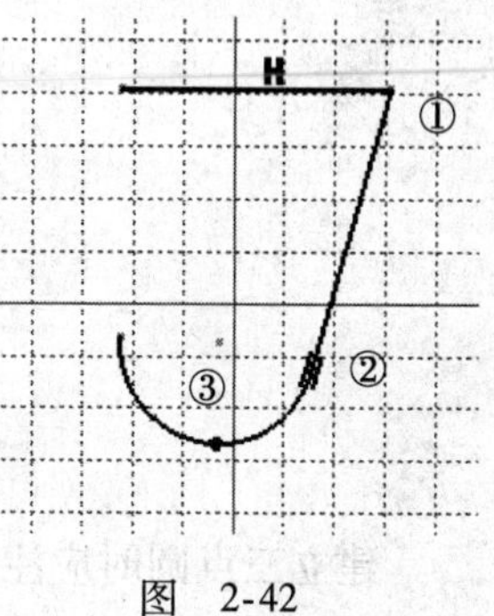

图 2-42

2）点连续—连接点处不光滑过渡，如图2-42中点①处。

3）相切连续—连接点处的切线连续过渡，如图2-42中点②处。

4）曲率连续—连接点处的曲率半径连续变化，如图2-42中点③处。

5）如果用圆弧作为连接曲线，系统会在两个选择点处作一个相切弧。

2.3.5 建立圆和圆弧

圆在特征树上的记录是两个对象：一个点和一个圆，点记录圆心坐标，圆记录半径。可以使用多种方法建立圆或圆弧，包括：圆心半径圆、三点圆、用对话框作圆、三切圆、三点弧、有限制三点弧、圆心半径展角弧，如图2-43所示。

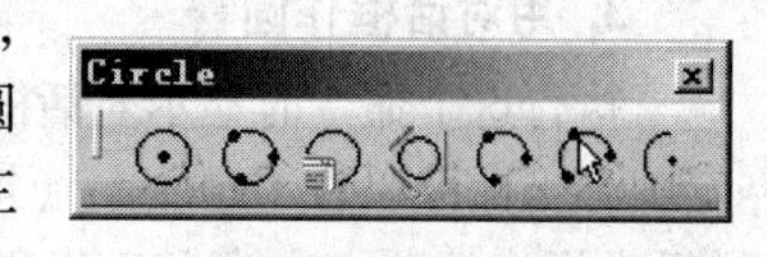

图 2-43

1. 圆心半径圆

选择圆心点的位置和半径作圆，步骤如下：

1）单击圆心半径圆工具图标。

2）选择圆心点，或在草图工具栏中键入圆心的H和V坐标值。

3）选择圆周通过点，或在草图工具栏中键入圆的半径R值，如图2-44所示。

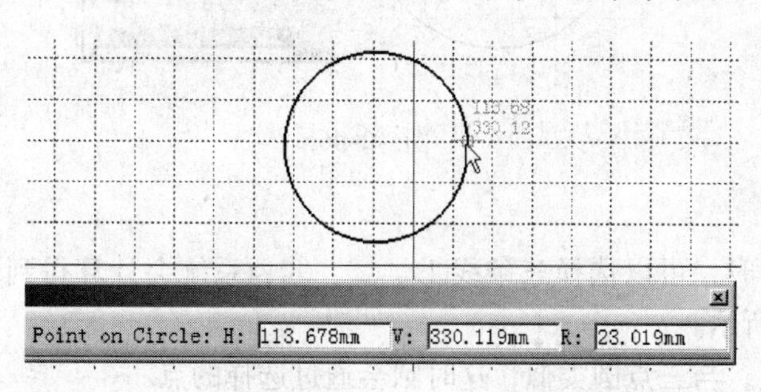

图 2-44

2. 三点圆

在草图平面上选择圆周通过的三个点作圆，这时也可以限制圆的半径。建立三点圆步骤如下：

1）在草图工作台选择三点圆工具图标。

2）选择圆通过的三个点，或在草图工具栏中分别键入三个点的 H 和 V 坐标值，如图 2-45 所示。

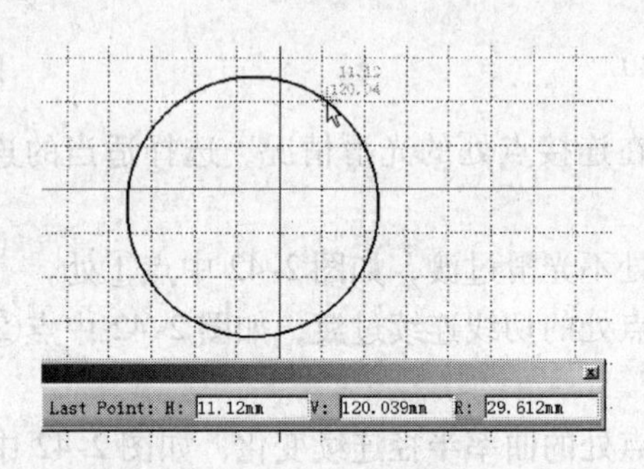

图 2-45

建立三点圆时应注意的问题如下：

1）选择的三个点不能在一条直线上。

2）可以在草图工具栏中键入圆的半径 R 后回车，这时圆的半径被限制。

3）如果自动标注尺寸选项打开，键入的点或半径会自动标注尺寸。

3. 用对话框作圆

执行这个命令时显示对话框如图 2-46 所示，在对话框中填入圆心点坐标和半径。确定圆心坐标可以在 Cartesian（笛卡尔坐标）选项卡中输入 H 值和 V 值，也可以在 Polar（极坐标）选项卡中输入 R 值和 A 值。如果选择了一个参考点，坐标值就是相对这个点的相对坐标，否则使用绝对坐标。

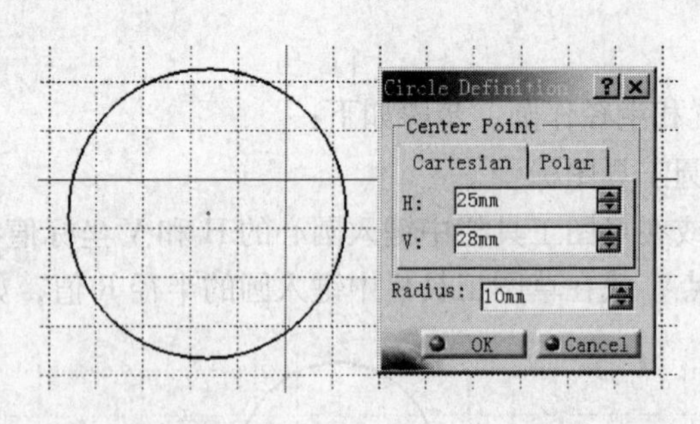

图 2-46

4. 三切圆

执行这个命令时，可以选择三条线①、②、③，系统会计算得到一个圆与这三条线相切，如图 2-47 所示。

也可以选择点，与三点圆类似，这时圆会通过选择的点。

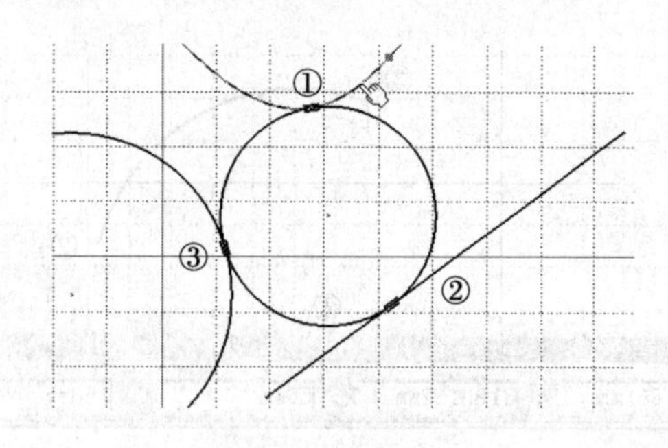

图　2-47

5. 三点弧

在草图平面上依次选择三个点，系统过这三个点作弧，其中选择的点①和点③作为弧的起点和终点，点②是弧通过的一点，如图2-48所示。

也可以在草图工具栏中分别键入三个点的H和V坐标值。

如果在草图工具栏中键入弧的半径R值后回车，则圆弧的半径被限制。

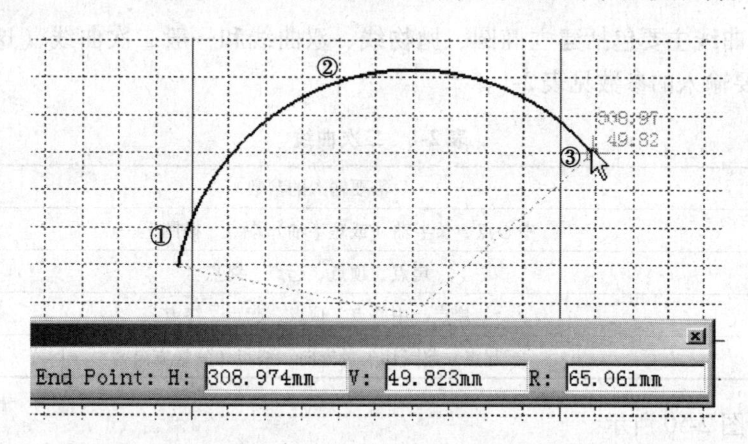

图　2-48

6. 有限制三点弧

这个命令与三点弧命令类似，不同之处在于选择顺序上的差异，先选择起点①和终点③，再选择圆弧通过的点②，如图2-48所示。

7. 圆心半径展角弧

这个命令建立弧的原理是：用圆心半径的方法先建立一个圆，再按弧的起始角和结束角来截取这个圆的一部分，作图方法如下：

1）在草图平面单击圆心半径展角弧工具图标。

2）选择弧圆心点①，或在草图工具栏中键入圆心点①的H和V坐标。

3）选择圆弧的起点②。

4）选择圆弧的终点③，如图2-49所示。

建立圆心半径展角弧时应注意的问题如下：

1）可以在草图工具栏中键入R、A和S值，作为圆弧的半径、起始角和展开角的

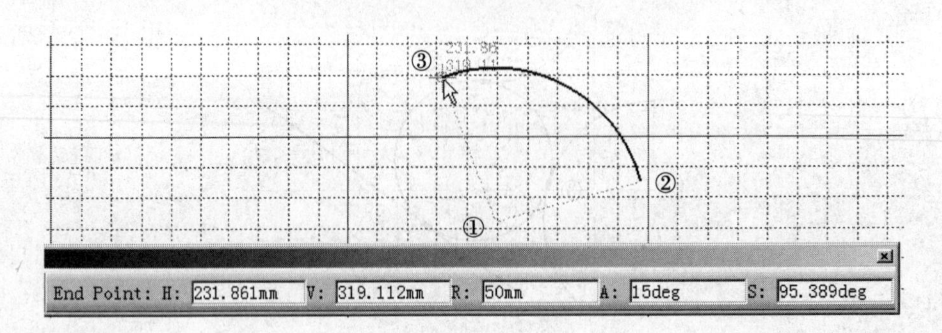

图 2-49

限制。

2）在工具栏的文本框间切换光标位置按 Tab 键，若要使 R、A 和 S 值作为限制值，键入后按 Enter 键。

2.3.6 建立二次曲线

建立二次曲线主要包括建立椭圆、抛物线、双曲线和一般二次曲线（这些也称为圆锥曲线），需要输入的参数见表 2-1。

表 2-1 二次曲线

二次曲线	需要输入的参数
椭圆	中心点、长半轴（或短半轴）端点、椭圆上一点
抛物线	焦点、顶点、起点、终点
双曲线	焦点、中心点、顶点、起点、终点
二次曲线	起点、起点切矢量方向、终点切矢量方向

工具栏如图 2-50 所示。

1. 建立椭圆

椭圆（Ellipse）的主要参数包括椭圆的中心点、焦点、长半轴和短半轴，如图2-51

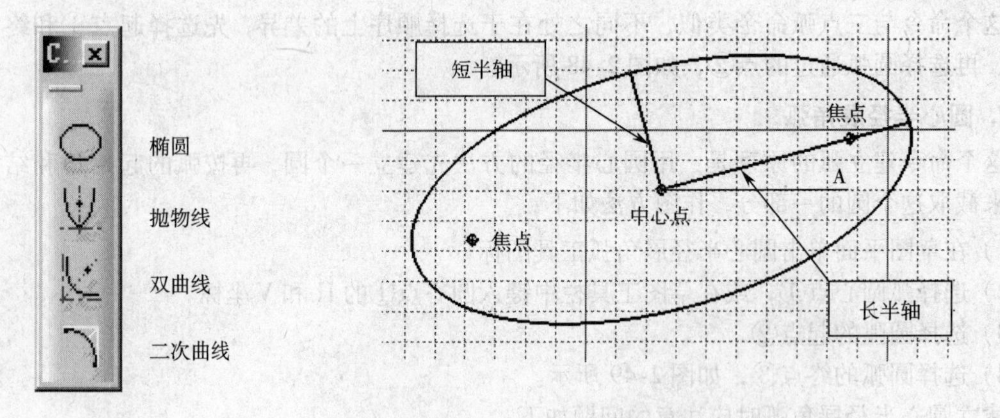

图 2-50 图 2-51

所示。建立椭圆时需要输入的参数包括：中心点、长半轴的长度和方向、通过椭圆上的一点，作图步骤如图2-52所示：

1）在草图工作台上，单击椭圆工具图标。

2）选择椭圆的中心点①或在草图工具栏中键入中心点的H、V坐标值。

3）选择长半轴终点②。

4）选择通过椭圆上的任意一点③。

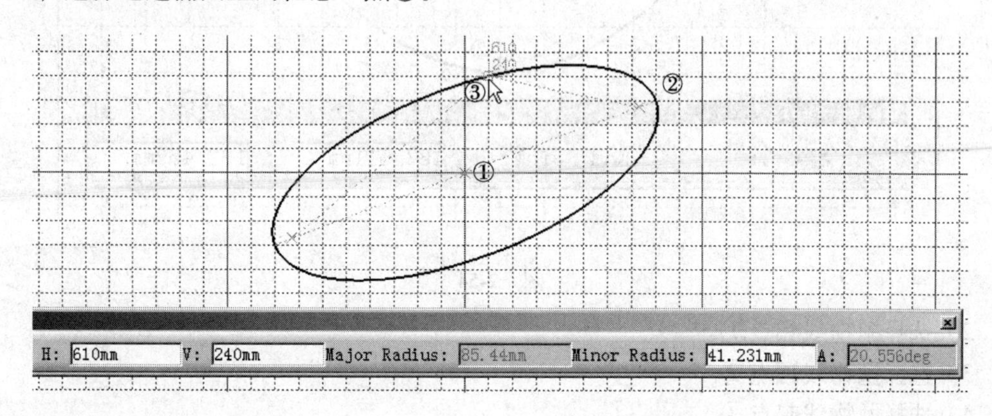

图 2-52

建立椭圆时应注意的问题如下：

1）建立椭圆时可以在草图工具栏中键入Major Radius（长半轴）、Minor Radius（短半轴）和A（长半轴方向角）作为限制。

2）要使输入的值作为限制值，输入后要按Enter或Tab键。

2. 建立抛物线

建立抛物线（Parabola）时需要输入的参数包括：焦点、顶点、起点和终点，如图2-53所示。

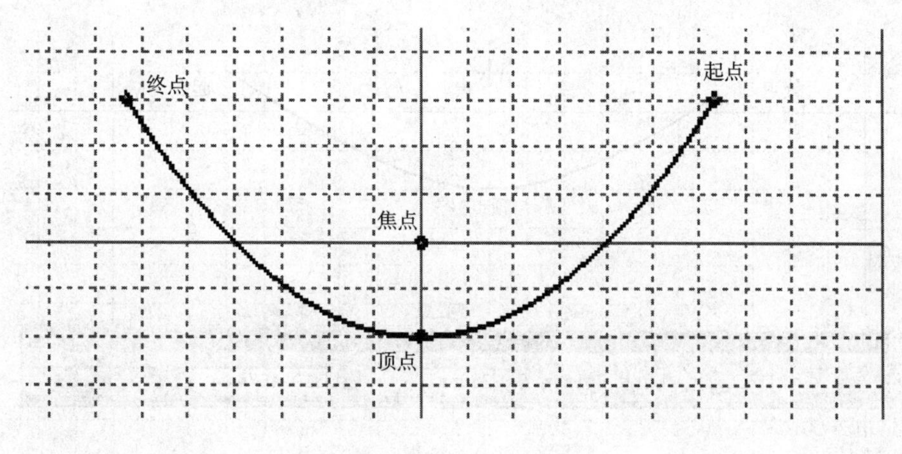

图 2-53

建立抛物线步骤如图2-54所示：

1）在草图平面，单击抛物线工具图标。

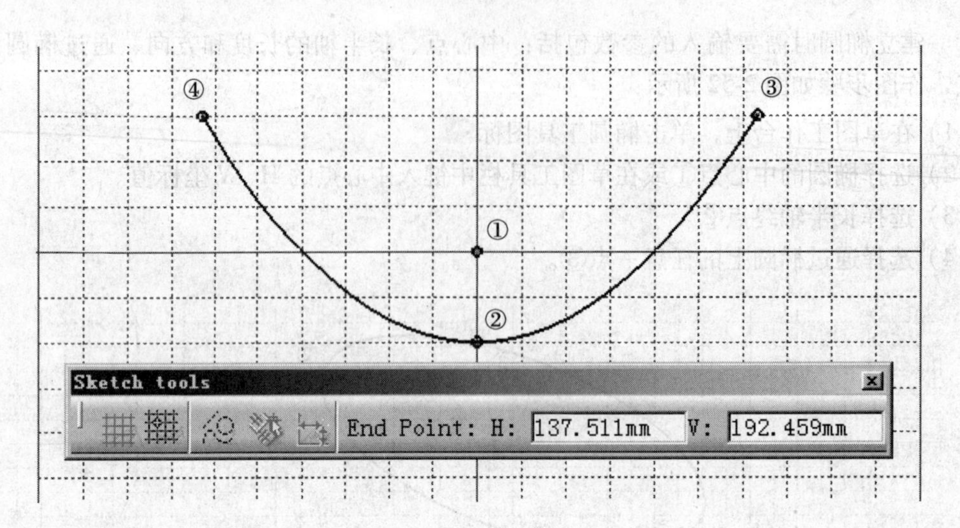

图 2-54

2）选择抛物线焦点①。

3）选择抛物线顶点②。

4）选择抛物线起点③。

5）选择抛物线终点④。

建立抛物线应注意：

1）输入焦点、顶点、起点和终点都可以在草图工具栏中键入该点的 H 和 V 坐标值。

2）选择起点和终点无顺序要求。

3）抛物线在树上记录为一个抛物线和两个端点。

3. 建立双曲线

建立双曲线（Hyperbola）时需要输入的参数包括：焦点、中心点（即渐近线的交点）、端点、起点和终点，如图 2-55 所示。

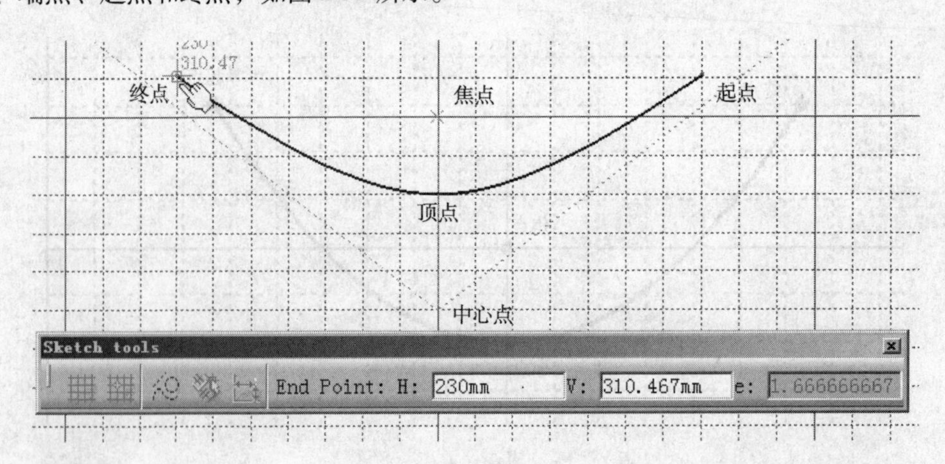

图 2-55

作图步骤是：

1）单击双曲线工具图标。

2）选择一点作为双曲线的焦点。

3）选择双曲线的中心点，或键入双曲线的偏心率。

4）选择双曲线顶点。

5）选择双曲线的起点和终点。

这些点的坐标也可以通过草图工具栏键入。还可以在草图工具栏中键入双曲线的偏心率 e 值（$e=c/a$，a—实半轴，中心到顶点间距离，c—半焦距，中心到焦点间的距离，$e>1$）。

4. 建立二次曲线

执行 Conic（二次曲线）命令可以通过已知点建立二次曲线，可以是椭圆、抛物线或双曲线。可用多种方法建立二次曲线——二点曲线、四点曲线和五点曲线。建立二次曲线的方法可用通过草图工具栏中的选项工具图标来转换。建立二次曲线时草图工具栏显示状态如图 2-56 所示。

Start Point: H: 256.117mm V: -345.037mm

图　2-56

(1) 二点曲线　建立二点曲线有两种方法，分述如下。

1）定义起点、终点及其切矢量方向和曲线上一点。作图步骤如下：

① 在草图平面单击二次曲线工具图标，在草图工具栏选择二点曲线选项，选择起点终点切线选项。

② 选择曲线起点①，或键入起点的坐标 H、V 值。

③ 再选择一点②确定起点切矢量方向，或键入切矢量角度，如图 2-57 所示。

④ 选择曲线终点③，或键入终点的坐标 H、V 值。

⑤ 再选择一点④确定终点切矢量方向，或键入切矢量角度，如图 2-58 所示。

⑥ 选择曲线通过的一点⑤，如图 2-59 所示。

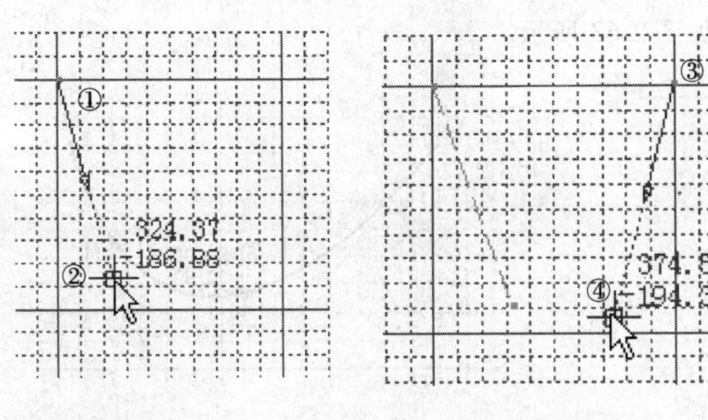

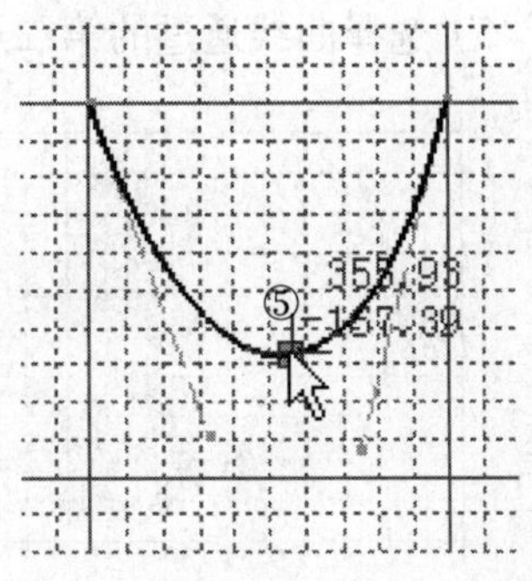

图　2-57　　图　2-58　　图　2-59

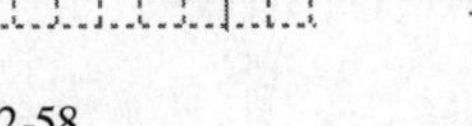

2）定义起点、终点及切矢量的交点和曲线上一点。作图步骤如下：

① 在草图平面单击二次曲线工具图标，在草图工具栏选择二点曲线选项，选择切线交点选项。

② 选择曲线起点①。

③ 选择曲线终点②。

④ 选择曲线在起点和终点切矢量的交点③，如图 2-60 所示。

⑤ 选择曲线上一点④。如图 2-61 所示。

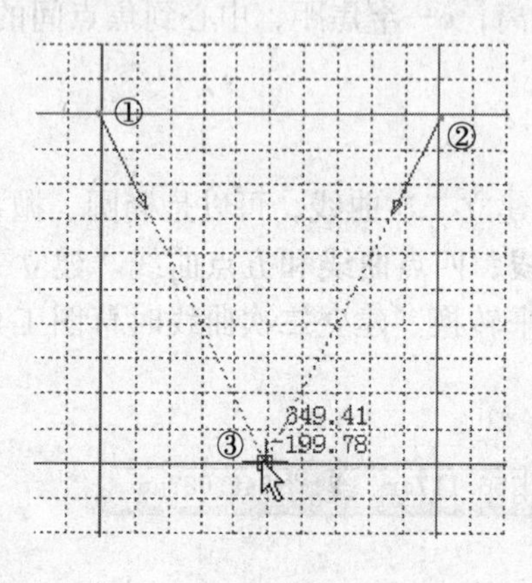

图　2-60

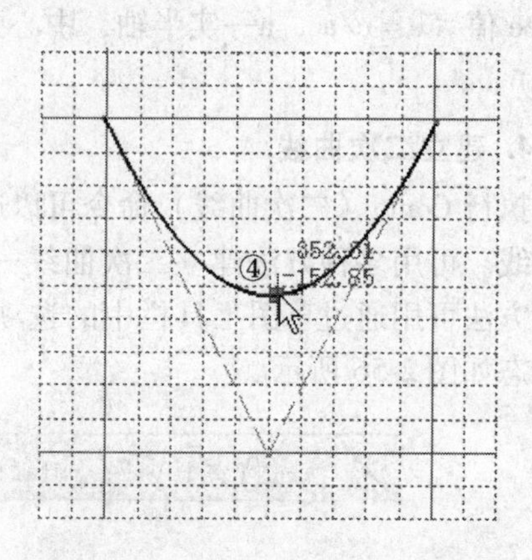

图　2-61

（2）四点曲线　通过选择曲线的起点、切矢量方向、终点及曲线上的两个点建立二次曲线，可以控制起点的切矢量方向，也可以控制曲线上第二点的切矢量方向。作图步骤如下：

1）在草图平面单击二次曲线工具图标，在草图工具栏选择二点曲线选项，选择切线选项，如果不选择切线选项则在选择第二点⑤后选择一点来确定第二点的切矢量方向。

2）选择曲线起点①，选择一点②确定起点切矢量方向，如图 2-62 所示。

3）选择曲线终点③。

4）选择曲线通过的第一点④。

5）选择曲线通过的第二点⑤，如图 2-63 所示。

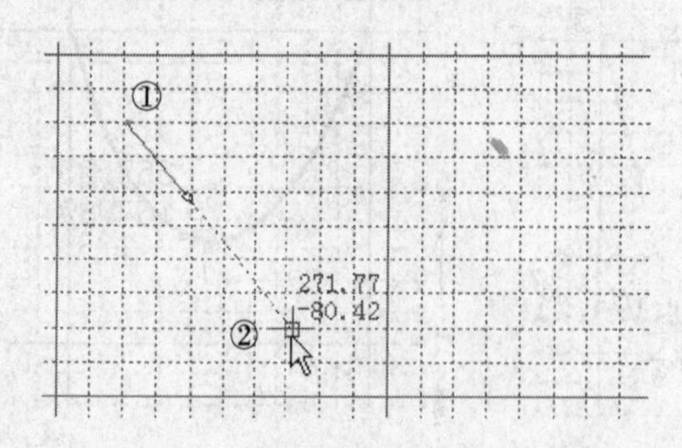

图　2-62

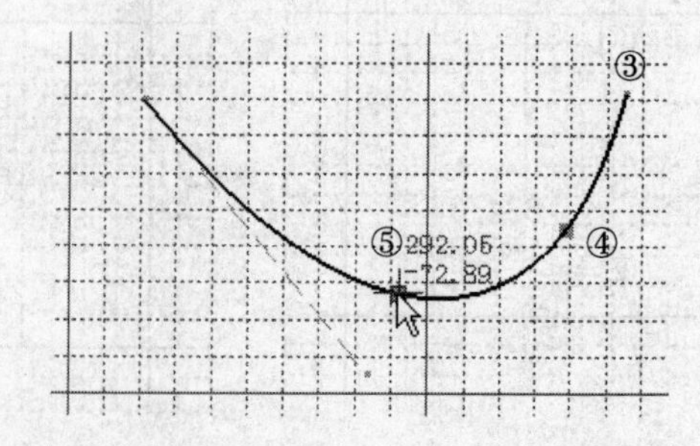

图　2-63

（3）五点曲线　选择曲线的起点、终点和曲线上的三个点（或在草图工具栏中键

1）在草图平面单击二次曲线工具图标，在草图工具栏选择二点曲线选项。

2）选择曲线起点①。

3）选择曲线终点②。

4）任意选择曲线通过的三个点③、④、⑤（没有顺序要求）。

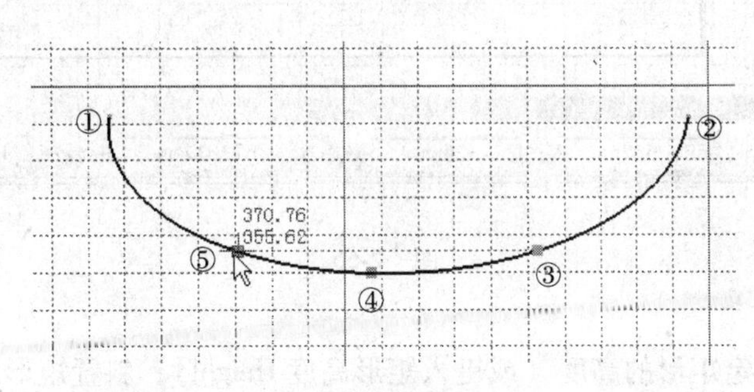

图　2-64

2.3.7　建立预定义轮廓线

所谓Predefined Profile（预定义轮廓线），就是系统已经定义的一些常用的轮廓线，这样就可以通过输入较少的参数来绘制较复杂的轮廓。随着CATIA版本的不同，这些预定义轮廓线的种类也有所不同。图2-65所示为CATIA V5 R14的预定义轮廓工具栏。

图　2-65

这些预定义轮廓线包括：矩形、斜置矩形、平行四边形、长孔、弧形长孔、钥匙孔、正六边形、定心矩形和定心平行四边形。

1. 矩形

执行Rectangle（矩形）命令可以建立正矩形（两条边分别平行于H轴和V轴）。选择矩形的两个角点来建立矩形，作图步骤如下：

1）在草图工作台单击矩形工具图标。

2）选择矩形的第一个角点①。

3）选择矩形的第二个角点②，如图2-66所示。

建立矩形时也可以在草图工具栏中键入矩形角点的H、V坐标或矩形的宽度Width和高度Height。宽度向右、高度向上为正值，反之为负。

2. 斜置矩形

执行Oriented Rectangle（斜置矩形）命令可以建立倾斜的矩形（边不平行于H轴、V轴），作图方法如下：

1）在草图平面单击斜置矩形工具图标。

2）选择两点作为矩形的一个边（或键入起点H、V坐标值、矩形宽度W和倾斜角度

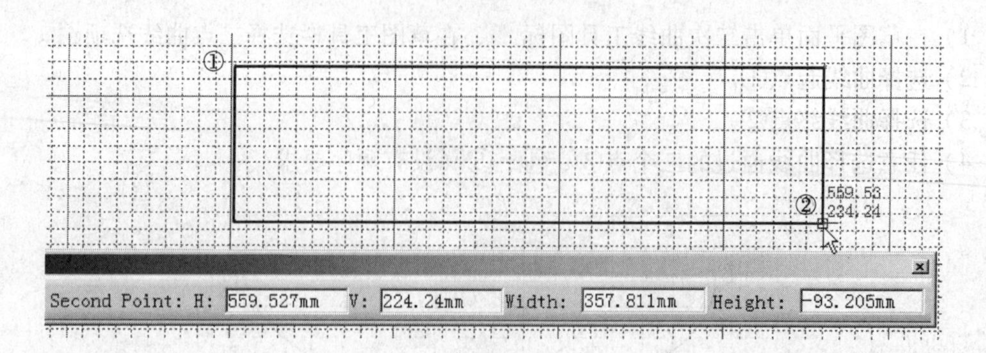

图 2-66

A)。

3）选择一点确定矩形的高度（或键入矩形高度 Height），斜置矩形即建立，如图 2-67 所示。

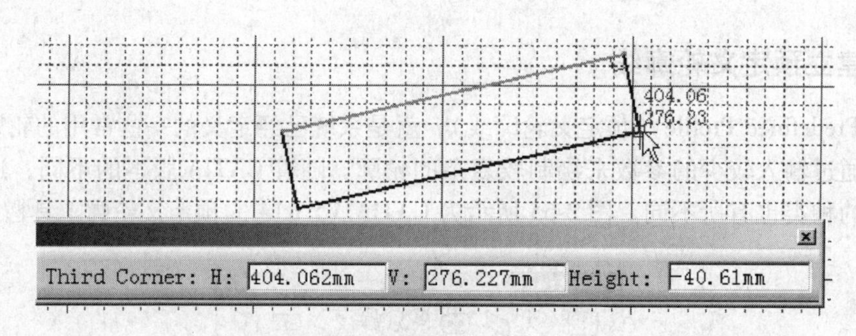

图 2-67

3. 长孔

执行 Elongated Hole（长孔）命令可以建立键槽、螺栓孔等一类的长形孔，长孔是由两段弧和两段直线组成的封闭轮廓。作图时选择长孔的两个中心点①、②，再选择一点确定长孔的宽度③，或在草图工具栏键入圆弧的半径 Radius，如图 2-68 所示。

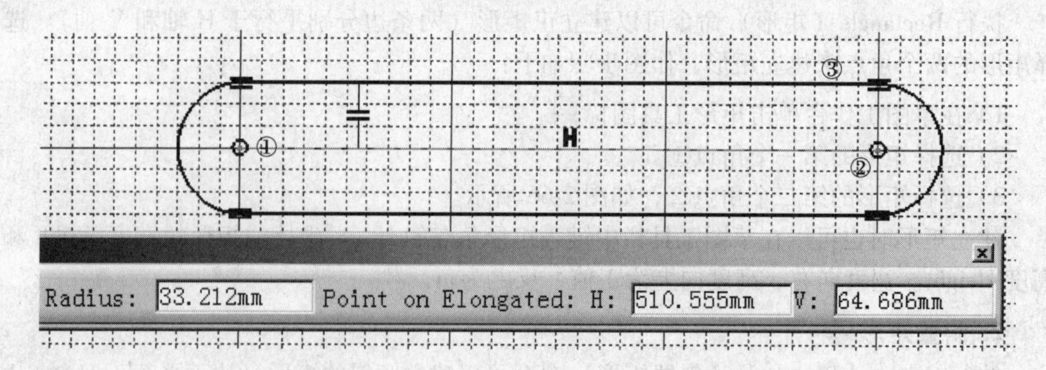

图 2-68

4. 弧形长孔

弧形长孔（Cylindrical Elongated Hole），也称为柱形长孔，是由四段弧组成的封闭轮廓。作图方法与长孔类似：依次选择弧形长孔中心线弧的圆心①、弧形长孔中线的起点②、弧形长孔中线的终点③，最后选择点④确定长孔宽度，也可以在草图工具栏中键入对应的参数，如图 2-69 所示。

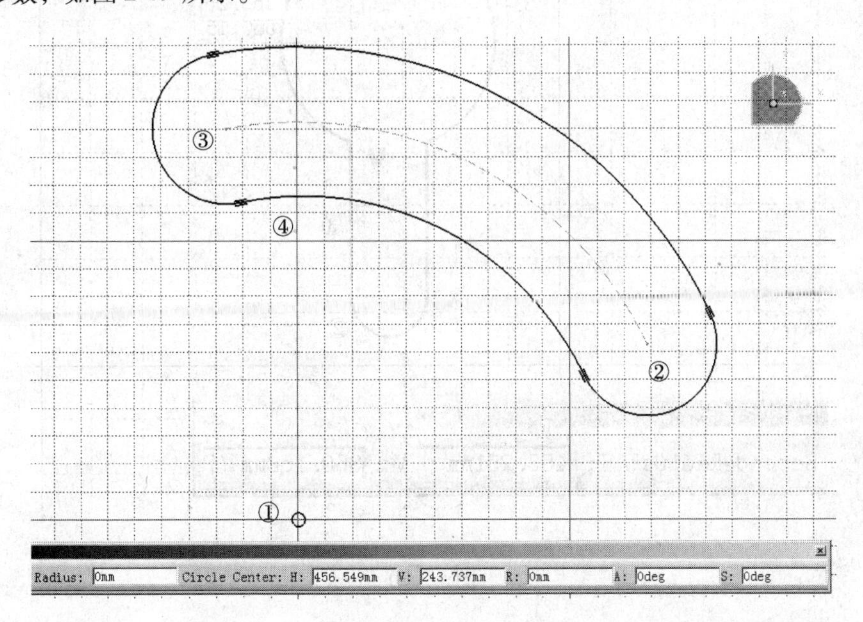

图　2-69

5. 钥匙孔

执行 Keyhole Profile（钥匙孔）命令可建立由二段圆弧和二段直线组成的钥匙孔形轮廓。作图方法是：先选择大弧圆心①和小弧圆心②，再选择确定小弧半径③，最后确定大弧半径④，也可以在草图工具栏中键入对应的参数，如图 2-70 所示。

6. 正六边形

用 Hexagon（正六边形）命令建立正六边形的步骤如下：

1）在草图平面单击六边形工具图标。

2）选择正六边形的中心点①，或在草图工具栏中键入中心点 H、V 坐标值。

3）选择六边形通过的一点②，或在草图工具栏中键入中心到边的距离 Dimension 及其角度 Angle，如图 2-71 所示。

7. 定心矩形

Centered Rectangle（定心矩形）命令与 Rectangle（矩形）命令类似，作图方法上的区别在于先选择矩形的中心①，再选择矩形的一个角点②，也可以用草图工具栏键入点的 H、V 坐标值、矩形的宽度（Width）和高度（Height）来确定矩形的位置和尺寸，如图 2-72 所示。

8. 定心平行四边形

定心平行四边形（Centered Parallelogram）是利用已有的两条线作为参照线作平行四边形，两条线的交点作为平行四边形中心，两边分别平行于这两条参考线，如图 2-73 所

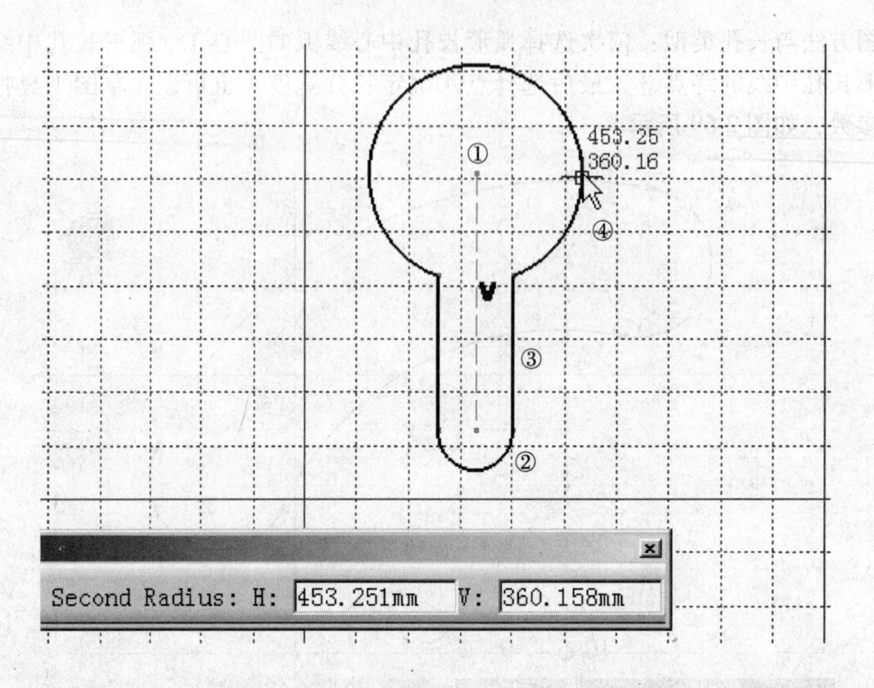

图 2-70

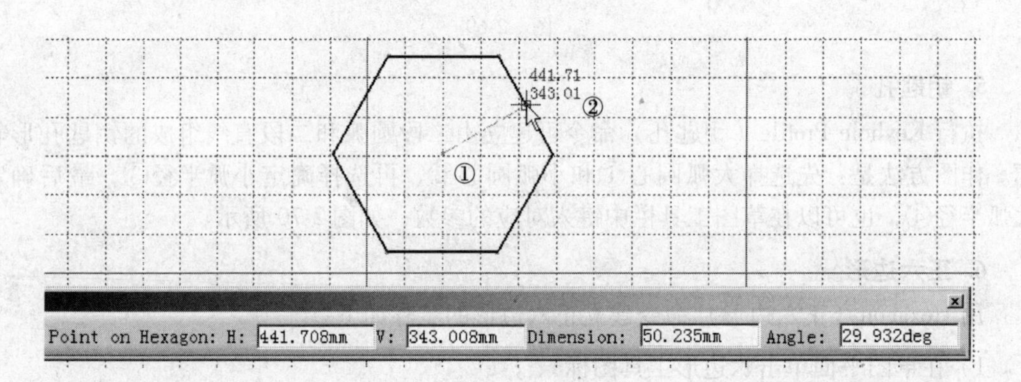

图 2-71

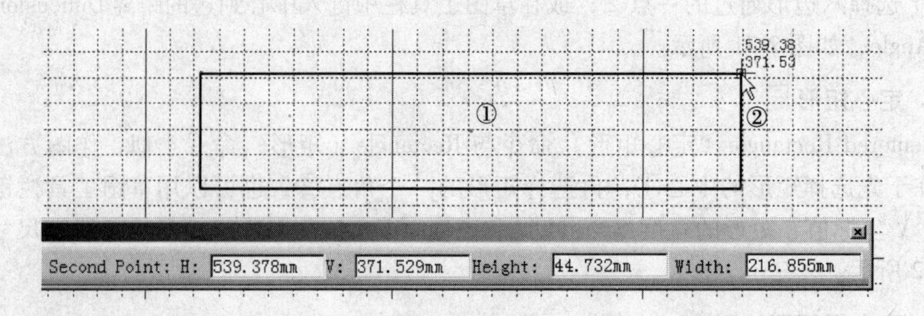

图 2-72

示。

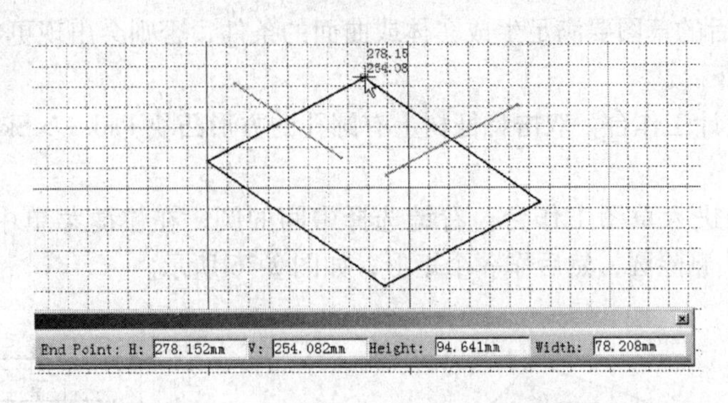

图　2-73

2.3.8　建立轴线

轴线是一种特殊的线，它不能直接作为草图轮廓，只能作为旋转实体或旋转曲面的旋转中心线。轴线不能转变为构造线，标准线可以转变为轴线，通常在一个草图中只能有一条轴线，如图 2-74 所示。

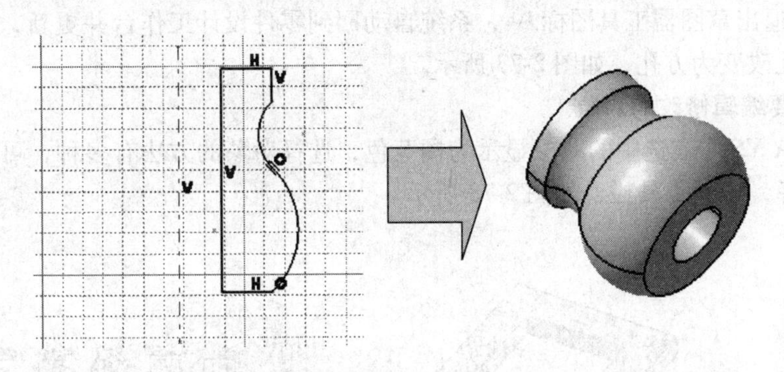

图　2-74

2.4　编辑修改草图

编辑和修改草图包括修改草图轮廓的形状或尺寸、为草图添加修饰（如倒角、圆角、修剪、断开等，这些操作也称为再限制操作）、移动和镜像等变换操作、求三维实体在草图平面的投影或截交线的操作，这里我们介绍一些选择对象的方法和工具。

2.4.1　修改草图轮廓

只要在树上能看到草图记录，就可以在任何时候编辑修改草图，编辑修改完成后退出草图工作台，系统会自动（或手动）更新你的设计，回到当前的工作环境。

1. 进入编辑修改草图环境

在任何一个工作台都可以修改草图，要修改某个草图，就在树上双击这个草图名称，这时系统自动进入草图工作环境，可以对草图进行各种编辑修改操作，你甚至可以把原来的草图全部删除，再重新绘制草图。退出草图设计工作台后，系统会按修改后的草图自动更新。修改后的草图要满足生成实体或曲面的条件，否则会出现更新错误。

操作步骤如下：

1）在零件设计工作台，双击特征树上有圆孔的方形凸块 Pad. 1 > Sketch. 1，如图 2-75 所示。

2）系统自动进入草图工作台，右键选择中间的圆，在快捷菜单中选择 Delete 命令（或按 Delete 键）删除圆，然后作一个矩形，如图 2-76 所示。

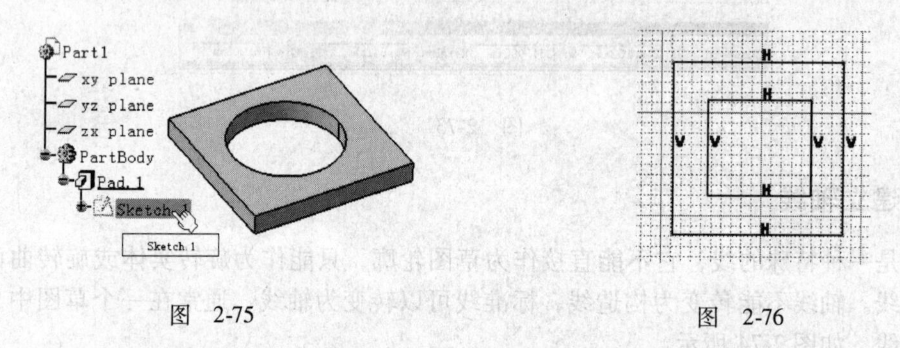

图 2-75　　图 2-76

3）单击退出草图器工具图标，系统自动回到零件设计工作台并更新，可以看到原来中间的圆孔改变为方孔，如图 2-77 所示。

2. 选择要编辑修改的对象

在 CATIA V5 中被选中的对象显示为橘黄色，选择对象的方法有多种，可以使用选择工具进行选择，选择工具栏，如图 2-78 所示。

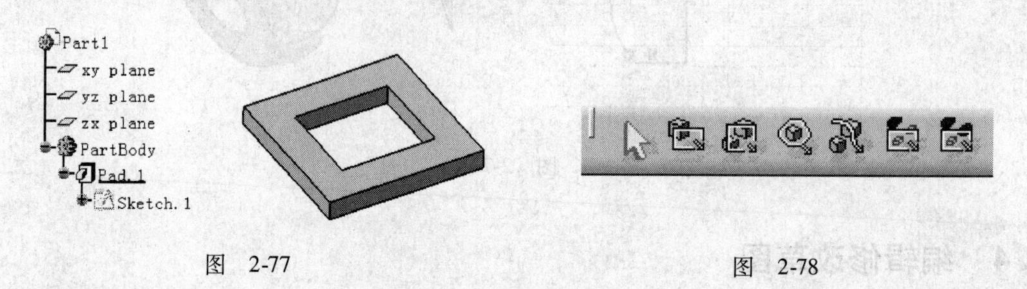

图 2-77　　图 2-78

（1）单选（默认）　单击选择一个对象，按 Ctrl 键可以重复选择称为复选。

（2）窗选（隐含）　拖动窗口选择对象，完全包含在窗口中的对象选中，如图 2-79所示。

（3）交叉窗选　拖动窗口选择对象，窗口内和与窗口相交的对象被选中，如图 2-79所示。

（4）多边形窗选　用鼠标点选，作多边形（选最后点时双击），包含多边形内的对象被选中，如图 2-80 所示，选中两条线和四个点。

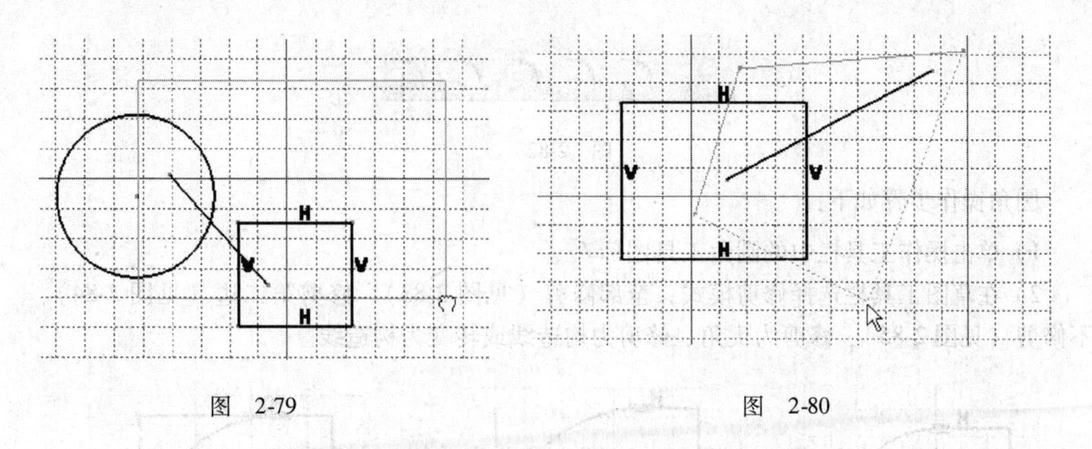

图　2-79　　　　图　2-80

（5）鼠标轨迹选择　在屏幕上拖动鼠标画出一条鼠标光标的轨迹线，被这条轨迹线穿过的对象被选中，如图2-81所示。

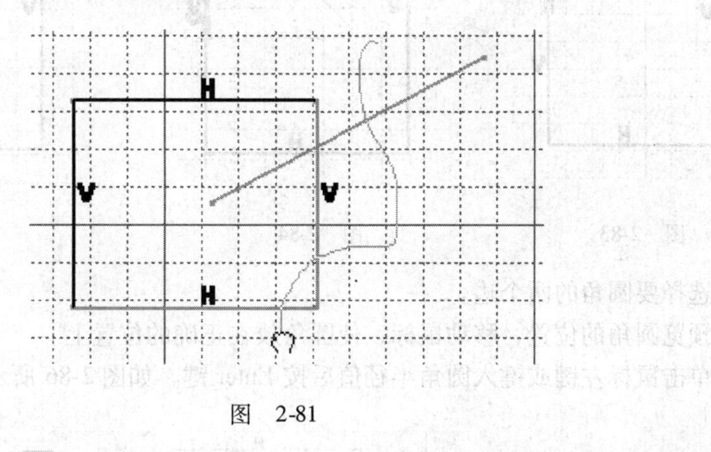

图　2-81

（6）窗口排除选择　与窗口选择相反，窗口外的对象被选中，完全包含在窗口中的对象不选中。

（7）交叉窗口排除选择　与交叉窗口选择相反，完全在窗口外的对象被选中，包含在窗口内和与窗口相交的对象不选中。

2.4.2　草图的再限制操作

所谓草图的Relimit（再限制）操作是指圆角、倒角、修剪和断开等操作，这些操作可以重新限制草图的轮廓形状。

需要说明的是，有些再限制操作命令在CATIA V5的草图中并不常用（比如倒角和圆角命令），因为在三维实体上倒角或圆角要比在草图轮廓上倒角或圆角更方便，修改也更容易。而修剪这类的命令，在绘制较复杂的草图轮廓时很有用，利用它们可以提高绘图效率。

1. 圆角

圆角命令在草图工具栏中有六个修剪模式选项：全部修剪、修剪第二边、不修剪、修剪为尖角、修剪为构造线和转变为构造线（见图2-82）。

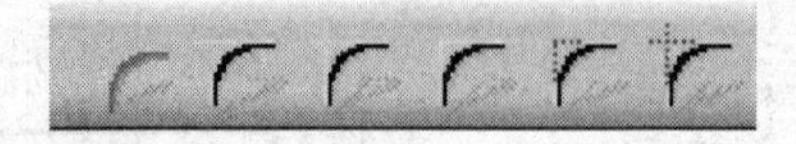

图 2-82

圆角操作步骤如下：

1）单击操作工具栏中的圆角工具图标。

2）在草图工具栏选择修剪模式：全部修剪（见图 2-83）、修剪第二边（见图 2-84）、不修剪（见图 2-85）、修剪为尖角、修剪为构造线或转变为构造线。

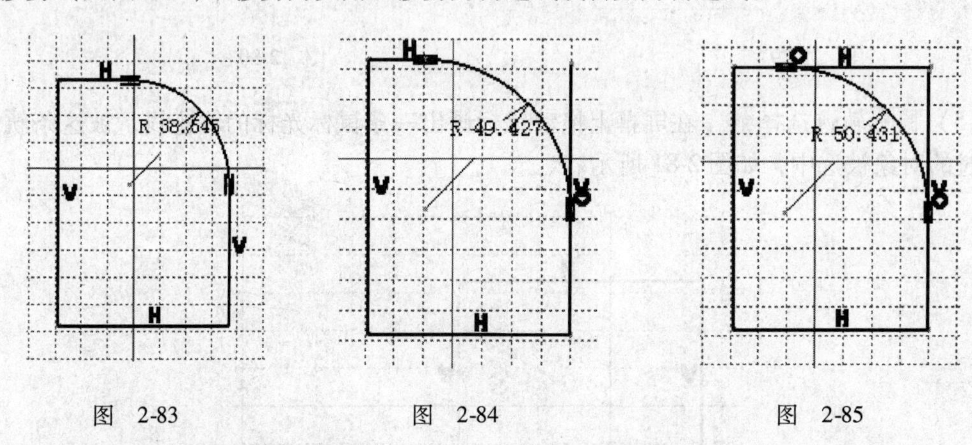

图 2-83　　图 2-84　　图 2-85

3）选择要圆角的两个边。

4）预览圆角的位置，移动鼠标，使圆角放在正确的位置上。

5）单击鼠标左键或键入圆角半径值后按 Enter 键，如图 2-86 所示。

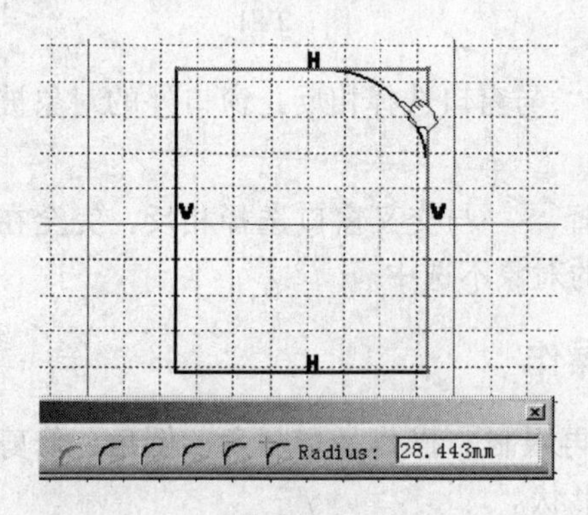

图 2-86

2. 倒角

倒角命令与圆角类似，有六种修剪模式（见图 2-87）：全部修剪、修剪第二边、不修剪、修剪为尖角、修剪为构造线和转变为构造线。另外倒角的尺寸标注有三种方式：角度与长度、边长与边长、边长与角度，分别如图 2-88、图 2-89、图 2-90 所示。

图 2-87

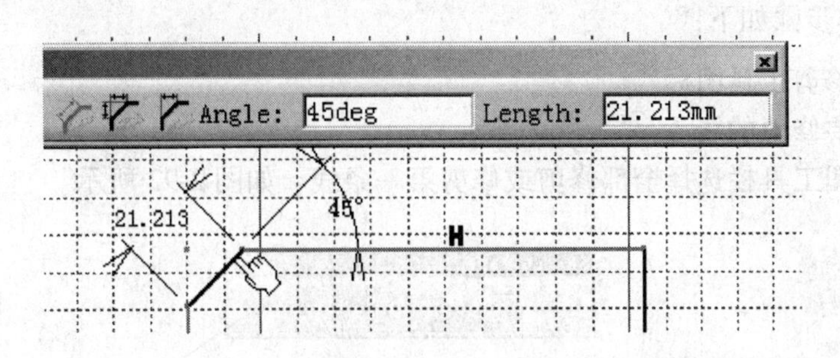

图　2-88

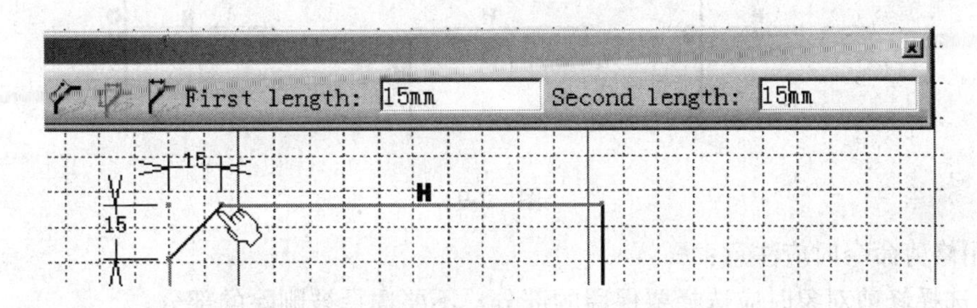

图　2-89

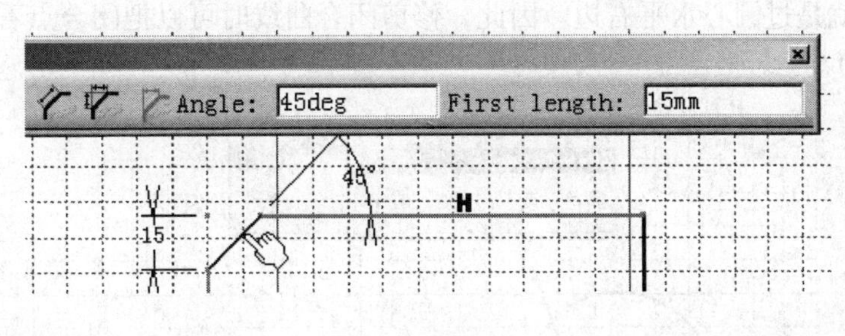

图　2-90

倒角操作步骤如下：

1）单击倒角工具图标。

2）在草图工具栏选择修剪模式。

3）选择第一倒角边和第二倒角边。

4）在草图工具栏选择尺寸标注方式。

5）拖动放置倒角位置，单击鼠标，或键入倒角尺寸后按 Enter 键。

3. 修剪

在修剪工具中包含有五个命令：修剪、断开、快速修剪、闭合和补余弧，如图 2-91 所示。

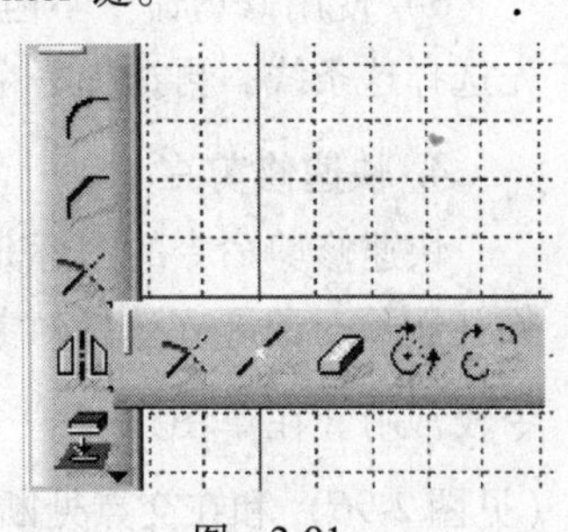

图　2-91

（1）修剪

执行修剪命令，可以在两条线的交点处将线断开为两部分并删除其中的一部分，这个命令在草图工具栏中有两个选项：全部修剪和修剪第一条线。

修剪操作步骤如下:

1）单击修剪工具图标。

2）选择要修剪的线。

3）在草图工具栏选择全部修剪或修剪第一条线，如图 2-92 所示。

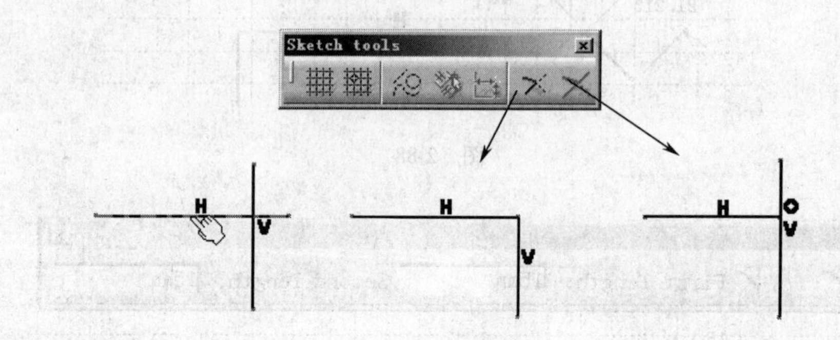

图 2-92

使用修剪命令时应注意：

1）选择修剪对象时应选择要保留的部分，不要选择被删除的部分。

2）当修剪的对象是圆或椭圆这类的闭合曲线时，应注意它们的闭合点通常在曲线的0°角方向，也就是过圆心水平右边。因此，修剪闭合曲线时可以把闭合点看作是曲线的端点（见图 2-93）。

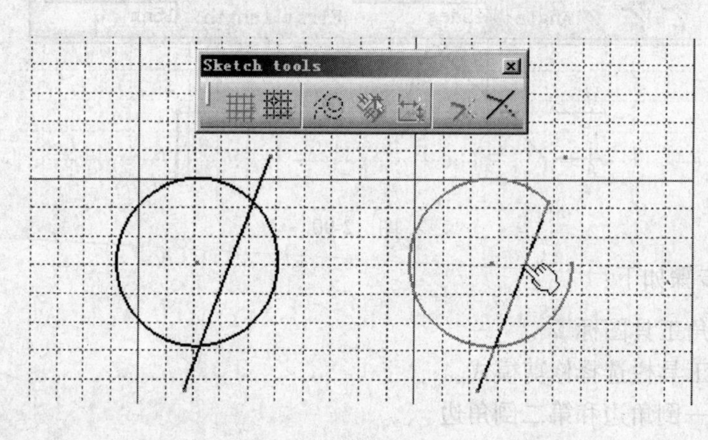

图 2-93

3）使用修剪命令不但可以修剪两条相交的线，也可以修剪一条线。如图 2-94 所示，先选择这条线，再选择一个修剪点即可。

4. 快速修剪

快速修剪命令的图标是一个橡皮，它能把对象的一部分修剪掉，但不能删除整个对象（删除对象要在选择对象后，单击右键选择 Delete 命令，或按键盘 Delete 键），这个命令较常用。在草图工具栏上有三个选项：修剪选择处（见图 2-95）、保留选择处（见图 2-96）和在交点处断开（见图 2-97）。

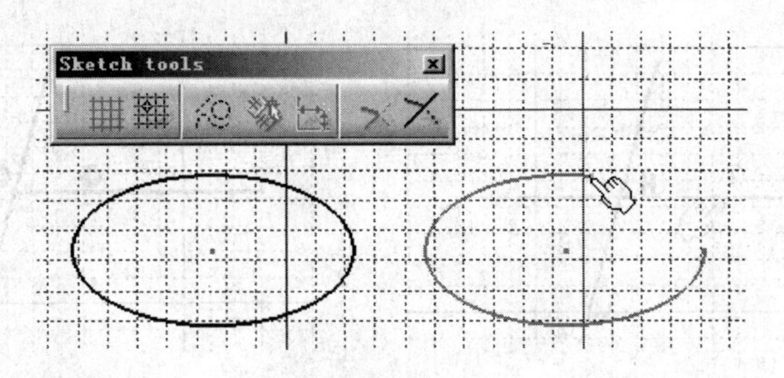

图 2-94

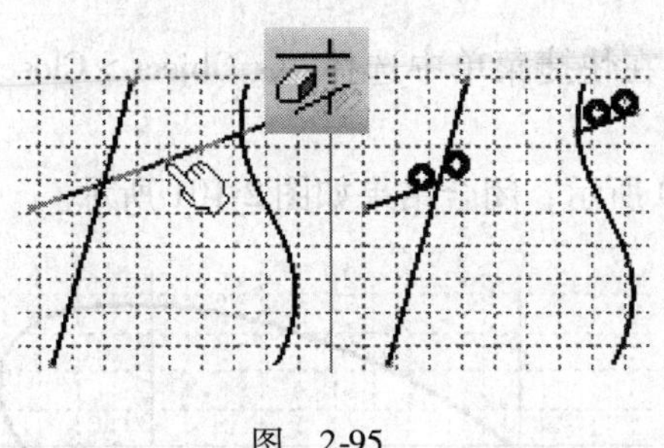

图 2-95

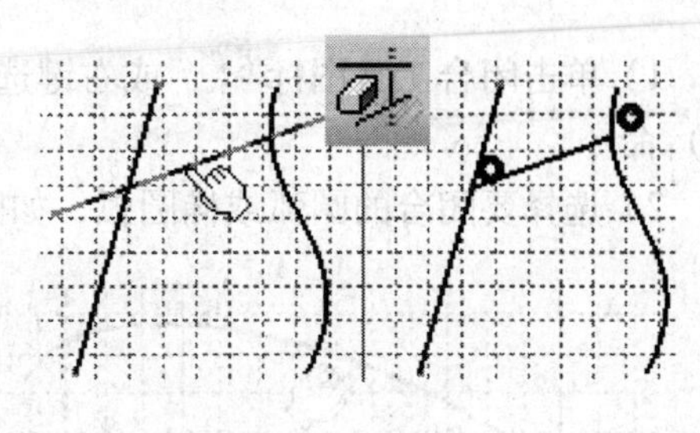

图 2-96

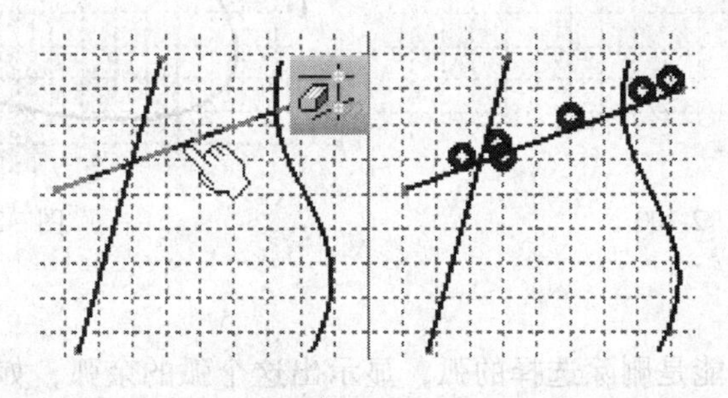

图 2-97

快速修剪操作步骤如下：

1）单击快速修剪工具图标。

2）选择快速修剪选项：修剪选择处、保留选择处或在交点处断开。

3）选择要修剪的对象，线即被断开。

5. 断开

使用断开命令可以把一条线断开为两部分，操作步骤如下：

1）单击断开工具图标。

2）选择被断开的线①，如图2-98所示。

3）选择断开的边界对象②，如图2-99所示。

6. 闭合

使用闭合命令可以把圆弧或椭圆弧闭合为圆或椭圆，操作步骤如下：

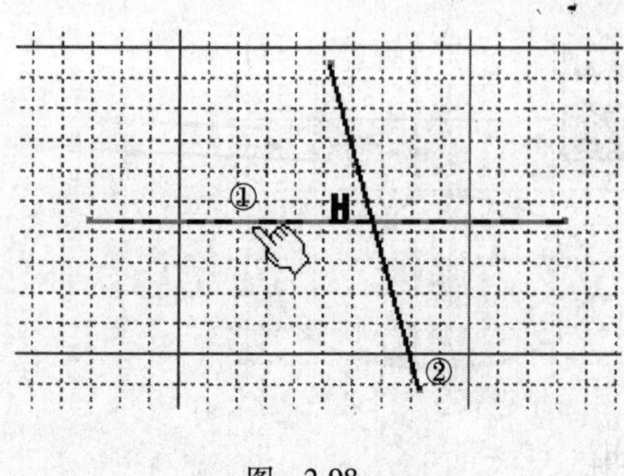

图 2-98

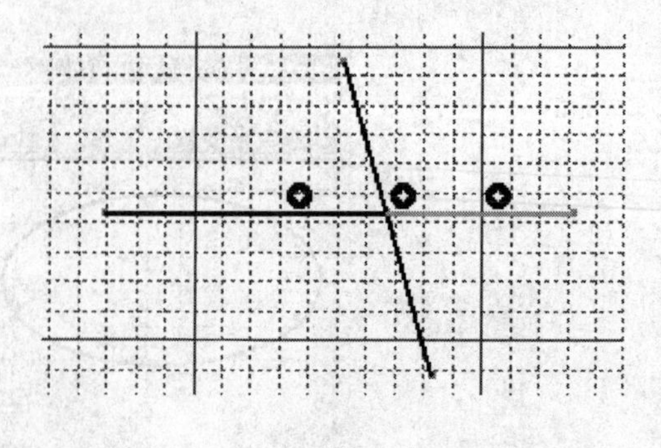

图 2-99

1）单击闭合工具图标，或右键选择弧，在快捷菜单中选择 xxx Object > Close（闭合）命令。

2）选择要闭合的圆弧或椭圆弧，如图 2-100 所示，闭合结果如图 2-101 所示。

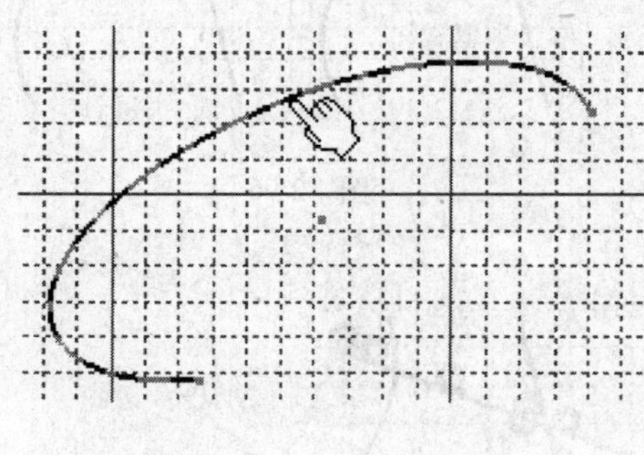

图 2-100

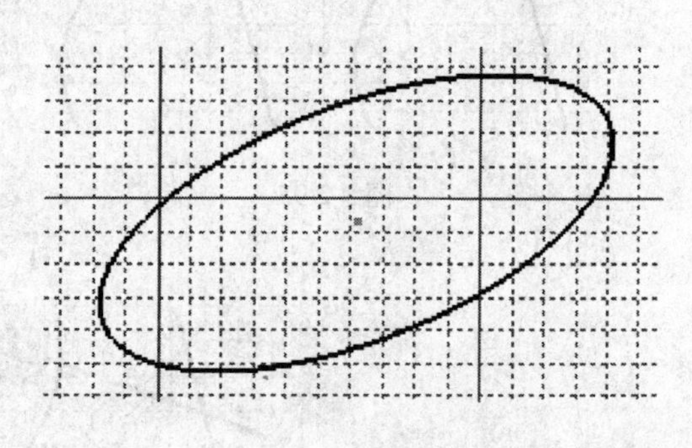

图 2-101

7. 补余弧

补余弧命令的功能是删除选择的弧，显示出这个弧的余弧，如图 2-102、图 2-103 所示。

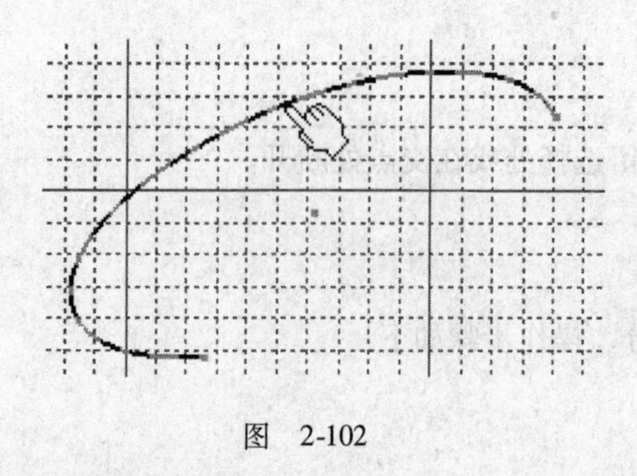

图 2-102

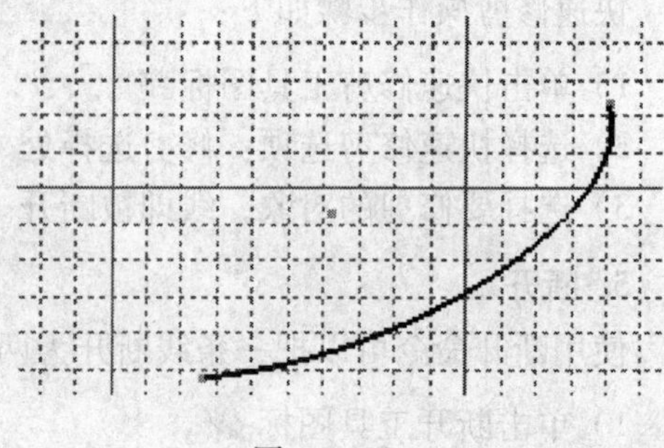

图 2-103

2.4.3 草图的变换操作

我们通常把草图的镜像、移动、旋转和比例缩放这类的操作，称为变换操作。在 CATIA V5 中这些变换操作都有重复复制功能，可以利用这些功能进行阵列操作。但是，在草图中这些变换操作并不常用，因为对实体或曲面进行变换操作更方便、更灵活也更直观，因此大多数的变换操作都是在实体设计或曲面设计中进行的，但有时在草图中使用变换功能可以帮助用户避免重复绘制草图，提高绘图效率。

1. 镜像和对称

镜像操作就是以一条镜像线为中心复制选择的对象，保留原对象；而对称是在镜像复制选择的对象后删除原对象。两个命令的操作方法相同，下面以镜像为例说明操作的步骤。

1）选择要镜像的对象△ABC（可以复选多个对象）。

2）在变换工具栏单击镜像工具图标。

3）选择镜像线$\overline{ab}$，镜像线可以是一条已有的直线，也可以是坐标轴V轴或H轴，如图2-104所示。

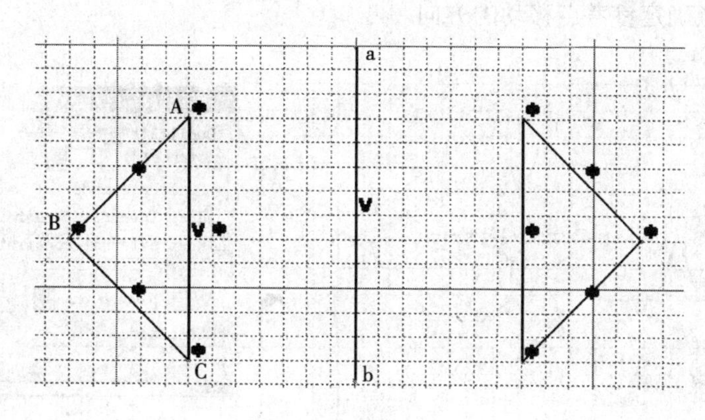

图　2-104

镜像或对称操作时应注意：

1）镜像或对称操作时可以先执行命令，也可以先选择对象。但是，如果先执行命令再选择对象，只能镜像一个对象；如果先选择对象，则可以选择多个对象（按Ctrl键选择或窗选等）进行镜像。

2）镜像操作时如果几何约束工具是打开的，系统会自动施加对称约束，这样当修改其中的一个对象时，它的对称图形会随着变化，并始终保持与之对称。如果镜像后删除了镜像线，对称约束会自动解除。

2. 移动

执行移动命令时，弹出Translation Definition（定义移动）对话框，在对话框中可以定义多重复制等多个选项，如图2-105所示。

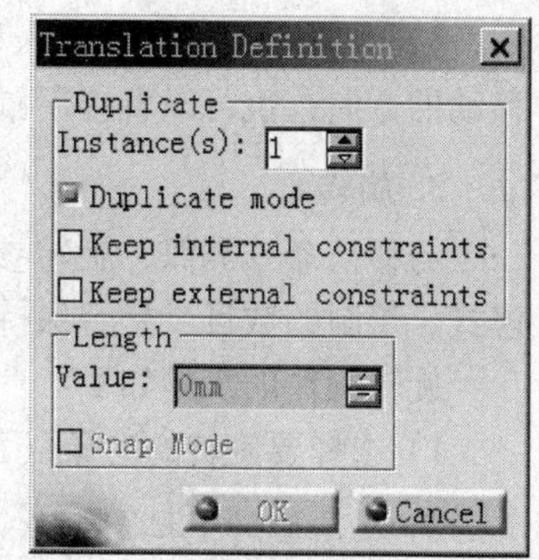

图　2-105

对话框选项说明如下：

（1）Instance（s）　复制对象的数目。

（2）Duplicate mode　是否用复制模式。“是”表示复制对象；“否”表示移动对象。

（3）Keep internal constraints　保持内部约束，保留被选

择对象间的内部约束。

（4）Keep external constraints　保持外部约束，保留被选择对象与其他对象间的外部约束。

（5）Value　移动的距离。

（6）Snap Mode　捕捉模式，用鼠标拖动来确定移动距离时会自动捕捉（默认捕捉间距是5mm）。

移动命令操作步骤如图2-106所示。

1）选择要移动的对象（可以复选）。

2）单击移动工具图标显示对话框。

3）选择移动对象时的参考点。

4）定义对话框，单击“OK”。

5）选择一点确定参考点移动的方向。

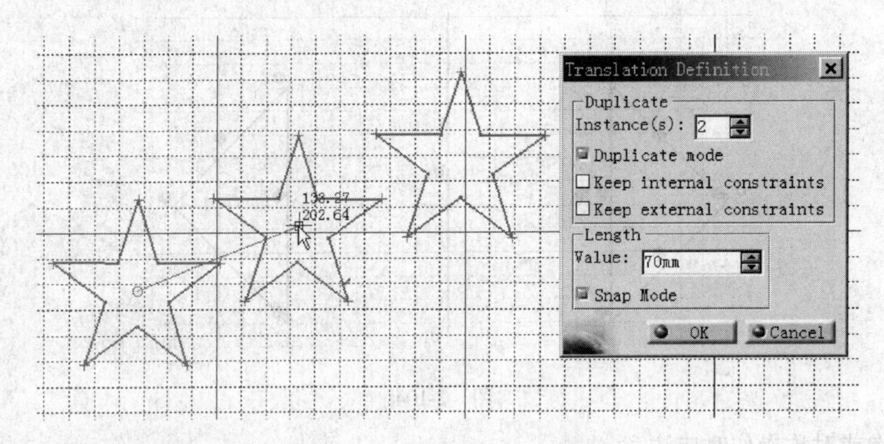

图　2-106

移动操作时应注意的问题如下：

1）移动操作时可以先执行命令或先选择对象。但是，如果先执行命令再选择对象时，只能移动一个对象；如果先选择对象；则可以选择多个对象（按 Ctrl 键选择或窗选等）进行移动。

2）移动时必须选择一个参考点。

3）如果在对话框中键入移动距离，单击“OK”关闭对话框，这时要用鼠标来确定移动的方向；也可以直接用鼠标确定移动的距离和方向。

3. 旋转

与移动命令类似，旋转参数也是用对话框来定义的，定义的参数包括：是否用复制模式、复制的数目、是否保持约束、旋转的角度等。

旋转操作的步骤如下：

1）选择要旋转的对象（可以复选）。

2）单击旋转工具图标显示旋转对话框。

3）选择旋转中心。

4）定义对话框中的参数。

5）单击“OK”即建立旋转操作，如图2-107所示。

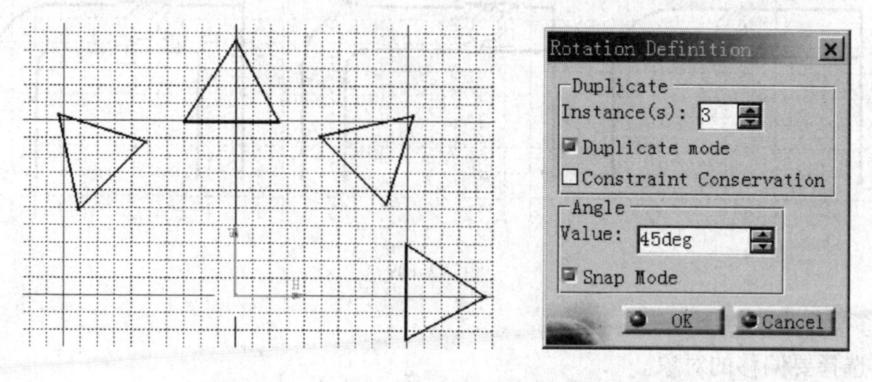

图 2-107

4. 比例缩放

用这个命令可以按比例缩放被选择的对象，缩放时可以选择：是否复制、复制的数目、是否保持约束、缩放的比例系数（系数大于1是放大，小于1是缩小）。

缩放操作步骤如下：

1）选择要缩放的对象（可以复选）。

2）单击缩放工具图标显示缩放对话框。

3）选择一个缩放中心点。

4）定义对话框中的参数（选择复制模式、保持约束、缩放比例系数等，或用鼠标拖动来确定缩放比例系数）。

5）单击“OK”，即完成缩放，如图2-108所示。

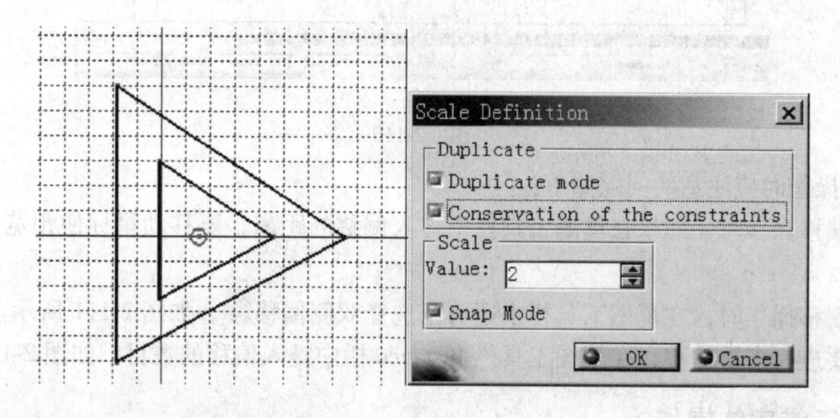

图 2-108

2.4.4 偏移操作

偏移操作就是绘制选择草图轮廓的等距线，偏移时在草图工具栏可以确定被选择对象的3种延续方式：不延续、相切延续和点连续延续，如图2-109所示。

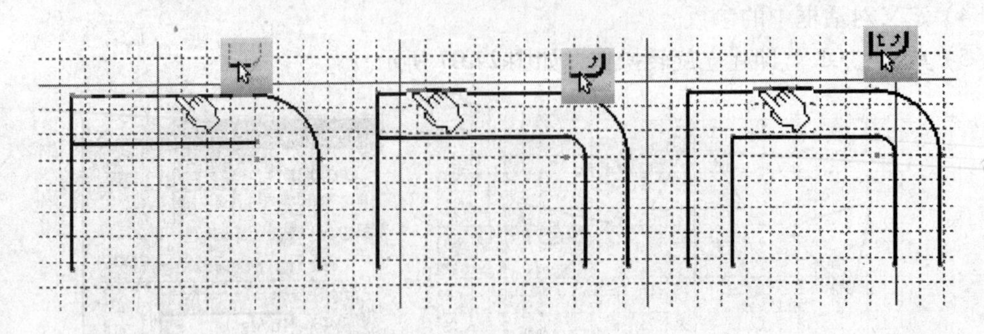

图 2-109

偏移操作步骤如下：

1）选择要偏移的对象。

2）单击偏移工具图标。

3）在草图工具栏上选择对象延续方式来确定选择对象相邻的草图元素是否被选中，可以选择不延续、相切延续和点延续。

4）选择偏移对象通过的一个点，或在草图工具栏 Offset 栏中键入偏移量，如图 2-110 所示。

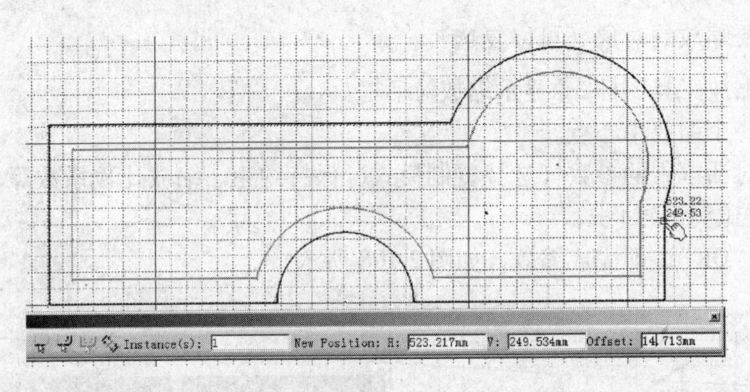

图 2-110

偏移操作时应注意的问题如下：

1）偏移操作时，如果在草图工具栏中键入偏移的距离，要移动鼠标使预览图形在正确的一侧。

2）偏移操作时，在草图工具栏中还可以选择双侧偏移，如图 2-111 所示。

3）要进行多重偏移，在草图工具栏 Instance 栏中键入偏移的数目，如图 2-112 所示。

2.4.5 三维实体操作

三维实体操作的工具包括：求三维对象在草图平面上的投影、三维对象与草图平面的截交线和三维实体外廓在草图平面上的投影。通过投影或截交得到的草图（默认用黄色显示）与三维对象保持链接关系，在切断这些链接前对象是不能修改的；如果修改了三维对象，则投影得到的草图会随着更新。

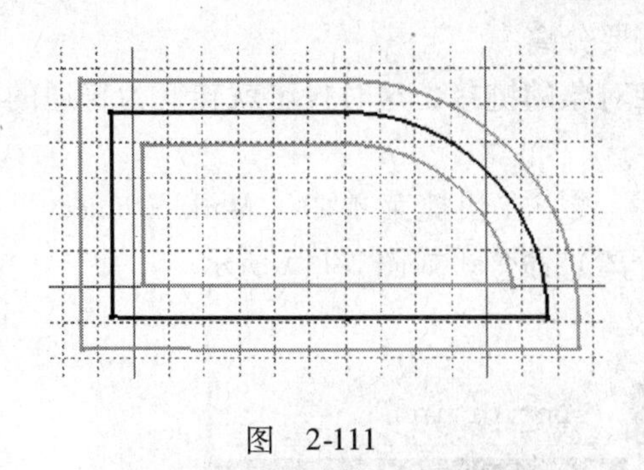

图 2-111

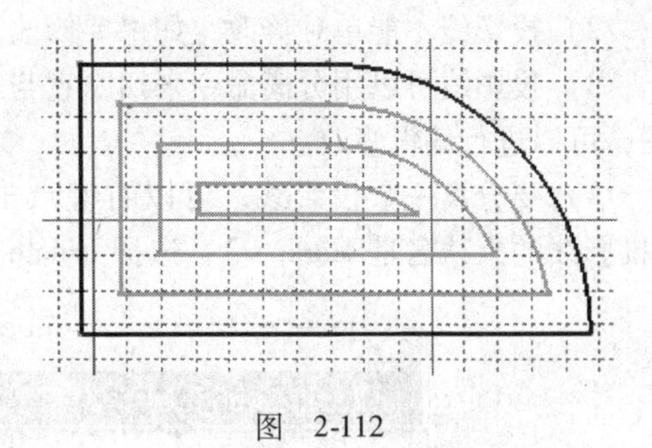

图 2-112

1. 投影三维对象

就是把离开草图平面的三维实体的棱边或面，向草图平面作正投影，在草图平面上得到（棱边的）投影线或（面的）边界线。这个功能对按装配关系来设计零件的情况，非常有用。比如图2-113中的两个配合零件，盘形件上孔的草图轮廓就是用轴的端面投影得到的。这样当轴的截面尺寸变化时，孔的尺寸也会随着变化。

图 2-113

投影操作步骤如下：

1）选择离开草图平面的三维实体的边或面（可复选）。

2）单击投影工具图标，在草图平面上得到黄色的投影草图，如图2-114所示。

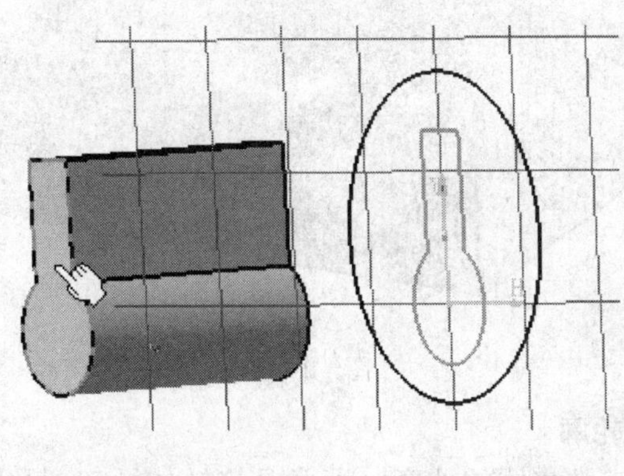

图 2-114

投影操作时应注意的问题如下：

1）投影线可以作为闭合草图轮廓的一部分使用。

2）投影线不能单独修改，如果要修改，需要分离。

3）投影线可以用分离命令来切断它与三维对象的链接，这时投影就转变为普通的草图，可以进行编辑修改。

4）要分离一个投影线，可以右键点击投影线，在快捷菜单中“Mark. x object”下（投影线的默认名是 Mark. x），选择 Isolate（分离）命令，如图 2-115 所示。

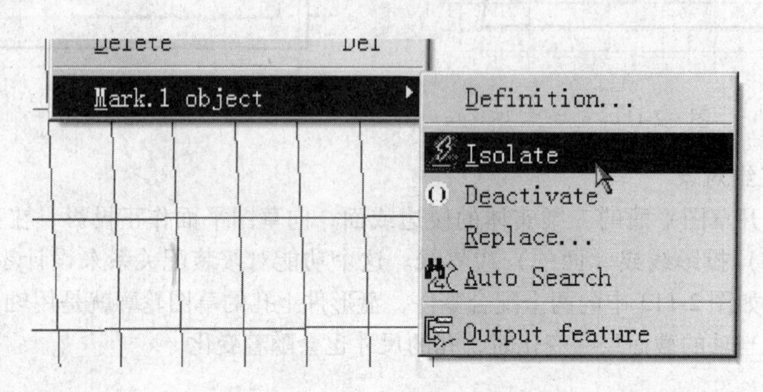

图 2-115

2. 三维对象的截交线

所谓截交线就是穿过草图平面的面（或线），在草图平面上得到的线（或点）。曲面（或平面）与草图平面的截交得到曲线（或直线）；线与草图平面截交得到一个点。得到的截交草图与三维实体保持链接关系，可用右键快捷菜单选择分离。

截交操作步骤如图 2-116 所示：

1）选择要截交的面或线（可复选）。

2）单击截交工具图标。

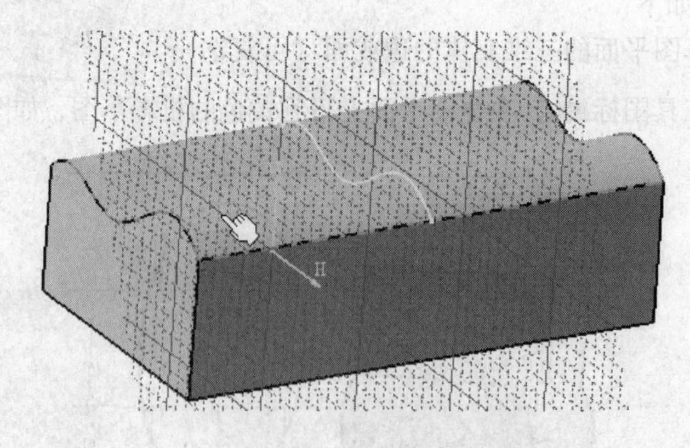

图 2-116

3. 投影三维实体的轮廓

用这个命令可以把三维实体的外廓（通常是旋转体）正投影到草图平面，作为草图轮廓的一部分，投影得到的草图与三维实体保持链接，可在右键快捷菜单中选择分离命令。需要注意的是，在目前的软件版本中只能用轴线平行于草图平面的规则曲面建立轮廓投影。

轮廓投影操作步骤如下：

1）选择要投影的曲面或实体表面（可复选）。

2）单击轮廓投影工具图标，结果如图 2-117 所示。

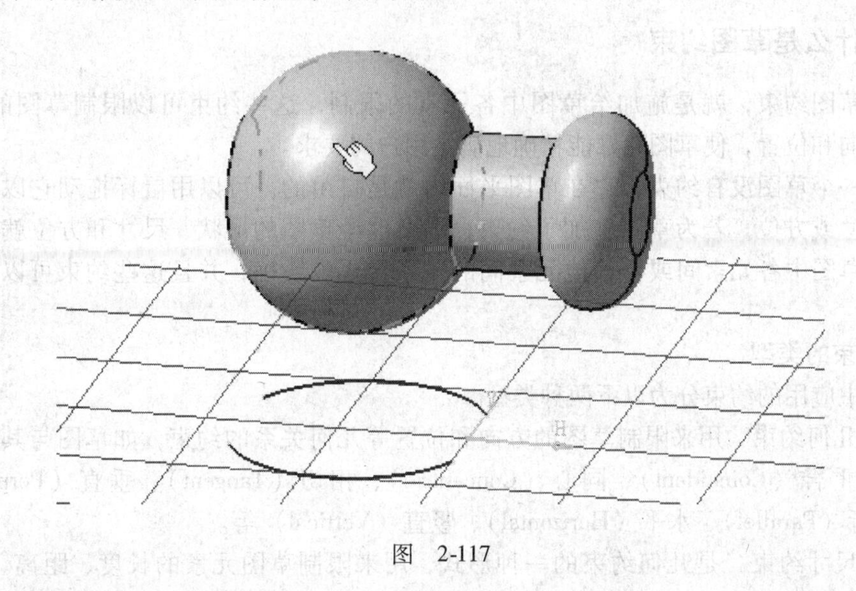

图　2-117

2.4.6　编辑投影和截交线

1. 修改投影关系

在草图工作台双击投影线，投影的三维参考对象会被加亮显示，这时可以选择其他参考对象来代替投影参考对象，相应的投影草图会随着改变，如图 2-118、图 2-119 所示。

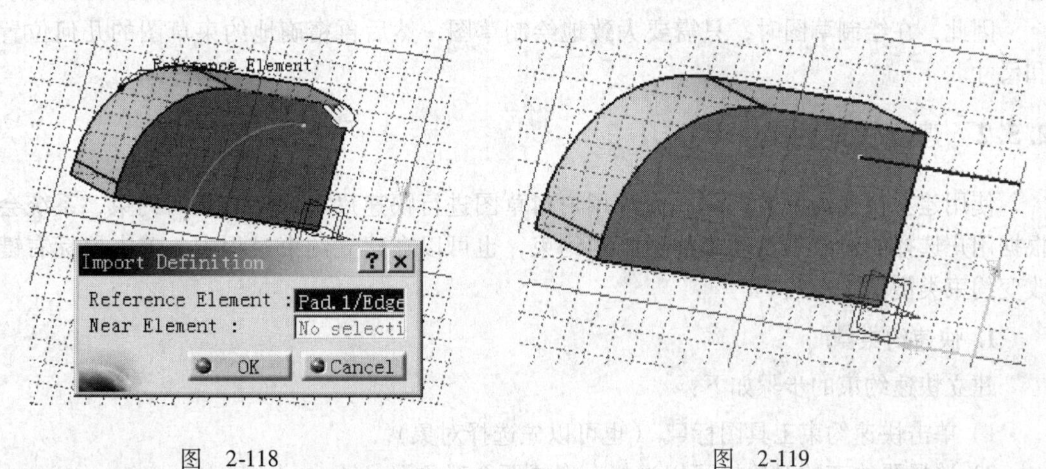

图　2-118　　　　图　2-119

2. 将投影或截交线修改为构造线

选择投影或截交线，在草图工具栏单击构造线工具图标，投影即改变为构造线。

3. 删除投影或截交线

删除投影或截交线，与删除草图的操作方法相同。可以选择（可复选）投影或截交线，单击鼠标右键，在快捷菜单中选择 Delete 命令，或按键盘的 Delete 键。

2.5 建立草图约束

2.5.1 什么是草图约束

所谓草图约束，就是施加给草图中各元素的限制，这些约束可以限制草图的形状、尺寸、方向和位置，使草图轮廓能精确地满足用户的要求。

如果一个草图没有约束，它在草图平面内就是自由的，可以用鼠标拖动它以改变其形状、尺寸或方位。若为草图施加了约束，那么这个草图的形状、尺寸和方位就会被确定，同时草图中各元素间或与其他元素间的关系会更加明确，并且这些约束可以方便地修改。

1. 约束的类型

草图中应用的约束分为以下两种类型。

（1）几何约束　用来限制草图的方向和位置等几何关系的约束，如草图与其他几何元素间的重合（Coincident）、同心（Concentric）、相切（Tangent）、垂直（Perpendicular）、平行（Parallel）、水平（Horizontal）、竖直（Vertical）等。

（2）尺寸约束　是几何约束的一种形式，用来限制草图元素的长度、距离、半径、角度等。

2. 草图关系

所谓草图关系，就是草图与其他几何元素建立的约束关系，这些元素可以是其他草图、坐标轴、实体的边等。一般来说，在 CATIA V5 中只要空间的几何体可见，就可以用它来约束草图。

因此，在绘制草图时，只需要大致地绘制草图，然后再精确地约束草图的几何位置和尺寸。

2.5.2 建立快速约束

使用建立快速约束工具，允许用户对草图进行快速尺寸约束或几何约束，系统会根据用户选择的对象来自动施加适当的约束，也可以在建立约束过程中，单击鼠标右键改变约束类型。

1. 快速约束

建立快速约束的步骤如下：

1）单击快速约束工具图标（也可以先选择对象）。

2）选择要约束的对象（可以选择一个或两个对象）。

3）如果自动标注的约束不是你想要的，单击鼠标右键，在快捷菜单中选择要标注的约束类型。

4）单击选择尺寸线放置的位置，如图 2-120、图 2-121 所示。

快速约束要注意的问题如下：

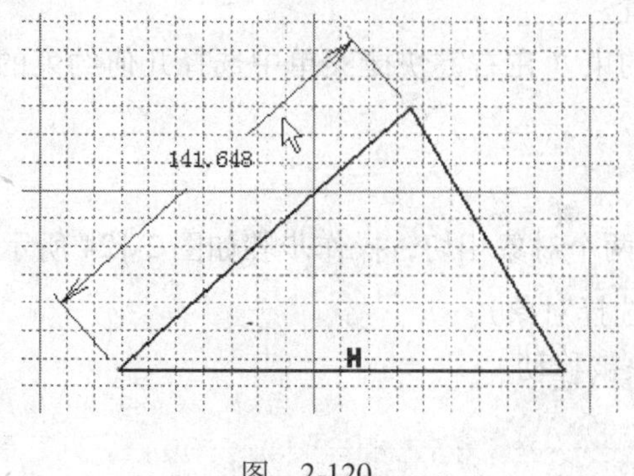

图 2-120

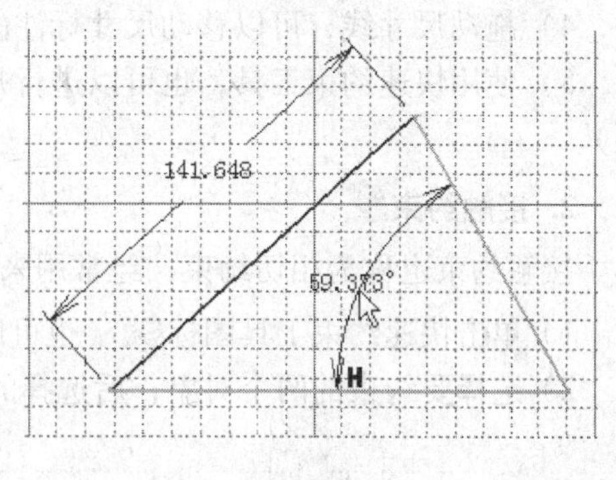

图 2-121

1）如果要标注其他约束类型，可以在选择标注对象后单击鼠标右键，从快捷菜单中选择要标注的约束类型，如图 2-122 所示。

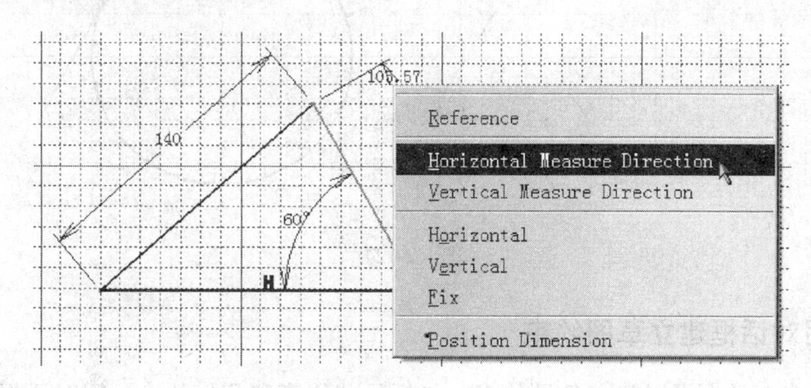

图 2-122

2）要修改尺寸约束，就双击标注的约束，在对话框 Value 栏中修改尺寸值，如图 2-123所示，改变值后，单击“OK”，几何对象会随之改变。

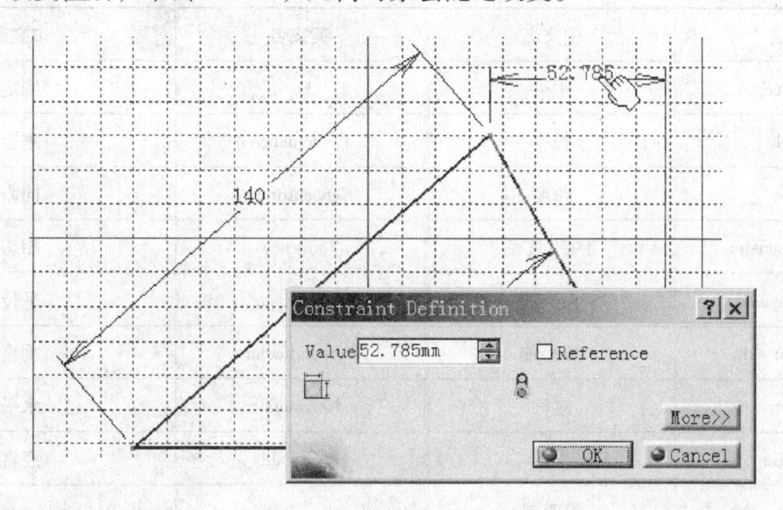

图 2-123

3）单击对话框中“More”按钮，可以替换被标注的对象。

4）拖动尺寸线，可以移动尺寸标注的位置。

5）使用快速约束工具，也可以进行几何约束（在右键快捷菜单中选择几何约束的类型）。

2. 接触约束

接触约束也称为相切约束，经常用来约束两个对象相切，操作步骤如图 2-124 所示。

1）单击快速约束工具图标（也可以先选择对象）。

2）选择要约束的两个对象，后选择的对象被移动。

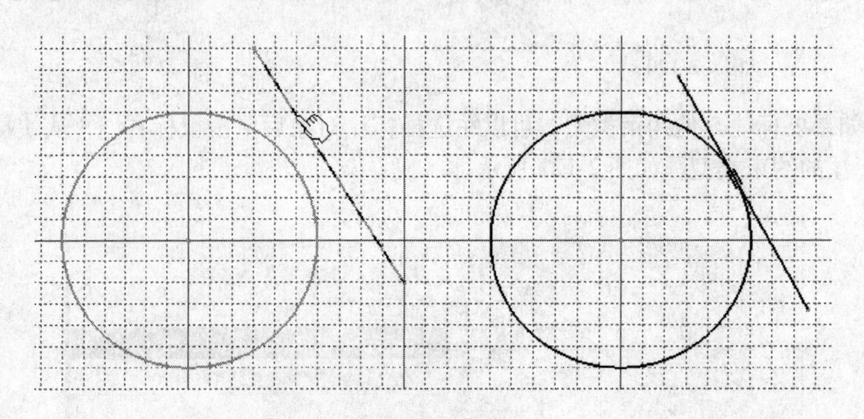

图 2-124

2.5.3 用对话框建立草图约束

利用约束对话框可以建立各种约束，包括尺寸约束和几何约束。用对话框建立约束时必须先选择对象（选择多个对象时，按 Ctrl 键复选），再执行命令。约束类型见表 2-2。

表 2-2 约束的类型

英文名	中文名	英文名	中文名
Distance	距离	Fix	固定
Length	长度	Coincidence	重合
Angle	角度	Concentricity	同心
Radius/Diameter	半径/直径	Tangency	相切
Semimajor axis	长半轴	Parallelism	平行
Semimanor axis	短半轴	Perpendicular	垂直
Symmetry	对称	Horizontal	水平
Midpoint	中点	vertical	竖直
Equidistant point	等距点		

不同的约束类型，需要选择的对象数也不同，表 2-3 列出了选择对象的数目与约束的

类型。

表2-3　选择对象数与对应的几何约束

几 何 约 束	
选择对象数	对应的几何约束
一个对象	固定（Fix） 水平（Horizontal） 竖直（Vertical）
二个对象	重合（Coincidence） 同心（Concentricity） 相切（Tangency） 平行（Parallelism） 垂直（Perpendicularity） 中点（Midpoint）
三个对象	对称（Symmetry） 等距点（Equidistant Point）
尺 寸 约 束	
一个对象	长度（Length） 半径/直径（Radius/Diameter） （椭圆）长半轴（Semimajor axis） （椭圆）短半轴（Semiminor axis）
两个对象	距离（Distance） 角度（Angle）

例如，约束两个点重合，操作步骤如下：

1）选择线的一个端点①，再按住 Ctrl 键选择另一条线的端点②。

2）单击约束对话框工具图标，在对话框中选择重合复选框，如图 2-125 所示。

3）单击“OK”，点①、点②重合，如图 2-126 所示。

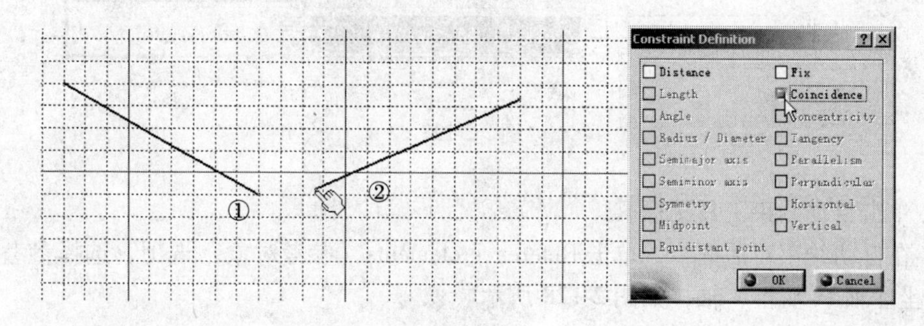

图　2-125

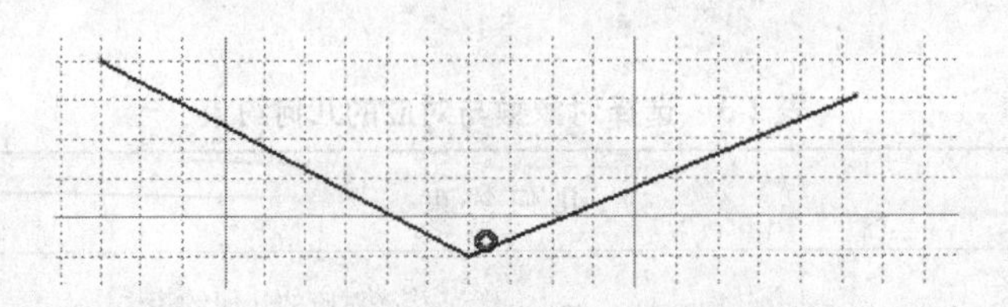

图 2-126

常用的约束符号见表2-4。

表2-4 常用约束符号

符　号	约束类型	符　号	约束类型
∟	垂直	⚓	固定
◎	重合	//	平行
V	竖直	R25/D50	半径/直径
H	水平	D50	长度/距离/角度

2.5.4 自动约束

使用自动约束工具，可以对选择的对象进行自动约束。自动约束草图的步骤如下：

1）选择要约束的对象。如果要选择一个草图轮廓，可以使用自动搜索工具，方法是在草图轮廓上单击鼠标右键，选择 xxx Object > Auto Search，如图2-127所示，这时草图轮廓被选中。

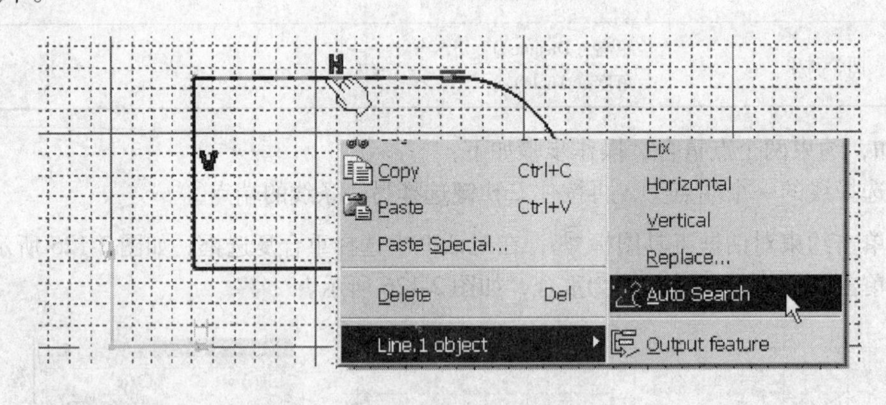

图 2-127

2）单击自动约束工具图标。

3）在自动约束对话框中，单击 Reference elements（参考对象）选项，选择参考对象，可选择坐标轴 H 轴和 V 轴，如图2-128所示。

4）单击“OK”，约束建立，如图2-129所示。

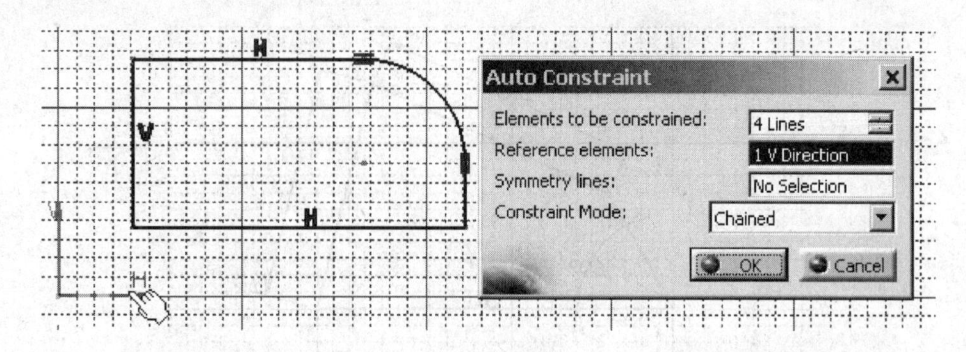

图　2-128

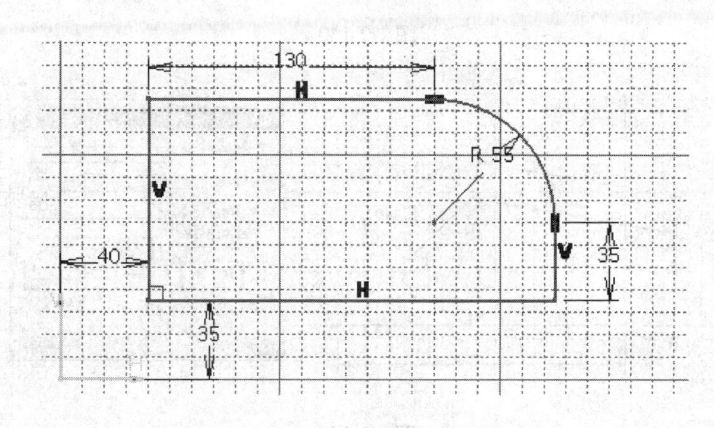

图　2-129

2.5.5　建立变量约束

变量功能可以为约束设置一个变化范围，约束可以在给定的范围内按设定的步长变化，这个功能对于草图的约束没有多少实际意义，但在进行机构设计中探索机构设计方案时，会有很大的帮助。

例如，要设计一个铰链四杆机构，各构件的尺寸确定后，可以为曲柄的角度施加一个变量约束，角度的变化范围规定为10°~160°，变化步数为20。单击播放按钮，约束在给定的范围内变化，就可以观察机构的运动情况。验证机构的设计方案是否合理，有无干涉等，操作步骤如下：

1）绘制机构草图并施加必要的约束，如图2-130所示。

2）选择角度约束60°，单击变量约束工具图标。

3）在对话框中设置角度起始值（first value）10°，终止值（Last value）160°，变化步数为20。

4）选择播放方式选项：单向播放、循环一周、反复循环播放、反复单向播放。

5）单击向前播放、向后播放、暂停或停止，来控制播放状态，如图2-131所示。

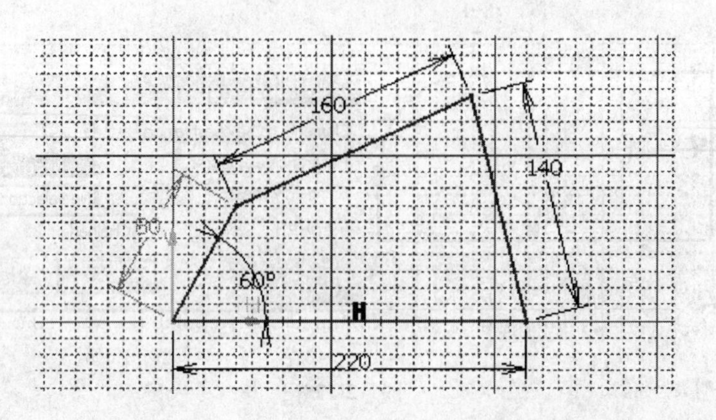

图 2-130

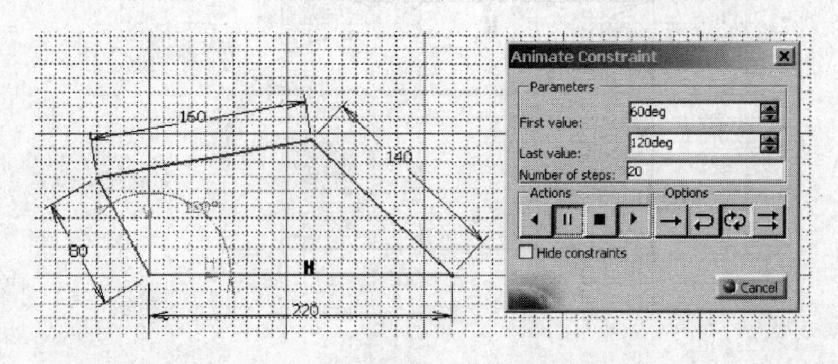

图 2-131

2.5.6 草图的约束状态

约束草图的目的是使草图有准确的尺寸和位置，草图在约束后不能重复或有矛盾。草图约束有以下四种约束状态。

（1）欠约束（Under-Constrained） 即约束不足，图 2-132 中竖直边（或斜边）未约束，会显示为白色。

（2）全约束（Iso-Constrained） 全部草图会显示为绿色（见图 2-133）。

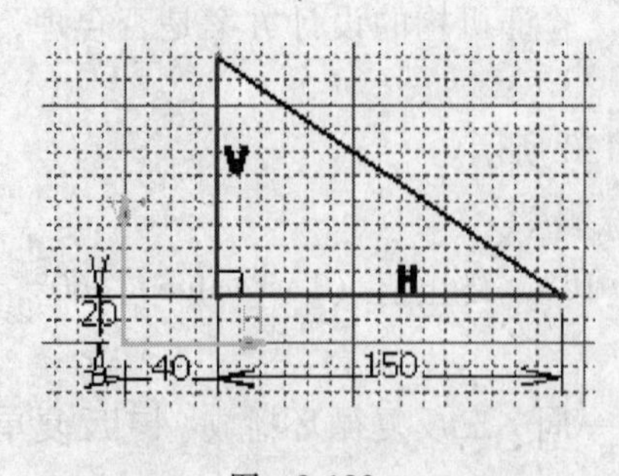

图 2-132

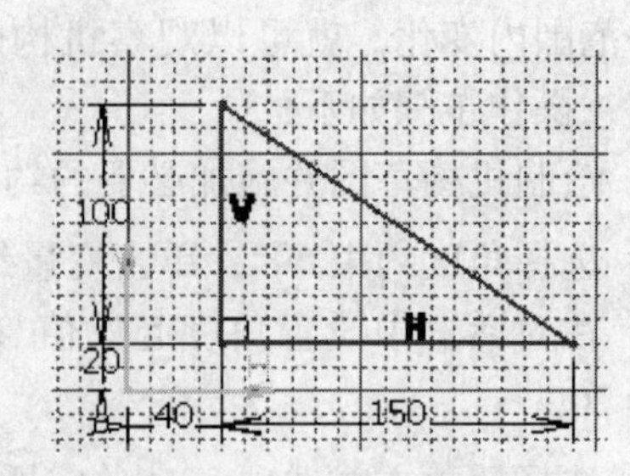

图 2-133

（3）过约束（Over-Constrained） 如图 2-134 所示，斜边（或直角边）的约束是多余的，会显示为品红色。

（4）错误约束（Inconsistent Element）　三角形的两斜边长度为50，底边的长度不能大于100。因此，即使修改底边长度为120，草图的尺寸也不会发生变化，会显示为红色，表示约束错误（见图2-135）。

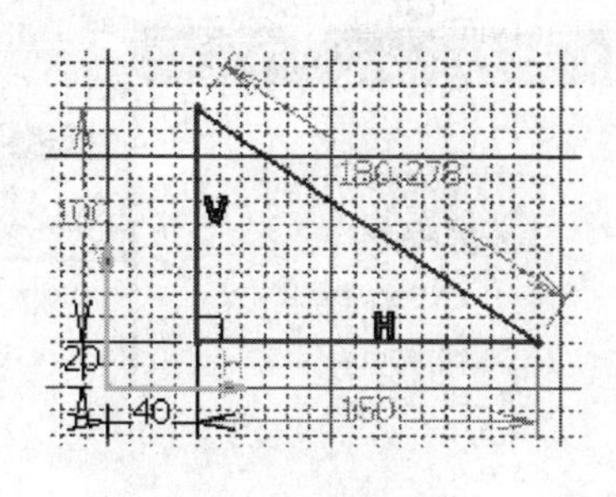

图　2-134

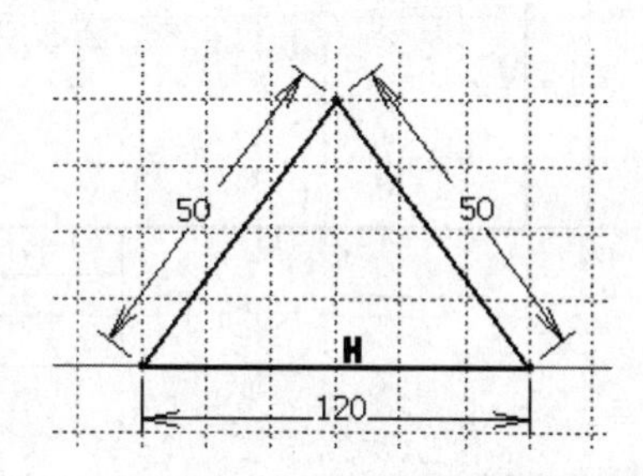

图　2-135

系统用不同的颜色来区别显示约束状态：欠约束草图呈白色，全约束草图呈绿色，过约束草图呈品红色，错误约束的草图呈红色。只有欠约束和全约束的草图才能生成实体或曲面，过约束和错误约束的草图是无效的草图。当退出草图工作台时，系统会显示警告（见图2-136），提示这个草图是一个无效草图，这时屏幕上不显示草图。

解决过约束的方法是删除多余的约束；纠正错误约束的方法是找到有逻辑错误的约束，删除它后再施加正确的约束。

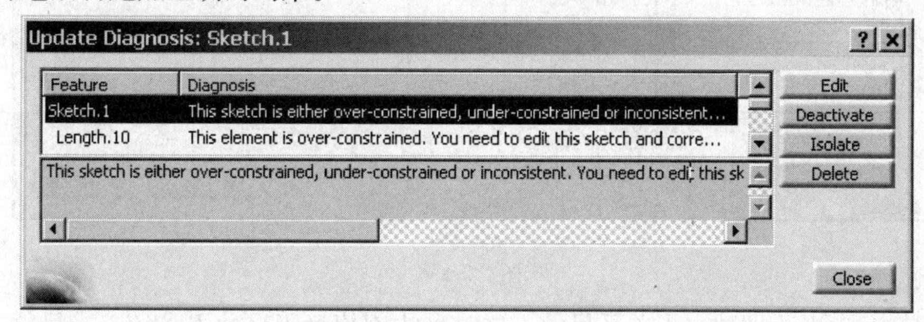

图　2-136

2.5.7　建立关系尺寸

依赖于其他尺寸某种特定关系的尺寸称为关系尺寸，即关系尺寸是其他某些尺寸的函数。在CATIA V5中，这种关系不仅可以依赖于其他尺寸，也可以依赖于其他参数（如：力、时间、材料特性等）。

假定尺寸$B=40$，尺寸$C=20$，尺寸$A=B+C/2$，则尺寸A就是尺寸B和尺寸C的关系尺寸（见图2-137），当尺寸B或尺寸C改变时，尺寸A会随之变化。建立关系尺寸的步骤如下：

1）双击关系尺寸A，在约束定义对话框中的Value（尺寸值）文本框中单击右键，在快捷菜单中选择“Edit Formula...”（编辑公式），如图2-137所示。

2）在函数编辑器中为尺寸A建立关系；选择尺寸B，键入“+”号，再选择尺寸C，键入“/2”，如图2-138所示。

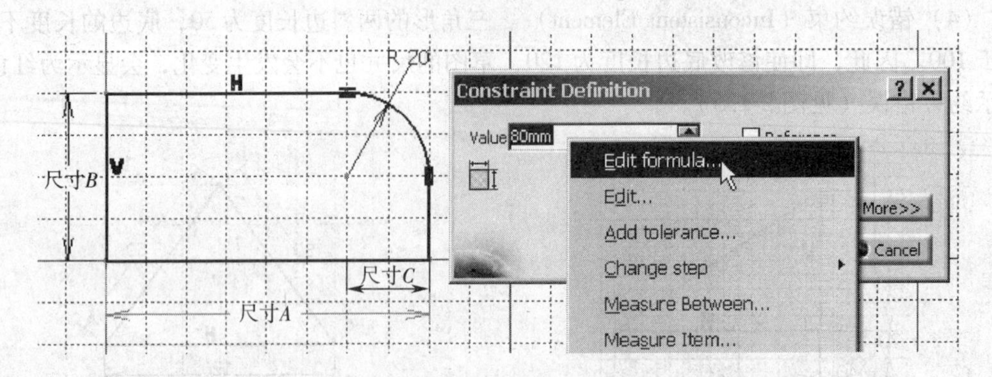

图　2-137

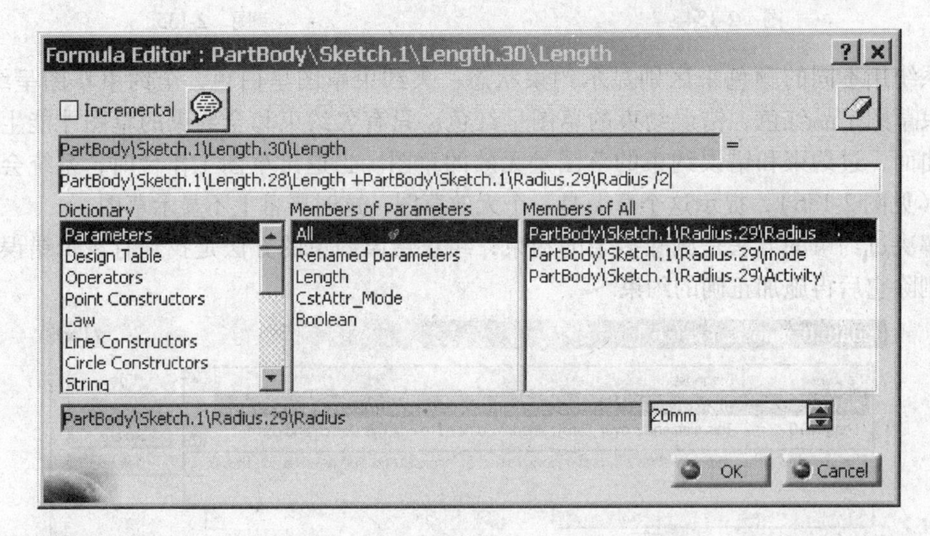

图　2-138

3）单击“OK”即建立了关系尺寸，这时尺寸 A 依赖于尺寸 B 和 C，当尺寸 $B=40$、尺寸 $C=20$ 时，尺寸 $A=50$。关系尺寸上有 f（x）标记，如图 2-139 所示。

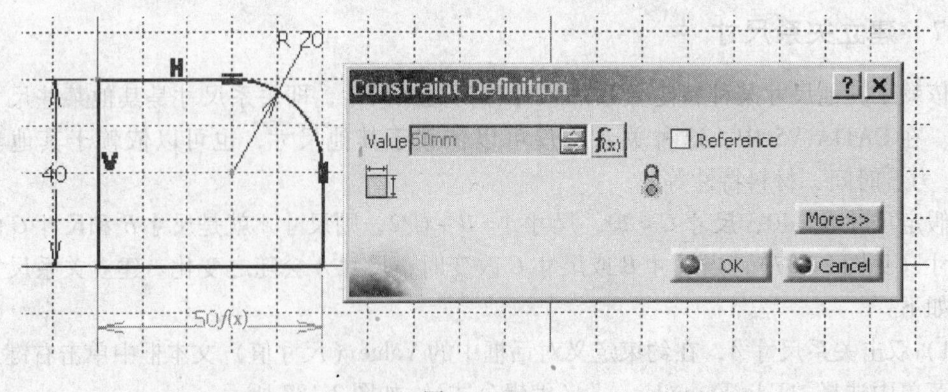

图　2-139

2.6　草图的管理

2.6.1　建立草图平面

草图必须依附在一个平面上，这个平面就是草图的支撑面，在一个平面上可以建立多个各自独立的草图。系统建立有三个默认平面——xy 平面、xz 平面和 yz 平面，另外实体或曲面上的平面型表面都可以作为草图平面。

在建立实体特征时，有时需要将草图绘制在一个特定的位置上，如图 2-140 所示，在建立斜凸台时，就需要在空间特定的方位建立一个新的平面来支撑草图（只能在三维空间中建立新平面，如零件设计工作台、曲面设计工作台等）。下面以在零件设计工作台中为例，介绍建立平面的步骤。

1）零件设计工作台中，在工具栏上单击右键，在快捷菜单中选择显示参考元素工具栏（Reference elements），屏幕上会显示工具栏。

2）单击建立平面工具图标，显示建立平面对话框，如图 2-141 所示，在 Plane Type 列表中选择建立平面的方式，选择 Angle/normal to plane（建立角度平面）。

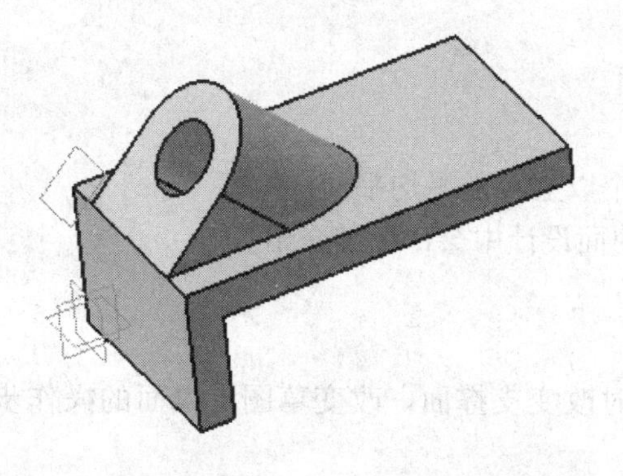

图　2-140

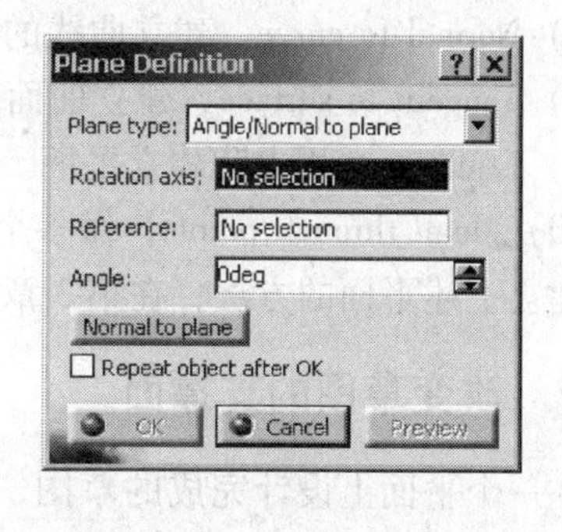

图　2-141

3）单击选择 Rotate axils（旋转轴线）选择框，选择实体的棱边①做为旋转轴，如图 2-142 所示。

4）选择参考面（Reference）：上表面②，（见图 2-142）。

5）在旋转角度栏，键入旋转角度 45。

6）单击“OK”，建立旋转平面，如图 2-143 所示。

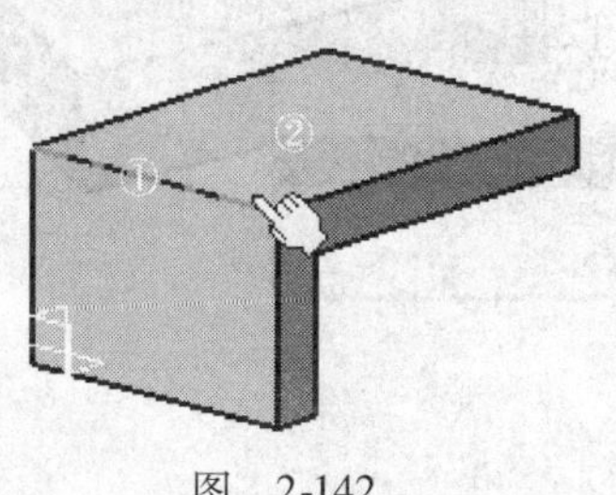

图　2-142

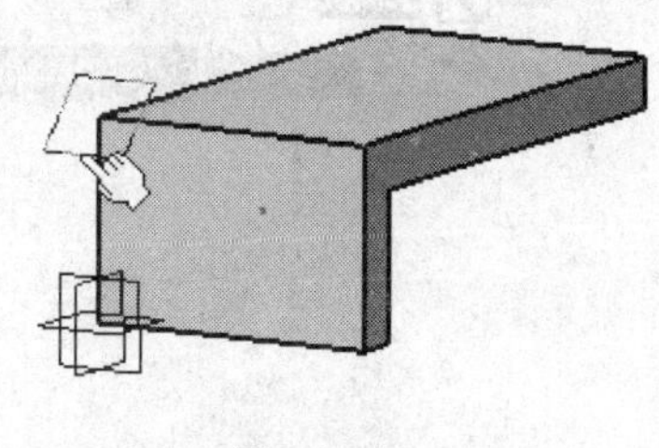

图　2-143

在 CATIA V5 中，可以用多种方法建立平面，如图 2-144 所示。

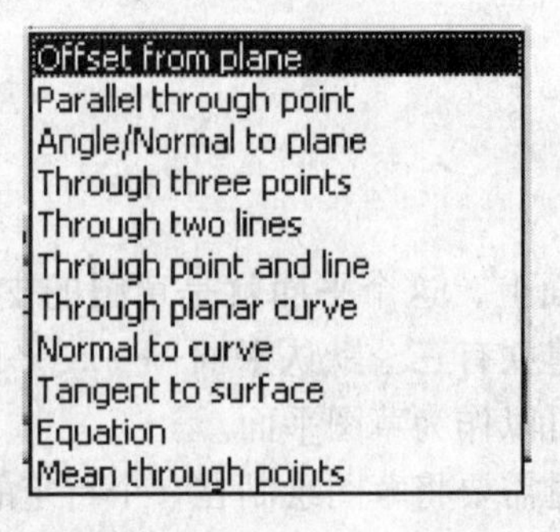

图 2-144

1） Offset from plane，建立偏移平面。

2） Parallel through point，通过点建立平行平面。

3） Angle/normal to plane，建立角度或垂直面。

4） Through three points，通过三点建立平面。

5） Through two lines，通过两条直线建立平面。

6） Through point and line，通过点和线建立平面。

7） Normal to curve，建立曲线的法平面。

8） Tangent to surface，建立曲面的切平面。

9） Equation，用方程建立平面。

10） Mean through points，做多个点（三个以上）的平均平面。

建立上述平面的方法，在第 3 章线架与曲面设计中会作详细介绍。

2.6.2 改变草图的支撑面

在一个平面上设计完成的草图，可以随时改变支撑面。改变草图支撑面的操作步骤如下：

1）在树上右键选择要改变支撑面的草图。

2）在快捷菜单选择 Sketch. x Object > Change Sketch Support（改变草图支撑面），如图 2-145 所示，显示草图定位对话框。

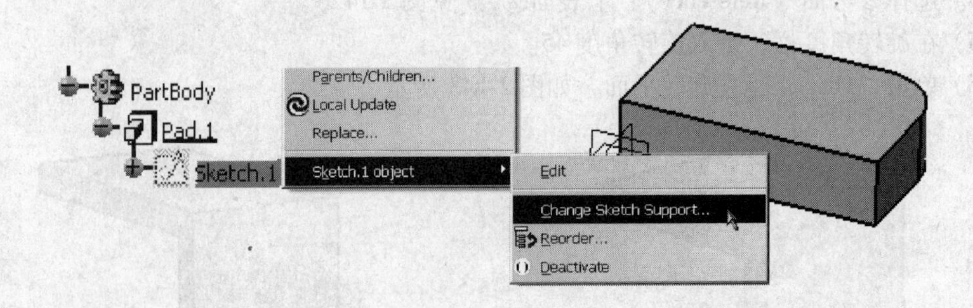

图 2-145

3）选择新的草图平面，例如：选择 yz 平面，如图 2-146 所示，

4）单击“OK”，草图的支撑面被改变，草图上生成的实体也随之更新，如图 2-147 所示。

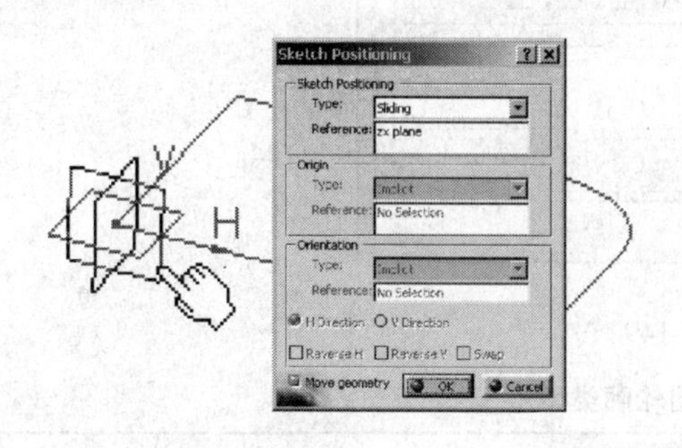

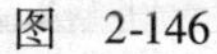
图　2-146

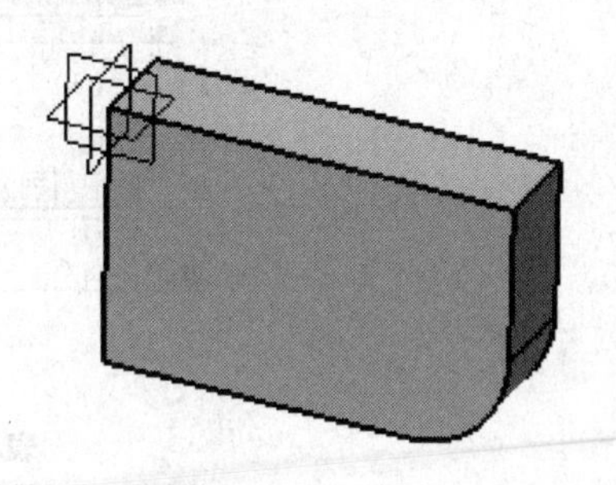

图　2-147

2.6.3　草图分析

当我们绘制了一个草图轮廓，要建立一个实体特征时，系统提示这个草图不能建立特征。原因是这个草图轮廓有错误，这些错误可能是：草图轮廓未封闭、草图轮廓有交叉、草图有重叠或有些点（或线）需要改为构造几何体。但这些错误很难找到，利用草图工作台中 Tools（工具）> Sketch Analysis（草图分析）功能（见图 2-148），可以帮助你查找或纠正这些错误。在草图分析对话框中，可以分析草图的几何关系、投影和截交及几何体状态。

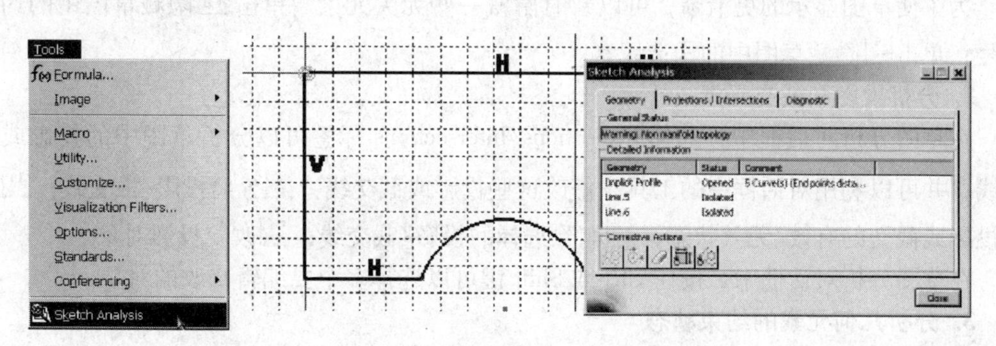

图　2-148

1. 分析草图的几何关系

要分析草图是否闭合，有无重叠或交叉，可以分析草图的几何关系，分析步骤如下：

1）在零件设计工作台的特征树上，双击要分析的草图，系统自动切换到草图工作台，选择菜单 Tools > Sketch analysis，显示草图分析对话框。

2）在对话框中选择 Geometry 标签，打开几何关系选项卡，如图 2-149 所示。

3）这时几何体上，在开口轮廓的端点显示蓝色圆圈，同时在对话框中可以查看草图的几何关系，这些关系见表 2-5。

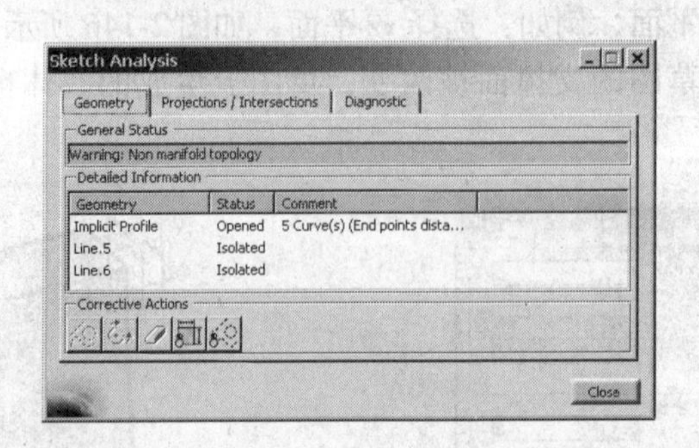

图　2-149

表 2-5　草图轮廓类型

Geometry（几何体）	Status（状态）	Comment（说明）	纠正方法
Profile（草图轮廓）	（Closed）闭合草图轮廓	组成轮廓的线段数	
	（Opened）开口草图轮廓	组成轮廓的线段数	修改为闭合轮廓
point，line（点、线）	（Isolated）孤立的几何体	警告信息	修改为构造元素或删除

4）利用对话框中的工具可以纠正草图中的错误，在对话框中选择要修改的草图轮廓：

① 把轮廓修改为构造元素。

② 闭合草图轮廓。

③ 删除草图轮廓。

为了使草图显示的更清晰，可以暂时隐藏一些无关元素。单击隐藏草图中的约束符号；单击隐藏草图中的构造元素。

2. 分析投影和截交元素

在草图分析对话框中，选择 Projections/Intersections 标签可以分析草图中的投影或截交线，并可以利用对话框中的工具来修改这些投影或截交线：分离投影/截交线；修改投影或截交的有效/无效状态；删除选择的投影/截交线；改变投影对象。

在草图分析对话框中，按住 Ctrl 或 Shift 键可以选择多个要编辑修改的对象。

3. 分析几何元素的约束状态

在草图分析对话框中，选择 Diagnostic 选项卡，可以分析草图中各元素的约束状态和几何体类型（标准元素或构造元素）。

第3章 零件设计

CATIA V5 的零件设计功能用户界面直观、灵活，可以利用草图或曲面精确地进行各种机械零件设计。从利用装配关系的草图设计，到零件的反复修改设计，在 CATIA V5 中都可以完成各种简单或复杂的设计。

CATIA V5 利用布尔运算的灵活性，结合各种特征设计的强大功能，提供了一个高效、直观的设计环境，并可以利用其伴侣模块的装配设计、工程图设计和数控加工等功能，去完成全方位的产品开发、设计和制造工作。

3.1 零件设计概述

3.1.1 CATIA V5 的零件设计

在 CATIA V5 中，利用实体的布尔运算或各种特征，设计出各种复杂的零件，这些零件相互装配组合，最终形成产品。机械零件的设计通常有两种方法，一是利用装配关系设计每个零件，这种方法也称为自上而下设计方法，常用于进行新产品的设计；二是首先设计出每个零件，然后通过装配得到一个产品，这种方法称为自下而上的设计方法，一般用于仿照设计或小幅度的改造设计。

在 CATIA V5 中支持这两种设计方法以及它们的混和应用，并且在进行自上而下的设计时，还可以使零件的相互关系保持外部链接，这样零件无需约束就可以保持相互的位置（或尺寸）关系，当一个零件的设计变更后，与之相关的零件会自动更新，反映改变设计后的装配关系。

通常零件设计的过程如下：

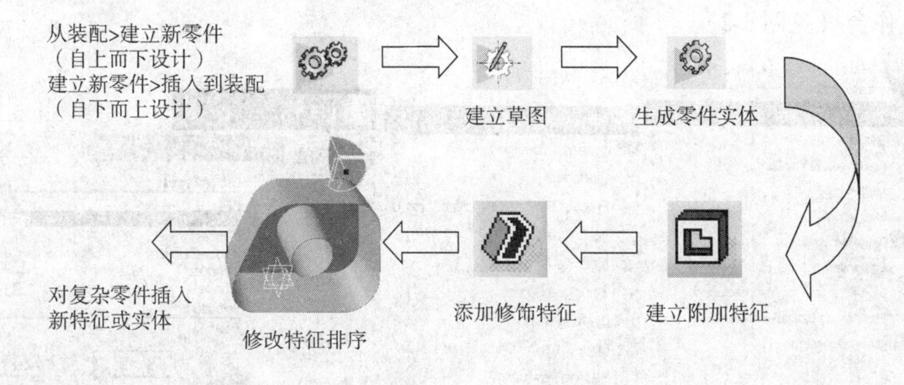

图 3-1

3.1.2 零件、实体和特征

零件（Part）是由实体（Body）组成的，各实体通过布尔运算形成零件。

而实体是特征的集合，特征可以通过草图或曲面生成，也可以通过修饰其他特征生成，或通过变换其他特征生成。特征的类型包括：基础特征、修饰特征、变换特征和布尔特征等。

1. 基础特征

通过基础几何体生成的特征称为基础特征。基础几何体包括草图和曲面，这样基础特征又分为草图基础特征和曲面基础特征两种。实体中的第一个特征必须是基础特征，通常是草图基础特征。

2. 修饰特征

在已有特征的基础上通过修饰得到新的特征，如：圆角、倒角等，这些特征的生成不需要绘制草图或曲面。

3. 变换特征

利用已有的特征通过镜像、复制或阵列等操作得到的新特征，称为变换特征。

4. 布尔特征

实体间通过布尔运算生成的特征称为布尔特征。这种特征通常在第一个实体下，这个实体也称为零件实体。

3.2 零件设计工作台用户界面

3.2.1 进入零件设计工作台

可以通过多种方法进入零件设计工作台，在 Start（开始菜单）中选择 Mechanical Design（机械设计）> Part Design（零件设计），或建立一个新文件，在 File 菜单（文件）选择 New（新建）命令，在新建文件对话框中选择 Part（零件），单击“OK”，进入零件设计工作台（见图 3-2）。

图 3-2

如果定义了开始对话框，也可以通过开始对话框或工作台工具栏进入零件设计工作台。

3.2.2 用户界面

零件设计工作台的用户界面如图3-3所示，由菜单栏、工具栏、中间的工作区和提示行等组成，工作区包含三部分：三维几何体显示区、零件树和指南针。

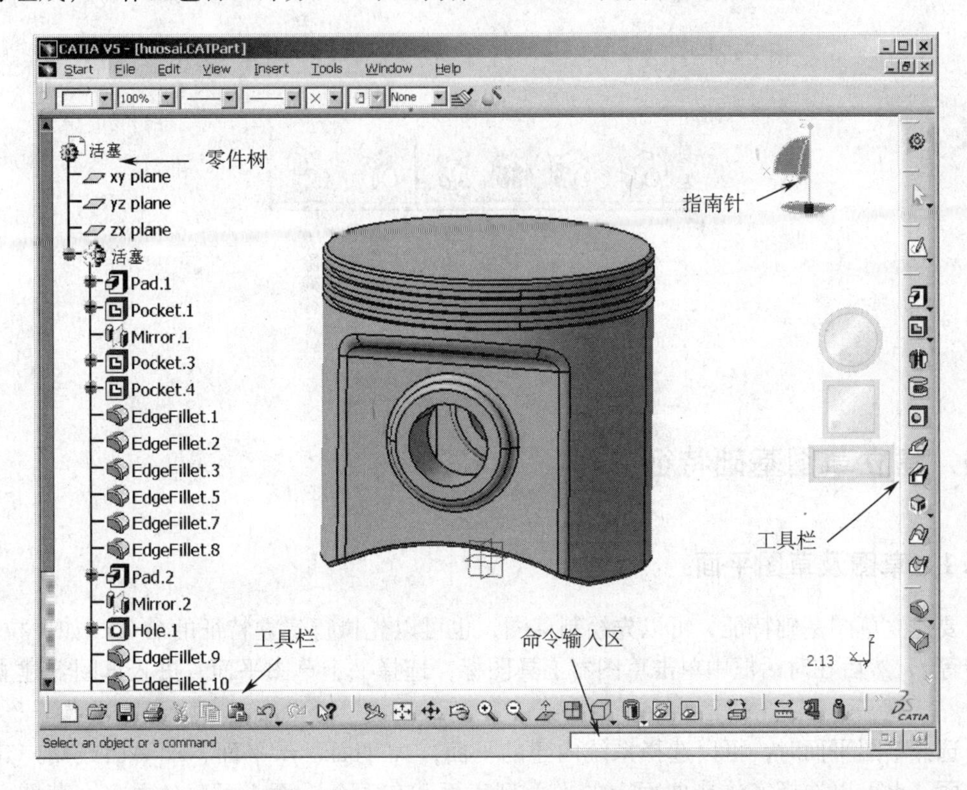

图 3-3

零件设计工作台的主要工具栏包括：草图基础特征工具栏（见图3-4）、曲面基础特征工具栏（见图3-5）、修饰特征工具栏（见图3-6）、变换特征工具栏（见图3-7）和布尔操作工具栏（见图3-8）。

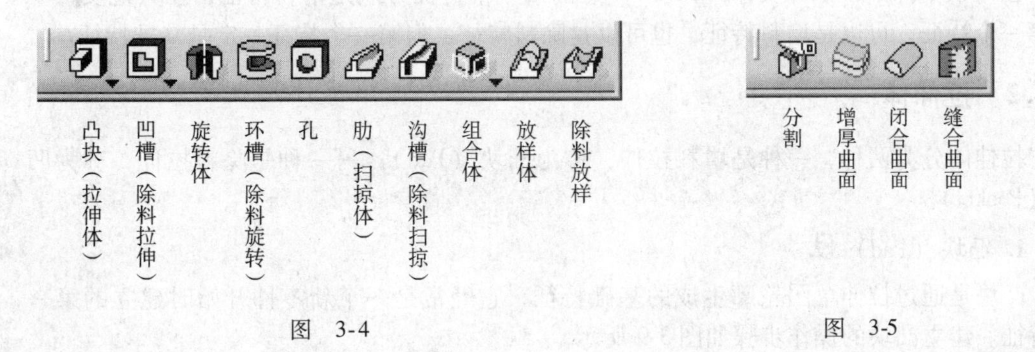

图 3-4　　　　图 3-5

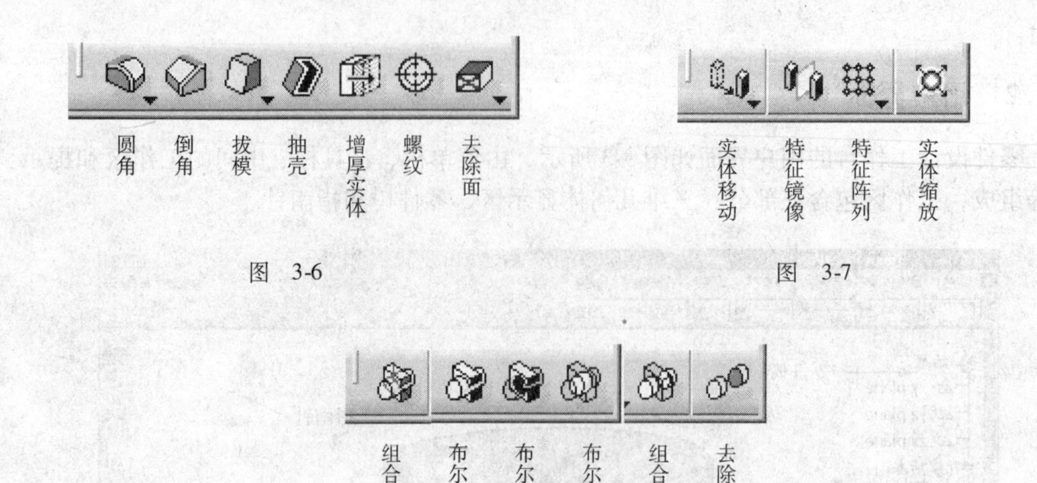

图 3-6

图 3-7

图 3-8

3.3 建立草图基础特征

3.3.1 草图及草图平面

要建立草图基础特征，可以先绘制草图，也可以先执行建立特征的命令（如：拉伸、旋转等），然后在对话框中单击草图器工具图标，选择一个草图平面，进入草图器建立草图。

选择草图平面时，可以选择系统内建的平面，xy 平面、yz 平面、zx 平面或用户建立的平面，也可以选择实体或曲面上的平面型表面。在一个平面上可以建立多个草图，每个草图相互独立。

一般情况下，要生成特征的草图必须是闭合草图轮廓（特殊情况除外），草图轮廓可以嵌套，但轮廓间不能有重叠或交叉，草图中的约束不能有过约束或错误的约束。

在一个零件中，零件实体（Partbody）的第一个特征必须是增料特征；在其他实体中的第一个特征，可以是增料特征，也可以是除料特征，但第一个特征一定是基础特征。

3.3.2 拉伸体

拉伸体分为两种，一种是增料拉伸，称为凸块（Pad）；另一种是除料拉伸，称为凹槽（Pocket）。

1. 凸块（Pad）

凸块是通过拉伸草图轮廓生成的基础特征，它经常是一个新零件开始时建立的第一个特征。建立凸块的操作步骤如图 3-9 所示。

1）选择用来拉伸凸块的草图轮廓。

2）单击建立凸块工具图标，显示凸块定义对话框（也可以先执行命令，再选择草图)。

3）定义凸块拉伸参数，可以拖动图标 LIM1 或图标 LIM2 来修改拉伸长度。

4）单击“OK”，即建立拉伸体。

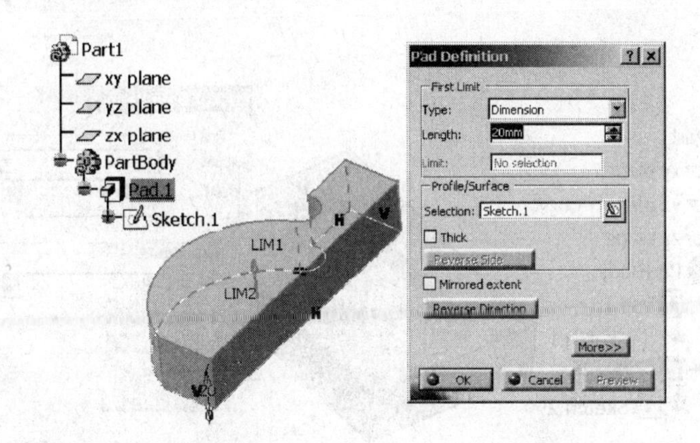

图　3-9

Pad Definition（凸块定义）对话框中包括如下参数：

1） First Limit（定义拉伸长度的限制），可以选择限制方式及其值。

2） 选择 Thick 复选框，拉伸为薄壳，如图 3-10 所示。

3） 选择 Mirrored extent 复选框，用草图平面进行对称拉伸，如图 3-11 所示。

4） 单击 Reverse Direction 翻转拉伸方向。

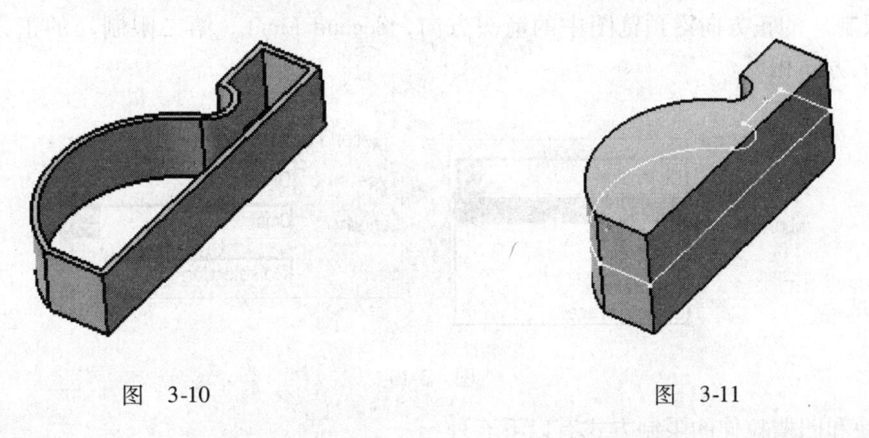

图　3-10　　　　图　3-11

2. 凹槽（Pocket）

凹槽是除料拉伸特征，就是在已有的实体上通过拉伸草图去除材料，因此凹槽与凸块在定义的参数方面基本相同，只是一个是增料，另一个是除料而已。建立凹槽的操作步骤如图 3-12 所示：

1）选择用来拉伸凹槽的草图轮廓。

2）单击建立凹槽工具图标，显示凹槽定义对话框（也可以先执行命令，再选择草图)。

3）定义凹槽拉伸参数。

4）单击“OK”，即建立凹槽。

定义凹槽对话框中各个参数的方法与凸块拉伸相同。建立凹槽时，可以使用开放轮廓，系统会利用实体的边的投影自动计算草图轮廓。单击“Reverse Side”按钮可以选择去除哪一侧材料。

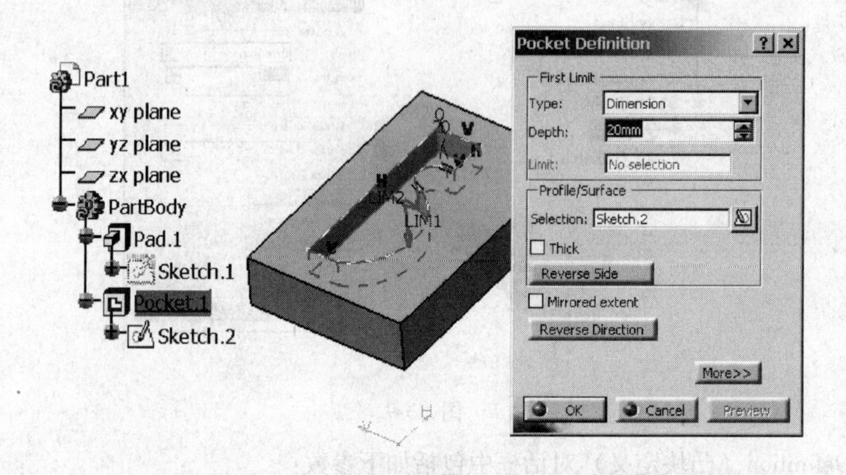

图 3-12

3. 凸块和凹槽拉伸长度（深度）的限制方法

对草图轮廓进行拉伸（凸块或凹槽，下同）时可以定义两个限制，要定义第二限制，单击拉伸对话框中的展开对话框按钮“Move”，对话框展开，如图 3-13 所示。First Limit（第一限制）的正方向沿预览图中的箭头方向，Second Limit（第二限制）的正方向与第一限制的方向相反。

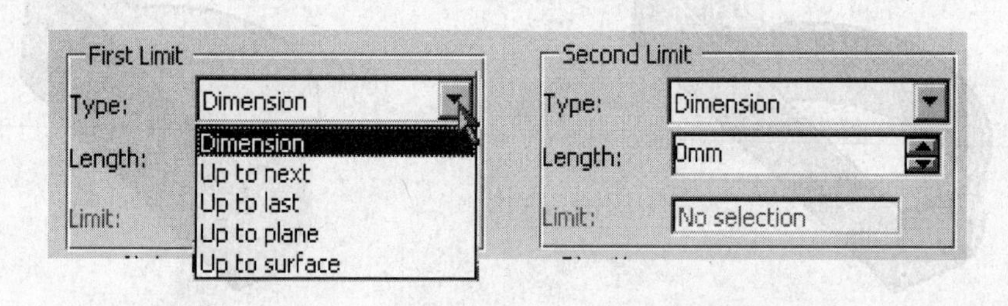

图 3-13

凸块和凹槽拉伸的限制方式有以下五种：

（1）Dimension　尺寸限制，在 Length（Depth）框中输入尺寸值。

（2）Up to next　用拉伸方向上碰到的第一个对象（实体表面或曲面）限制，如图 3-14a所示，在 Offset 文本框内可以输入一个偏移值，正值是沿拉伸方向增大拉伸长度，负值是减小。

（3）Up to last　用拉伸方向上碰到的最后一个对象（实体表面或曲面）限制，如图 3-14b 所示，在 Offset 文本框内可以输入一个偏移值，正值是沿拉伸方向增大拉伸长度，负值是减小。

（4）Up to plane　用一个选择的平面限制拉伸长度，这时需要在 Limit 栏中选择一个

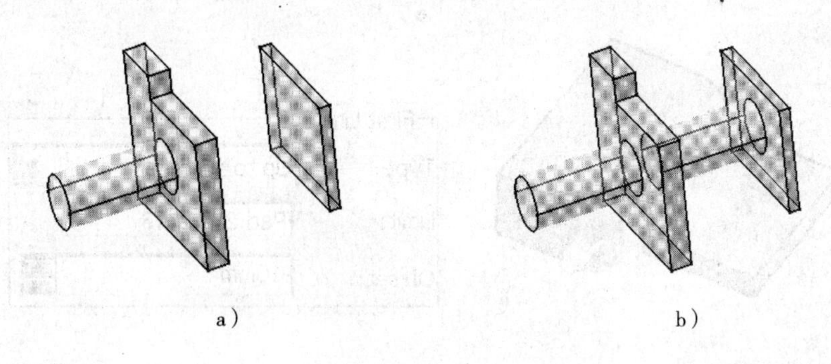

图　3-14

平面或平面型表面来限制拉伸长度，如图3-15所示，在Offset文本框内可以输入一个偏移值，正值是沿拉伸方向增大拉伸长度，负值是减小。

（5）Up to surface　用一个选择的曲面限制拉伸长度，这时需要在Limit栏中选择一个曲面来限制拉伸长度，如图3-16所示，在Offset文本框内可以输入一个偏移值，正值是沿拉伸方向增大拉伸长度，负值是减小。

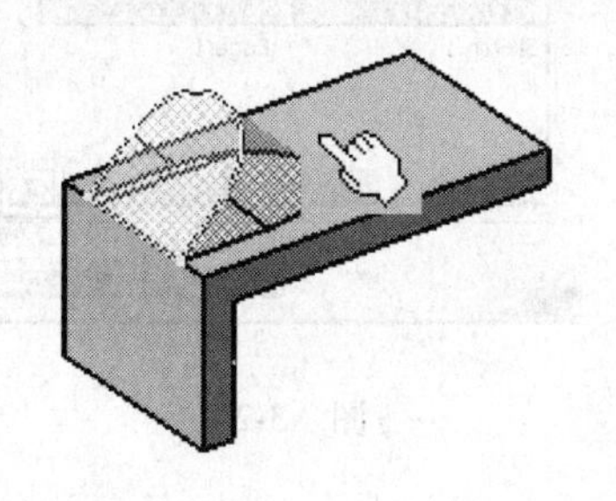

图　3-15

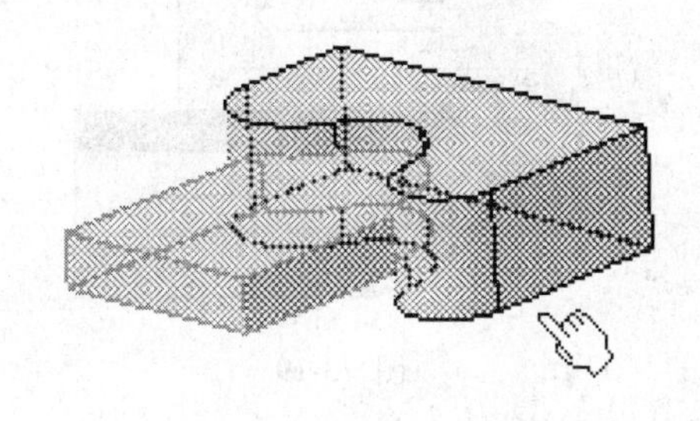

图　3-16

使用凸块或凹槽拉伸的两个限制时，可以离开草图平面得到实体或凹槽，如图3-17所示。

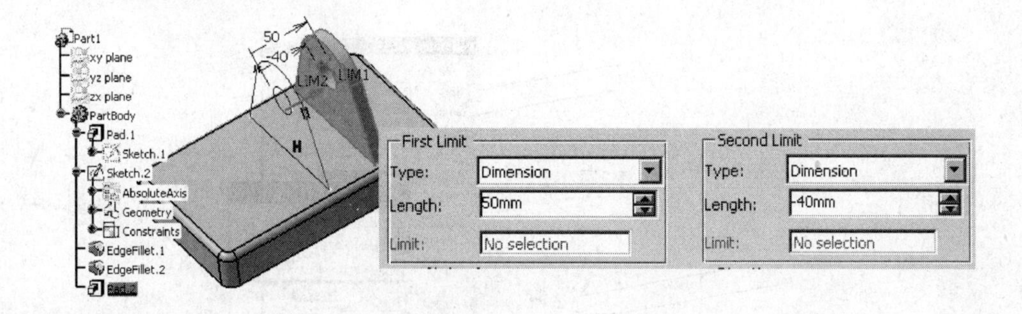

图　3-17

图3-18所示是使用Up to surface限制方式，并设置一个偏移量。

4. 使用草图的子轮廓

在一个草图中如果有多个闭合轮廓时，每个轮廓都称为这个草图的子轮廓，可以使用草图中的子轮廓来建立特征。要使用草图子轮廓建立拉伸体，在草图轮廓选择框内单

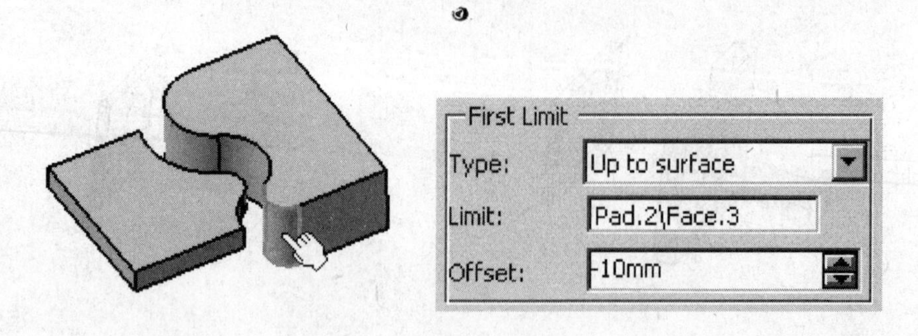

图 3-18

击右键，选择 Go to profile definition（轮廓定义），如图 3-19 所示，显示定义草图轮廓对话框，如图 3-20 所示。

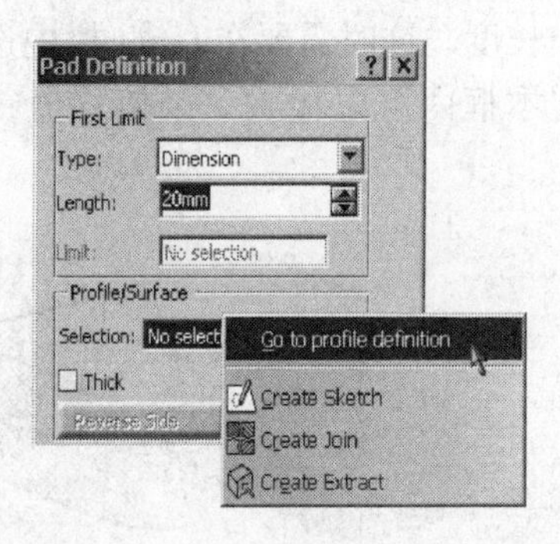

图 3-19

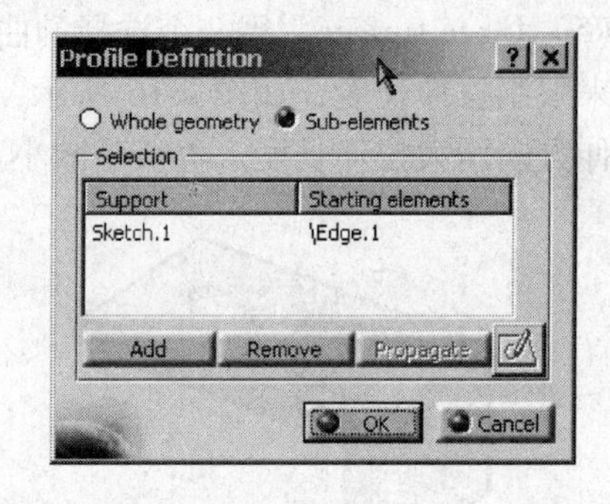

图 3-20

使用草图子轮廓建立拉伸体的操作步骤如下：

1）绘制有多个子轮廓的草图。

2）单击凸块工具图标，定义凸块对话框，在草图轮廓选择框内单击右键，在快捷菜单中选择 Go to profile definition，显示子轮廓定义对话框，如图 3-21 所示。

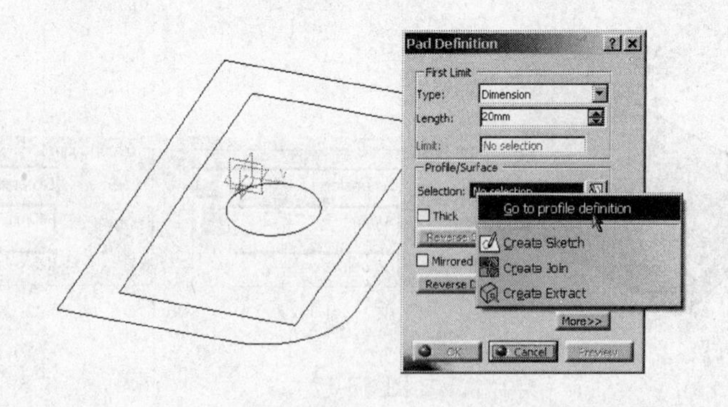

图 3-21

3）在子轮廓定义对话框中，选择 Sub-elements 选项，在图中选择一个子轮廓，如图 3-22 所示。

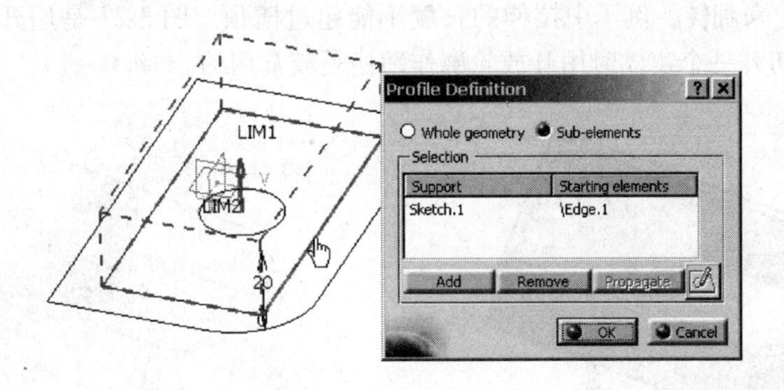

图 3-22

4）定义凸块拉伸参数后，单击“OK”。如图3-23所示。

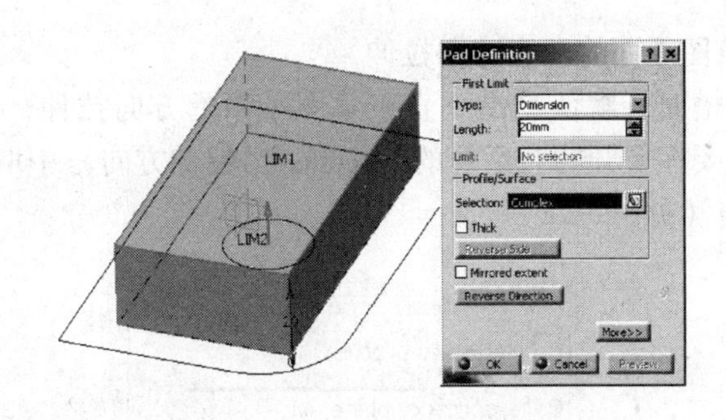

图 3-23

5. 拉伸薄壳

在拉伸凸块或凹槽时，在对话框中选择Thick复选框，将用草图拉伸一个薄壳特征，薄壳的厚度在展开的对话框Thin Pocket中定义，其中Thickness1值是向内测量的厚度，Thickness2值是向外测量的厚度，如图3-24、图3-25所示。

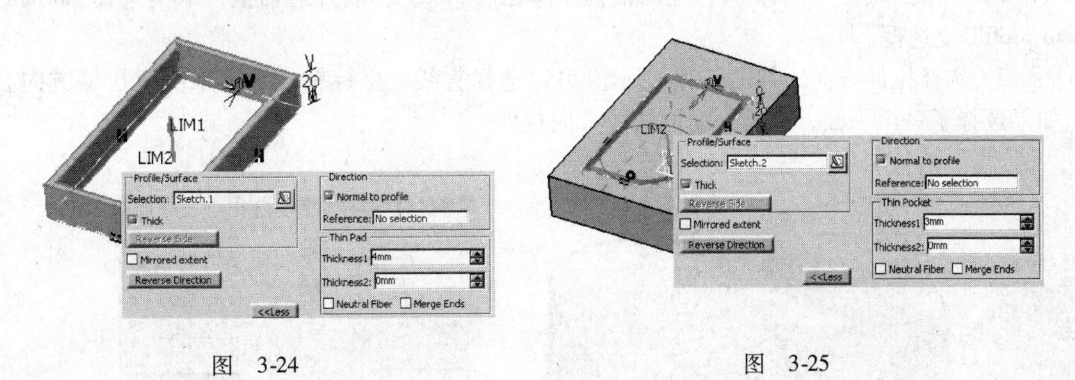

图 3-24　　　　图 3-25

6. 使用开放轮廓

在拉伸凸块或凹槽时，可以使用开放轮廓，但借助于实体边的投影必须能形成闭合轮廓。虽然在CATIA V5中有时可以使用开放轮廓，但在设计实践中最好使用闭合轮廓，这样会使特征的建立更加明确，思路更清晰。

图3-26是使用开放轮廓拉伸凸块的例子，拉伸哪侧可用图中箭头或单击对话框中

"Reverse Side" 来翻转，例子中拉伸的长度不能超过槽顶。图 3-27 是用开放轮廓拉伸凹槽的例子，在切开一个实体时用开放轮廓作凹槽是较常用的。

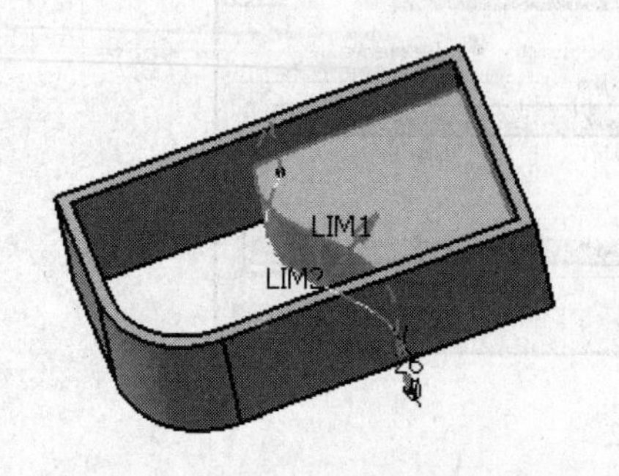

图 3-26

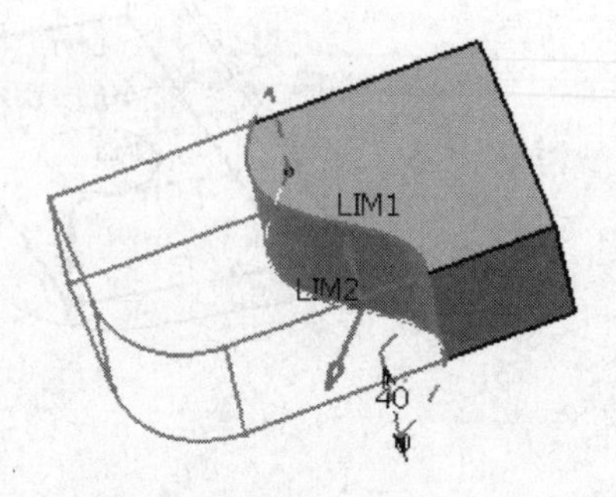

图 3-27

7. 沿不垂直于草图平面的任意方向拉伸

在拉伸凸块或凹槽时，默认是沿垂直于草图平面的方向拉伸，也可以沿一个选择的方向拉伸草图，这时要在展开的对话框的 Direction（拉伸方向）中取消选择 Normal to profile，再选择一个方向（见图 3-28）。

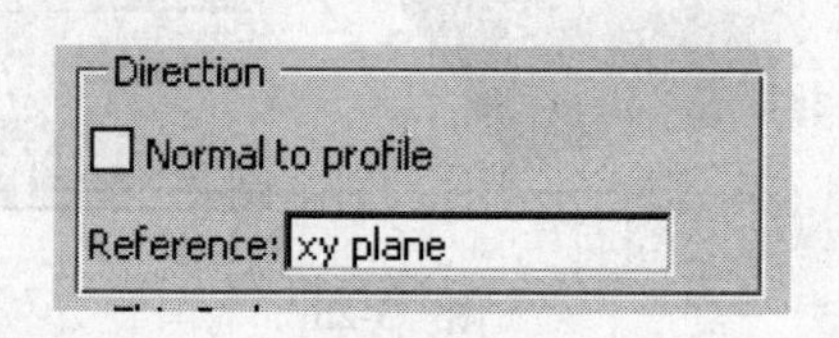

图 3-28

沿不垂直于草图平面方向拉伸凸块的操作步骤如下：

1）选择要拉伸的草图轮廓。

2）单击凸块工具图标，在对话框中单击 "More"，展开对话框，取消选择 Normal to profile 复选框。

3）选择拉伸方向，如图 3-29 所示。可以选择直线、坐标轴或平面来决定拉伸方向。如果选择了一个平面，则沿平面的法线方向拉伸。

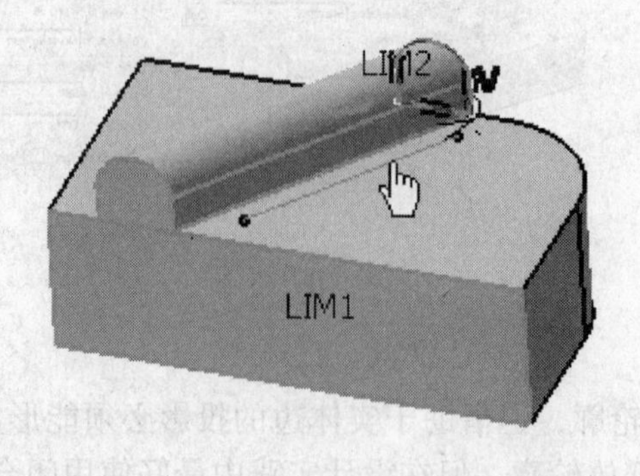

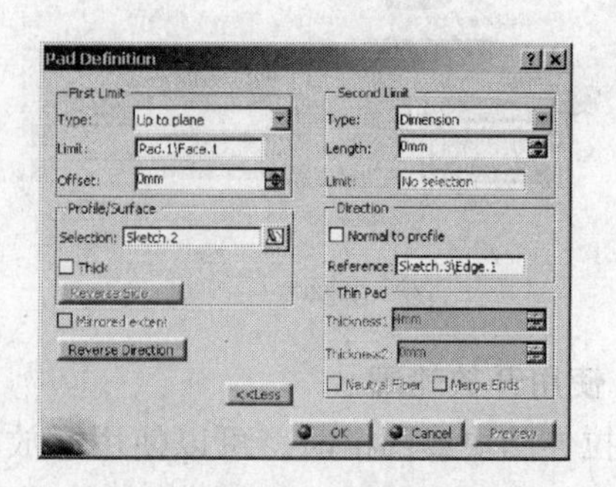

图 3-29

8. 多重拉伸凸块（凹槽）

用多重拉伸命令可以把一个草图中的多个轮廓分别拉伸不同的长度（深度），这样就可以一次完成多个轮廓的拉伸操作，操作步骤如下：

1）选择有多个轮廓的草图，如图3-30所示。

2）单击多重拉伸工具图标，显示多重拉伸对话框。

3）逐个选择轮廓并定义拉伸长度，如图3-31所示。

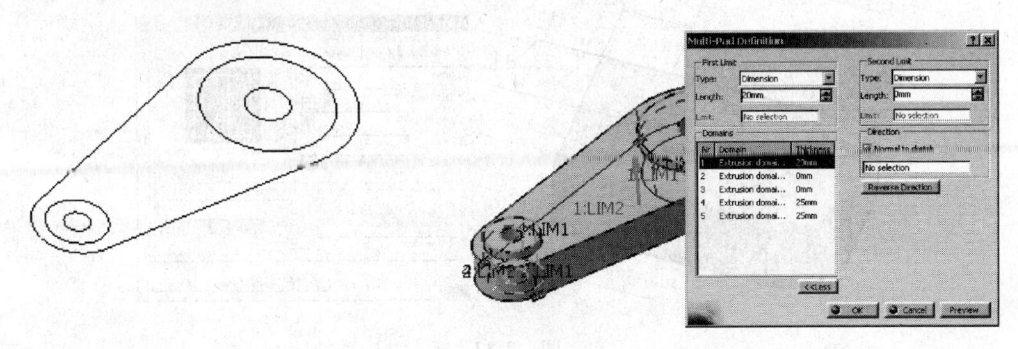

图 3-30　　　　图 3-31

4）单击“OK”，即建立多重拉伸，如图3-32所示。

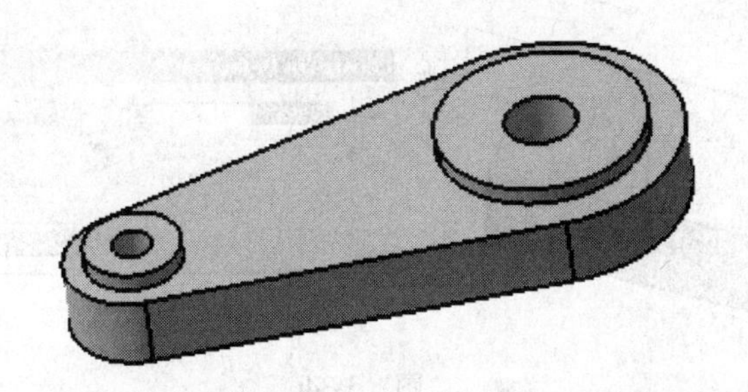

图 3-32

建立多重拉伸时也可以使用两个限制，或沿一个用户选择的方向拉伸。拉伸多重凹槽的操作方法与多重凸块相同。

此外，还有带圆角和拔模的凸块或凹槽命令，是拉伸、拔模和圆角的复合命令，在这里不再赘述。

3.3.3 孔

在机械零件设计中经常要设计各种孔，如通孔、盲孔、沉头孔、埋头孔、螺纹孔等，相应地在CATIA V5中可以建立各种孔。孔也是草图基础特征，但用户不需要自己绘制草图，系统会自动建立。

1. 孔的定位

建立孔时，定位的方法有两种：一是先选择定位孔的参考元素（如实体的边），再执行打孔命令；二是进入草图器约束孔的位置。

选择参考元素定位孔的操作步骤如下：

1）选择打孔位置的两个参考边①、②，选择一个圆弧边时，孔会与这个圆弧同心。

2）单击打孔工具图标。

3）选择要打孔的表面③，如图 3-33 所示。

4）定义打孔对话框中的参数。

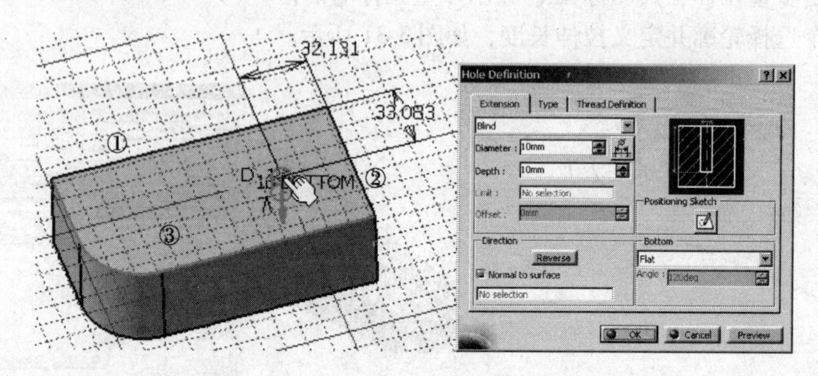

图 3-33

5）双击修改孔与参考边的尺寸来定位孔，如图 3-34 所示。

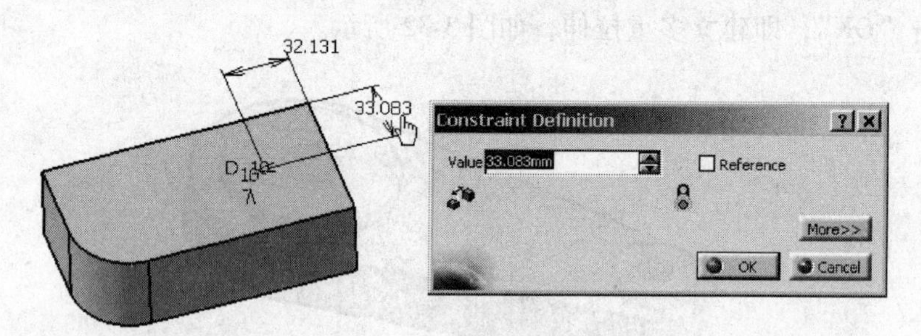

图 3-34

孔的中心位置也可以用草图约束来确定，在孔对话框中单击草图器工具图标进入草图器，可以为孔的中心施加几何约束（如同心、重合等）或尺寸约束。

2. 孔深度的限制

孔的深度限制与凹槽一样，有五种限制方式，当用尺寸限制（Blind）时，孔的底部可以选择平底（Flat）或锥形底（V-Bottom），选择锥形底时可以定义锥角。当使用 Up to 方式限制孔深时，可以定义一个偏移。

3. 打孔的类型

在孔定义对话框中，选择 Type（种类）选项卡，可以定义打孔的五种类型：普通孔（Simple）、锥形孔（Tapered）、埋头孔（Counterbored）、沉头孔（Countersunk）和埋头沉孔（Counterdrill），对各种孔都可以定义打孔参数。其形式如图 3-35 所示。

4. 打螺纹孔

在孔定义对话框中，选择 Thread Definition（螺纹定义）选项卡，选择 Threaded 复选框，可以定义螺纹孔。打螺纹孔时需要定义以下参数：

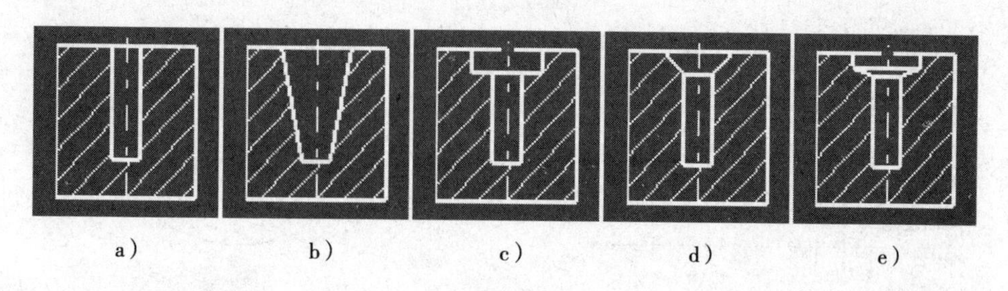

a） b） c） d） e）

图 3-35

a）普通孔 b）锥形孔 c）埋头孔 d）沉头孔 e）埋头沉孔

（1）螺纹类型（Type） 米制细牙螺纹（Metric Thin Pitch）、米制粗牙螺纹（Metric Thick Pitch）和非标准螺纹（No Standard）。

（2）螺纹公称直径（Thread Diameter） 也就是螺纹的大径。

（3）螺纹底孔（小径）直径（Hole Diameter） 底孔直径按标准自动计算，也可以使用非标准底孔。

（4）螺纹深度（Thread Depth）。

（5）底孔深度（Hole Depth） 底孔深度必须大于螺纹深度。

（6）螺距（Pitch） 标准螺纹的螺距是自动确定的。

（7）旋向 右旋（Right-Thread）或左旋（Left-Thread）。

螺纹孔建立后，在屏幕上显示的只是一个孔，并不显示螺纹，但螺纹的参数在系统中会有记录，在以后生成工程图或数控加工时，系统会自动识别螺纹孔，如图3-36 所示。

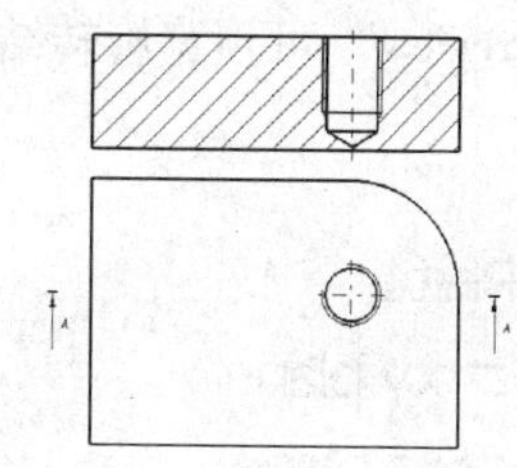

图 3-36

3.3.4 旋转体

旋转体就是草图轮廓绕一个固定轴线旋转扫掠得到的实体，旋转体可以是增料，也可以是除料，除料旋转通常称为环槽。

1. 旋转体

建立旋转体的操作步骤如下：

1）绘制一个包含轴线的草图，如图3-37 所示。

2）在零件设计工作台中，单击旋转体工具图标，然后选择草图，如图3-38 所示。

在对话框中，定义旋转限制角度 First Angle 和 Second Angle，或拖动图标 LIM1 或图标 LIM2 改变限制角度，如图3-39 所示。

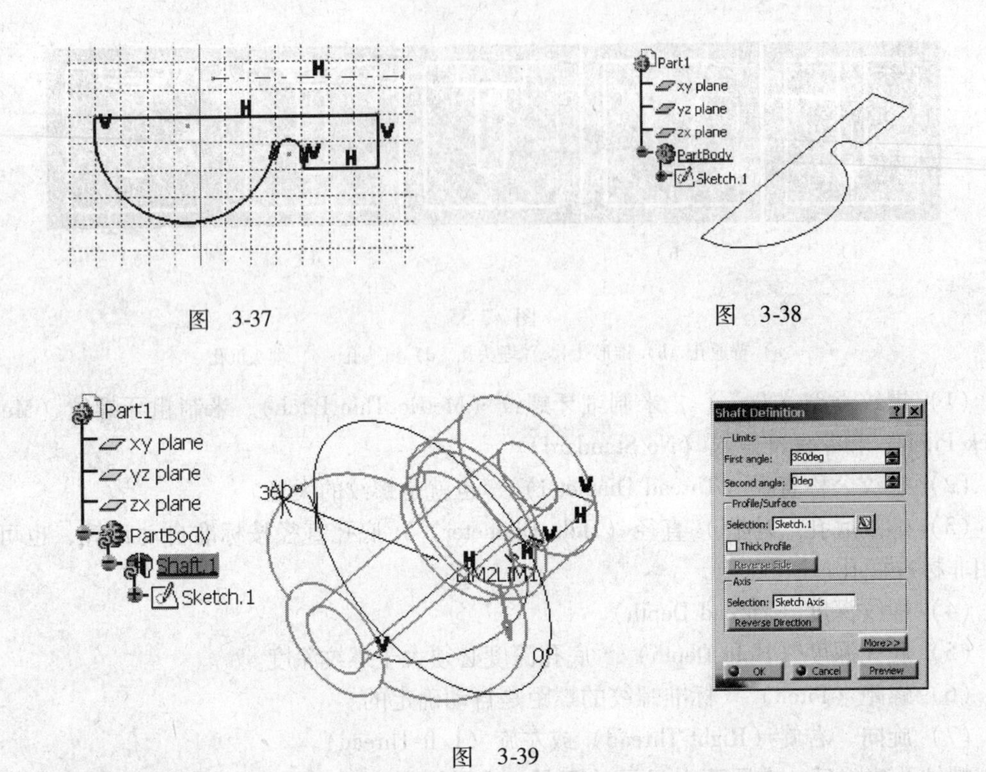

图　3-37　　　　　　　　　　图　3-38

图　3-39

建立旋转体时，可以定义两个角度限制，第一角度（First Angle）是沿箭头方向旋转，第二角度（Second Angle）是沿相反方向。选择 Thick Profile 可以得到薄壁旋转体。

3）单击“Preview”可预览旋转结果。单击“OK”，即建立旋转体，如图 3-40 所示。

图　3-40

2. 旋转轴线与草图轮廓

如果草图中包含旋转轴线，在旋转体对话框中会自动选择这个轴线作为旋转轴，但可以在对话框的 Axis（轴线）选择框中另外选择一条轴线，草图中的直线、三维直线、坐标轴都可以作为旋转轴线。

旋转体与拉伸体类似，通常必须使用闭合草图轮廓，但草图也可以借助于轴线或实体边的投影形成闭合轮廓，草图与轴线不能有交叉。表3-1列举的是草图、轴线及其生成的旋转体。

表3-1　草图轮廓及其生成的旋转体

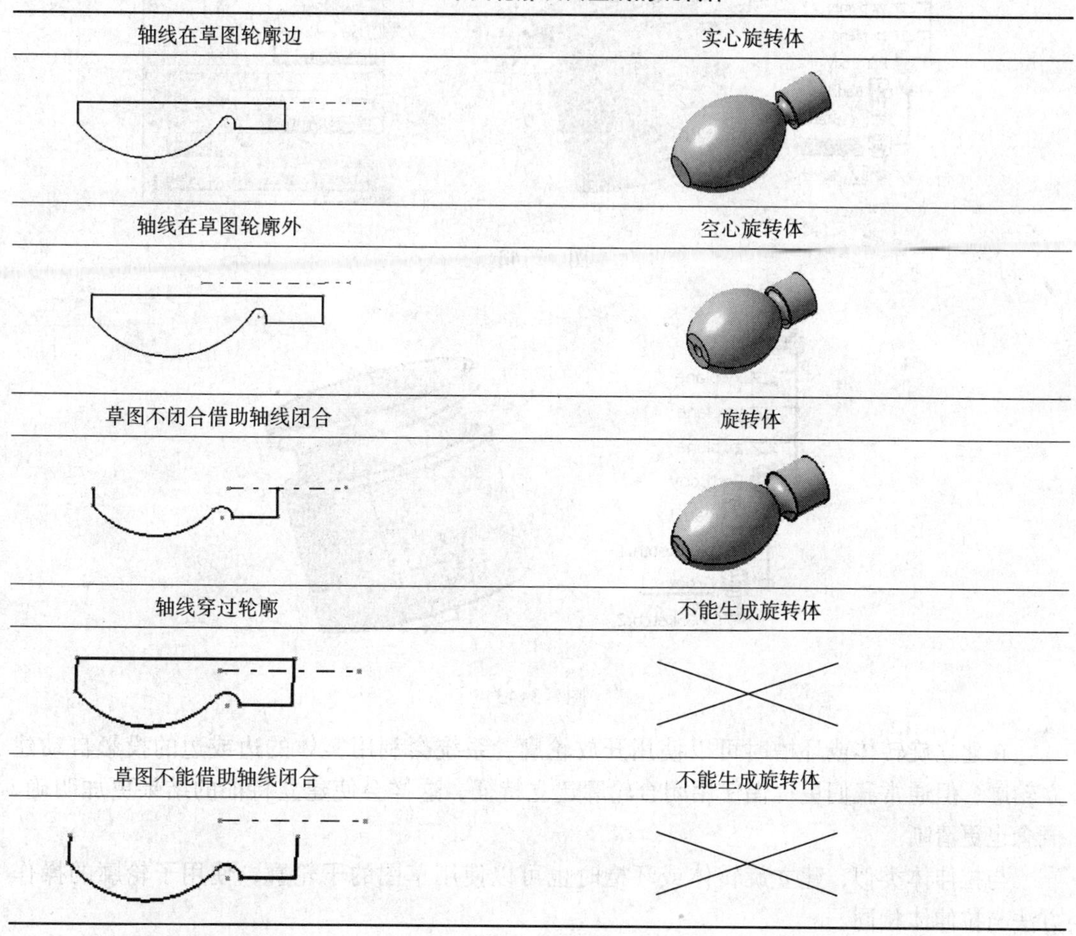

轴线在草图轮廓边	实心旋转体
轴线在草图轮廓外	空心旋转体
草图不闭合借助轴线闭合	旋转体
轴线穿过轮廓	不能生成旋转体
草图不能借助轴线闭合	不能生成旋转体

3. 旋转除料（环槽）

环槽就是通过旋转草图，去除实体上材料的操作。其操作方法与旋转体类似，具体步骤如下：

1）选择环槽的草图轮廓，如图3-41所示，简单的除料草图轮廓可以是开放轮廓，草图中可以包含轴线，轴线会自动作为旋转轴。

2）单击环槽工具图标，定义环槽对话框中的两个限制角度，如图3-42所示。

3）单击Preview预览环槽结果，如果环槽方向不正确，可以单击“Reverse Side”，翻转环槽方向，单击“OK”建立环槽，如图3-43所示。

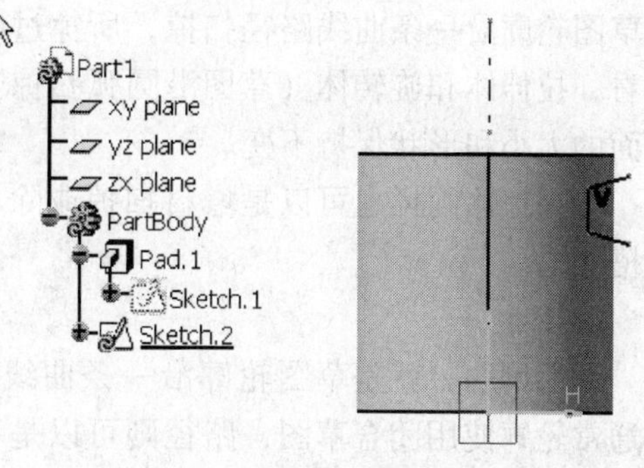

图　3-41

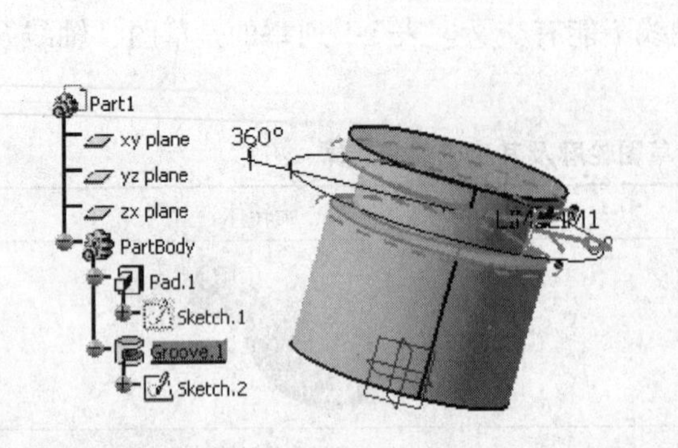

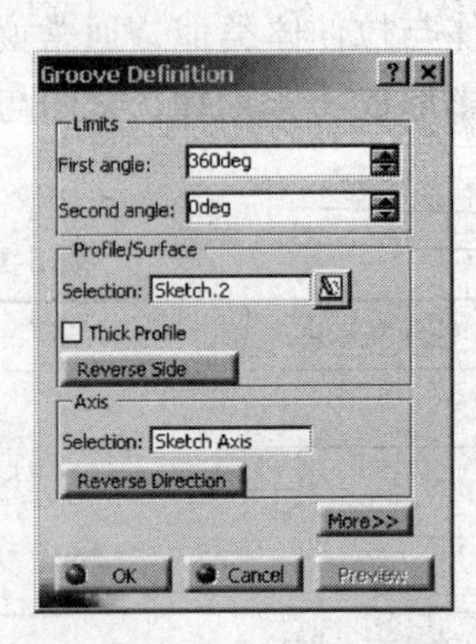

图 3-42

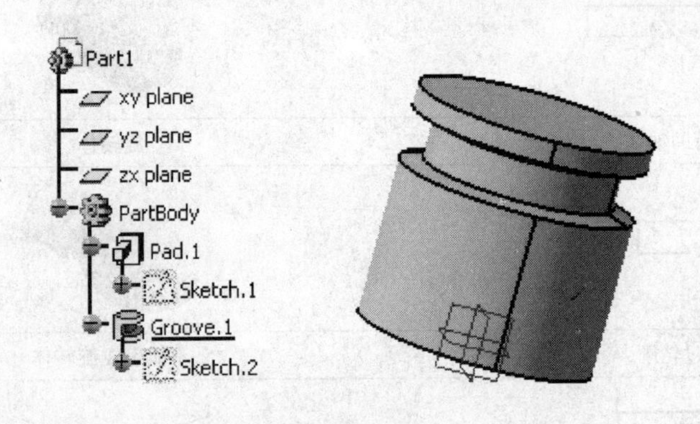

图 3-43

在建立旋转体或环槽时可以使用开放轮廓，系统会利用实体的边或边的投影自动建立轮廓，但通常我们更提倡使用闭合轮廓建立特征，这样会使建立特征的结果更加明确，概念也更清晰。

与拉伸体类似，建立旋转体或环槽时也可以使用草图的子轮廓，使用子轮廓的操作方法与拉伸体相同。

3.3.5 扫掠体

在前面介绍了草图轮廓沿一个直线方向扫掠，所掠过的轨迹就形成了拉伸体；如果草图轮廓沿一条曲线路径扫掠，所掠过的轨迹形成的实体就称为扫掠体。从这个角度来看，拉伸体和旋转体（草图沿圆弧扫掠）是扫掠体的特殊形式，其共同特点是实体横截面的大小和形状保持不变。

扫掠体同样也可以是增料扫掠或除料扫掠，增料扫掠通常称为肋，除料扫掠称为沟槽。

1. 肋

所谓肋，就是草图轮廓沿一条曲线路径扫掠生成的实体，这个路径也称为中心线。通常轮廓使用闭合草图，路径则可以是草图也可以是空间曲线；可以是闭合曲线也可以是开放曲线。建立肋的操作步骤如下：

1）在zx平面上绘制草图轮廓，在xy平面上绘制一条中心线，如图3-44所示。

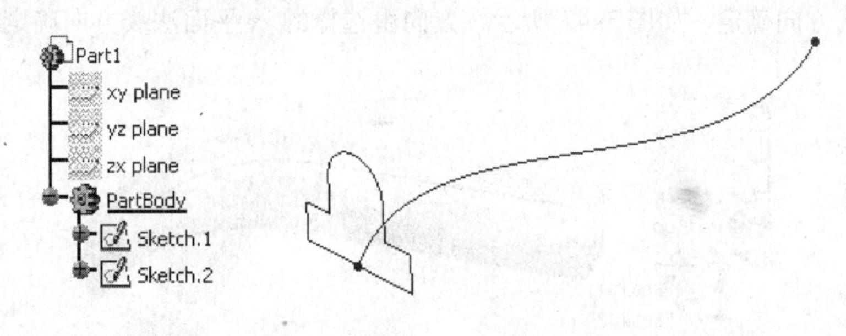

图　3-44

2）单击肋工具图标，Profile（轮廓）框中选择Sketch.1，Center curve（中心线）框中选择Sketch.2，如图3-45所示。

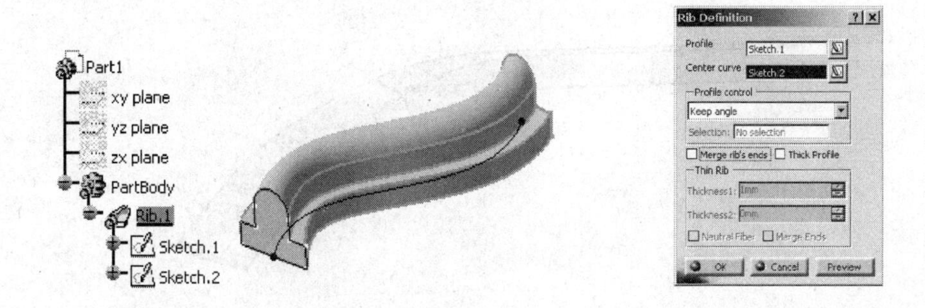

图　3-45

3）确定Profile control（轮廓的控制方式）框中内容：Keep angle（保持角度）、Pulling direction（平推）或Reference surface（用参考面），这里选择保持角度。

4）单击“Preview”可以查看预览，单击“OK”建立肋。

建立扫掠的肋或沟槽时应注意以下问题：

1）轮廓控制方式。

① Keep angle（保持角度），草图轮廓平面与中心线的切线始终保持初始位置时的角度，如图3-46所示。

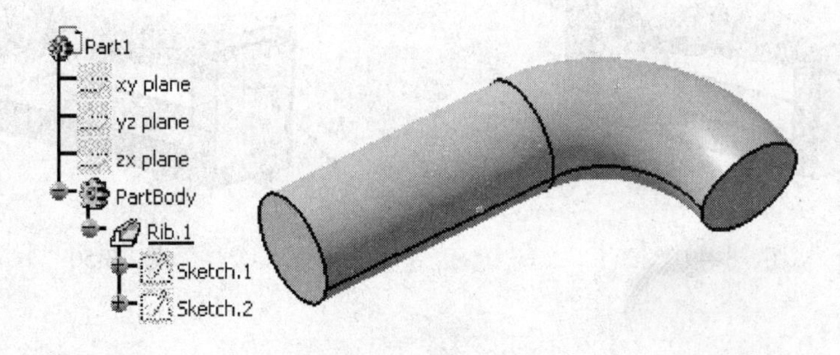

图　3-46

② Pulling direction（平推），轮廓按一个指定的方向沿中心线扫掠，这时需要选择方

向，可以选择一条线、一个实体的边或一个平面。如果选择的是一个平面，则方向由这个平面的法线方向确定，如图 3-47 所示，方向由选择的 zx 平面法线方向确定。

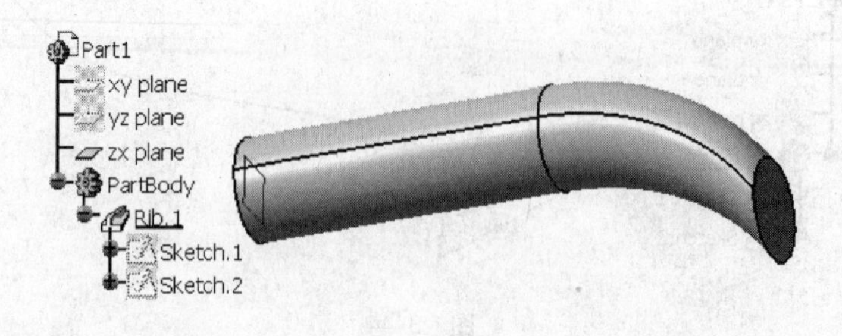

图 3-47

③ Reference surface（用参考面），草图轮廓所在平面与参考面间的夹角保持不变，如图 3-48 所示，这时中心线必须在参考面上。

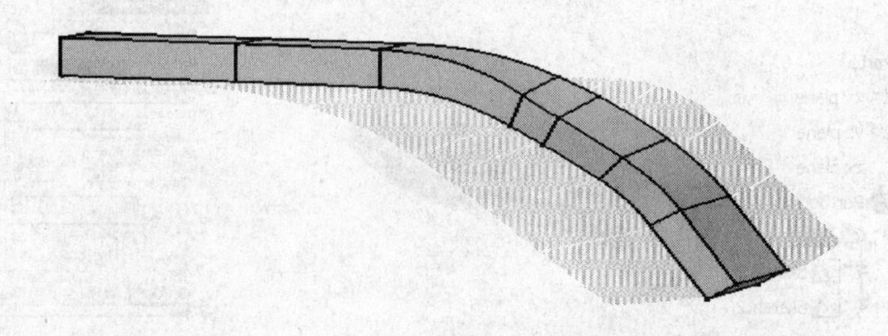

图 3-48

2）建立薄壳扫掠体，选择复选框 Thick Profile 可以建立薄壳扫掠，薄壳厚度在 Thin Rib 中定义，Thickniss1 是厚度向内增厚，Thickniss2 是厚度向外增厚。

3）修剪端部，选择复选框 Merge rib's end，即扫掠时碰到实体的表面时会将多余部分自动修剪掉，图 3-49 是不选择 Merge rib's end 选项时的结果，图 3-50 是选择 Merge rib's end 选项时的结果。

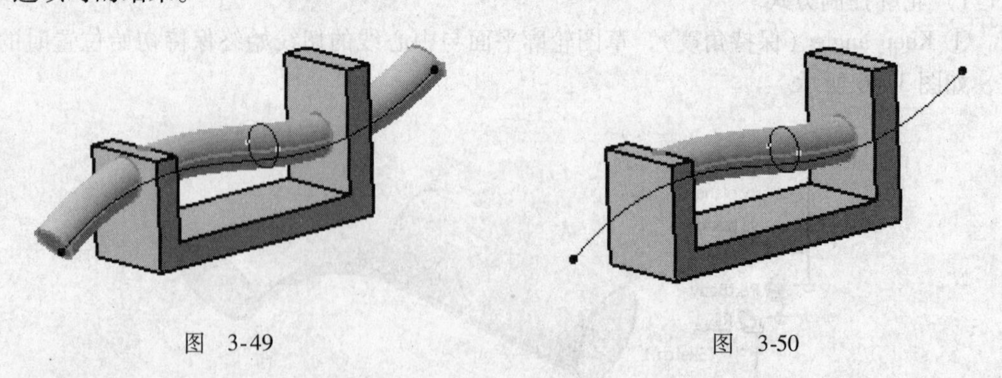

图 3-49　　　　图 3-50

2. 沟槽

沟槽就是在现有的实体上，用扫掠的方法去除材料而生成的特征，建立沟槽的操作方法与肋基本相同，操作步骤如下：

1）用草图建立沟槽的轮廓和中心线，如图3-51所示。

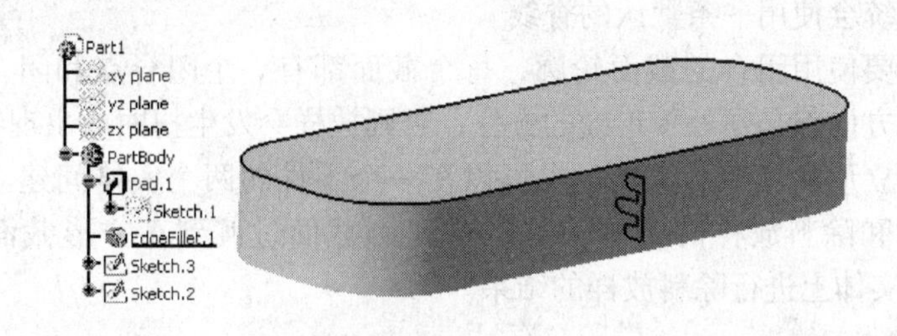

图 3-51

2）单击沟槽工具图标，选择轮廓①，再选择中心线②，如图3-52所示。

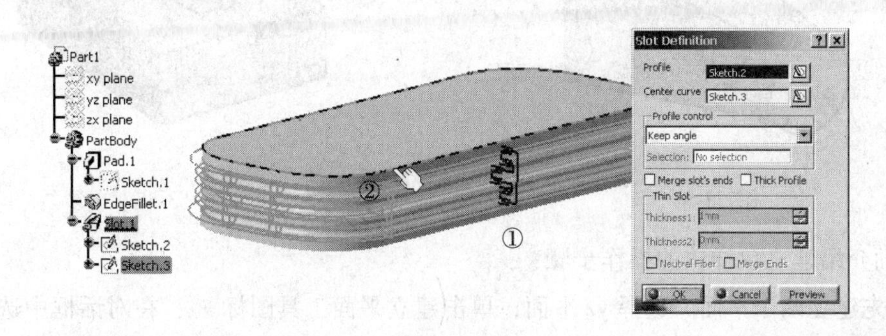

图 3-52

3）选择轮廓控制方式，这里选择 Keep angle（保持角度），单击预览“Preview”（预览）查看沟槽结果，单击“OK”建立沟槽，如图3-53所示。

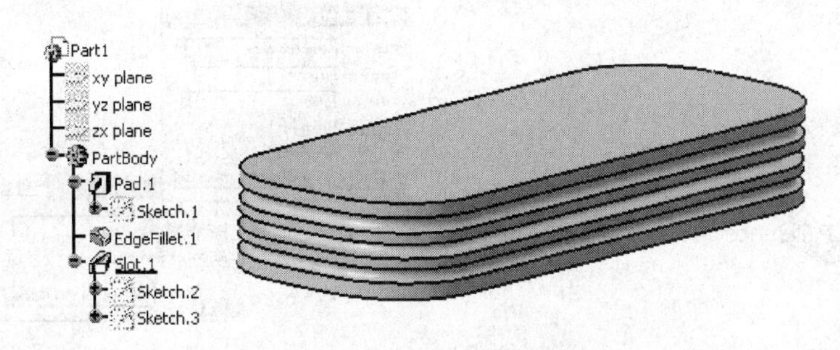

图 3-53

扫掠体与拉伸体一样，可以使用草图的子轮廓，也可以使用嵌套轮廓，轮廓通常要使用闭合轮廓。但在借助实体边的投影可以形成闭合轮廓的情况下，也可以使用开放轮廓，系统会自动求解一个闭合轮廓。中心线即可以是草图，也可以是空间曲线；可以是开放的，也可以是闭合的。

3.3.6 放样体

放样体也称为变截面实体（Multi-sections solid），就是在二个或多个截面间沿脊线扫掠，各个截面的形状可以是不同的。也就是说截面在扫掠的过程中，截面的形状也在逐渐地变化。放样可以是增料，也可以是除料。放样时可以用脊线或导引线；如果没有脊线或导引线；系统会使用一条默认的脊线。

放样时一般要使用闭合的截面轮廓，每个截面都有一个闭合点和闭合方向，各截面的闭合点和闭合方向都必须处于正确的方位，否则放样会发生扭曲或出现错误。

放样可以建立形状复杂的实体，也可以在一个零件的两个实体间建立过渡实体。下面两图是放样体和除料放样的实例，图 3-54 是圆截面过渡到正方形截面的放样体，图 3-55是在长方形实体上进行除料放样的结果。

图 3-54

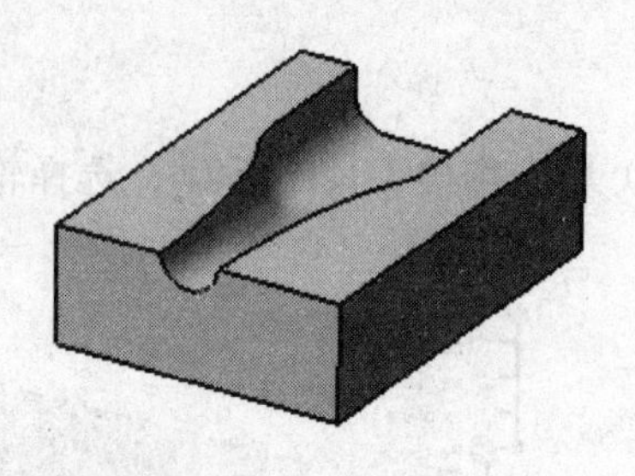

图 3-55

下面介绍建立放样体的操作步骤：

1）先建立两个平面。选择 yz 平面，单击建立平面工具图标，在对话框中选择建立 Offset from plane（偏移平面），键入 Offset（偏移距离）值：50mm，选择 Repeat object after OK复选框，单击“OK”；在 Object Repetition（复制对象）对话框中 Instance（平面数）文本框中键入1，单击“OK”即建立了两个平面，如图 3-56 所示。

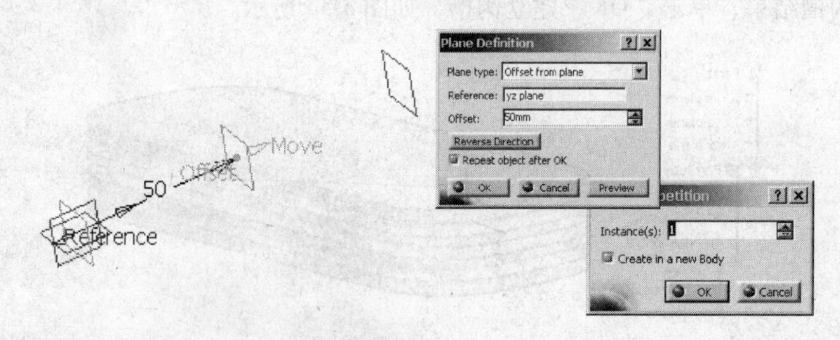

图 3-56

2）在 yz 平面和新建的两个平面上分别作草图一个正方形和两个五边形，如图 3-57 所示。

3）单击放样体工具图标，显示放样体对话框，在图中依次选择三个截面草图，单击对话框中 Coupling（连接）选项卡，在 Section coupling（截面连接）框中选择 Ratio（按截面图形比率连接），单击“Preview”，如图 3-58 所示，这时可以看到放样体不规则，其主要原因是闭合点不正确，需要改变正方形的闭合点到上边中间。

4）在正方形截面的图标 Closing point1 处单击右键，在快捷菜单中选择 Remove 命令删除闭合点。再建立一个闭合点，在图标 Section1 上单击右键，选择 Create Closing point（创

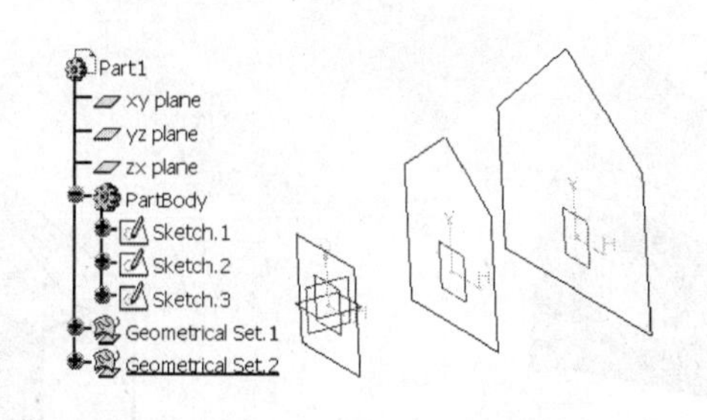

图 3-57

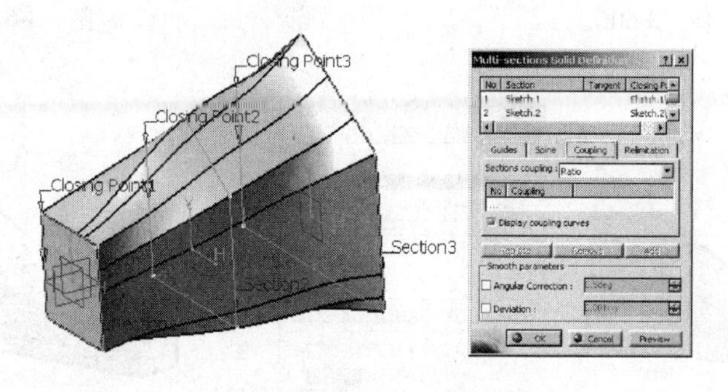

图 3-58

建闭合点）命令，显示建立点对话框，自动选择 on curve（在曲线上建立点）选项，并显示建立点的预览，选择正方形上边中间位置，单击“OK”建立一个闭合点，如图 3-59 所示。

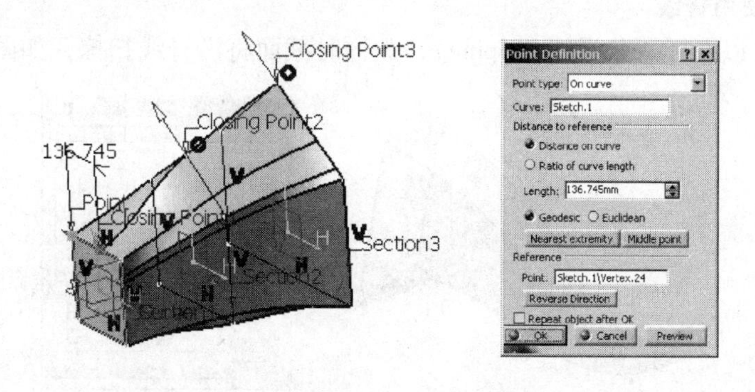

图 3-59

5）在第二个截面的闭合点 Closing point2 上单击右键，在快捷菜单中选择 Replace（替换闭合点）命令，选择上顶点作为闭合点。用同样的方法改变截面 3 的闭合点到上顶点，注意闭合方向红色箭头一致，单击 Preview（预览），结果如图 3-60 所示。然后改变连接方式，在连接选项卡中选择连接方式，按顶点连接（Vertices），单击预览查看放样的结果，单击“OK”，结果如图 3-61 所示。

1. 放样体使用导引线

在放样时可以使用一条或多条导引线（Guide），这时实体将沿导引线生成，要使用导引线，在 Guide 选择框内单击鼠标，依次选择导引线，图 3-62 是使用四条导引线放样的结果，图 3-63 没有使用导引线的放样结果。

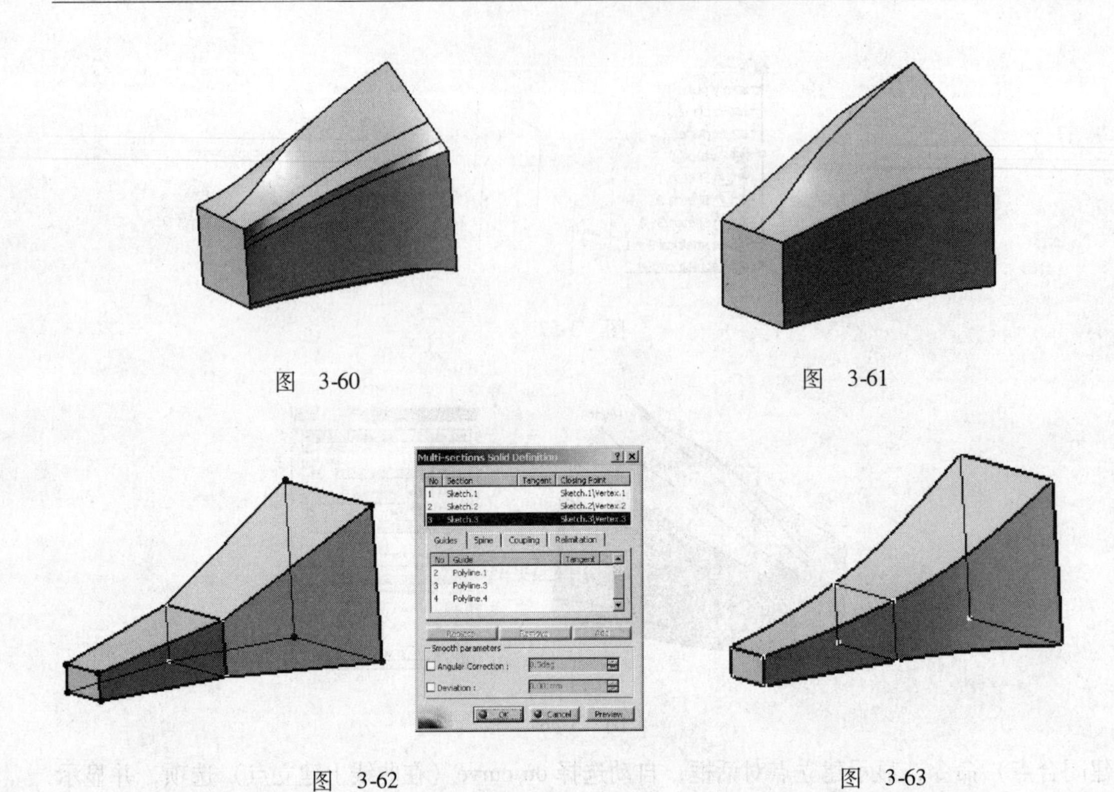

图 3-60　　图 3-61

图 3-62　　图 3-63

2. 放样体使用脊线

放样时还可以选择一条脊线（Spine），放样时截面将沿脊线扫掠，如图 3-64 所示。

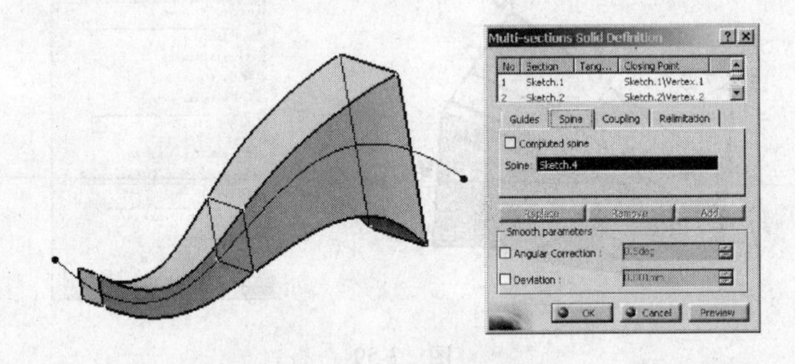

图 3-64

3. 放样时的连接方式

单击放样体对话框中连接（Coupling）选项卡（见图 3-65），可以选择四种自动连接方式（见图 3-66～图 3-69）和一种手动连接方式（见图 3-70）。

（1）Ratio（按截面轮廓比率连接）　在两截面间按截面轮廓的比率连接实体的表面，当各截面的顶点数不同时，常用这种连接方式，如图 3-66 所示。

（2）Tangency（按截面的切线不连续点连接）　按截面曲线的相切不连续点（截面的非光滑过渡尖点）连接实体表面，如图 3-67 所示，这时各截面的顶点数必须相同。

（3）Tangency then curvature（按截面的相切连续、曲率不连续点连接）　按截面轮廓曲线的曲率不连续点连接实体表面，如图 3-68 所示，各截面的顶点数必须相同。

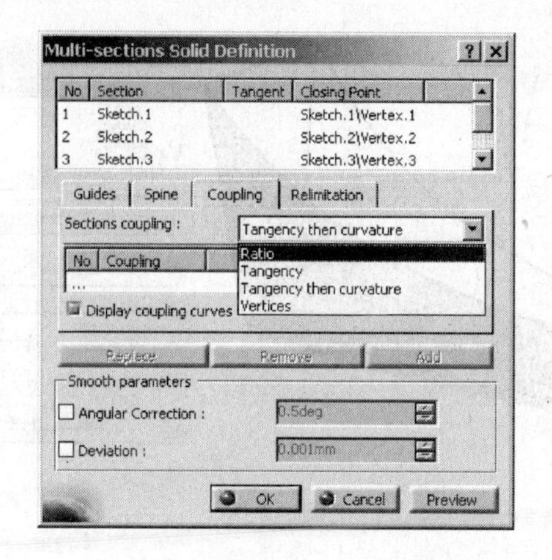

图 3-65

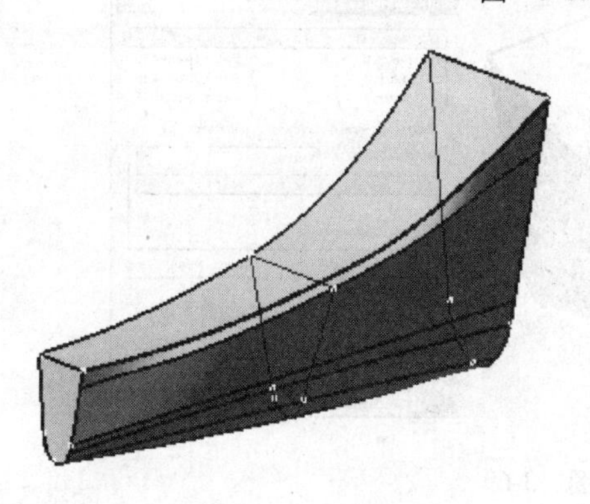

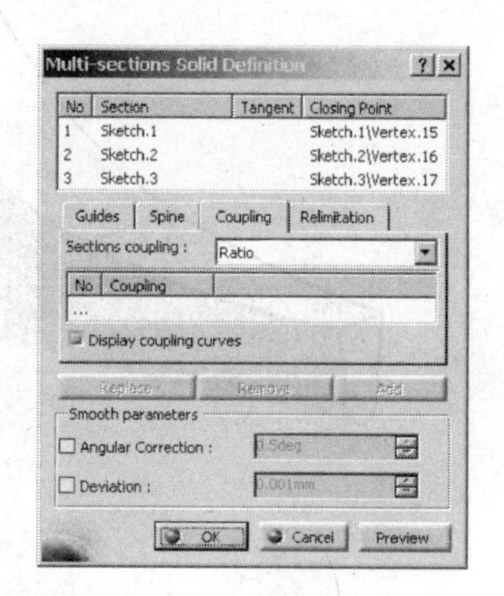

图 3-66

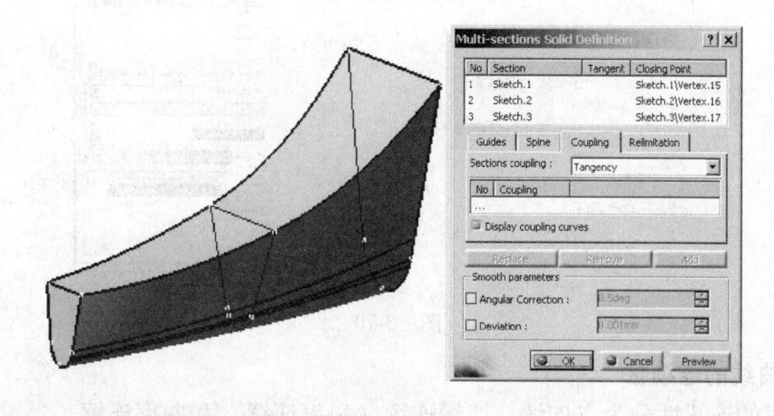

图 3-67

（4）按截面的顶点连接（Vertices） 在截面轮廓的所有顶点处连接实体表面，如图3-69所示，各截面的顶点数必须相同。

（5）手动连接 在连接选项卡选择 Ratio，并在选择框中双击鼠标，在图上选择要连接的顶点，选择 Display coupling curves 复选框，在图中会显示连接线，如图3-70所示。

一般来说，切线连续一定是点连续；曲率连续一定是点连续和切线连续。

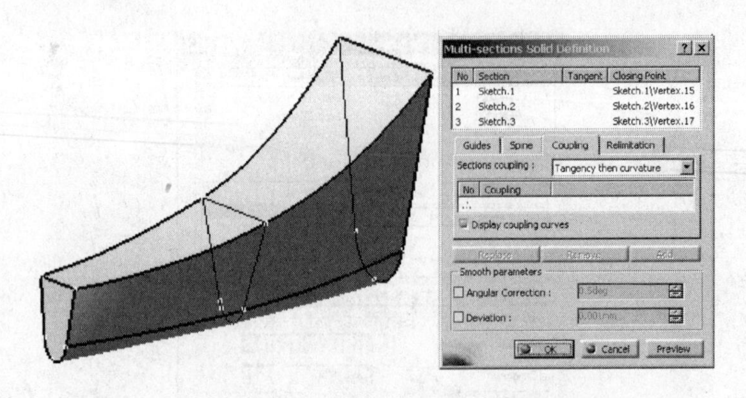

图　3-68

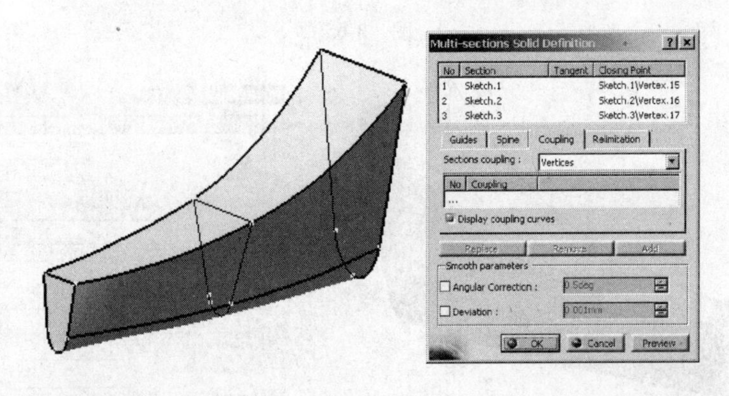

图　3-69

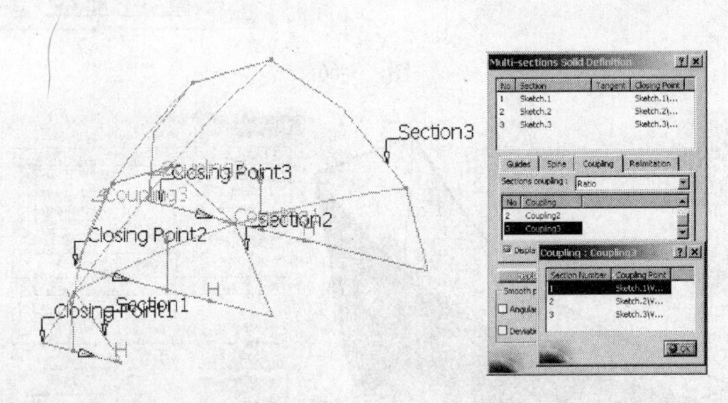

图　3-70

4. 截面曲线的连续性

截面曲线的连续性分为点连续、切线连续（斜率连续）和曲率连续。

图 3-71 所示为三条线段和两段弧组成的截面曲线，截面曲线中有五个顶点，其中①、②两点是点连续，切线与曲率不连续；③、⑤两点是切线连续，曲率不连续；④点曲率连续。

一般来说，切线连续一定是点连续；曲率连续一定是点连续和切线连续。

5. 截面曲线的闭合点与闭合方向

放样时每个截面都有一个闭合点和闭合方向，闭合点是放样体表面连接的起始点，闭合方向是放样体表面连接的起始方向。闭合点的位置影响放样的结果，闭合点位置或闭合方向不正确会使放样的结果发生扭曲，甚至会使放样失败。

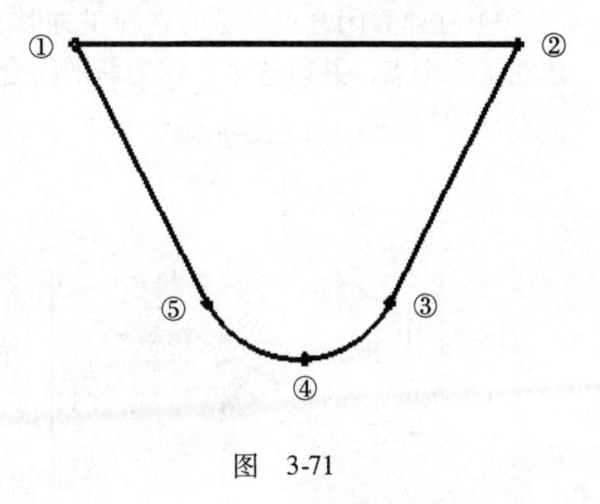

图 3-71

放样时闭合方向必须一致，所有截面都沿顺时针或逆时针方向，单击截面上的截面方向红色箭头可以改变闭合方向。

下面重点介绍如何调整闭合点，当选择截面放样时（或除料放样），可以在选择截面后改变闭合点的位置，或建立一个新的闭合点，在截面轮廓的任何位置都可以建立闭合点。

以一个正方形和一个五边形两个截面轮廓放样为例，介绍调整闭合点的方法。图3-72所示为使用默认闭合点放样结果，图3-73所示为调整闭合点后放样的结果。

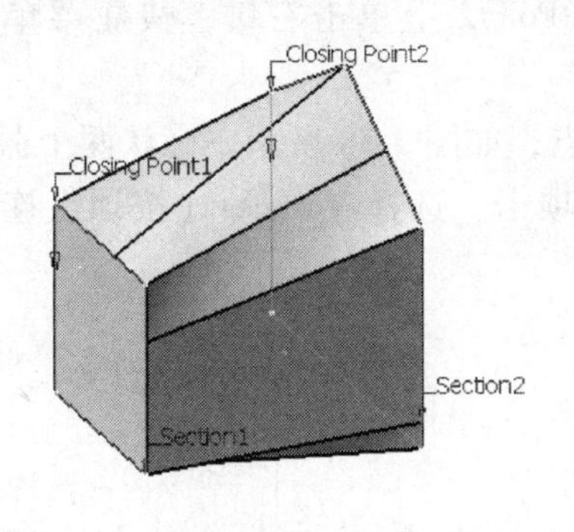

图 3-72

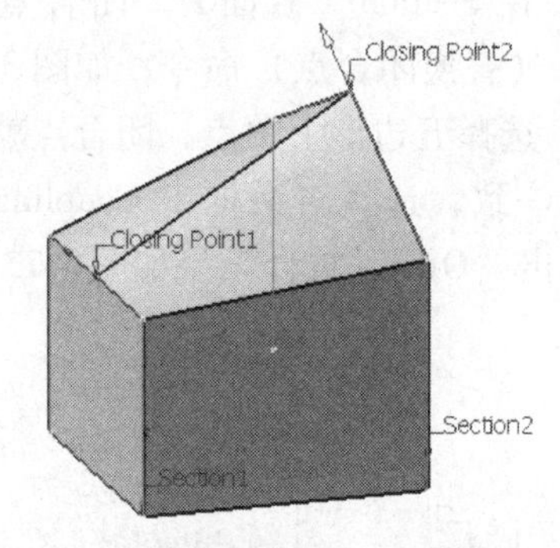

图 3-73

Section（截面）1 正方形有四个顶点，默认闭合点是正方形左上角 Closing Point1，需要把闭合点改变到正方形上边的中点，这需要在截面上建立一个新的点作为闭合点。建立闭合点的操作方法如下：

1）在截面 1 的闭合点图标 Closing Poin1 上单击右键，弹出的快捷菜单中选择 Remove（删除闭合点）命令，如图3-74所示。

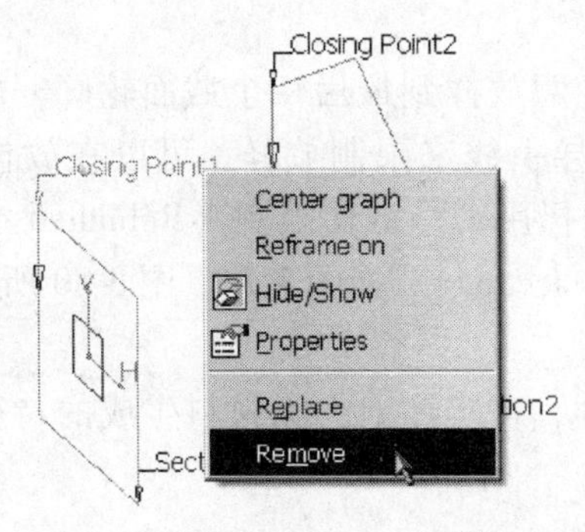

No	Section	Tangent	Closing Point
1	Sketch.1		Sketch.1\...
2	Sketch.2		Sketch.2\...

图 3-74

2）在截面图标 Section 1 上单击右键，选择 Create Closing Point（建立闭合点）命令，如图 3-75 所示，这时显示在曲线上建立点对话框，如图 3-76 所示。

3）在建立闭合点预览时选择正方形上边中点，单击对话框中“OK”，在选择点处就建立了一个点，并以这个点作为新的闭合点。

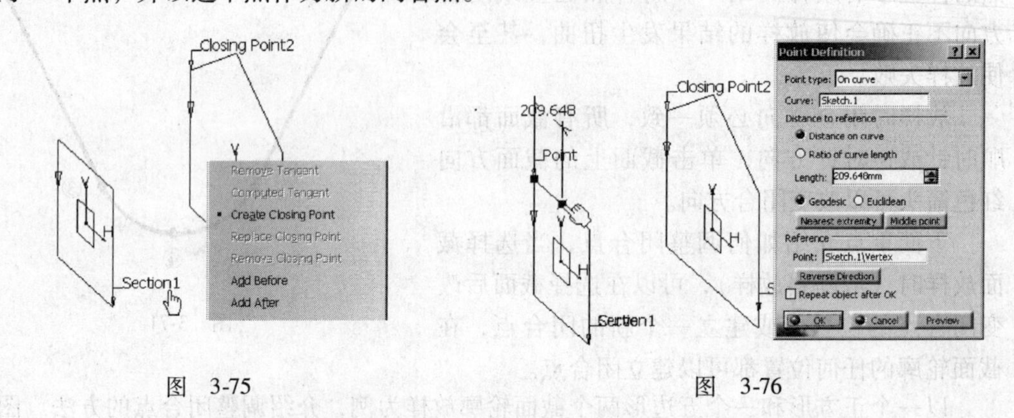

图 3-75　　图 3-76

下面将 Section（截面）2 五边形的闭合点改变到上顶点：

1）在 Section（截面）2 闭合点图标 Closing Point2 上单击右键，快捷菜单中选择 Replace（替换闭合点）命令，如图 3-77 所示。

2）选择五边形上顶点，闭合点就改变到上顶点，如图 3-78 所示。确认两个截面的闭合方向一致，选择对话框中 Coupling（连接）选项卡，选择 Vertices（按顶点连接）方式，单击“OK”，放样结果如图 3-73 所示。

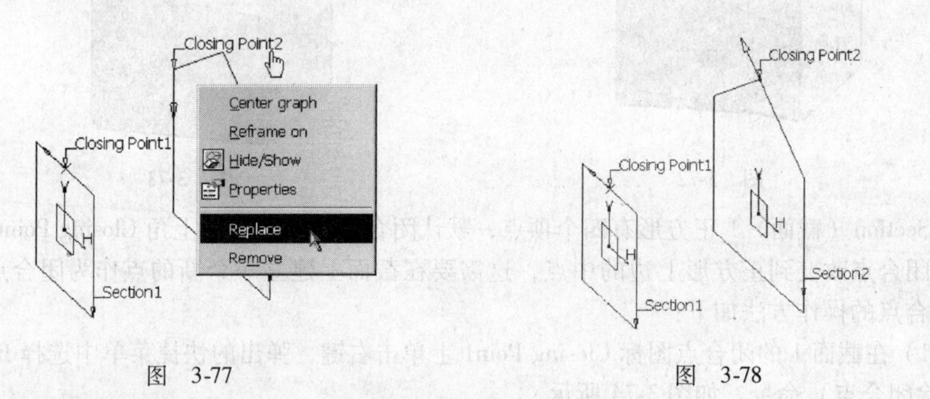

图 3-77　　图 3-78

6. 放样体的限制

默认情况下，放样体从第一个截面轮廓放样到最后一个截面轮廓。放样时也可以用导引线或脊线来限制放样，要用脊线或导引线来限制放样，可以在放样对话框中选择 Relimitation（取消限制）选项卡，取消选择用第一截面限制（Relimited on start section），或取消用最后截面限制（Relimited on end section）。如图 3-79、图 3-80 所示。

7. 除料放样

除料放样就是通过对多个截面的放样，在实体上去除材料生成的特征，除料放样的操作步骤如下：

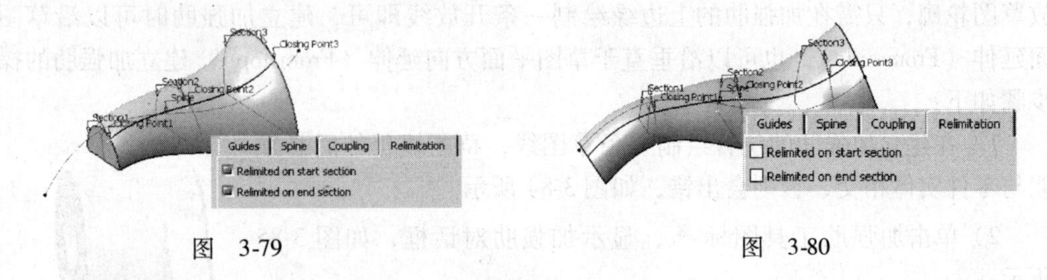

图 3-79　　图 3-80

1）绘制除料放样的截面轮廓，如图 3-81 所示。

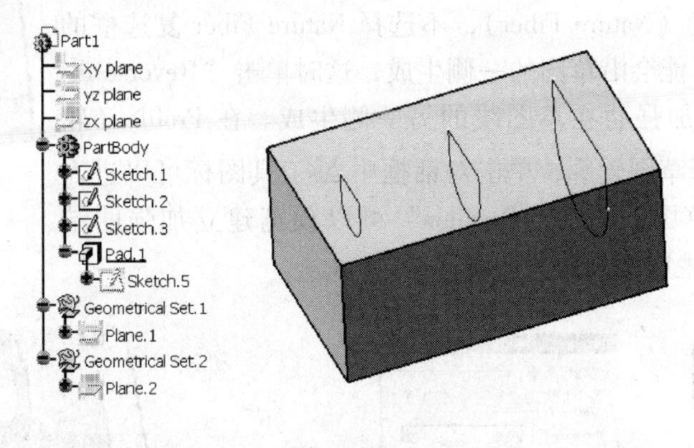

图 3-81

2）单击除料放样工具图标，依次选择截面轮廓，如图 3-82 所示。

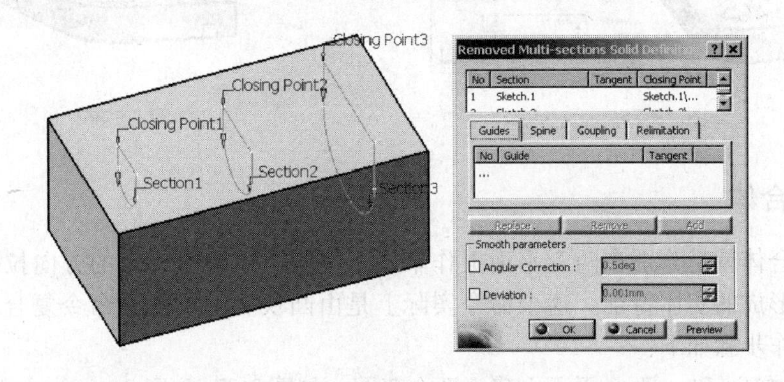

图 3-82

3）调整闭合点和闭合方向，单击“OK”，即生成除料放样特征，如图 3-83 所示。

除料放样时，对话框中各种参数的定义方法与放样体相同，可以参考前面放样体中的叙述。

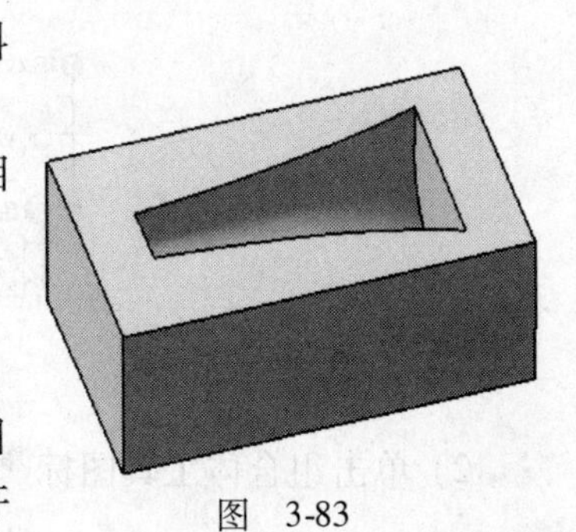

图 3-83

3.3.7 加强肋

加强肋常用于一些铸造、注塑壳体的薄壁零件上，其目的是为了加强局部的刚度和强度。建立加强肋时只能使用开放草图轮廓，只需在加强肋的上边缘绘制一条开放线即可，建立加强肋时可以沿草图平面延伸（From side），也可以沿垂直于草图平面方向延伸（From top）。建立加强肋的操作步骤如下：

1）在建立加强肋的位置绘制一条草图线，草图线延伸后必须能与零件实体相交，否则会出错，如图 3-84 所示。

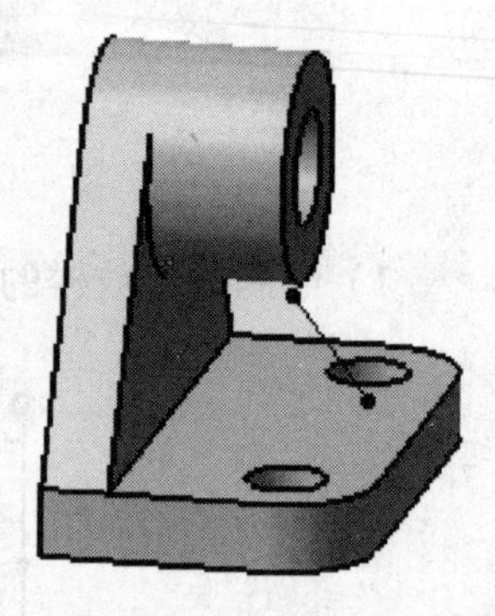

图 3-84

2）单击加强肋工具图标，显示加强肋对话框，如图 3-85 所示。

3）在对话框中定义 Thickness（加强肋的厚度）。选择草图线作为加强肋的中线（Nature Fiber），不选择 Nature Fiber 复选框的话，加强肋厚度可能会沿草图的一侧生成，这时单击“Reverse direction”可以翻转加强肋在草图线的另一侧生成。在 Profile（轮廓）选择框内选择草图轮廓，单击对话框中工具图标可以进入草图器编辑修改草图，单击“Preview”可以预览建立加强肋结果，单击“OK”生成加强肋，如图 3-86 所示。

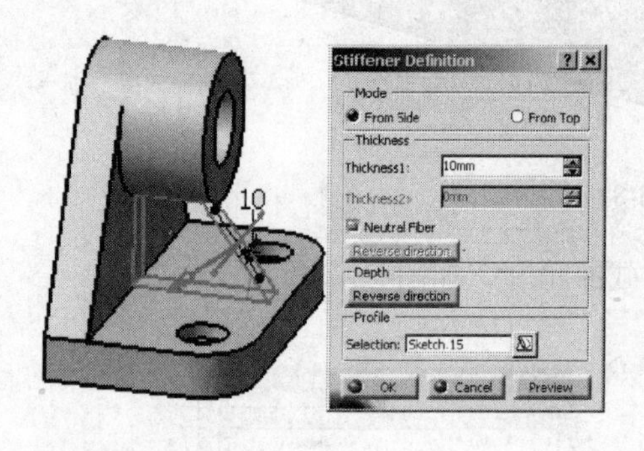

图 3-85

图 3-86

3.3.8 组合体

所谓组合体就是分别在两个平面上作草图，将两个草图沿一定的方向拉伸得到它们相交部分而形成的实体特征。这个命令实际上是由凸块和凹槽两个命令复合而成，建立组合体的操作步骤如下：

1）分别在 xy 和 yz 两个平面上建立两个草图，如图 3-87 所示。

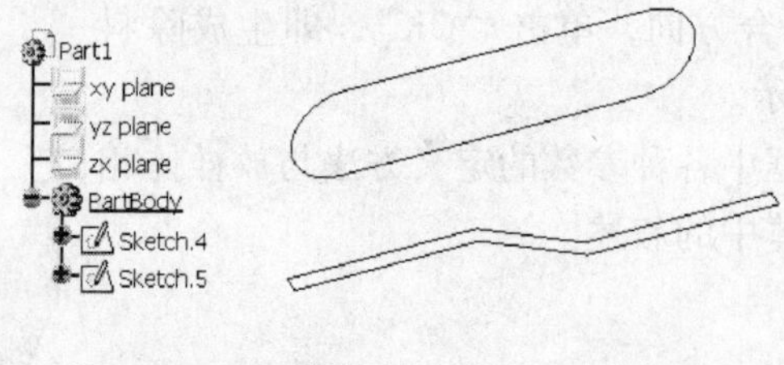

图 3-87

2）单击组合体工具图标，显示组合体定义对话框，选择两个草图轮廓作为组合体的第一个和第二个轮廓，如图 3-88 所示。

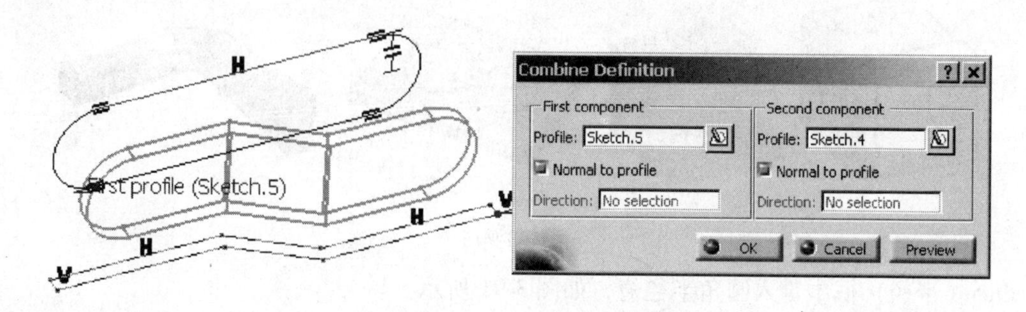

图 3-88

3）默认轮廓沿草图平面法向拉伸，如果取消选择 Normal to Profile 复选框，可以沿其他方向拉伸，这时需要选择一个拉伸方向，方向可以选择一条线、实体的边或一个平面（平面的方向是指平面的法线方向），单击“OK”生成组合体，如图 3-89 所示。

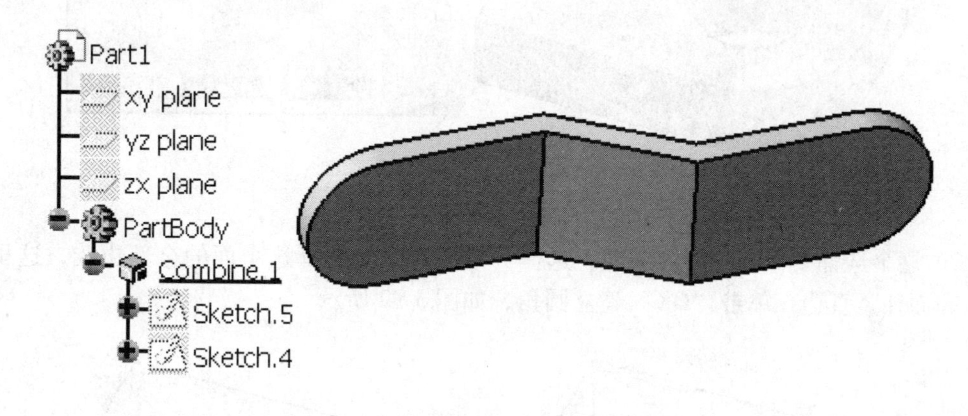

图 3-89

3.4 建立修饰特征

修饰特征就是在已有的特征上，建立一定的修饰形成新的特征。这些修饰包括圆角、倒角、拔模、抽壳、螺纹和增厚面等。

3.4.1 圆角

在 CATIA V5 中，可以对实体作四种圆角：边圆角（Edge fillet）、变半径圆角（Variable radius fillet）、面—面圆角（Face-face fillet）和三切圆角（Tritangent fillet），如图 3-90 所示。

1. 边圆角

边圆角的功能是可以在实体的棱边上倒圆角，就是用一个圆弧面来代替原来的棱边，操作步骤如下：

1）要对已有实体建立圆角，先单击边圆角工具图标，显示圆角定义对话框，在

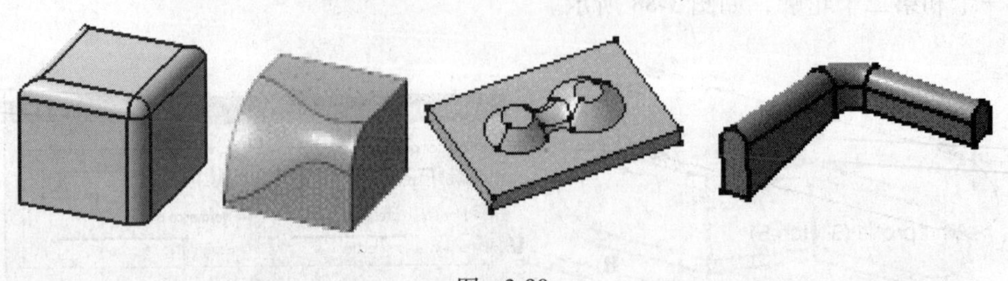

图 3-90

Radius（半径）框中键入圆角半径值，如图 3-91 所示。

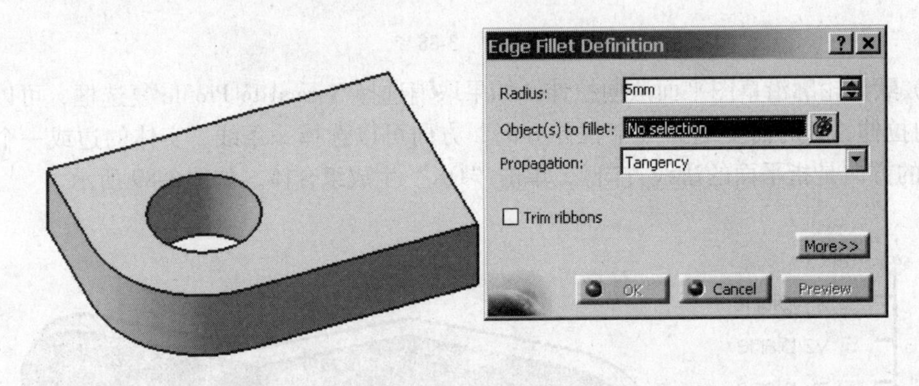

图 3-91

2）逐个选择要做圆角的边或面，选择一个面意味着选择这个面的全部边线，这里选择上表面和竖直边，单击“OK”建立圆角，如图 3-92 所示。

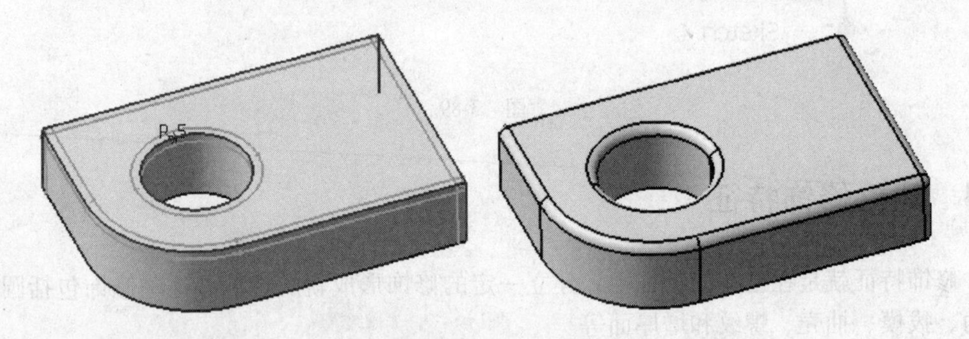

图 3-92

边圆角时要注意的问题如下：

1）当选择一个边时，可以在 Propagation（延续方式）框中选择：Tangency（相切，见图 3-93）或 Minimal（最小的即不延续，见图 3-94）。

2）选择 Trim ribbons（修剪重叠）复选框，会自动修剪两个重叠的圆角，如图 3-95 所示。

3）如果要选择实体背面的边或面又不想去转动视图，可以在要选择的对象附近，按住 Alt 键单击鼠标（或把鼠标的光标放在要选择的对象附近，按键盘的“↑”或“↓”键），这时显示一个局部放大镜，按键盘“↑”或“↓”键，在放大镜中显示要选择对象的预览时，单击鼠标就选中了你要选中的对象，如图3-96所示，选择实体背面的竖直边。

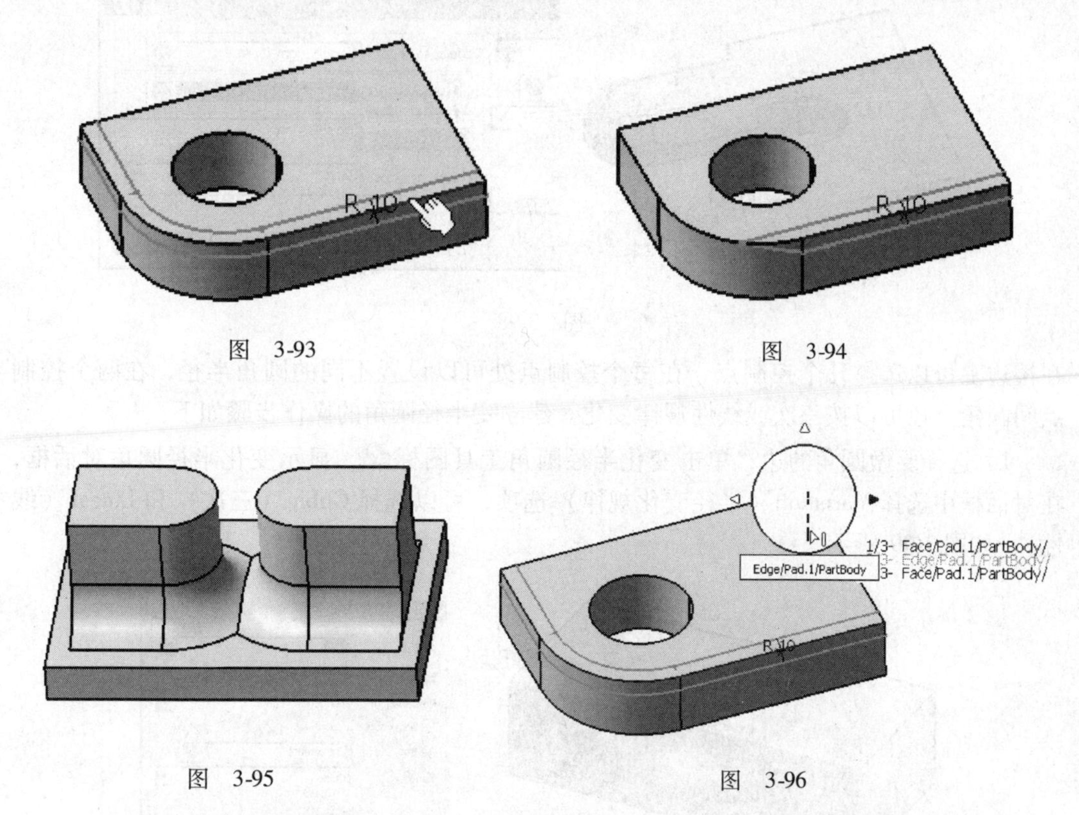

图 3-93　　图 3-94

图 3-95　　图 3-96

4）Edge to keep（圆角时保持棱边）选项。当边圆角时，如果选择的圆角半径较大，比如大于实体特征的厚度，按常规方法圆角时，上棱边会发生移位，这时系统会出现一个提示，问你是否要指定保持一个棱边，如果选择“是”，需要编辑这个圆角并选择一个要保持的棱边。如果选择“否”，系统会试图求解一个圆角，如图3-97所示。

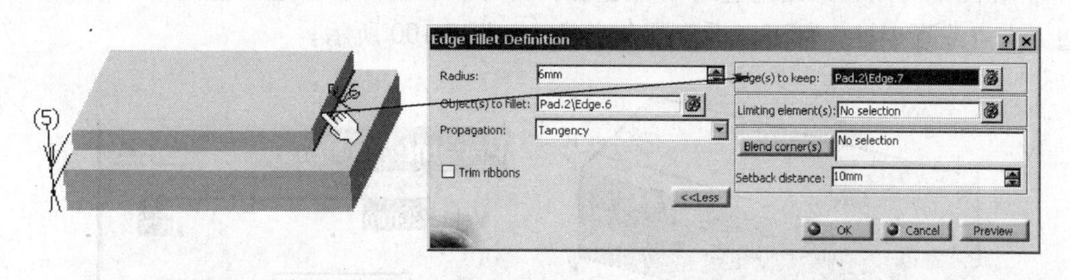

图 3-97

5）圆角延伸的限制。可以使用平面、表面或曲面来限制圆角的延伸，使限制面的一侧圆角而另一侧不圆角，如图3-98所示；也可以用点来限制圆角的延伸，选择的点必须在圆角的棱边上，这就需要先在要圆角的棱边上用在曲线上建立点（On curve）的命令先建立一个或几个点。

2. 变化半径圆角

变化半径圆角功能与边圆角类似，不过在对棱边圆角时，圆角半径可以是变化的。

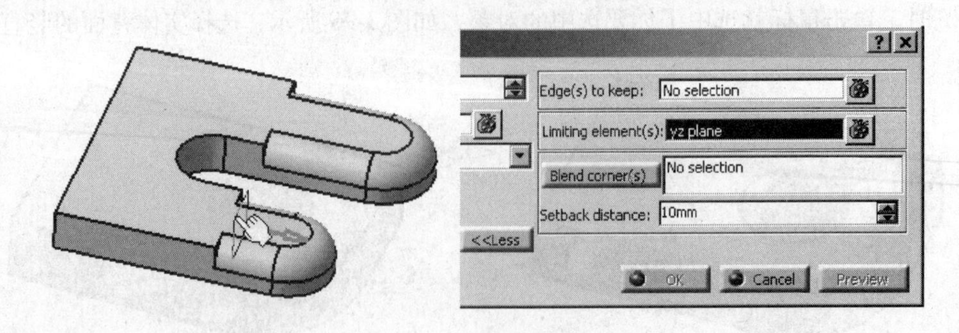

图 3-98

在棱边上可以选择几个控制点，在每个控制点处可以设置不同的圆角半径，在两个控制点间圆角半径可以按三次或线性规律变化。建立变半径圆角的操作步骤如下：

1）选择要做圆角的边，单击变化半径圆角工具图标，显示变化半径圆角对话框，在对话框中选择 Variation（半径变化规律）选项，可以选择 Cubic（三次）和 Linear（线性），如图 3-99 所示。

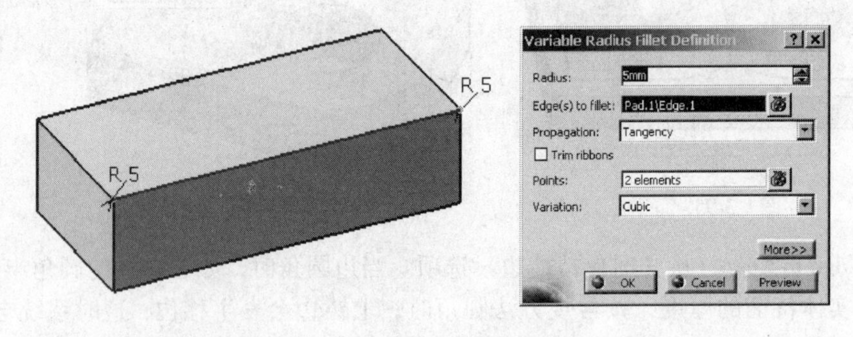

图 3-99

2）在图中可以看到圆角边的端点处显示圆角半径值，双击这个值便可以修改。在圆角边上有点或顶点处，都可以设置圆角半径，如图 3-100 所示。

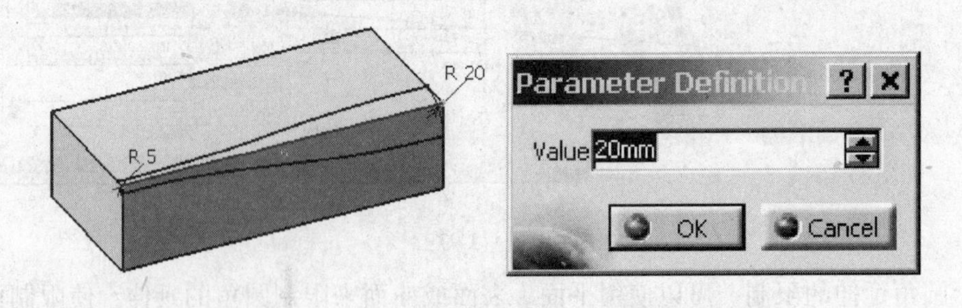

图 3-100

3）如果要在圆角边的某个位置上设置圆角半径，可以先在棱边上建立点，在对话框中单击点选择框（Points）并选择建立的点，在这个点处会显示圆角半径值，双击这个值就可以修改它，如图 3-101 所示。

4）也可以建立平面，单击点选择框（Points）并选择建立的平面，系统会自动计算平

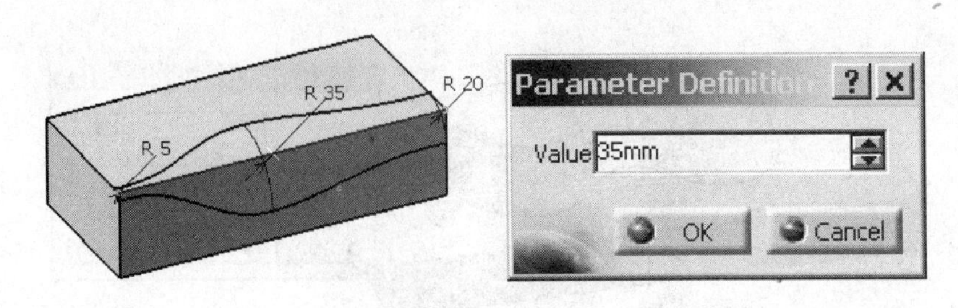

图 3-101

面与圆角边的交点，在这些交点处可以设置圆角半径，如图3-102所示，单击“OK”即建立圆角，如图3-103所示。

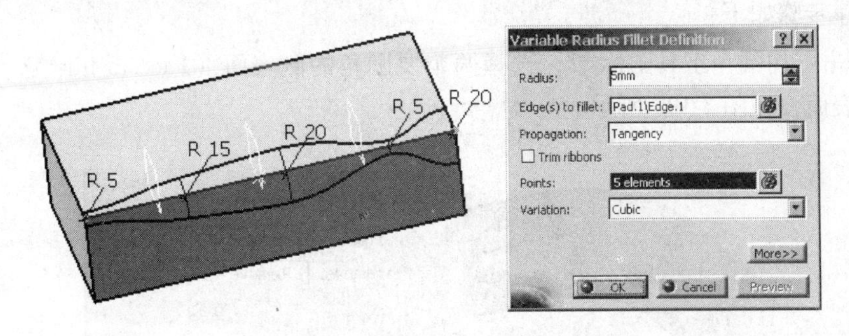

图 3-102

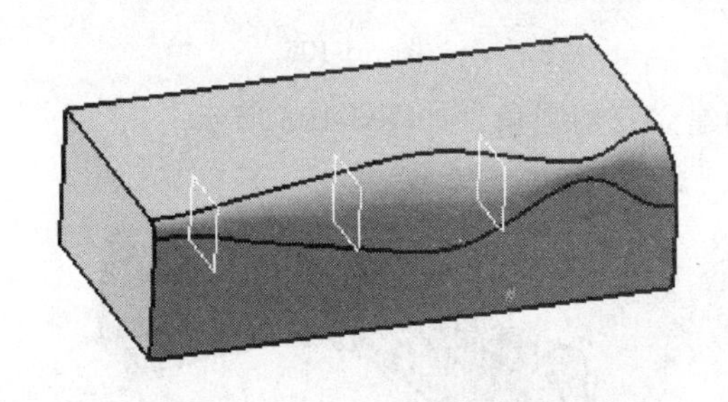

图 3-103

在变化半径圆角时，单击“More”展开对话框，可以选择保持棱边、圆角时保持角度或平推（这时需要选择一条脊线Spine）和其他限制元素。

3. 面—面圆角

可以在两个曲面间建立一个过渡曲面圆角，建立面—面圆角时圆角半径应小于最小曲面的高度，并大于曲面间最小距离的1/2，建立面—面圆角的操作步骤如下：

1）单击面—面圆角工具图标，显示Face-Face Fillet Definition（面—面圆角）对话框。

2）键入圆角半径，单击“OK”即建立圆角，如图3-104所示。

在建立面—面圆角时，单击“More”展开对话框，在对话框中可以设置限制元素，还可以选择一条控制线（Hold curve）和脊线（Spine）。

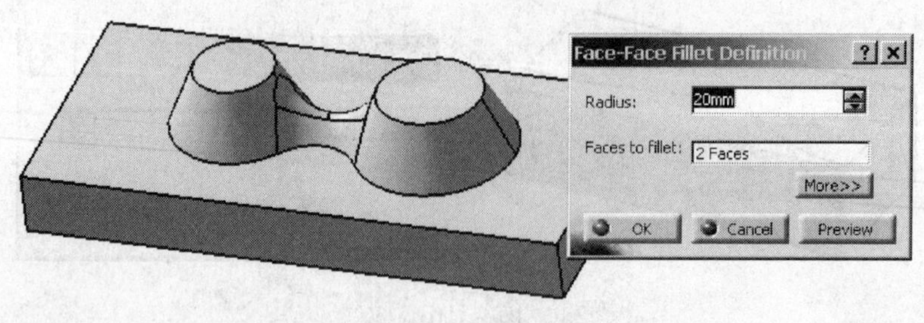

图 3-104

4. 三切圆角

三切圆角就是在三个选择的平面中去除一个面，然后用一个过渡半圆弧面来代替这个面，操作步骤如下：

1）单击三切圆角工具图标，选择两个要圆角的侧表面（Face to fillet），再选择要去除的上表面，如图 3-105 所示。

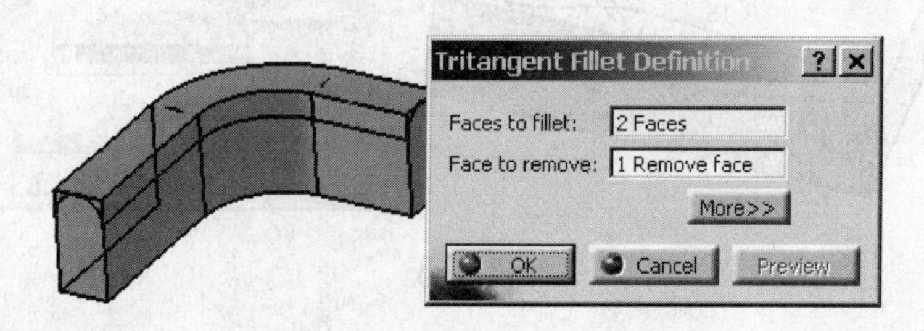

图 3-105

2）单击“OK”即建立三切圆角，如图 3-106 所示。

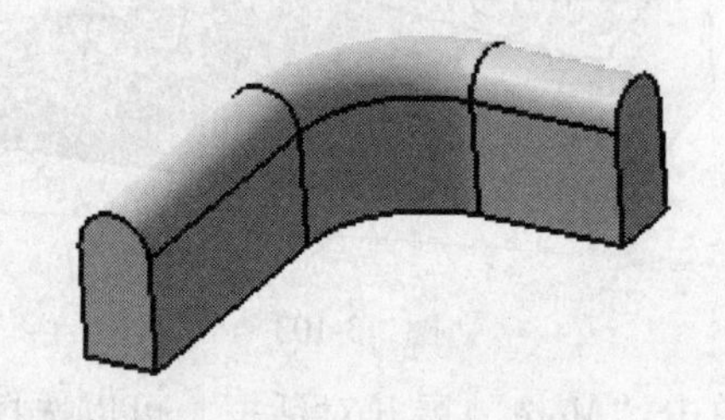

图 3-106

在三切圆角对话框中，单击“More”展开对话框，可以选择限制元素。

3.4.2 倒角

倒角就是用一个斜面来代替尖角，倒角的操作步骤如下：

1）单击倒角工具图标，显示 Chamfer Definition（倒角对话框）。

2）选择要倒角的边，可以选择边或面，选择面意味着选择这个面的所有边。

3）选择倒角的模式（Mode），可以选择两种模式，倒角边长/角度（Length/Angle）或边长/边长（length1/Length2），输入对应的边长或角度，单击“OK”建立倒角，如图 3-107 所示。

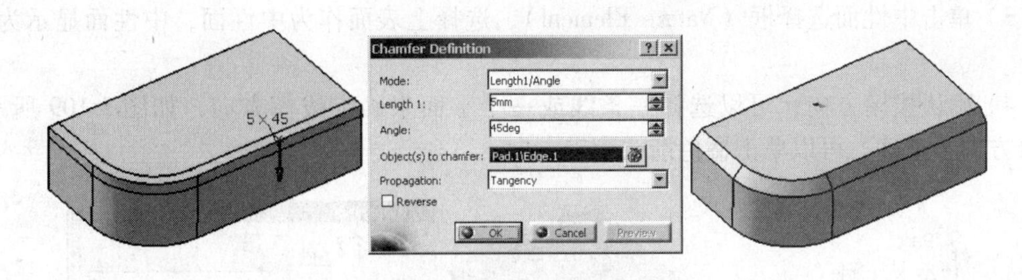

图 3-107

建立倒角时也可以设置选择边的延续方式：相切延续或最小。如果是非对称倒角，单击预览图中的箭头，或选择对话框中的Reverse（翻转）复选框，可以翻转倒角边方向。

3.4.3 拔模

对于铸造、模锻或注塑零件，为了便于模具与零件的分离，需要在零件的拔模面上制出一个斜角，这个角称为拔模角。比如一个正方体施加拔模角后会形成一个台体，形成台体时，可以是添加材料，也可以是减少材料，这取决于拔模操作时拔模角的应用。

拔模相关的基本定义如下：

（1）拔模方向　模具与零件分离的方向，在图中用橘黄色箭头表示。

（2）拔模角　拔模面与拔模方向间的夹角，拔模角可以为负值。

（3）中性面　拔模前、后大小和形状保持不变的面。

（4）中性线　中性面与拔模面的交线，拔模前后中性线的位置不变。

在CATIA V5中有四个拔模命令：拔模角（Draft Angle）、变拔模角拔模（Variable Daft）、反射线拔模（Draft Reflect Line）和高级拔模（Advanced Draft），下面分别介绍这四个拔模命令。

1. 拔模角

执行这个命令可以对拔模面沿拔模方向施加一个拔模角，这就需要选择一个中性面，用中性面来确定拔模面，也可以用中性面作为拔模的分界面，并可以双向拔模，施加拔模角操作步骤如下：

1）单击拔模角工具图标，显示Draft Definition（定义拔模）对话框。

2）选择周围表面为拔模面，拔模面即显示为暗红色，如图3-108所示。

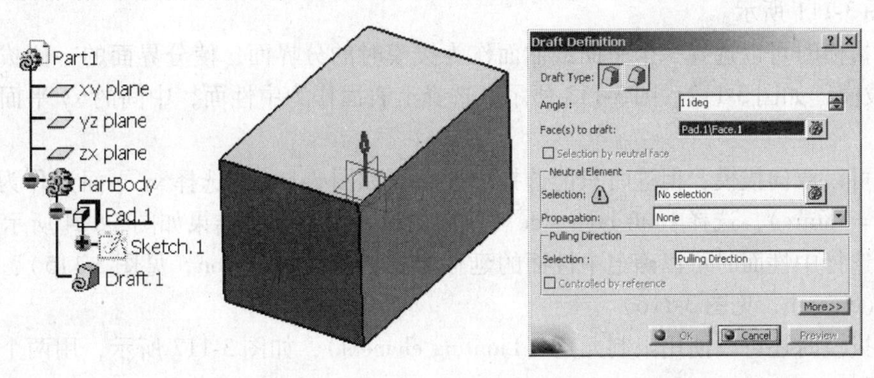

图 3-108

3）单击中性面选择框（Nature Element），选择上表面作为中性面，中性面显示为蓝色。

4）确认拔模方向，可以选择一条线或一个平面来确定拔模方向，如图 3-109 所示，如果方向不正确，可以单击橘色箭头翻转方向。

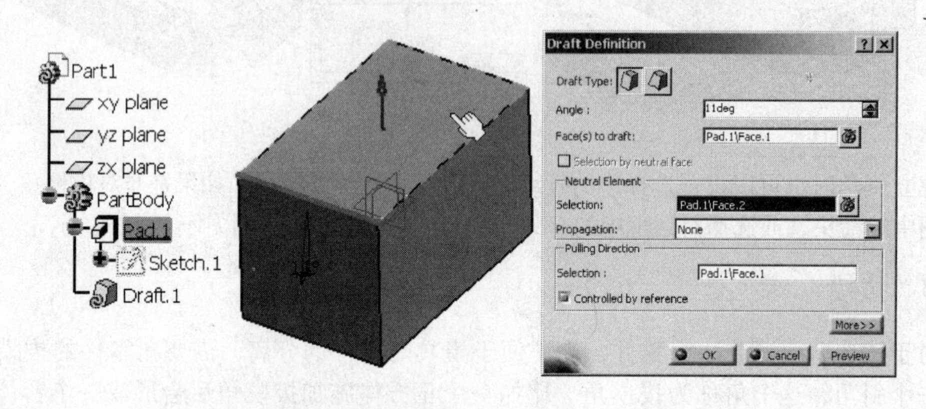

图 3-109

5）单击“OK”即建立拔模角，如图 3-110 所示。

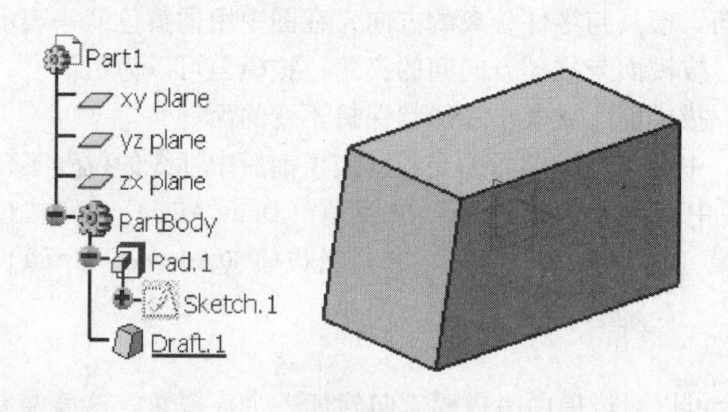

图 3-110

建立拔模角时应注意的问题如下：

1）在拔模对话框中，如果选择 Selection by nature face（按中性面来确定拔模面）复选框，只需选择一个中性面，不用选择拔模面，与中性面相交的面都会自动选择为拔模面，如图 3-111 所示。

2）拔模时可以选择一个平面或曲面作为拔模时的分界面，使分界面的一侧拔模，另一侧不拔模，如图 3-112、图 3-113 所示，选择上表面作为中性面，中间的 xy 平面作为分界面。

3）可以双向拔模，但这时只能选择中性面（如图 3-114 中选择 xy 平面）作为分界面（Parting = Nature），选择 Draft both side（双向拔模）复选框，结果如图 3-114 所示。

4）选择中性面时可以确定中性面的延伸方式：不延伸（Non，见图 3-115）、光滑过渡延伸（Smooth，见图 3-116）。

5）拔模时还可以使用限制元素（Limiting element），如图 3-117 所示，用两个平面作为限制面。

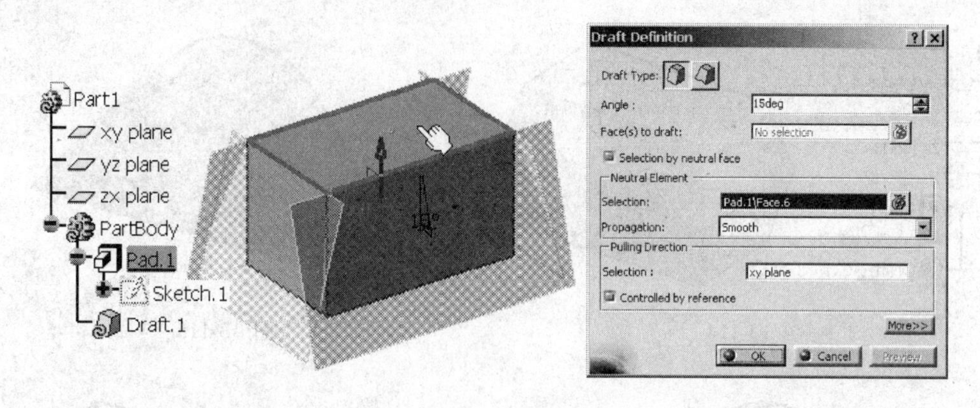

图 3-111

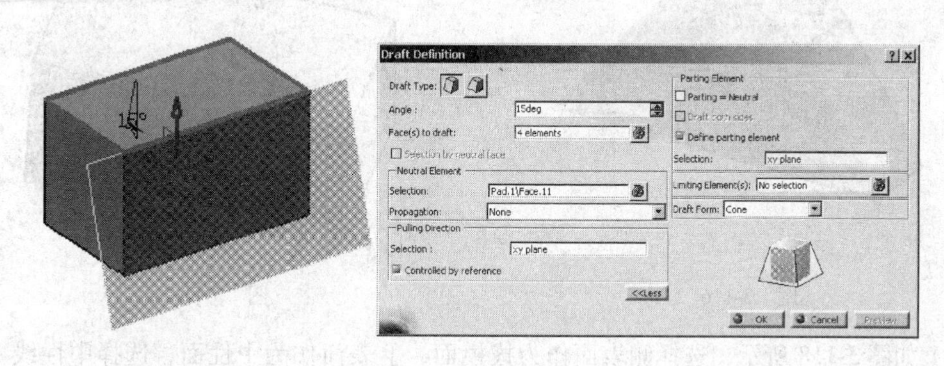

图 3-112

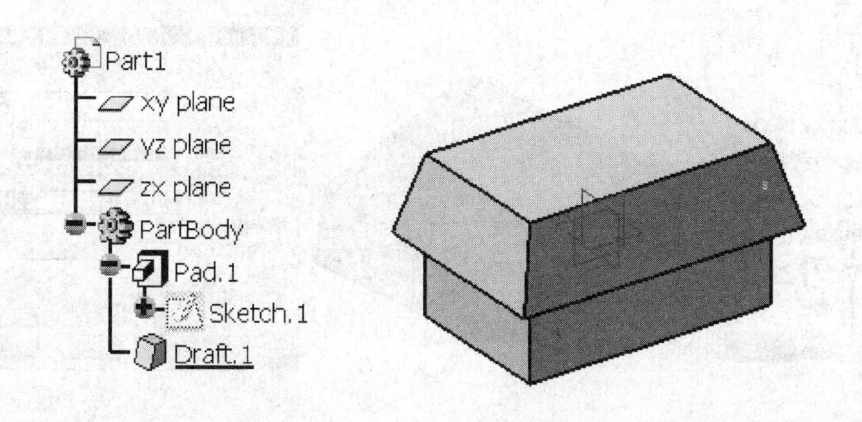

图 3-113

2. 变拔模角拔模

变拔模角拔模功能与变半径圆角功能类似，沿拔模中性线拔模角可以是变化的，中性线上的点、顶点或平面与中性线的交点，都可以作为控制点来定义拔模角，变拔模角拔模操作步骤如下：

1）单击变拔模角拔模工具图标，或单击拔模角工具图标后在对话框中选择变拔模角拔模图标。

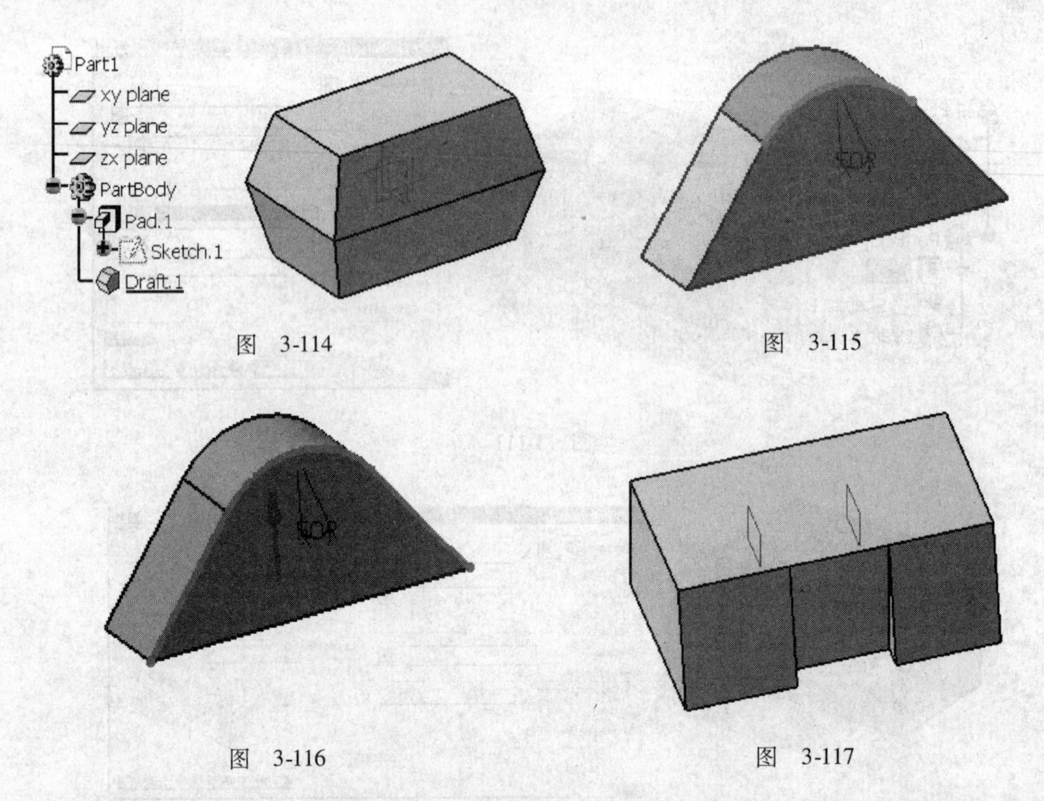

图 3-114　　图 3-115

图 3-116　　图 3-117

2）如图 3-118 所示，选择侧表面作为拔模面，上表面作为中性面，选择中性线上圆弧与直线的四个交点作为控制点。

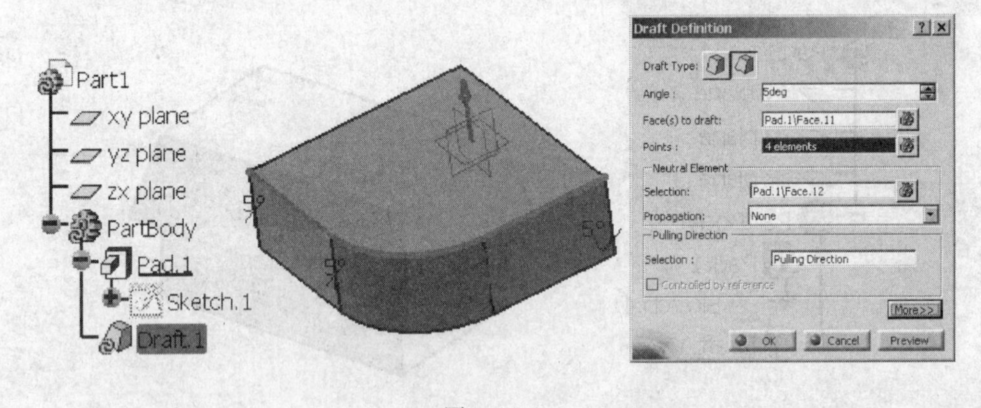

图 3-118

3）双击中性线上的四个控制点，分别修改拔模角为 15°、5°、20°和 10°，如图 3-119 所示。

4）单击“OK”，即建立拔模，如图 3-120 所示。

建立变拔模角拔模也可以使用分界面和限制元素。

3. 反射线拔模

反射线拔模是可以用曲面的反射线作为中性线，操作步骤如下：

1）对图示圆角曲面拔模，单击反射线拔模工具图标，选择圆角曲面作为拔模面，

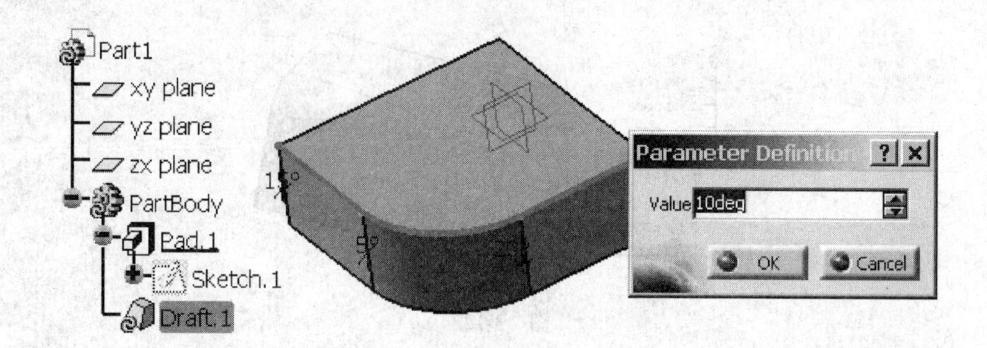

图 3-119

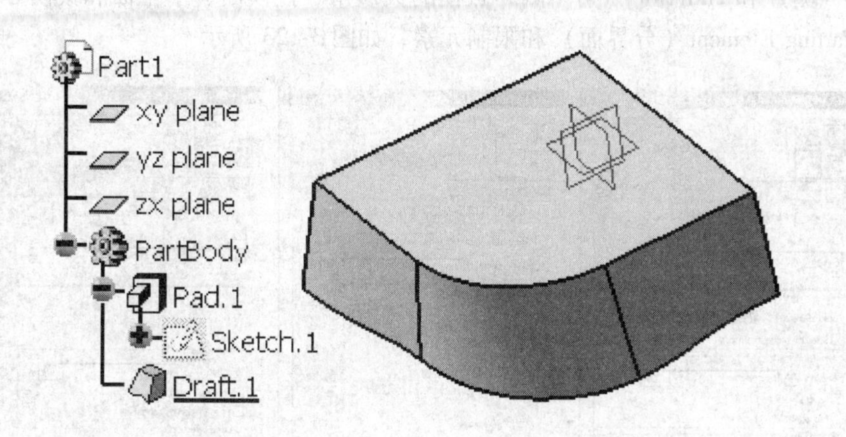

图 3-120

选择上表面作为拔模方向，单击 Preview（预览），如图 3-121 所示。

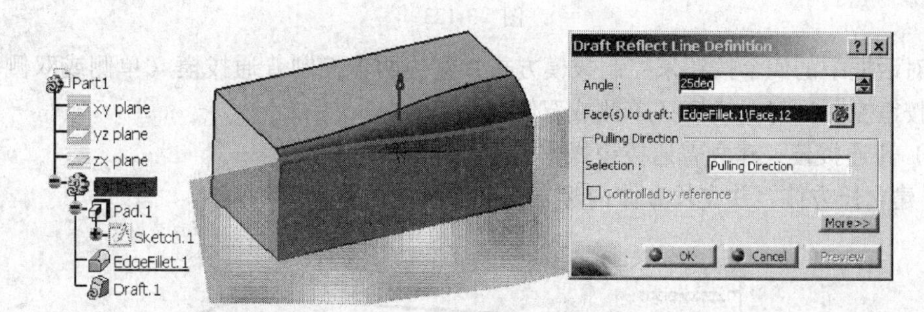

图 3-121

2）单击“OK”，即建立反射线拔模，如图 3-122 所示。

建立反射线拔模时也可以使用分界面和限制元素。

4. 高级拔模

Advanced draft（高级拔模）命令，用于复杂零件的拔模，使用这个命令可以进行单侧或双侧拔模，双侧拔模时还可以选择不同的拔模角和不同的中性面，也可以进行反射线拔模。

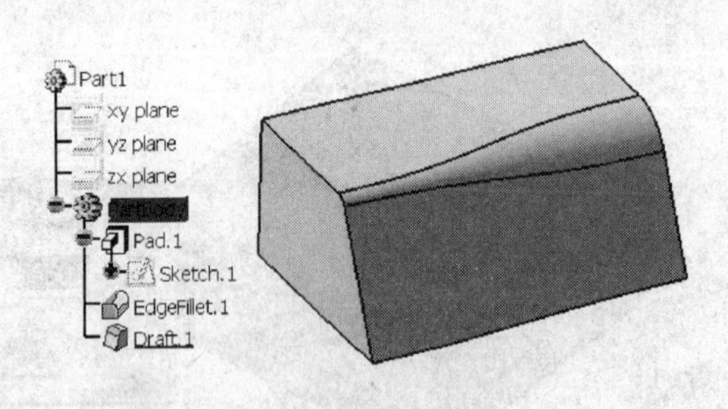

图 3-122

在 Draft Definition（Advanced）（高级拔模对话框）中，有三个选项卡，分别定义 1st Side（第一侧）和 2nd Side（第二侧）拔模的拔模角、拔模面、中性面和拔模方向，还可以选择 Parting Element（分界面）和限制元素，如图 3-123 所示。

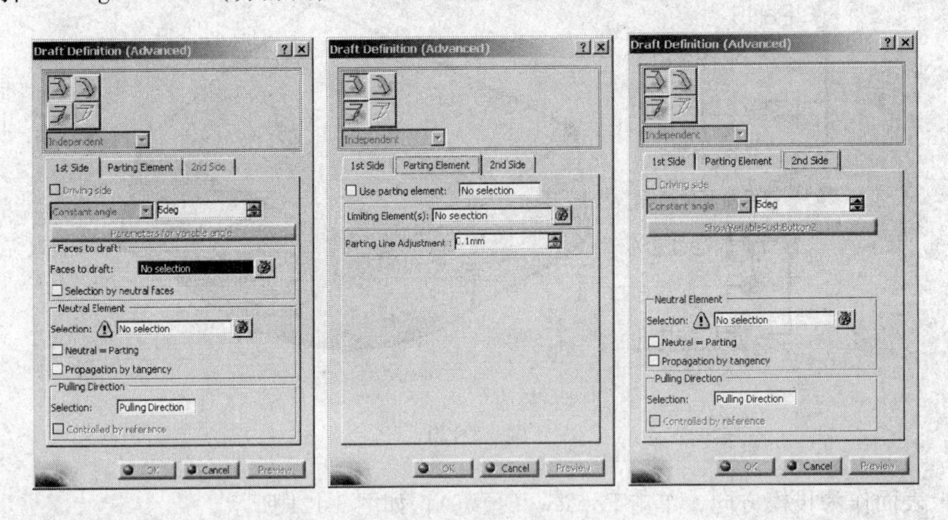

图 3-123

用对话框中的四个按钮来控制拔模方式，左边两个控制普通拔模（单侧或双侧），右边两个按钮控制反射线拔模（单侧或双侧）。

（1）普通拔模　建立普通拔模操作步骤如下所述。

1）建立长方体，并在长方体内建立三个平面，如图 3-124 所示。

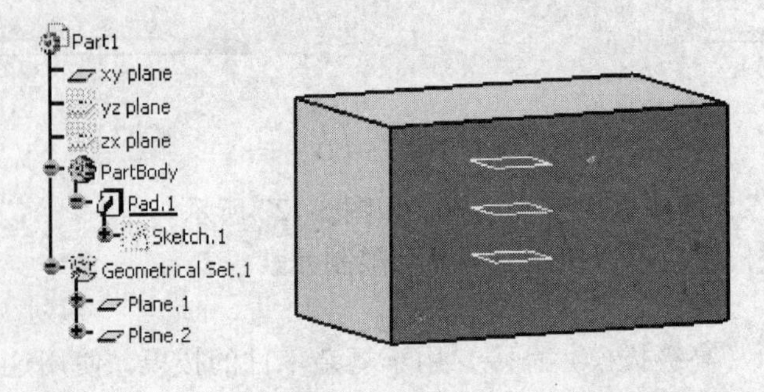

图 3-124

2）在任意工具栏上单击右键，选择 Advanced dress-up further 命令，显示高级拔模工具栏，在工具栏上单击高级拔模工具图标，显示高级拔模对话框，在对话框中选择左边两个按钮，进行双侧拔模。

3）定义 1st Side（第一侧）拔模选项卡，键入拔模角 15°，选择四周面作为拔模面，选择中间平面作为中性面（Neutral Element），如图 3-125 所示。

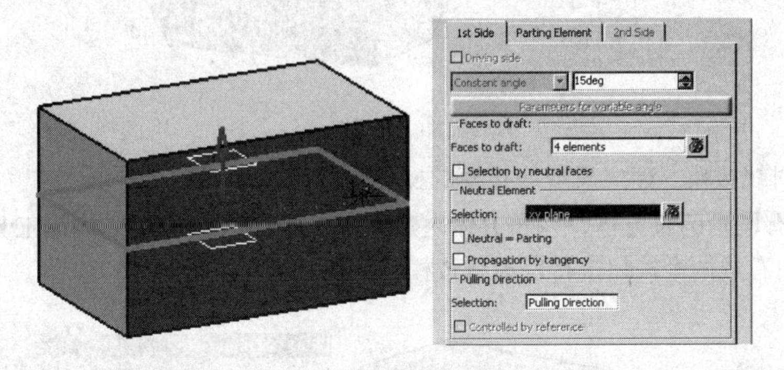

图　3-125

4）单击 Parting Element（分界面）选项卡，选择 Use parting element 复选框，选择 Plane. 1（上平面）作为分界面，如图 3-126 所示。

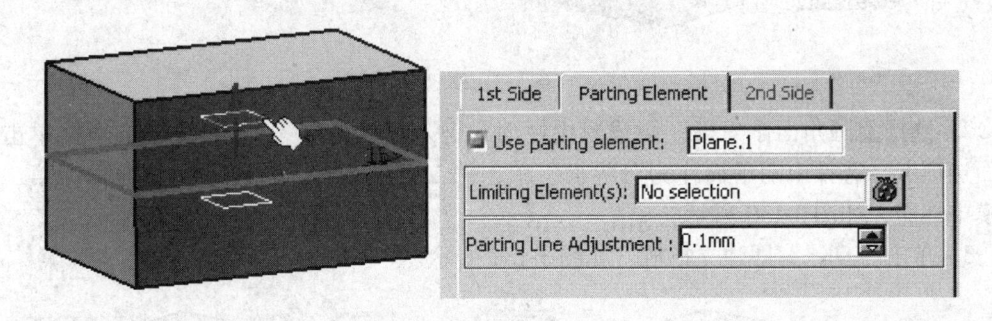

图　3-126

5）单击 2nd side（第二侧）选项卡，键入拔模角 25°，选择 Plane. 2（下平面）作为中性面，如图 3-127 所示。

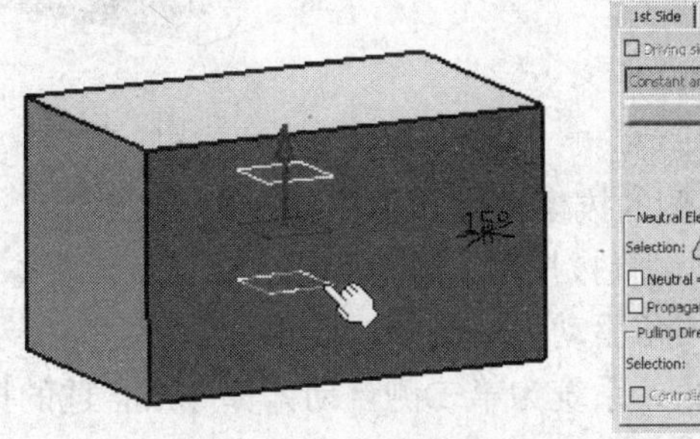
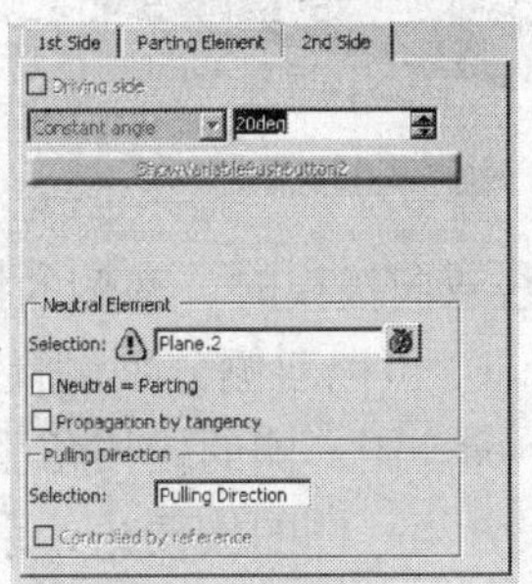

图　3-127

6）单击“OK”，即建立拔模，如图 3-128 所示。

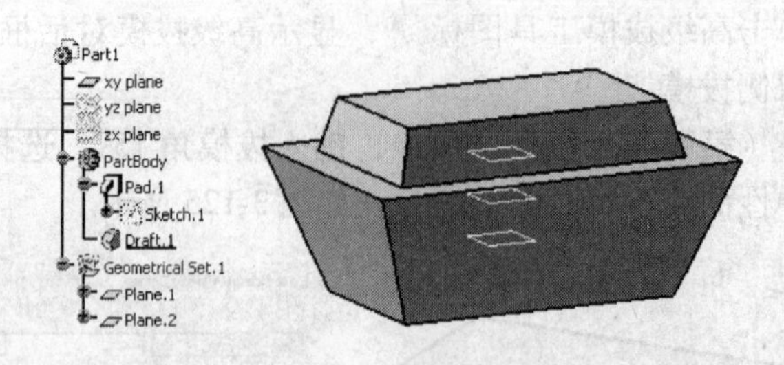

图 3-128

（2）反射线拔模 建立反射线拔模的操作步骤简述如下。

1）建立有圆角的长方体，在长方体内建立一个平面，单击高级拔模工具图标，并选择对话框中右边两个按钮进行反射线拔模，如图 3-129 所示。

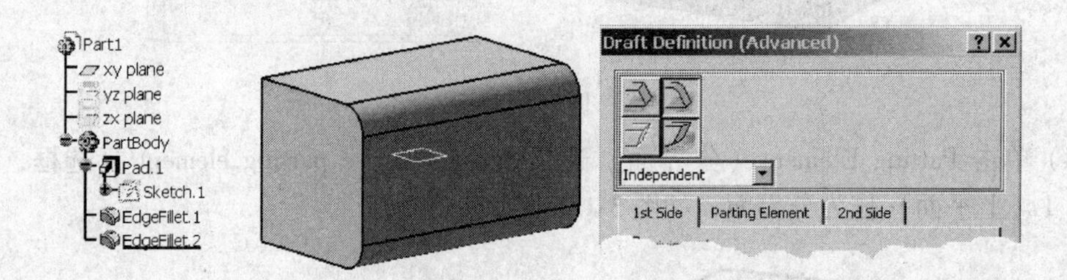

图 3-129

2）选择上圆角面作为第一侧拔模中性面，键入拔模角 25°，拔模方向向上；单击分界面选项卡，选择中间平面作为分界面；单击第二侧选项卡，选择下圆角面作为第二侧拔模中性面，如图 3-130 所示。

3）单击“OK”，即建立拔模，如图 3-131 所示。

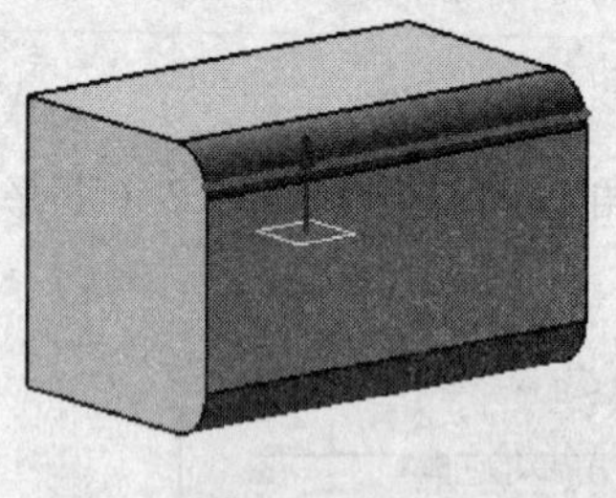

图 3-130

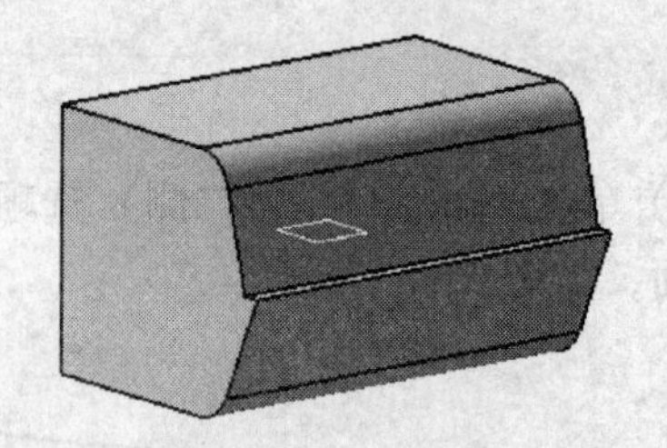

图 3-131

在进行反射线双向拔模时，两侧的拔模角有三种控制方式。

① Independent。可以双侧分别设置拔模角，这也是默认方式。

② Drive/Driven。用一侧的拔模角驱动另一侧的拔模角。

③ Fitted。设置第一侧的拔模角，系统为第二侧自动计算一个合适的拔模角。

3.4.4 增厚

增厚就是在原有实体的表面上增加或去除一个厚度，增厚的厚度值为正值时，实体表面的厚度增加，即添加材料；增厚的厚度值为负值时，实体表面的厚度减少，即去除材料。增厚操作步骤如下：

1）图示零件上，为有缺口的侧面增厚，单击增厚工具图标，选择缺口右侧表面作为默认增厚面（Default thickness face），键入默认增厚的厚度25mm，如图3-132所示。

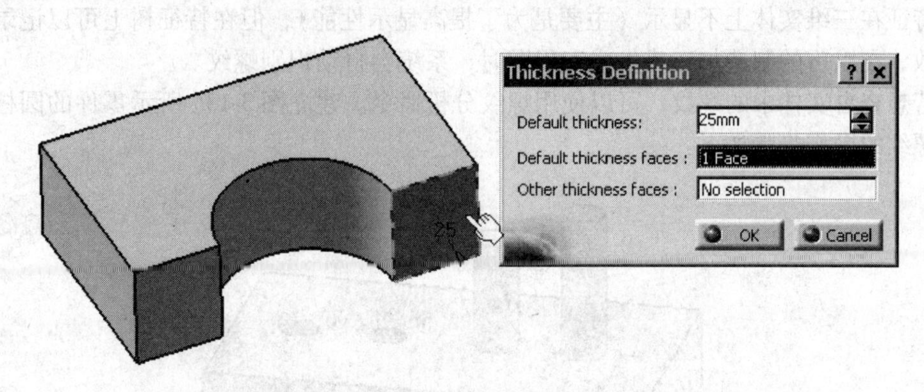

图 3-132

2）单击Other thickness face（其他增厚面选择框），选择缺口左侧表面，键入厚度值 -15mm，如图3-133所示。

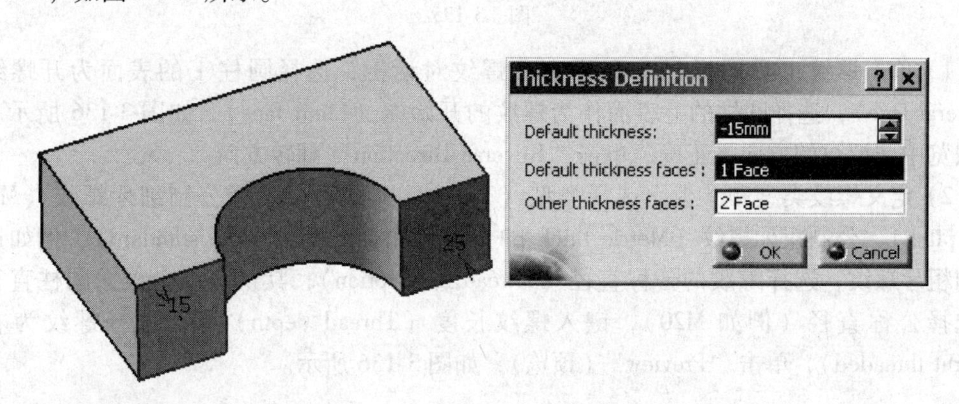

图 3-133

3）单击“OK”，即建立增厚，如图3-134所示。

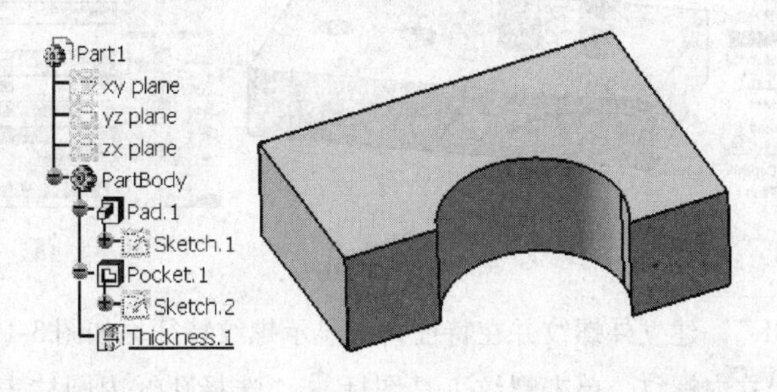

图 3-134

双击预览图增厚面上的数字，可以修改这个面上增厚的厚度。

3.4.5 建立螺纹和螺纹孔

执行螺纹和螺纹孔命令既可以建立外螺纹，也可以建立内螺纹。用这个命令建立的螺纹特征在三维实体上不显示（主要是为了提高显示性能），但在特征树上可以记录螺纹的参数，在以后的制造加工或生成工程图时，系统会自动识别螺纹。

若想查看实体中的螺纹，可以使用螺纹分析命令。建立图 3-135 所示零件的圆柱①和孔③螺纹的操作步骤如下：

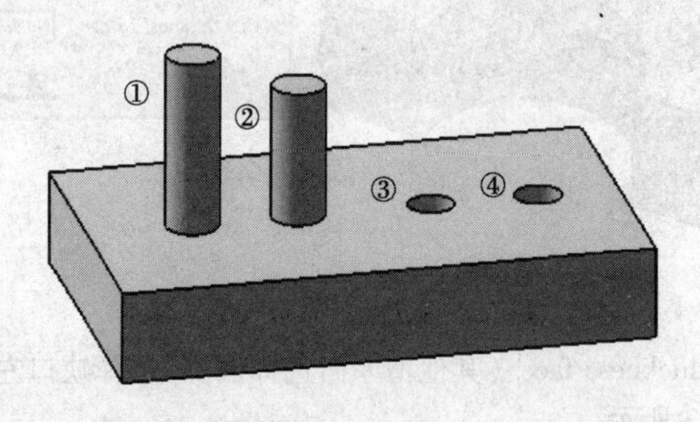

图 3-135

1）单击螺纹工具图标，显示定义螺纹对话框，选择圆柱①的表面为开螺纹面（Lateral face），选择圆柱的上表面作为螺纹的开始端（Limit face），如图 3-136 所示。如果预览中开螺纹的方向不正确，单击“Reverse Direction”翻转方向。

2）定义螺纹类型和参数，选择类型（Type），默认可以选择公制细牙螺纹（Metric thin pitch）、公制粗牙螺纹（Metric thick pitch）和非标准螺纹（No standard），例如选择公制粗牙螺纹，选择螺纹的公称直径（Thread description），默认系统会根据圆柱直径自动选择公称直径（例如 M20），键入螺纹长度（Thread depth）40，选择螺纹为右旋（Right threaded），单击“Preview”（预览），如图 3-136 所示。

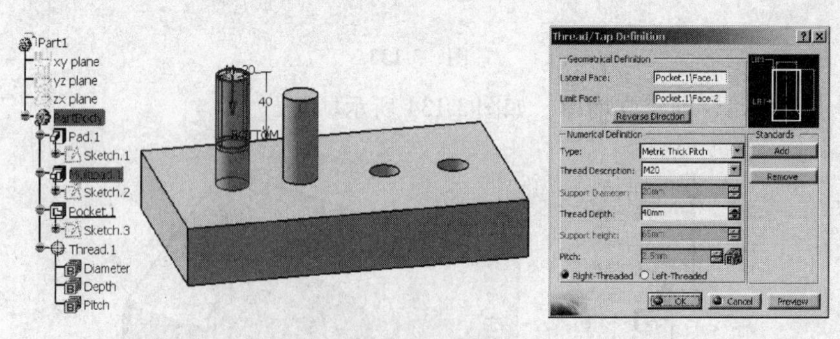

图 3-136

3）单击“OK”，建立外螺纹并在特征树上显示螺纹特征，如图 3-137 所示。

4）为孔③建立内螺纹。单击螺纹工具图标，选择孔③内圆柱表面作为开螺纹面，选择长方体上表面为螺纹开始端，选择公制粗牙螺纹，公称直径 M20，螺纹深度（Thread

图　3-137

depth）34mm，右旋螺纹，单击“Preview”（预览），如图3-138所示。

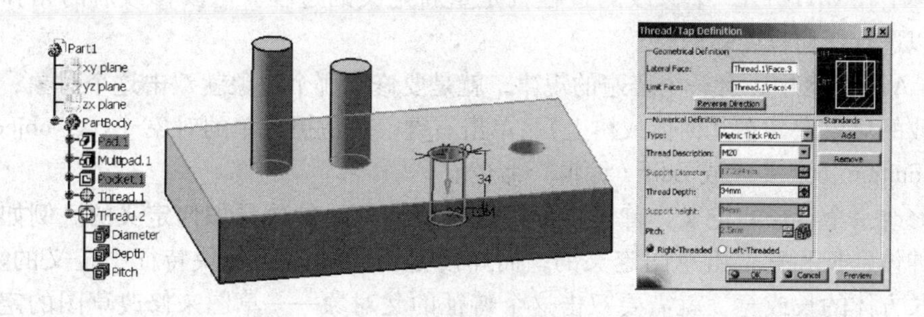

图　3-138

5）单击“OK”，建立内螺纹并在树上显示螺纹孔特征，如图3-139所示。

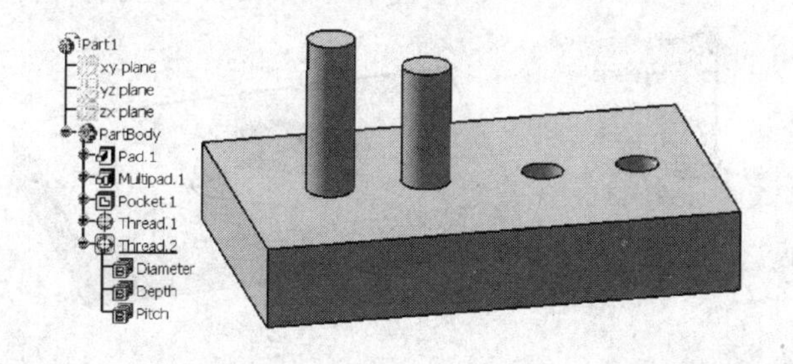

图　3-139

6）单击螺纹分析工具图标，显示螺纹分析对话框，单击对话框中“Apply”（应用）按钮，图中有螺纹处被加亮显示，并显示螺纹的公称直径，如图3-140所示。

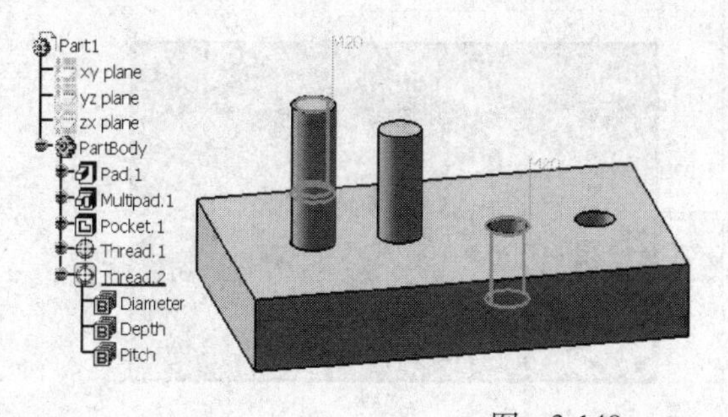

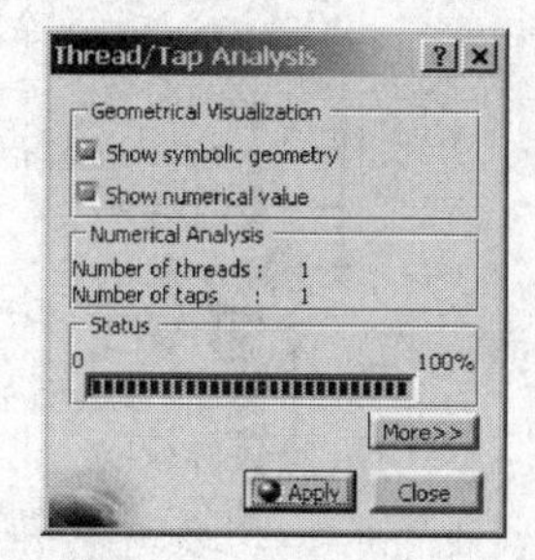

图　3-140

通常在打孔时就可以建立螺纹孔，这时的底孔直径可以自动计算。

实体的抽壳功能请读者自己练习。

3.5 编辑修改零件

所谓修改就是对建立的实体或特征的参数、形状或尺寸进行修改，编辑是指对已经生成的实体或特征进行各种复制或变换操作。

3.5.1 修改特征的定义

在 CATIA V5 中，只要在特征树上可见，对任何时候建立的任何特征都可以进行修改，实际上在 CATIA V5 中修改的过程就是重新定义的过程。只要修改后的拓扑关系成立，可以进行任何程度的修改。

在 CATIA V5 中，有一个普遍的规律，就是要修改哪个对象就双击这个对象；也可以在要修改的对象上（在几何体或树上），单击右键，在快捷菜单的对象（xxx. object）下，选择 Definition（定义）或 Edit（编辑）命令。

要修改一个特征的定义，首先要分析这个特征中的参数是如何定义的。例如一个长方体拉伸体，长和宽是由草图定义的，而厚度是由拉伸时的凸块特征中定义的。因此，要修改长方体的长或宽，就需要双击这个特征的父对象——草图来修改草图的定义；要修改长方体的厚度，就双击凸块特征，修改拉伸的长度。

例如，要把图 3-141 中六边形凹槽修改为椭圆形凹槽，操作步骤如下：

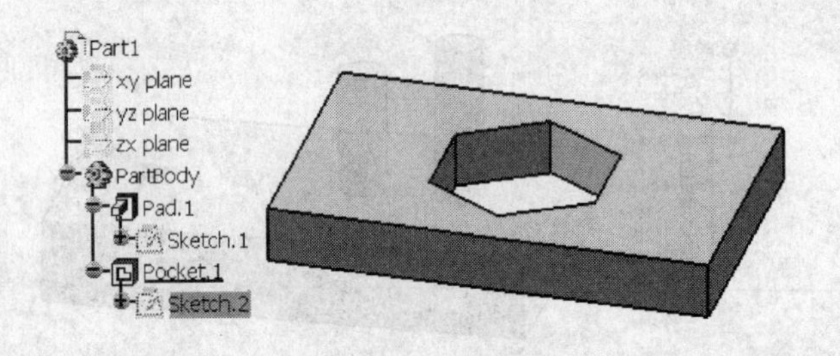

图 3-141

1）在特征树上单击六边形凹槽特征前的“+”号展开树，双击凹槽下草图 Sketch. 2，系统自动进入草图器，如图 3-142 所示。

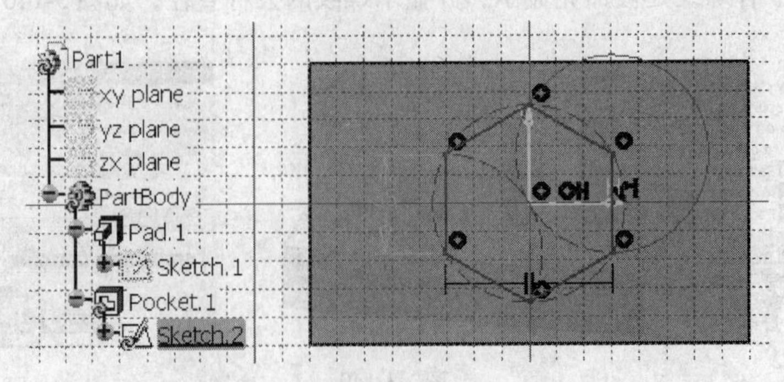

图 3-142

2）在草图中，删除六边形草图。在六边形的一个边上单击右键，在快捷菜单中选择 Point. 1 Object > Auto search，选中六边形，按键盘的 Delete 键删除六边形，如图 3-143 所示。

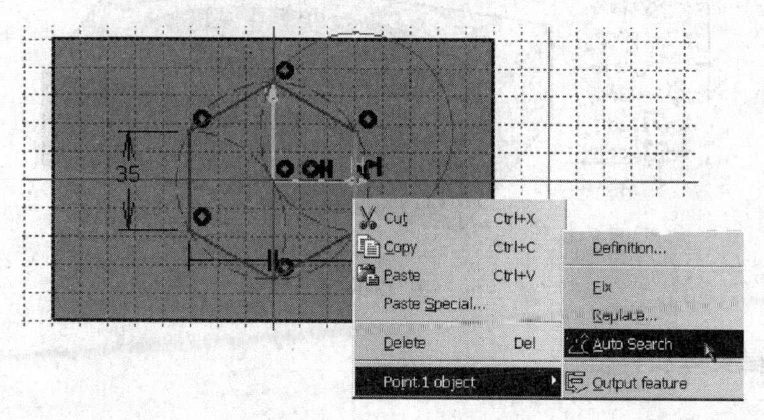

图　3-143

3）在草图中的实体上表面作一个椭圆，如图 3-144 所示。

4）单击图标退出草图器，实体会自动更新，凹槽改变为椭圆形，如图 3-145 所示。

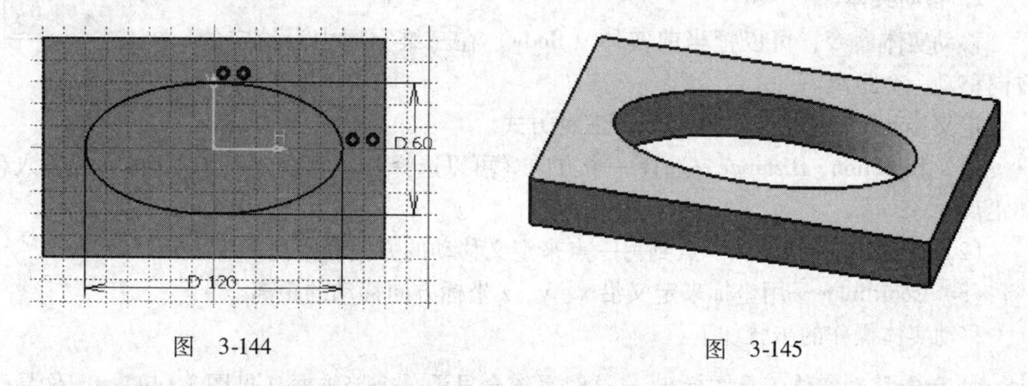

图　3-144　　图　3-145

若改变凸块拉伸的厚度，要在树上或几何体上双击凸块，然后修改凸块的拉伸长度。操作步骤如下：

1）双击要修改的凸块特征，显示 Pad Definition（凸块定义）对话框，修改凸块 Length（拉伸长度）为 40，如图 3-146 所示。

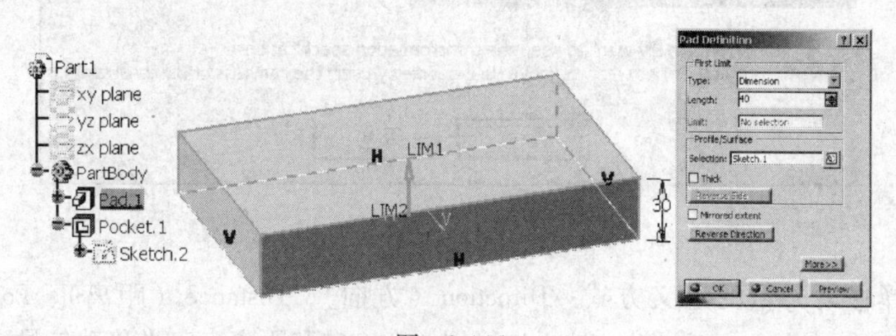

图　3-146

2）点击“OK”（确定），结果如图 3-147 所示。

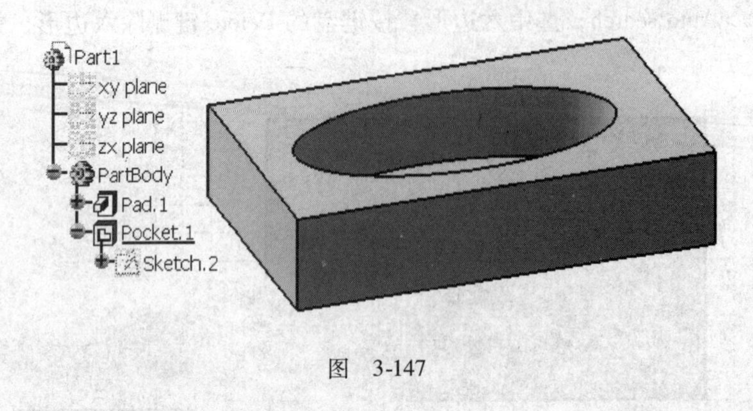

图 3-147

3.5.2 编辑实体和特征

在零件设计工作台上可以变换实体（Transformations Body），也可以变换特征（Transformations features），如图 3-148 所示。这些变换命令包括：移动、旋转、镜像、阵列和比例缩放，下面介绍部分变换命令的使用方法。

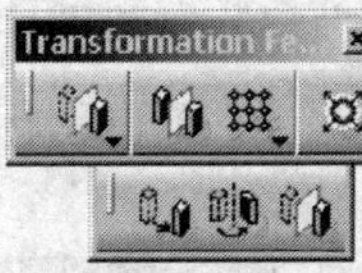

图 3-148

1. 移动实体

移动实体命令，可以把当前实体（Body）在三维空间中沿给定的方向移动一个距离。

定义移动距离和方向矢量有以下三种方式。

（1） Direction, Distance—选择一个方向（可以选择一条直线或一个平面），并输入移动距离。

（2） Point to point—从一点到另一点来定义移动的方向和距离。

（3） Coordinate—用坐标来定义沿 x、y、z 坐标方向移动的距离。

移动实体操作的步骤如下：

1）单击移动实体工具图标，这时系统会显示一个警告框（见图 3-149），问你是否要用这个命令来移动实体，如果不用这个命令，也可以用指南针或三维约束来移动实体，单击“是”，继续移动实体，并显示移动定义对话框。

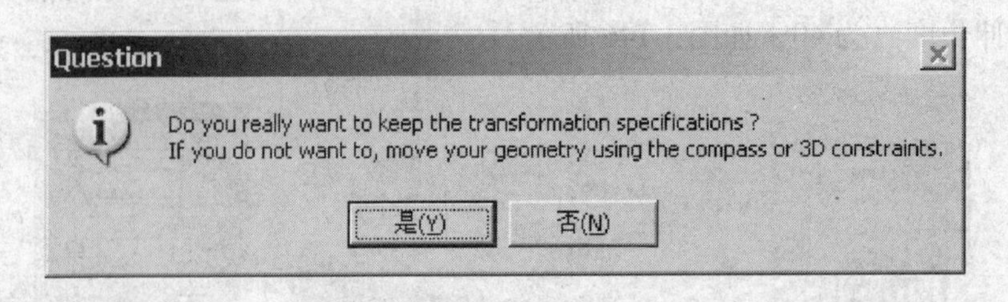

图 3-149

2）选择移动矢量的定义方式：Direction（方向），Distance（距离）、Point to point（点对点）或 Coordinate（关联），这里选择用一个方向和距离来定义移动矢量，选择左侧面为移动方向，键入移动距离125mm，如图3-150所示。

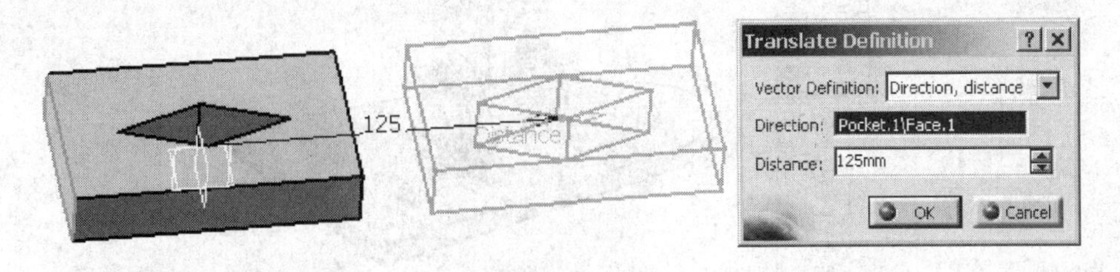

图 3-150

3）单击“OK”，实体向右移动125mm。

实体的旋转，对称命令这里不再介绍，读者可以自己练习使用。

2. 实体或特征的镜像

这个命令既可以镜像实体也可以镜像一个或几个特征，在建立对称特征时，这个命令较常用，因为使用这个命令可以减少重复劳动并提高建模速度。

如果要镜像特征，在执行命令前要在特征树上选择特征（选择多个特征时要同时按住Ctrl键）。如果不选择对象，则镜像当前实体（Body）。

建立镜像时的镜像面只能选择平面或平面型表面。建立镜像操作步骤如下：

1）在树上选择要镜像的特征（选择多个特征时要按住Ctrl键），如果不选择特征，则镜像当前实体，选择图3-151所示耳片凸块和耳片上的孔特征。

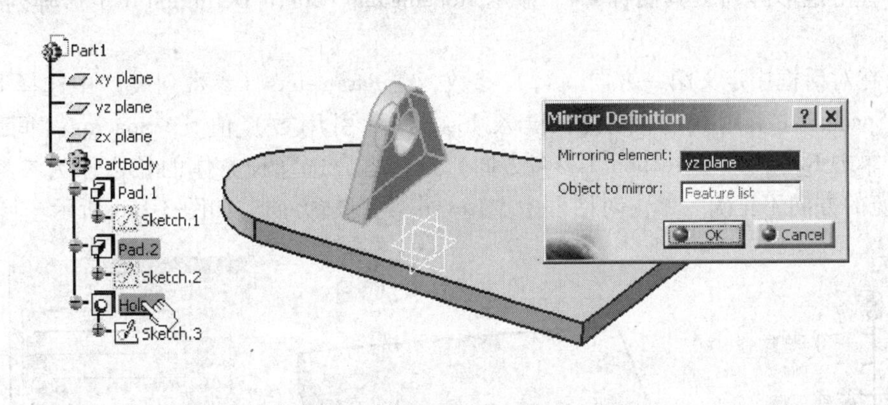

图 3-151

2）单击镜像工具图标，显示镜像对话框，选择一个镜像平面即yz平面，单击“OK”，即建立镜像特征，如图3-152所示。

建立的镜像在树上标记为镜像特征，在树上单击右键，然后在快捷菜单中选择镜像对象下Explode（炸开）命令，可以炸开特征而转换为实体特征，通常变换特征不能再变换，如需变换，需要炸开变换特征。

3. 矩形阵列

阵列就是按一定的规律复制特征。矩形阵列就是将一个或几个特征按行和列的方式重复复制。例如在一个长方体上复制5行4列孔，操作步骤如下：

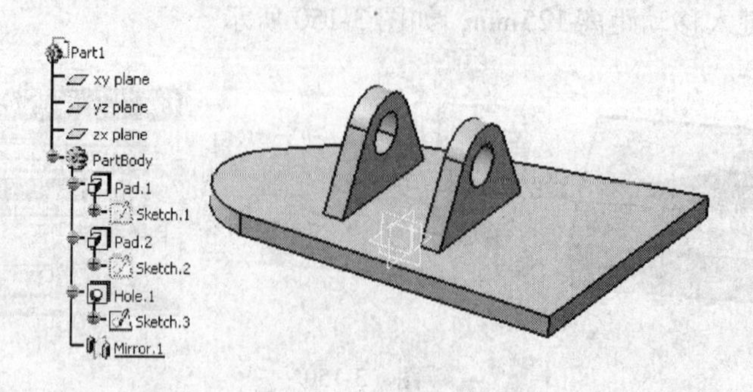

图 3-152

1）选择要复制的孔特征（可以选择多个特征），如图 3-153 所示。

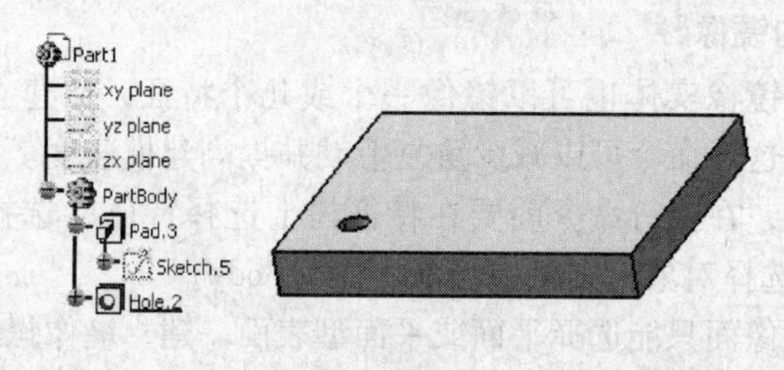

图 3-153

2）单击矩形阵列工具图标，显示 Rectangular Pattern Definition（矩形阵列）对话框。

3）在对话框中定义第一方向（行）参数，在 Parameters（参数列表）中选择 Instance（s）& Spacing（引用数与间距），键入 Instance（引用数）值 5，Spacing（间距）值 20mm，单击 Reference Direction（参考方向）选择框，选择长方体的长边作为参考方向，如果预览的方向不正确，单击对话框中"Reverse"翻转方向。如图 3-154 所示。

图 3-154

4）单击 Second Direction（第二方向）选项卡，定义第二方向（列）参数，在 Parameters（参数列表）中选择 Instance & Spacing（引用数与间距），键入 Instance（引用数）值 4，Spacing（间距）20mm，单击 Reference Direction（参考方向）选择框，选择长方体的短边作为参考方向，如果预览的方向不正确，单击对话框中"Reverse"翻转方向，如

图3-155所示。

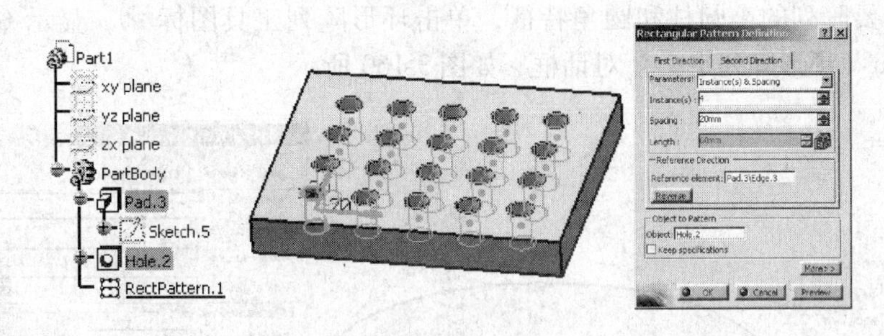

图　3-155

5）单击Preview（预览）查看阵列的结果，如果在阵列中不想生成其中的某个孔，可以单击这个孔预览中的圆点，这个孔将不生成，如图3-156所示。

6）单击“OK”，即建立阵列特征，如图3-157所示。

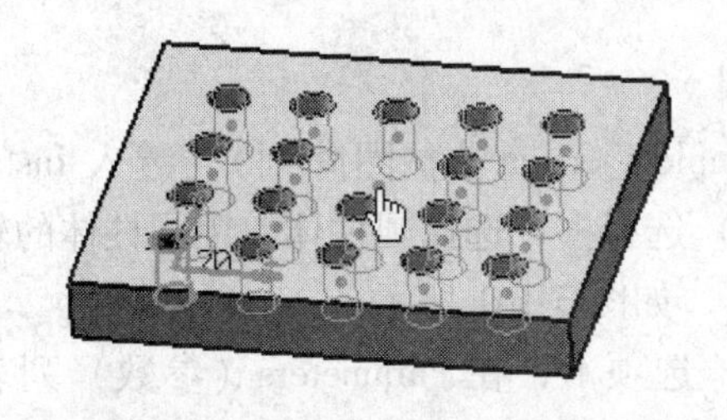

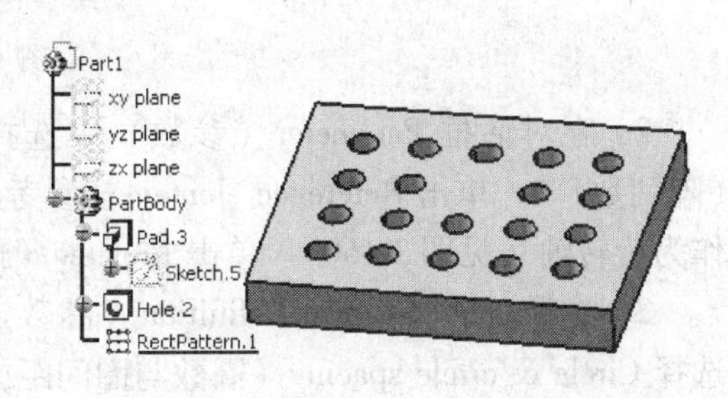

图　3-156　　　　图　3-157

建立阵列时要注意以下几个问题：

1）Keep specification（保留技术规范），选择Keep specification复选框，阵列对象将保留原对象的长度限制规范（如：Up to next、Up to plane等），下图右侧第一个是原对象，圆柱在拉伸时用Up to surface限制长度，不选择Keep specification的结果如图3-158所示，选择Keep specification的结果如图3-159所示。

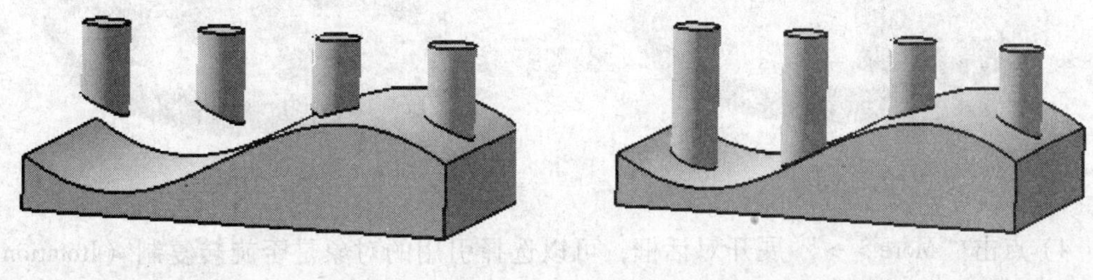

图　3-158　　　　图　3-159

2）阵列时，默认原对象作为第一行和第一列对象，如果不想这样，可以单击对话框中“More＞＞”按钮来展开对话框，设置原对象作为其他行或列对象（Row in direction 1、Row in direction 2），也可以对行和列方向旋转一个角度（Rotate angle）。

4. 环形阵列

环形阵列就是将一个实体或特征进行旋转复制，可以复制一圈也可以复制多圈，建立环形阵列的操作步骤如下：

1）选择要阵列的小圆柱和圆角特征，单击环形阵列工具图标，显示 Circular Pattern Definition（环形阵列定义）对话框，如图 3-160 所示。

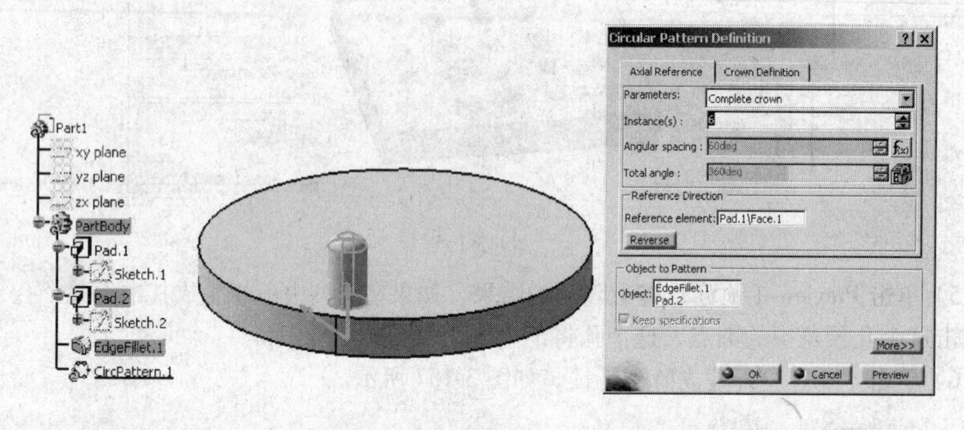

图 3-160

2）在对话框 Parameter（参数）中选择 Complete crown（整圈阵列），键入 Instance（阵列数）6，单击 Reference element（参考轴线）选择框，选择圆柱体，用圆柱体的轴线作为旋转轴（见图 3-160）。单击 Preview（预览），如图 3-161 所示。

3）选择对话框 Crown Definition（圈数定义）选项卡，在 Parameters（参数）列表中选择 Circle & circle spacing（圈数与圈间距），输入 Circles（圈数）2，Circle spacing（圈间距）－40（间距正值向外，负值向内），单击“Preview”（预览），如图 3-162 所示。单击阵列预览对象中的小圆点，这个对象将不生成。

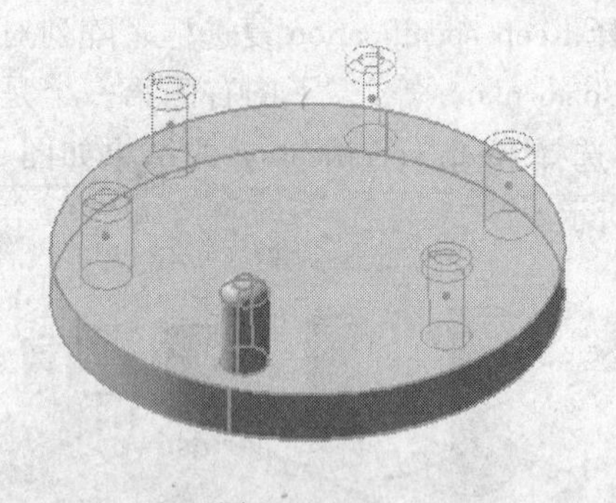

图 3-161

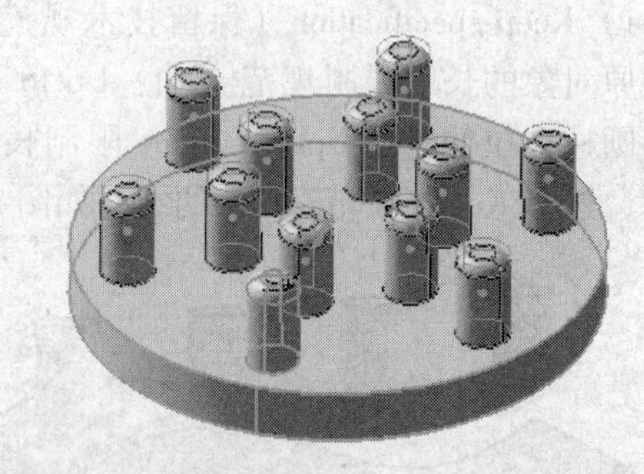

图 3-162

4）点击“More > >”展开对话框，可以选择引用的对象是否旋转复制（Rotation of instance），单击“OK”，即生成环形阵列。

5. 自定义阵列

建立自定义阵列时，需要先在阵列实体或特征的位置上用草图点标示，阵列时将在草图点的位置上生成特征或实体。自定义阵列操作步骤如下：

1）在实体上表面要阵列孔的位置上绘制草图点，如图 3-163 所示。

2）选择要阵列的特征（可以复选），这里选择孔。单击自定义阵列工具图标，选

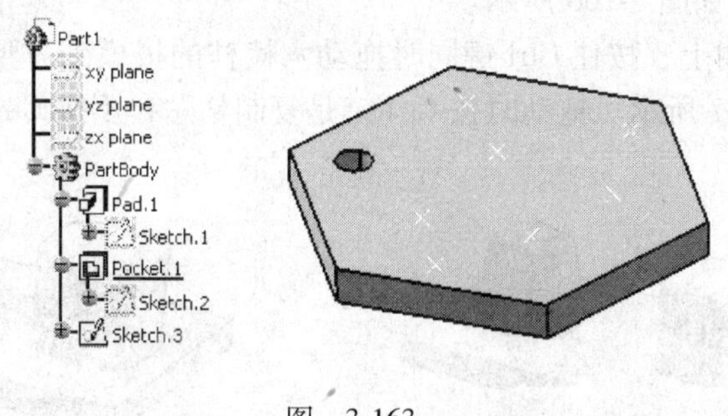

图 3-163

择定义阵列点的草图，单击“Preview”（预览），如图3-164所示。

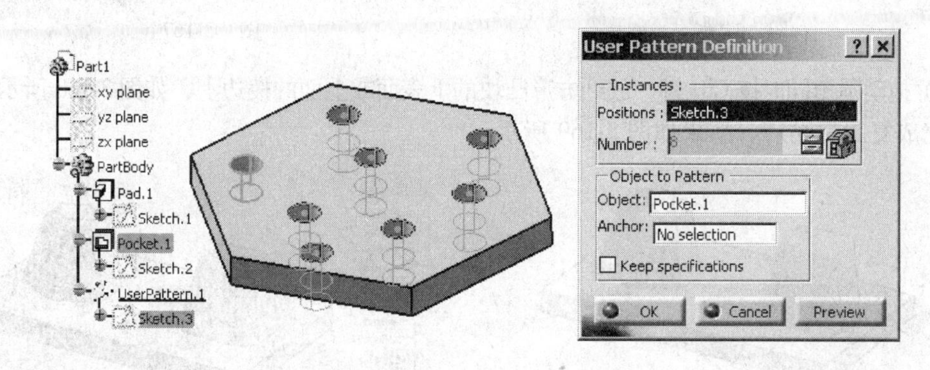

图 3-164

3）单击“OK”，即建立自定义阵列。

在自定义阵列中可以选择一个锚点（Anchor）来定位阵列对象，如果不选择锚点，默认用选择对象的几何中心作为定位点。锚点可以用一个点，也可以是阵列原对象上的一个顶点。

阵列后的对象是一个阵列特征，要修改其中的某一个特征就需要炸开阵列，将阵列特征转变成与原对象同样的特征。在树上右键点击要炸开的阵列，在快捷菜单中阵列对象下选择 Explode（炸开）命令，阵列炸开成为特征（或实体）。

3.5.3 使用复制（剪切）和粘贴命令

在 CATIA V5 中可以使用复制（剪切）和粘贴命令，复制（剪切）和粘贴时可以使用拖动方式，下例中六棱柱凸块的周边面有拔模，上面作了圆角。现在把这些特征复制并粘贴到左边的矩形草图上，操作步骤如下：

1）建立图3-165 所示六棱柱并作拔模和圆角。

2）在长方体的上表面作有圆角的矩形草图。

3）在树上右键点击六棱柱凸块特征，快捷菜单中选择 Copy（复制）命令，然后在草图 Sketch.3 上单击右键选择 Paste（粘贴）命令，草

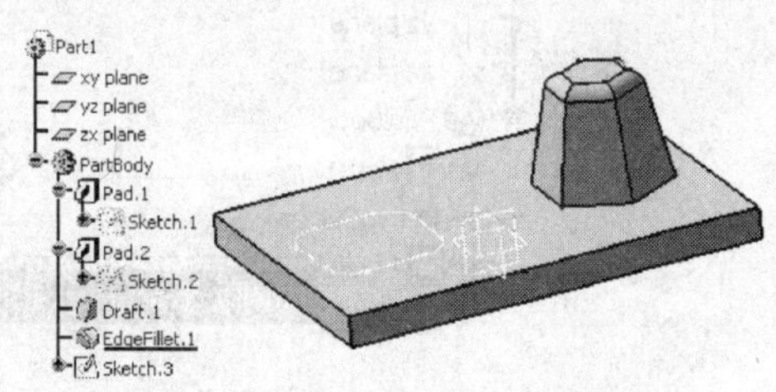

图 3-165

图上生成方形凸块，如图 3-166 所示。

4）在几何体或树上，按住 Ctrl 键同时拖动六棱柱的拔模到方形凸块的侧表面，凸块生成拔模，如图 3-167 所示。拖动时按 Ctrl 键是复制粘贴，不按 Ctrl 键是剪切粘贴。

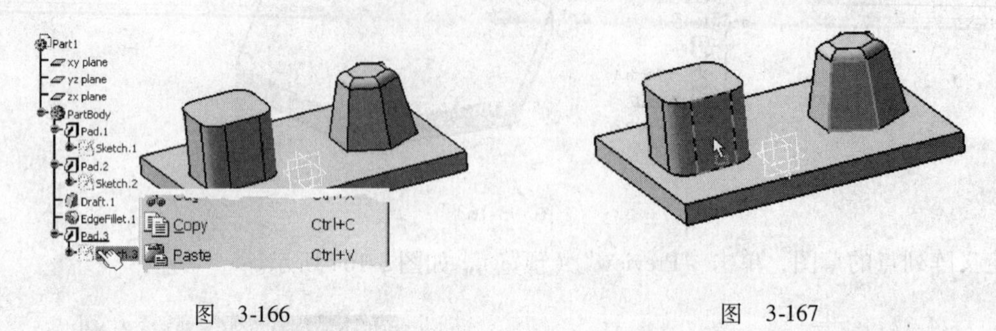

图 3-166 图 3-167

5）拖动圆角同时按 Ctrl 键，放到方形凸块的上表面或上面的棱边上，如图 3-168 所示。完成复制粘贴后，结果如图 3-169 所示。

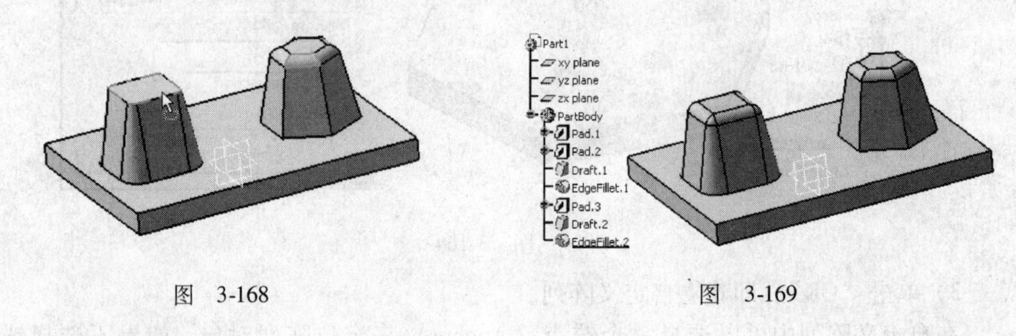

图 3-168 图 3-169

3.5.4 排序特征

在 CATIA V5 的零件树上，特征排列的顺序就是特征建立的顺序。当特征的顺序不同时，得到的零件可能是完全不同的。当特征建立完成后，其顺序是可以重新排列的（只要逻辑关系成立），下面介绍如何重新排序。

1）建立一个图示零件，先作一个长方体凸块，然后在侧面作一个凹槽孔，选择去除上表面抽壳，如图 3-170 所示。

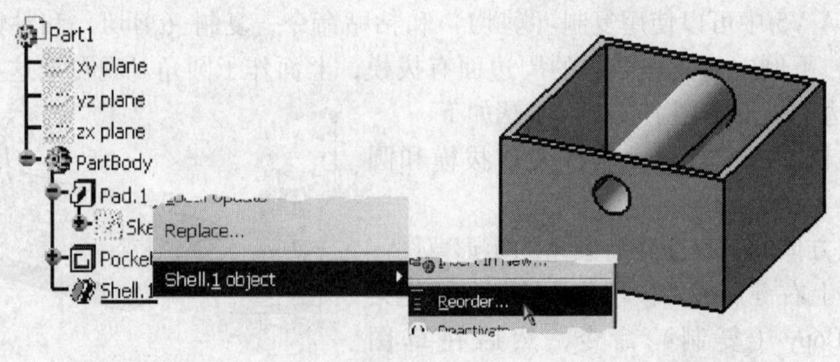

图 3-170

2）在树上右键点击抽壳特征，在抽壳对象下选择 Reorder，然后选择凸块特征（抽壳排列在凸块后），结果如图 3-171 所示。

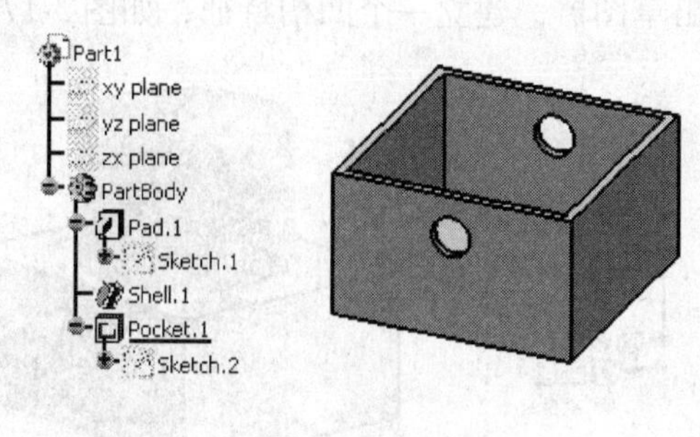

图 3-171

3.6 实体的管理和操作

在 CATIA V5 中，建立一个零件时，可以通过建立零件的特征来完成零件设计；也可以在零件中建立多个实体，然后通过实体的布尔运算来形成零件的形状和结构，在一个零件中可以插入多个实体，然后通过实体间的布尔运算生成零件新的特征。

3.6.1 插入实体

在零件设计工作台，默认在一个零件下只有一个实体，这个实体称为零件实体（Part Body）。要插入新的实体，只需在 Insert（插入）下拉菜单中，选择 Body（实体）命令就在当前实体下插入一个新的实体，插入的实体默认命名为 Body. 2、Body. 3、…，并且这个实体作为当前实体，新建立的特征会在这个实体中。

在 CATIA V5 中，当前操作的实体或特征在树上是有下划线的实体或特征。以后生成的特征会排序在下划线特征之后。要改变当前工作的实体或特征，在树上右键点击要作为当前工作对象的特征或实体，在快捷菜单中选择 Define In Work Object 命令即可。

要特别说明的是，在零件实体中的第一个特征只能是增料特征，而不能是除料特征。但在其他实体中则没有这个限制，实体中的第一个特征可以是一个凹槽或环槽等除料特征，并且这个除料特征在实体中可见，只是它的材料是负的。

3.6.2 实体间的布尔运算

建立完成的实体间可以进行布尔运算，可以在实体间进行组合（Assemble）、求和（Add）、求差（Remove）、求交（Intersect）、合并修剪（Union Trim）和去除残留（Lumps）等操作，下面介绍这些布尔运算的操作方法。

1. 组合（Assemble）

用组合命令可以把两个实体合并为一个实体。组合时，如果两个实体都是增料特征，就把两个实体合并生成一个组合特征；如果其中的一个实体中有除料特征，则在生成的特征中去除除料特征的材料，这个功能类似于求两个实体的代数和，增料特征的材料为正，除料特征的材料为负。组合操作的步骤如下：

1）在零件实体（Part body）下，选择 xy 平面作一个矩形草图，建立一个长方体凸块特征，然后选择 Insert（插入）菜单下 Body（实体）命令，插入一个新实体 Body 2，选择 xy 平面绘制一个圆，退出草图器，建立一个凹槽特征，如图 3-172 所示。

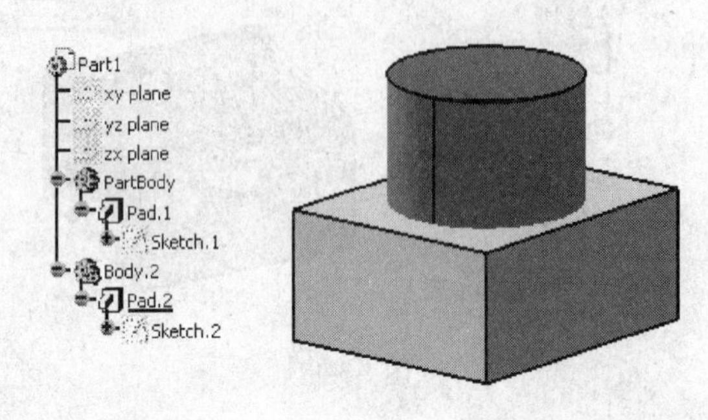

图　3-172

2）在树上 Body. 2 下，单击右键，在快捷菜单中选择 Body. 2 Object > Assemble 命令，如图 3-173 所示。在 Body. 2 下生成一个布尔特征即组合特征，如图 3-174 所示。由于 Body. 2 是一个除料特征，因此中间得到一个孔。

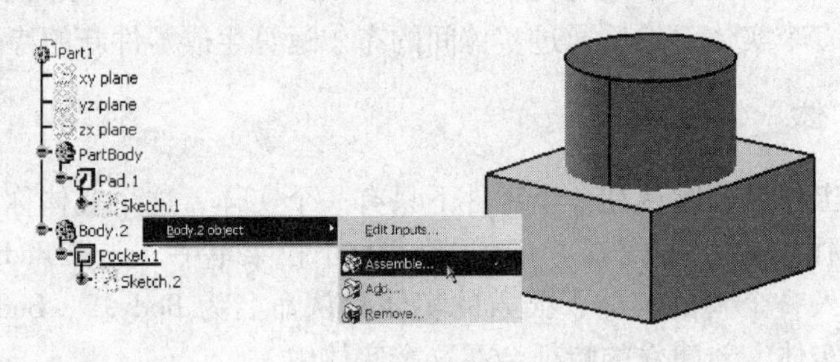

图　3-173

图　3-174

2. 求和（Add）

求和命令与组合命令类似，不同的是无论实体中是增料还是除料特征，都把它们加起来，形成一个和特征，这个功能类似于把两个实体的绝对值加起来。操作步骤与组合相同，上例中若选择 Add（求和）命令后得到的结果如图 3-175 所示。

3. 求差（Remove）

求差就是从一个实体中减去另一个实体，求差操作步骤如下：

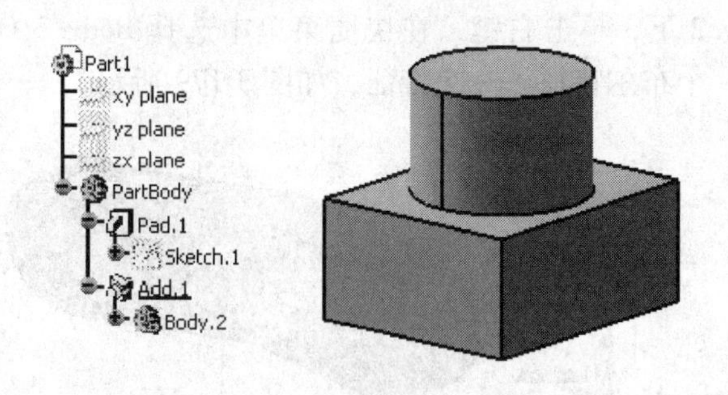

图　3-175

1）在零件实体（Part body）下，选择 xy 平面作一个矩形草图，建立一个长方体凸块特征，然后选择 Insert 菜单下 Body 命令，插入一个新实体 Body 2，选择 yz 平面绘制一个圆，退出草图器，已建立另一个凸块特征，如图 3-176 所示。

2）在树上 Body. 2 下，单击右键，在快捷菜单中选择 Body. 2 Object > Remove 命令。在 PartBody 下生成一个布尔特征——差特征，如图 3-177 所示，中间得到一个孔。

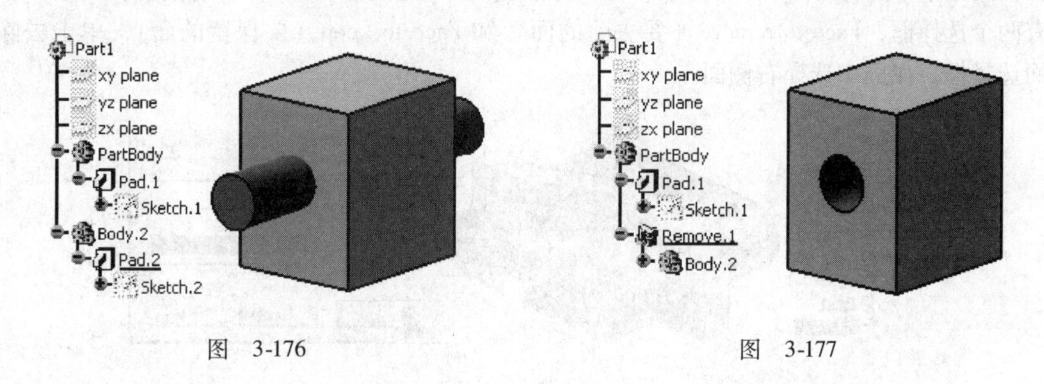

图　3-176　　　　　　图　3-177

4. 求交（Intersect）

求交就是将两个实体中相交（共同占据空间）的部分保留，删除其余部分。求交操作步骤如下：

1）在零件实体（Part body）下，选择 xy 平面作一个草图，建立一个凸块特征，然后选择 Insert 菜单下 Body 命令，插入一个新实体 Body 2，选择 yz 平面绘制另一个草图，退出草图器，建立另一个凸块特征，如图 3-178 所示。

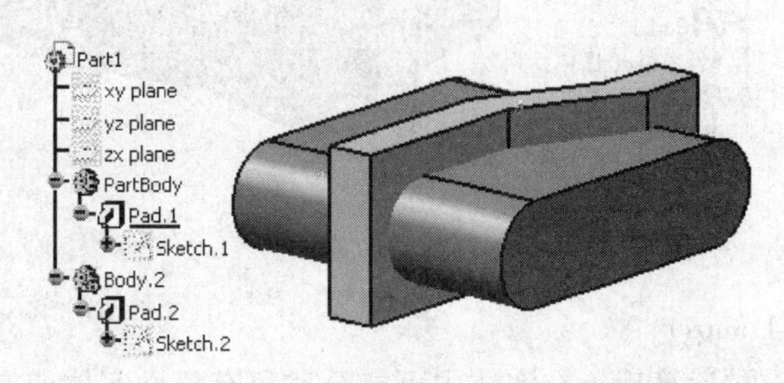

图　3-178

2）在树上 Body. 2 下，单击右键，在快捷菜单中选择 Body. 2 Object > Intersect 命令。在 PartBody 下生成一个布尔特征——交特征，如图 3-179 所示。

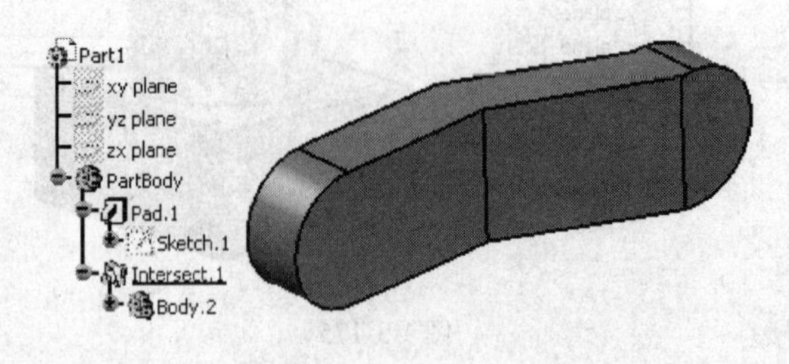

图　3-179

5. 组合修剪（Union Trim）

组合修剪就是将两个实体求和后，把其中的一部分修剪掉。组合修剪操作步骤如下：

1）在图 3-178 中，把两个实体求和后修剪掉右侧部分实体。在 Body. 2 上单击右键，在快捷菜单中选择 Body. 2 Object > Union Trim 命令，显示图 3-180 所示对话框，对话框中有两个选择框，Face to remove（要去除的面）和 Face to keep（要保留的面），单击去除面选择框，在框中选择右侧面。

图　3-180

2）单击“OK”，在 PartBody 下即生成组合修剪特征，如图 3-181 所示。

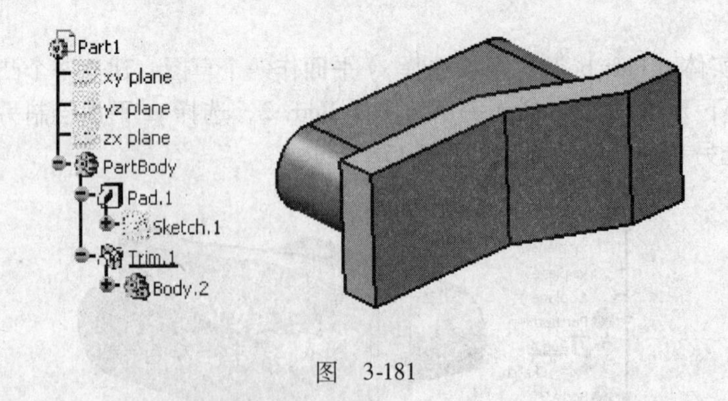

图　3-181

6. 去除残留（Lumps）

有时，在做完布尔运算后，在实体中可能会残留有孤立实体或空穴，用这个命令可以把这些残留去除。具体操作步骤如下：

1）在 PartBody 下建立一个长方体凸块，在 Body. 2 下建立一个圆柱凸块，如图 3-182 所示。

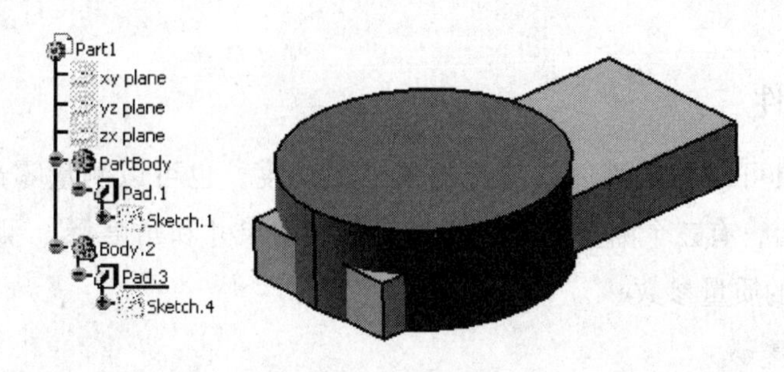

图　3-182

2）选择 Body. 2 求差，从 PartBody 中减去 Body. 2，如图 3-183 所示，这时有两个角残留在 PartBody 中，那么就需要把这些孤立的角去除。

图　3-183

3）在树上右击 PartBody，快捷菜单中选择 PartBody > Remove Lumps 命令，在对话框中单击 Face to remove（去除面）选择框，选择两个残留小块（见图 3-183），或单击 Face to keep（保留面）选择框，选择右侧大块，单击“OK”，残留被去除，如图 3-184 所示。

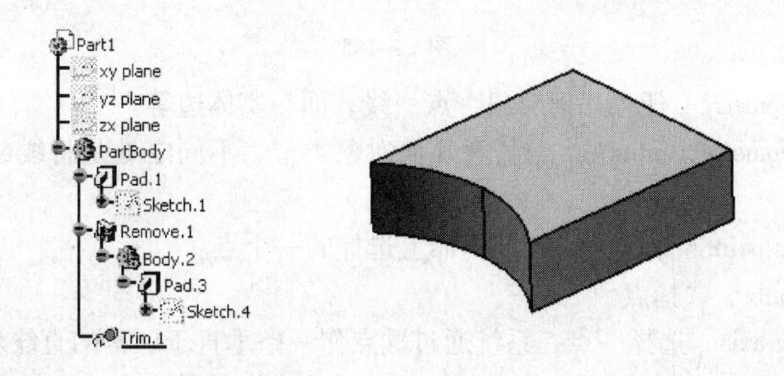

图　3-184

在进行组合或求和操作时，可以同时操作多个实体（按住 Ctrl 键复选）。在布尔运算后生成的特征上单击右键，可以选择改变布尔操作类型。

3.7 零件的管理

3.7.1 测量零件

使用测量工具可以测量零件或装配的尺寸或角度，也可以测量零部件的质量参数。在零件设计工作台，有三个测量工具：测量对象间的尺寸和角度、测量单个对象的尺寸和测量零件的质量参数。

1. 对象间测量

用这个命令测量对象时需要选择两个对象，系统将测量这两个对象间的距离或角度，选择的这两个对象可以是点、线或面。

选择对象的模式（Selection mode）如图 3-185 所示。

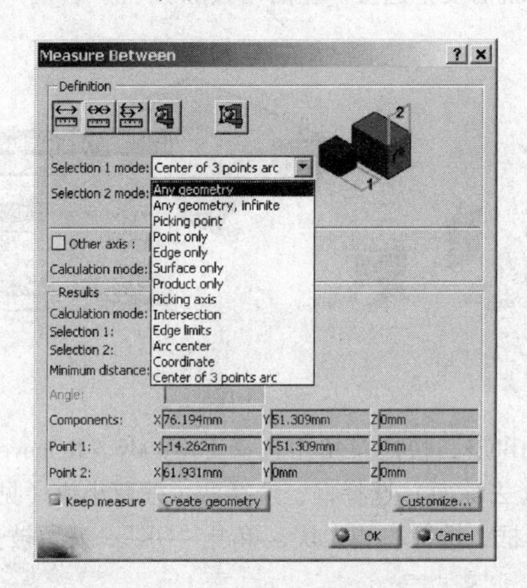

图 3-185

（1）Any geometry　任意几何对象，点、线、面、实体边等。

（2）Any geometry，infinite　与任意几何对象类似，不同之处是将线或面看作无限长的几何体。

（3）Picking point　采样点，在几何体上选择的一个点。

（4）Point only　选择点。

（5）Picking axis　选择一点，系统通过这点作一条垂直于屏幕的直线。

（6）Intersection　交点，选择两条线，系统求出两条线的交点。

（7）Edge limits　实体或曲面边的端点。

（8）Arc center　圆或圆弧的圆心点。

（9）Center of 3 points arc　选择三点，系统通过这三点作一个圆并求出这个圆的圆心。

（10）Coordinate　输入一个点的 x、y、z 坐标值。

测量对象间的距离或角度，操作步骤如下：

1）单击对象间测量工具图标，显示 Measure Between（测量）对话框。

2）选择实体的两条边线，如图 3-186 所示，在图上和对话框中显示测量结果。

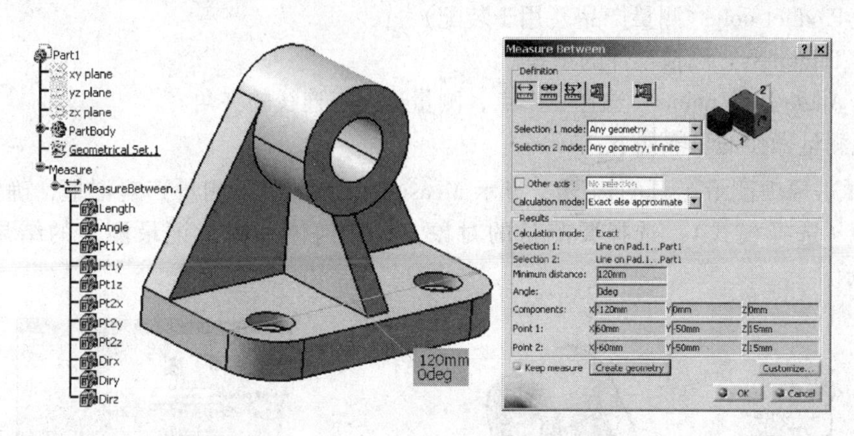

图　3-186

3）在树上显示测量的参数，选择对话框中 Keep measure（保留测量结果），单击“OK”后，在特征树和图上将保留测量的结果，否则将不保留测量结果。

4）单击“Create geometry”（建立几何体）按钮显示 Creation of Geometry（建立几何体）对话框，可以在测量对象上建立点或线，如图 3-187 所示。

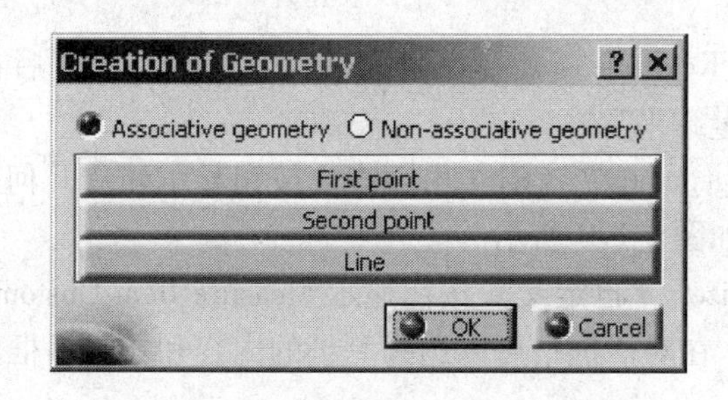

图　3-187

5）单击“Customize”（自定义）按钮显示自定义对话框，如图 3-188 所示，在对话框中可以选择测量的内容和在对话框中显示的参数。

在对象间测量对话框中选择图标，可以进行连续式测量；选择图标，可以进行基点式测量；选择图标，可以转换为单项测量；单击图标，转换为测量壁厚。

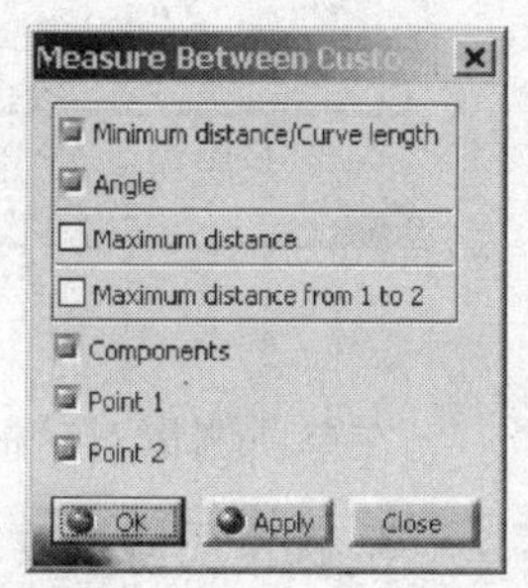

图　3-188

2. 测量单个对象的尺寸参数

使用这个命令可以测量一个选择对象的点的坐标、线的长度，弧的半径、圆心、弧长，曲面的面积，实体的体积等。

用这个工具测量时，只需选择一个对象，包括以下几种模式。

（1）Any geometry 默认模式，可以选择任何几何体，系统判断需要测量的参数。

（2）Point only 只测量点的参数。

（3）Edge only 只测量边的参数。

（4）Surface only 只测量曲面的参数。

（5）Product only 测量产品（用于装配）。

（6）Thickness 测量零件的壁厚。

（7）Angle by 3 points 选择三个点，测量这三点连线的夹角。

单项测量操作的步骤如下：

1）单击单项测量工具图标，显示 Measure Item（单项测量）对话框，确定 Selection mode（选择模式），选择要测量的对象，在几何体和树上记录测量的结果，如图 3-189 所示。

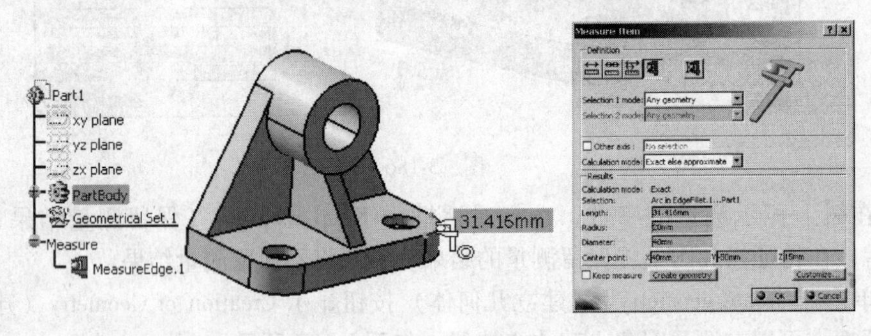

图 3-189

2）选择对话框中 Keep measure（保留测量），单击“OK”后在树上将保留测量的结果，否则将不保留测量结果。

3）单击“Create geometry”（建立几何体）按钮显示建立几何体对话框，可以在测量对象上建立点或线，如图 3-190 所示。

4）单击“Customize”（自定义）按钮显示 Measure Item Customization（自定义）对话框，如图 3-191 所示，在对话框中可以选择测量的内容和在对话框中显示的参数。

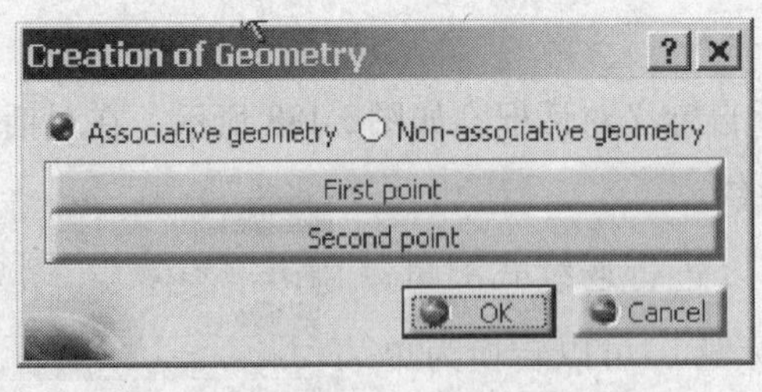

图 3-190　　图 3-191

在单项测量对话框中，也可以转换为对象间测量或壁厚测量功能。

3. 测量质量参数

使用这个命令可以测量零件的体积、面积、质量、重心、惯性矩等质量参数，测量零件质量参数的步骤如下：

1）先为零件指定一种材料，单击应用材料工具图标，在材料库中选择要应用的材料，如：选择 Iron（铸铁），在对话框中拖动材料图标，放到零件上，单击“OK”，关闭对话框，零件即施加了铸铁材料。选择渲染材料工具图标，零件显示材料，如图 3-192 所示。

图 3-192

2）单击材料质量参数工具图标，选择零件 Part1，对话框中显示测量的结果：Volume（体积）、Mass（质量）、Center of gravity（重心坐标）、Inertia（惯性矩）等，如图 3-193所示。

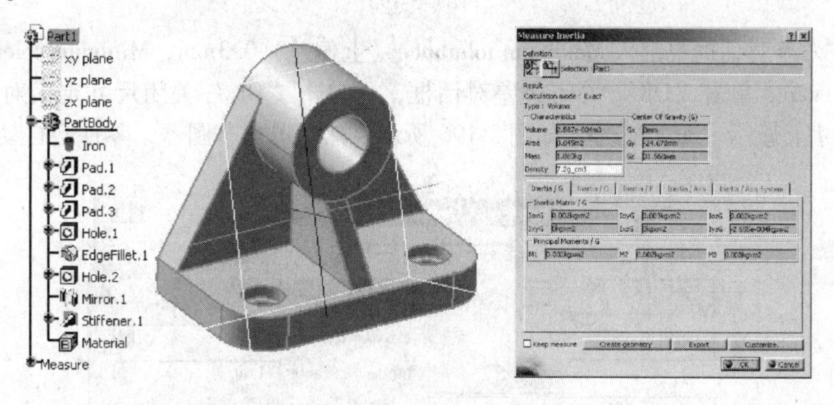

图 3-193

3）选择 Keep measure（保留测量），单击“OK”，树上将保存测量结果。

3.7.2 按平均尺寸生成零件

如果设计的零件施加了公差，可以按平均尺寸来生成零件，这对于零件在进行数控加工时很有意义。因为如果零件按平均尺寸制造，超差的概率最低。因此，在零件进行数控加工前，用平均尺寸生成零件是很重要的步骤，下面介绍施加公差和用平均尺寸生成零件的操作步骤。

1）对于图 3-194 所示零件，要为草图施加公差，先双击草图 Sketch. 1，编辑修改草图。

2）双击要修改的尺寸，在 Volue（尺寸值）文本框内单击右键，快捷菜单中选择 Add

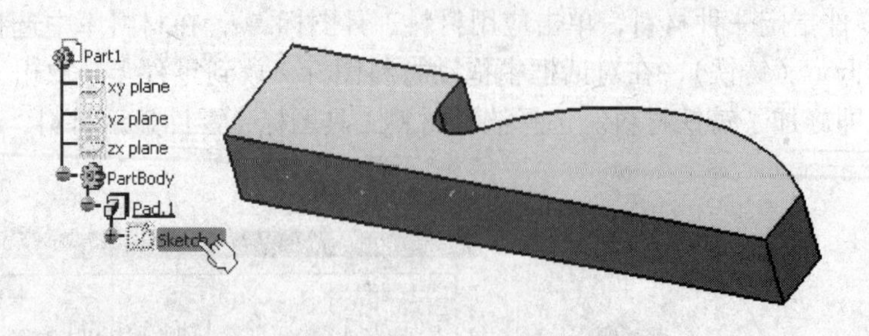

图 3-194

tolerance（施加公差）命令，如图 3-195 所示。

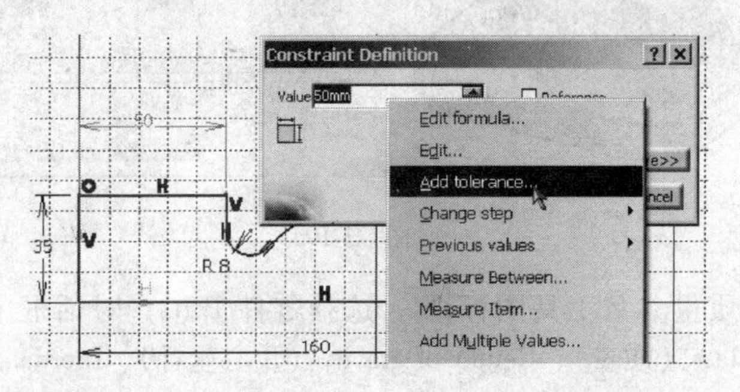

图 3-195

3）在公差对话框中键入 Maximum tolerance（上偏差）0. 3mm，Minimum tolerance（下偏差）0. 1mm。单击“OK”关闭公差对话框，再单击“OK”关闭尺寸定义对话框，有公差的尺寸上显示“±”符号，如图 3-196 所示。然后退出草图器，零件会自动更新。

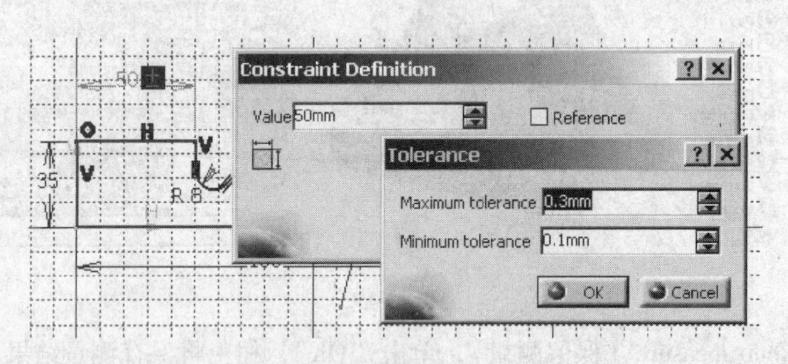

图 3-196

4）如果要为凸块的拉伸高度施加公差，可以双击凸块特征（Pad. 1），在拉伸长度文本框内右键点击也可以施加公差。

5）在 Tools 工具栏中单击平均尺寸工具图标，系统显示提示信息“平均尺寸计算完成，请更新零件”，同时零件显示为红色。如图 3-197 所示。

6）单击更新工具图标，零件更新并显示为正常颜色，这时公称尺寸为 50mm 的尺寸，显示为平均尺寸 50. 2mm，如图 3-198 所示。

7）再次单击平均尺寸工具图标，零件将重新按公称尺寸生成。

图 3-197

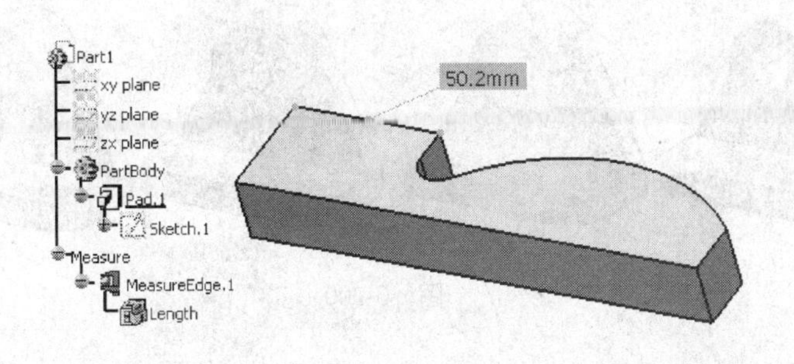

图 3-198

3.7.3 扫描检查零件

扫描检查零件，就是重演零件的构建过程。这个功能对于检查实体特征的构建顺序或初学者学习及查看别人设计的零件非常有用。在扫描检查零件时就像播放录像似的逐步回放零件的构建过程，并且可以随时停止回放，并把停止处的特征置为当前工作对象。扫描检查时可按特征的 Structure（结构）或 Update（更新）两种方式回放。扫描检查操作步骤如下：

1）在 Edit（编辑）下拉菜单中选择扫描检查命令（Scan or Define in Work Object）显示扫描检查工具栏，在工具栏中单击显示树状图工具图标，显示零件树窗口，如图3-199所示。

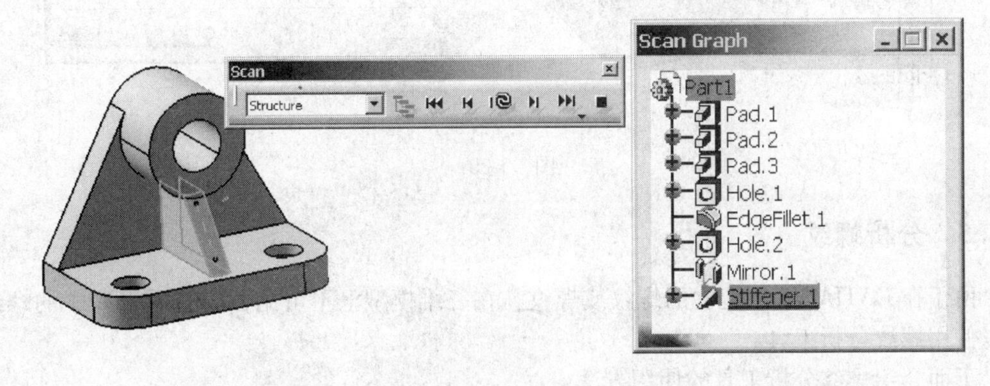

图 3-199

2）单击工具栏中按钮或选择树状图中的第一个节点；单击按钮向下回放一个特

征；单击按钮播放到最后一个特征；单击按钮连续回放；单击按钮反向播放；单击按钮，结束扫描并把停止处的特征定义为当前工作对象。图 3-200 是扫描的全过程。

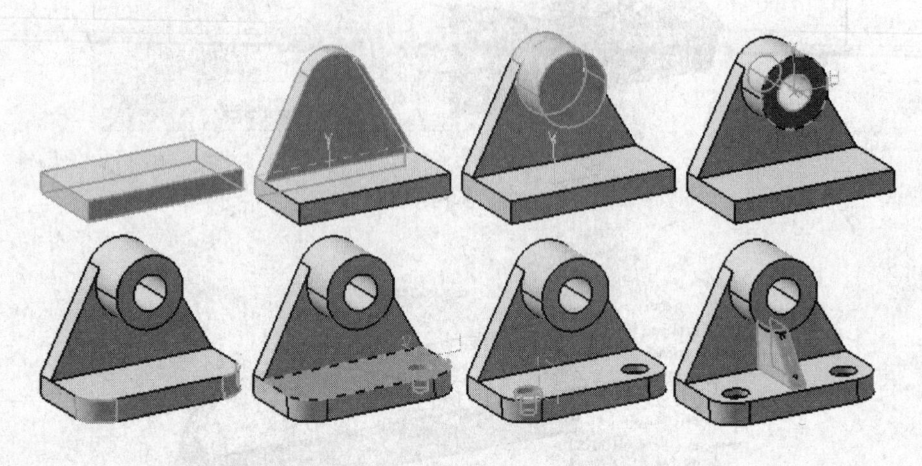

图 3-200

3.7.4 查看零件的层次关系

在 CATIA V5 中建立的对象都有层次关系，也称为父子关系（Parent/children）。要查看对象的层次关系，可以在树上右键点击这个对象，然后选择 Parents/children 命令，显示层次关系窗口，在窗口中可以查看几何元素间的链接关系。如图 3-201 所示，凸块 Pad. 1 的父对象是 Sketch. 1，而它的子对象有 Sketch. 2. Sketch. 3 和 EdgeFillet. 1。

图 3-201

3.7.5 分析螺纹

由于在 CATIA V5 中建立的螺纹或螺纹孔在三维模型上不可见，要查看模型中的螺纹可以使用螺纹分析工具。

下面介绍螺纹分析工具的使用方法。

1）单击螺纹分析工具图标。

2）在对话框中选择螺纹分析选项。

① Show symbolic geometry，图示螺纹和螺纹孔。

② Show numerical value，显示螺纹的公称直径。

3）单击“More”按钮，展开对话框（见图3-202），可以选择过滤器。

① Show thread，显示外螺纹。

② Show tap，显示螺纹孔。

③ Diameter，只分析在Value文本框中设定直径的螺纹。

4）单击“Close”，关闭对话框，完成操作。

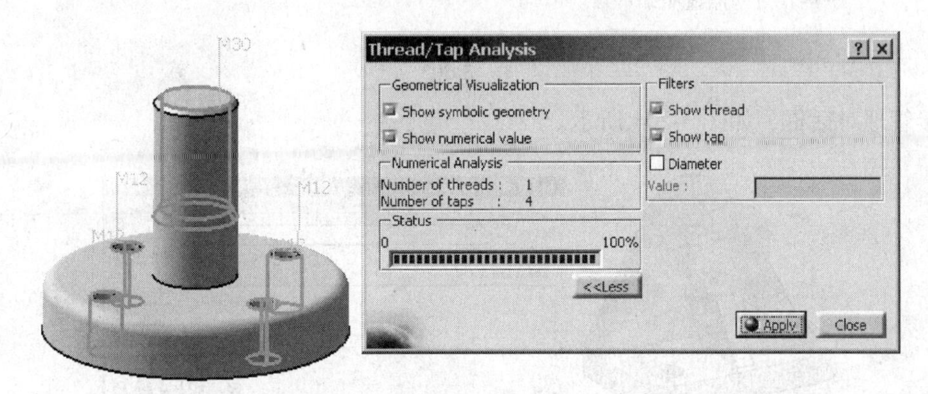

图 3-202

3.7.6 标注文字和注释

在CATIA V5中，有两种文字注释工具：引线文字（Text with leader）和引线标记（Flag with leader）。使用这些工具可以为零件附加文字信息，用引线标记还可以使用超链接，链接到一个外部文件。

1. 引线文字

引线文字可以附加在零件上，提供简单的工艺过程、热处理等文字信息，这些文字信息将来可以反映到工程图中。

建立引线文字的操作方法如下：

1）单击引线文字工具图标，选择要附加文字的几何元素。

2）在文本窗口键入文字（可以使用中文），单击“OK”，在图上会显示带引线的文字，如图3-203所示。

引线文字是依附在一个视图平面上的，若不想看到视图边框，可以隐藏视图框。单击引线文字会显示引线文字的控制点，拖动这些控制点可以改变文字框的大小及位置。

如果默认的位置字体、大小、修饰或格式等不合适，右击引线文字，在快捷菜单中选择Properties（特性），即可以修改文字的特性。

2. 引线标记

引线标记可以在模型图中注释简单的文字，这个注释可以链接一个外部文件，在这个链接文件中可以提供详细的文字说明或多媒体信息。建立引线标记的方法如下：

1）单击引线标记工具图标，选择要附加信息的几何元素，显示Flag Note Definition

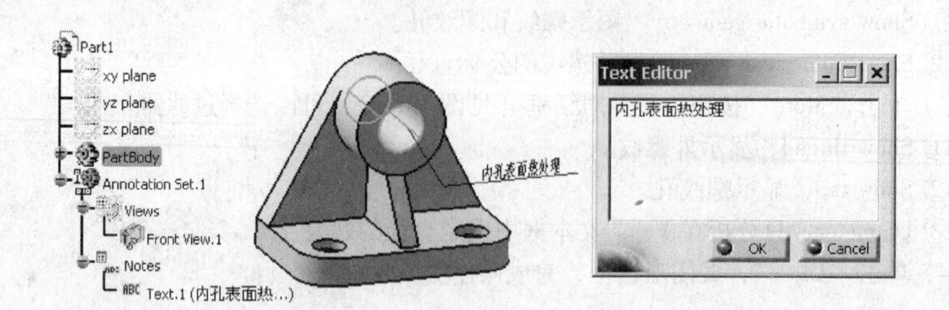

图 3-203

超链接管理对话框，如图 3-204 所示。

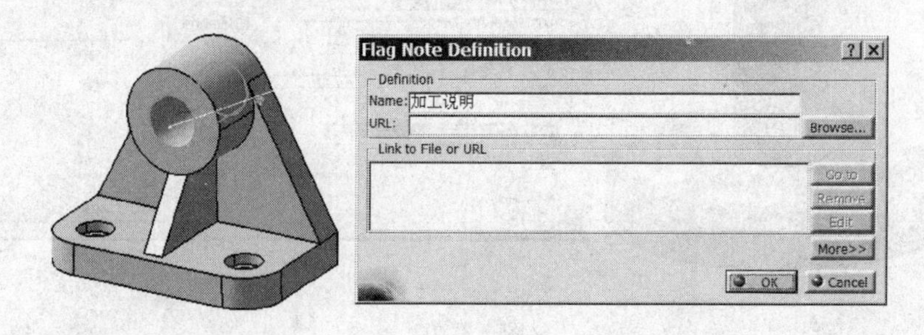

图 3-204

2）在 Name（名称）栏对话框中键入标记的名称。

3）单击"Browse"，显示链接文件对话框，在对话框中选择要链接的文件（可以选择多个文件）。

4）单击"OK"，图中显示标记名称并建立超链接。

打开超链接的方法是在图中或特征树上双击引线标记，在弹出的对话框中选择要打开的链接，单击对话框中"Go to"打开链接文件，如图 3-205 所示。

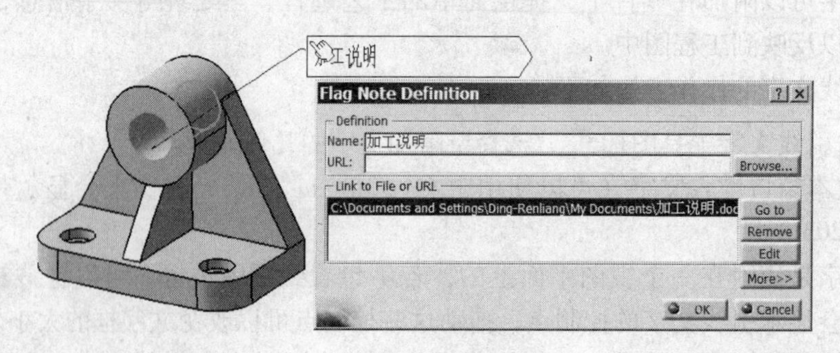

图 3-205

第 4 章　线架与曲面设计

利用 CATIA V5 的零件设计功能，可以设计各种复杂的机械零件，但对于有些形状复杂的外形设计，仅使用零件设计中的草图基础特征和各种修饰特征，则较难满足其设计要求，比如汽车、飞机的外形以及各种日用品的外形设计，除了要满足功能要求外，还需要美观、圆滑、符合人体工程学要求等。因此，需要采用曲面造型的方法才能满足这些要求。

在 CATIA V5 中，有非常强大的曲面造型功能，这些功能的造型能力是目前其他 CAD 软件所无法比拟的。曲面造型功能模块主要有：线架与曲面设计（Wireframe and surface design）、创成外形设计（Generative shape design）、自由风格曲面设计（FreeStyle）和数字外形编辑器（Digitized Shape Editor）等，这些曲面造型功能与零件设计功能是集成在一个程序中，可以无缝衔接。在本教程中，只介绍线架与曲面设计工作台的基本功能。

4.1　线架与曲面设计概述

要进入线架与曲面设计工作台，可以选择下拉菜单 Start（开始）＞Mechanical Design（机械设计）＞Wireframe and Surface Design（线架与曲面设计）（见图 4-1）；或单击工作台工具栏，在自定义的开始对话框中选择线架与曲面设计（见图 4-2）。

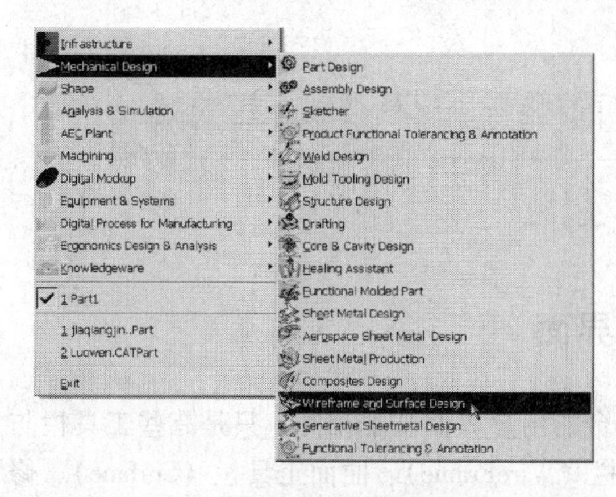

图 4-1

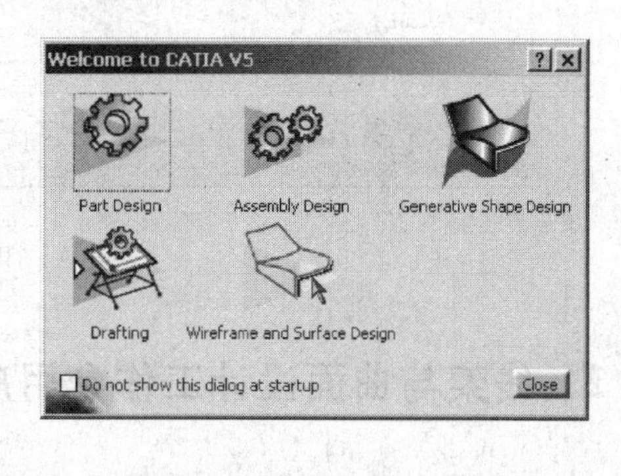

图 4-2

在 CATIA V5 中，通常在进入线架与曲面设计工作台后，系统会在特征树上的零件（Part）下建立一个特殊的实体——几何元素集（Geometrical set），建立的线架和曲面将放在这个实体下，而生成的实体特征则放在零件实体（PartBody）下（CATIA V5R14 及更高版本也可以进行混和设计），如图 4-3 所示。

因此，零件实体（PartBody）是各种实体特征的集合，几何元素集（Geometrical set）是线架与曲面元素的集合。但这并不是绝对的，几何元素集也可以作为实体下的一个特征。线架、曲面和实体也可以进行混和设计。

习惯上，在三维空间建立的点（Point）、线（Line、Curve）、平面（Plane）称为线架；而在三维空间中建立的各种面，称为曲面（Surface）。

在 CATIA V5 中，可以建立常用的各种线架和曲面，并可以对这些几何对象进行编辑修改和变换操作。在创成式外形设计和自由风格曲面设计工作台中，有更强大的曲面设计能力，可以设计更复杂的曲面。

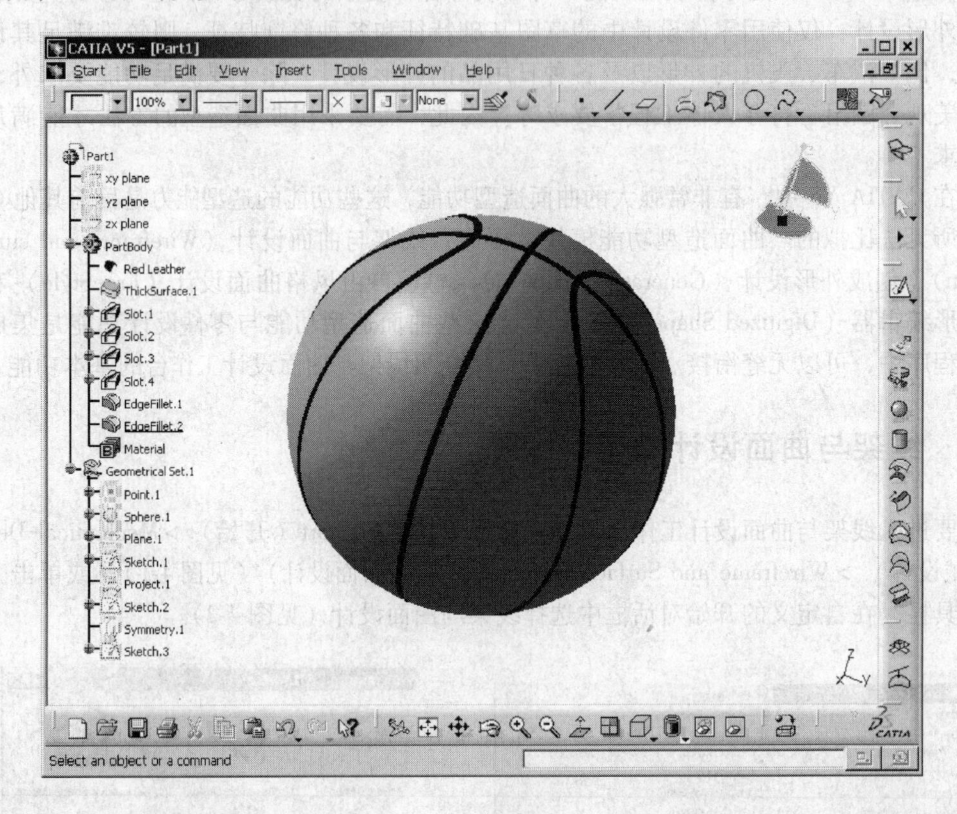

图　4-3

4.2　线架与曲面设计工作台用户界面

线架与曲面设计工作台和零件设计工作台的用户界面基本相同，只是有些工具栏与菜单命令不同。这些工具栏包括：线架工具栏（WireFrame）、曲面工具栏（Surface）、修改和变换操作工具栏（Operations）、曲线曲面分析工具栏（Analysis）和复制工具栏（Replication），这些功能在 Insert（插入）菜单中也有相应的菜单命令。

1. 线架工具栏

使用线架工具栏可以建立空间点（Point）、等分点（Points creation repetition）、直线（Line）、轴线（Axis）、多断线（Polyline）、平面（Plane）、投影曲线（Projection）、截交线（Intersection）、圆与圆弧（Circle）、圆角（Corner）、样条曲线（Spline）和螺旋线（Helix）等，线架工具栏如图 4-4 所示。

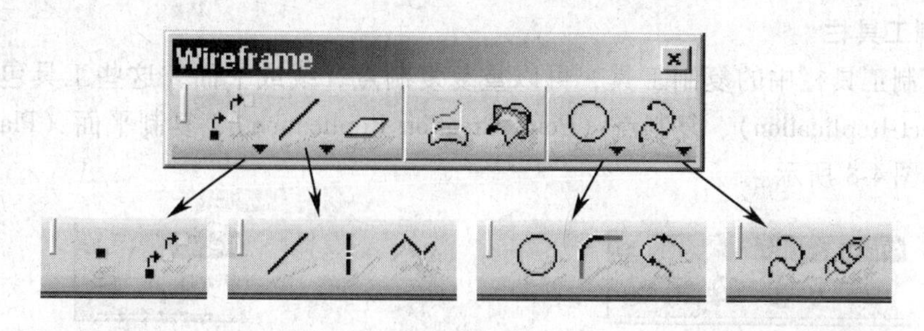

图　4-4

2. 曲面工具栏

用曲面工具栏中的命令，可以建立七种基本曲面和常用的球面和圆柱面（属于旋转面），这些曲面包括：拉伸面（Extrudc）、旋转面（Revolve）、偏移面（Offset）、扫掠面（Sweep）、填充面（Fill）、放样面（Multisections Surface）、混成面（Blend）以及球面（Sphere）和圆柱面（Cylinder）等。曲面工具栏如图4-5所示。

图　4-5

3. 编辑和变换操作工具栏

使用这个工具栏中的命令，可以对建立的曲线或曲面进行编辑修改和变换操作。编辑修改包括：连接（Join）、修补（Healing）、恢复修剪（Untrim）、分解（Disassemble）、分割（Split）、修剪（Trim）、提取边界（Boundary）和提取面（Extract）；变换操作包括：移动（Translate）、旋转（Rotate）、对称（Symmetry）、比例缩放（Scaling）和相似（Affinity）等。编辑操作工具栏如图4-6所示。

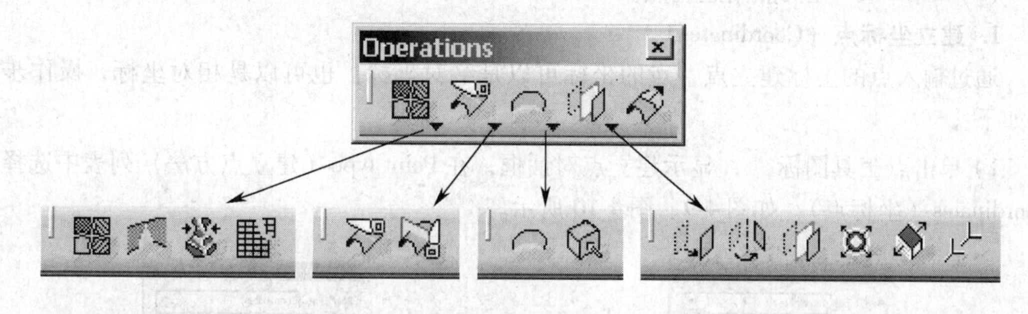

图　4-6

4. 曲面曲线分析工具栏

这个工具栏中包括一些曲面和曲线的分析工具：曲面连接检查（Connect checker）、曲线连接检查（Curve connect checker）、曲面曲率分析（Surfacic curvature analysis）、梳状曲率分析（Porcupine curvature analysis）等，如图4-7所示。

5. 复制工具栏

利用复制工具栏中的复制工具，可以重复复制点、线或平面，这些工具包括：复制对象（Object Replication）、复制点（Point Creation Replication）、复制平面（Planes Replication），如图 4-8 所示。

图 4-7

图 4-8

4.3 线架设计

所谓线架，是指在空间建立的点、线（直线和各种曲线）和平面，可以利用这些线架作为辅助元素来构建曲面或实体。

4.3.1 在空间建立点

建立点的命令有两个：建立点和建立等距点。

在 CATIA V5 中，建立点有如下方法。

（1）Coordinates 按输入的坐标建立点。

（2）On curve 在曲线上建立点。

（3）On plane 在平面上建立点。

（4）On surface 在曲面上建立点。

（5）Circle / Sphere center 建立圆心/球心点。

（6）Tangent on curve 曲线的切点。

（7）Between 在两点间建立点。

1. 建立坐标点（Coordinates）

通过输入点的坐标建立点，点的坐标可以是绝对坐标，也可以是相对坐标，操作步骤如下：

1）单击点工具图标，显示建立点对话框，在 Point type（建立点方法）列表中选择 Coordinates（坐标点），如图 4-9、图 4-10 所示。

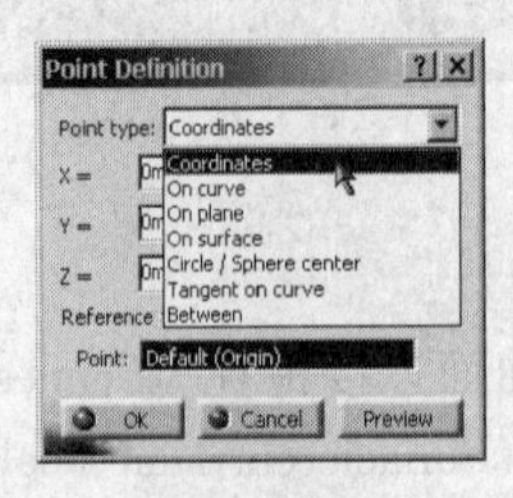

图 4-9

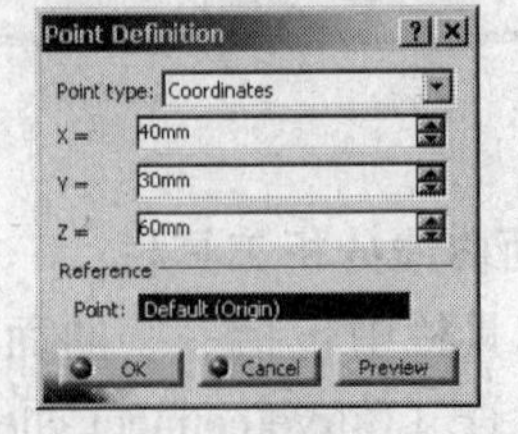

图 4-10

2）输入点的 x、y、z 坐标值，如图 4-11 所示。

3）默认以原点作为参考点（即使用绝对坐标），要使用相对坐标，单击 Reference Point（参考点）选择框，选择一个点作为参考原点，如图4-12所示。

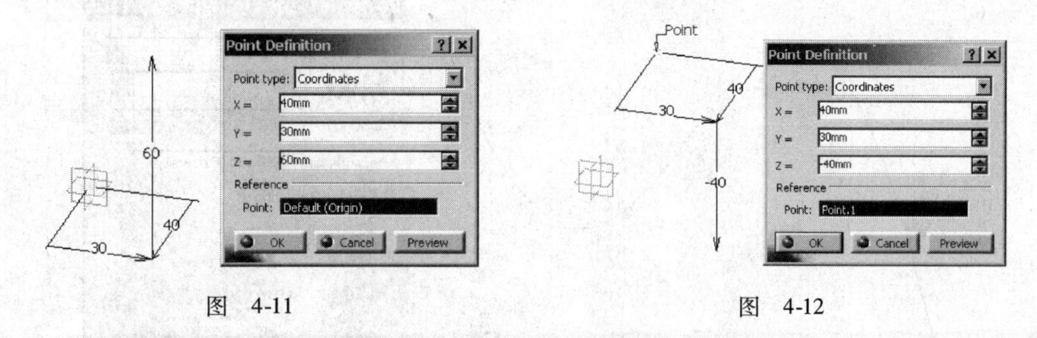

图　4-11　　　　图　4-12

2. 在曲线上建立点（On curve）

在进行曲面设计时，这个命令较常用，操作步骤如下：

1）单击点工具图标，显示建立点对话框，在 Point type（建立点方法）列表中选择 On curve（在曲线上建立点）。

2）选择曲线，在曲线上出现点的预览，绿色方块表示参考点（默认在曲线的端点处），参考点上的红色箭头表示新建点的方向；蓝色方块表示要建立的点，沿曲线移动鼠标的光标，蓝色点会在曲线上移动，单击鼠标蓝色点停留在曲线上，如图4-13所示。

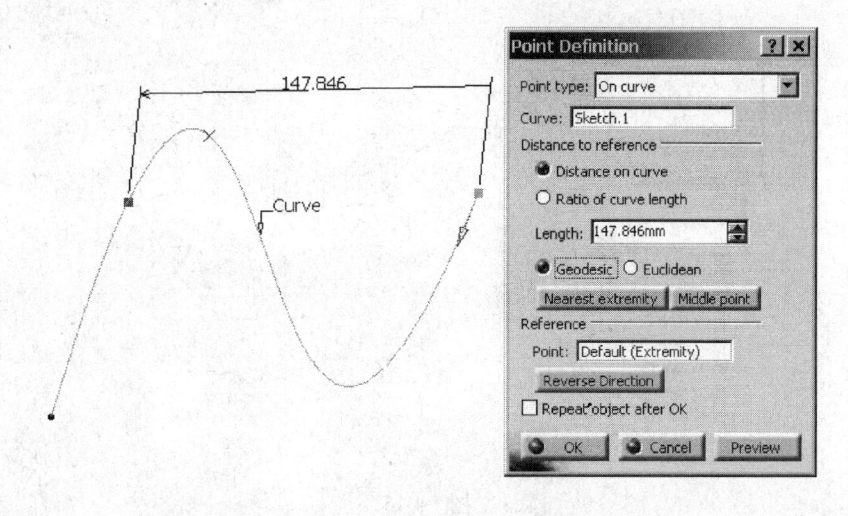

图　4-13

3）在对话框中定义点的位置，可以用 Disdance on curve（参考点到新建点的距离）度量；也可以按 Ratio of curve length（曲线长度的比例）来度量。以曲线总长为1，如键入0.25，就是点建立在曲线上离参考点1/4处；选择 Geodesic，是距离按弧长计算；选择 Euclidean，是距离按弦长计算；要在较近的端点处建立点，单击“Nearest extremity”；要在曲线的中点处建立点，可以单击“Middle Point”。

4）可以选择一个点作为参考点，单击 Reference Point（参考点）选择框再选择曲线上的一个点。单击图中红色箭头或对话框中“Reverse Direction”，可以翻转方向。

5）选择复选框 Repeat object after OK，可以在参考点与新建点间再建立多个点。单击

OK，显示复制点或平面对话框，如图 4-14 所示。

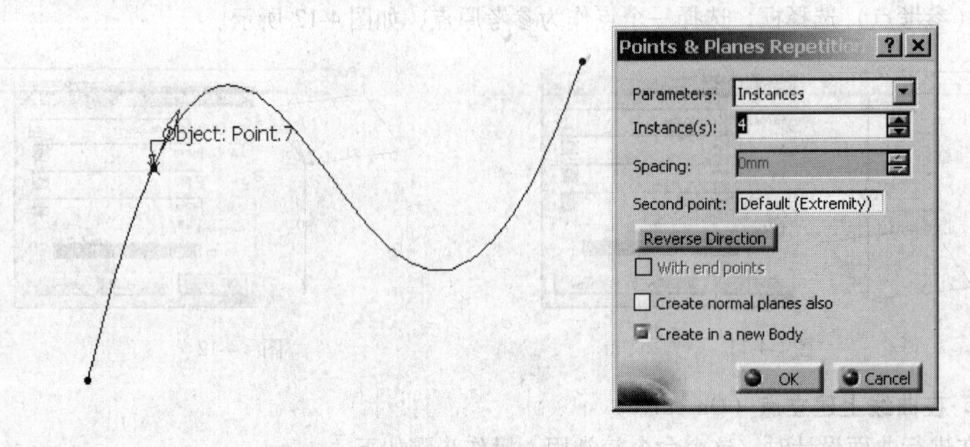

图 4-14

6）在 Parameters（参数）列表中选择 Instances，是指在点与端点间建立等分点；选择 Instances & Spacing，是指按复制点数和间距复制点；选择 Creat mormal planes also，是指在复制点处建立曲线的法平面；选择 Creat in a new Body，是指在新实体上建立，新建的点和平面放在一个新的几何元素集中。单击“OK”，即建立点（和法平面），如图 4-15 所示。

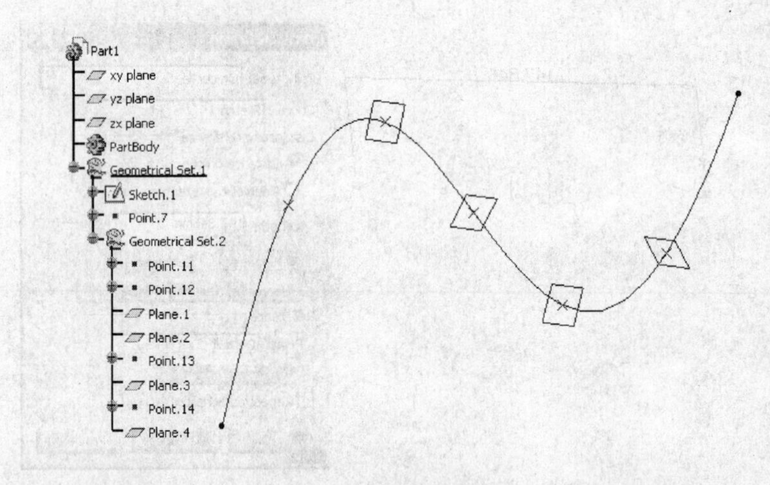

图 4-15

3. 在平面上建立点（On plane）

用这个命令，可以在一个平面或平面型表面上建立一个点。在平面上建立点的操作步骤如下：

1）单击点工具图标 ，显示建立点对话框，在 Point type（建立点方法）列表中选择 On plane（在平面上建立点）。

2）选择要建立点的平面或平面型表面，显示新建点的预览如图 4-16 所示。

3）键入新建点的 H、V 坐标值，默认 H、V 坐标原点是系统原点在平面上的正投影，也可以单击 Reference Point（参考点）选择框，选择一个点作为 H、V 坐标系的原点。如

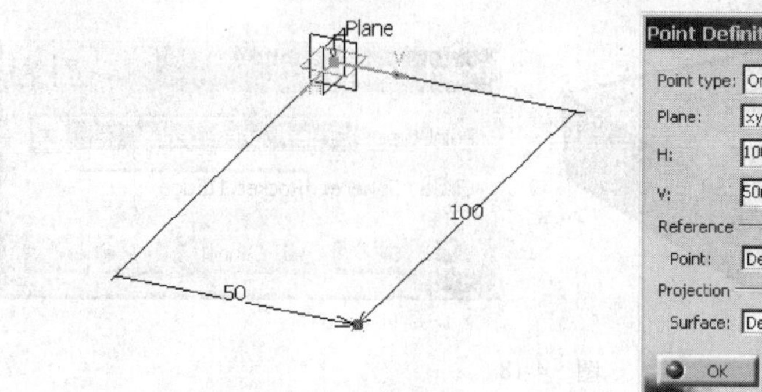

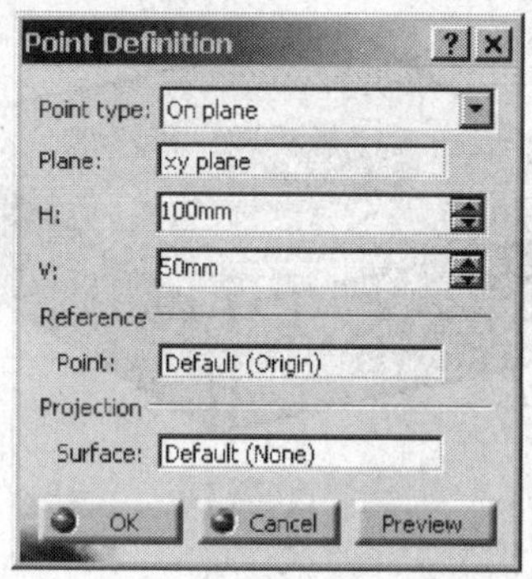

图　4-16

果选择一个参考曲面，点向这个曲面正投影。

4）单击"OK"，即在平面上建立一个点。

4. 在曲面上建立点（On surface）

在曲面上建立点的操作步骤如下：

1）单击点工具图标，显示建立点对话框，在 Point type（建立点方法）列表中选择 On surface（在曲面上建立点），如图 4-17 所示。

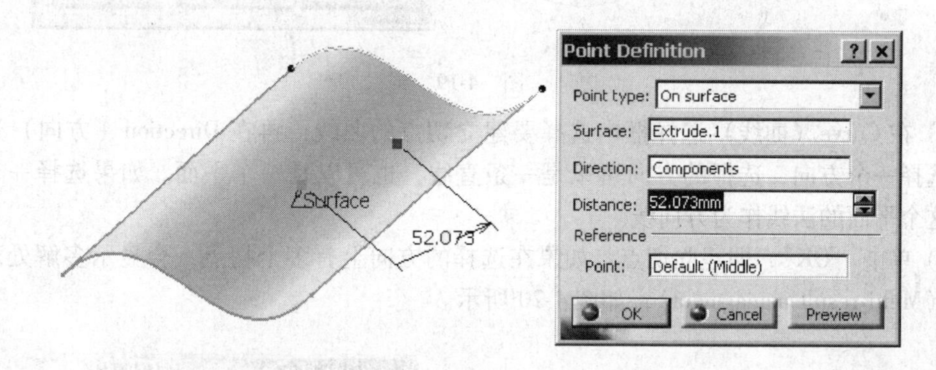

图　4-17

2）选择要建立点的曲面，显示新建点的预览。默认参考点在曲面的中心，单击对话框中 Reference Point（参考点）选择框，可以选择一个新参考点。在 Direction（方向）选择框中单击右键，定义点的参考方向。

3）单击"OK"，在曲面上建立了一个点。

5. 建立圆心或球心点（Circle / sphere center）

这个功能可以建立一个圆或球面的中心点，建立圆心点的操作步骤如下：

1）单击点工具图标，显示建立点对话框，在 Point type（建立点方法）列表中选择建立圆心/球心点（Circle / sphere center），如图 4-18 所示。

2）选择要建立圆心点的圆（或球面），单击"OK"，即建立圆心（或球心）点。

6. 建立曲线的切点（Tangent on curve）

这个建立点的方法是在曲线上建立一条方向线的切点，操作步骤如下：

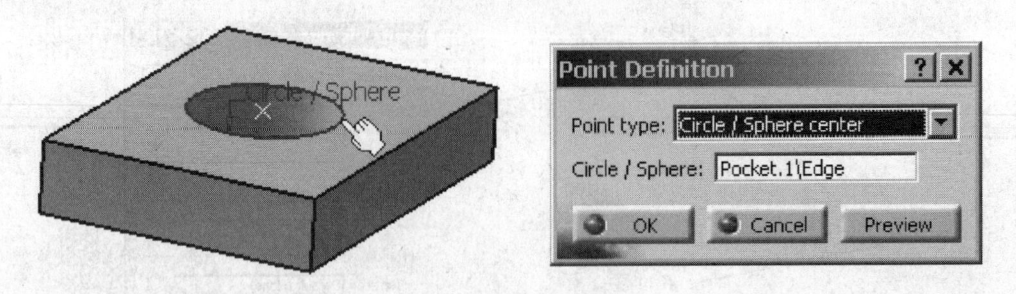

图 4-18

1）单击点工具图标，显示建立点对话框，在 Point type（建立点方法）列表中选择 Tangent on curve（曲线切点），如图 4-19 所示。

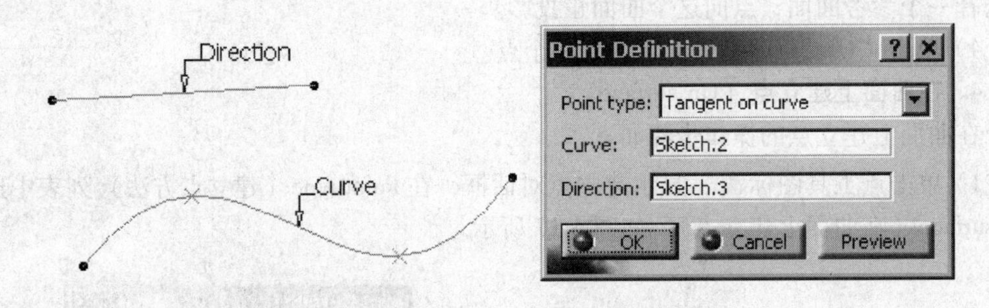

图 4-19

2）在 Curve（曲线）选择框内选择要建立切点的曲线，再在 Direction（方向）选择框中选择一个方向，选择的方向可以是一条直线，也可以是一个平面。如果选择一个平面，这个平面的法线作为方向线。

3）单击“OK”，即建立切点。如果在选择的方向上有多个切点，会显示多解处理对话框（Multi-result managment），如图 4-20 所示。

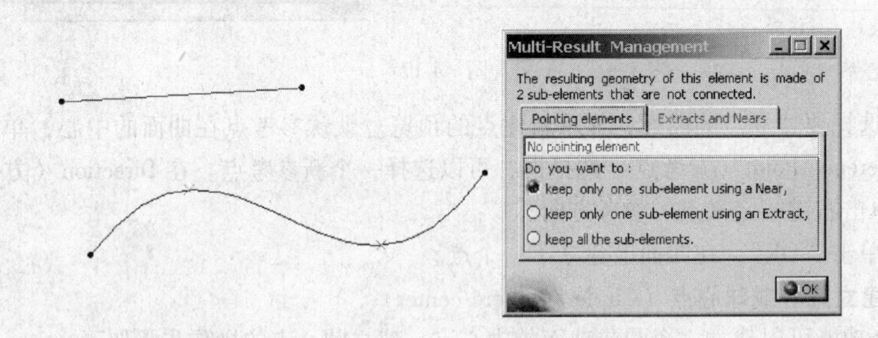

图 4-20

在对话框中可以选择：

① Keep only one sub-element using a Near（保留一个选择对象的最近点），单击“OK”会显示最近点定义对话框，选择一个参考元素，将保留离参考元素较近的一个点。

② Keep only one sub-element using an Extract（用提取元素保留一个点），单击“OK”

会显示提取元素对话框，选择要保留的点，单击“OK”完成。

③ Keep all the sub-elements（保留全部子元素点），单击“OK”，全部点作为子元素保留。

7. 在两点间建立点（Between）

用这个方法可以在两个选择点间建立一个点，操作步骤如下：

1）单击点工具图标，显示建立点对话框，在 Point type（建立点方法）列表中选择 Between（两点间建立点），如图 4-21 所示。

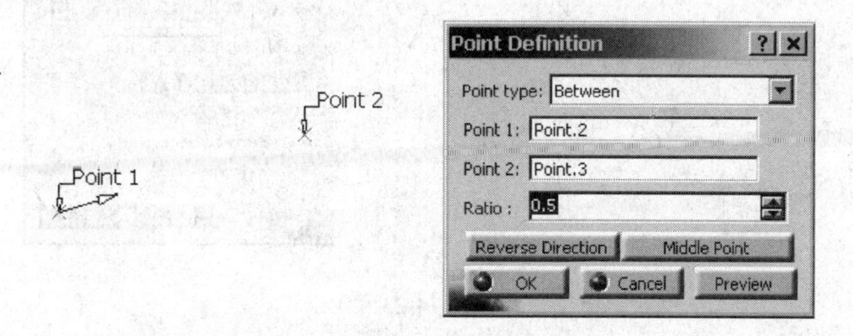

图 4-21

2）选择两个点，在对话框中键入距第一选择点的距离比率 Ratio（以两点间距离作为1），如果要在两点的正中间建立点，按“Middle Point”（中点）按钮，这时的比率为0.5。

3）单击“OK”，即建立点。

8. 建立等距点

用等距点命令可以在选择的一条曲线上建立等分点，或按给定的间距建立等距点。建立等距点的操作步骤如下：

1）单击等距点工具图标，显示点与面复制对话框。

2）选择要建立点的曲线或曲线上的点，在对话框中 Parameters（参数）列表中，选择 Instances（等分点数目），在 Instance（s）（引用点数）文本框中，键入要建立的点数，如图 4-22 所示。

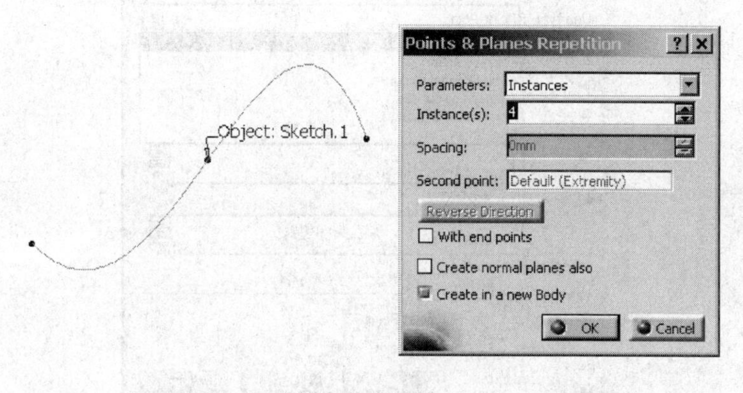

图 4-22

3）选择 With end point 复选框，是在线的端点处建立点，否则不包括端点；选择 Creat normal plane also 复选框，是在建立点处建立曲线的法平面；选择 Creat in a new Body 复选框，建立的点放在特征树上的一个新几何元素集中。单击“OK”建立等距点完成，如图 4-23 所示。

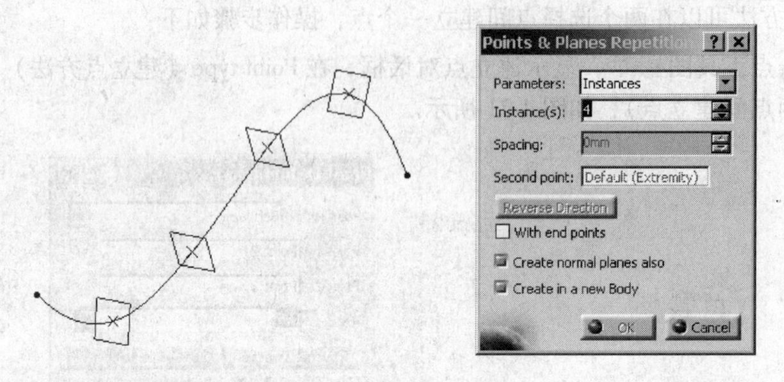

图　4-23

建立等距点时，如果选择了曲线上的一个点，可以在这个点与端点或其他点间建立等分点，也可以以这个点为端点按给定的间距建立点。

4.3.2　建立空间直线

在 CATIA V5 中，有多种建立空间直线的方法，如图 4-24 所示。

（1）Point-point　建立两点线。

（2）Point-direction　建立点和方向线。

（3）Angle/Normal to curve　建立曲线的法线或角度线。

（4）Tangent to curve　建立曲线的切线。

（5）Normal to surface　建立曲面的法线。

（6）Bisecting　建立角平分线。

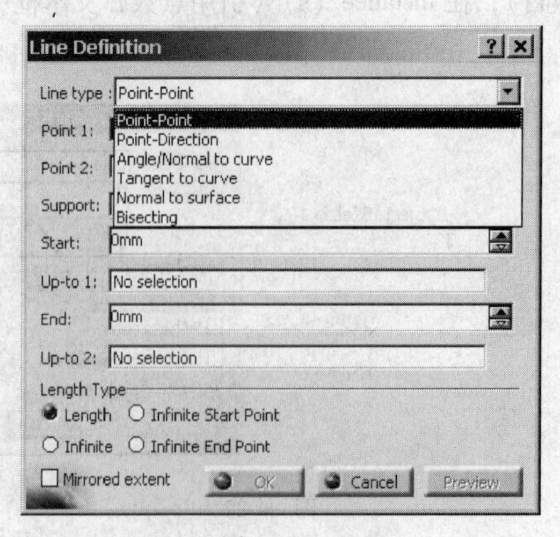

图　4-24

1. 建立两点线（Point-point）

用这个方法，可以通过空间的两个已知点建立一条直线，操作方法如下：

1）单击线工具图标，显示建立线对话框，在对话框的 Line type（建立线方法）列表框中，选择 Point-point（两点线）。

2）选择空间中的两个点，单击“Preview”（预览），图中会显示建立线的预览，如图 4-25 所示。

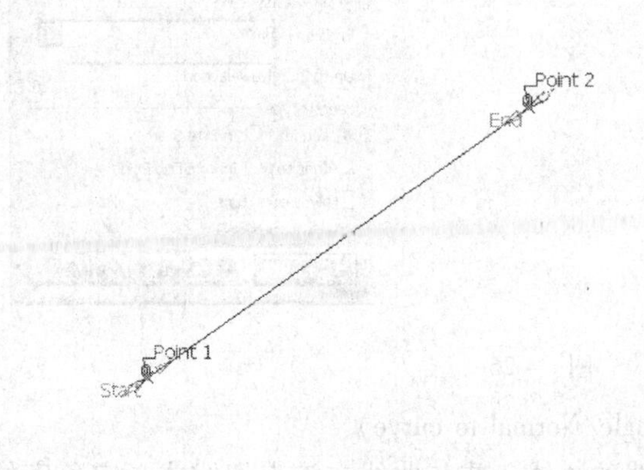

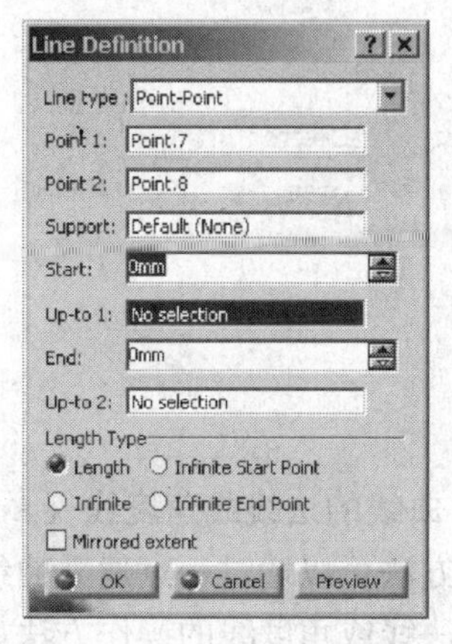

图　4-25

3）在 Start（开始）文本框中，键入起点延伸长度，也可以单击 Up-to 1 选择框，选择一个限制元素来限制线在起点的延伸长度。在 End 文本框中，键入终点延伸长度，也可以单击 Up-to 2 选择框，选择一个限制元素来限制线在终点的延伸长度。

4）在 Length Type（长度类型）选择框中可以选择：Length（有限长度）、Infinite Start Point（起点无限长）、Infinite（无限长直线）和 Infinite End Point（终点无限长）。

5）选择 Mirrored extent 复选框，即起点、终点对称延伸。单击“OK”，建立直线完成。

2. 建立点和方向线（Point-direction）

通过一个点和给定的方向建立线。操作步骤如下：

1）单击线工具图标，显示建立线对话框，在对话框 Line type（建立线方法）列表框中，选择 Point-direction（点和方向线）。

2）选择空间中的一个点和一个方向，方向可以选择一条线、一个实体的棱边或一个平面（方向沿平面的法线方向），如图 4-26 所示。

3）键入起点延伸长度（图中红色箭头指向起点），还可以单击 Up-to 1 选择框，选择一个限制元素来限制线在起点的延伸。键入终点延伸长度，还可以单击 Up-to 2 选择框，选择一个限制元素来限制线在终点的延伸。

4）在 Length Type（长度类型）中可以选择：Length（有限长度）、Infinite Start Point（起点无限长）、Infinite（无限长直线）和 Infinite End Point（终点无限长）。

5）选择 Mirrored extent 复选框，即起点、终点对称延伸。

6）单击 Reverse Direction 即翻转起点方向，单击“OK”，直线建立。

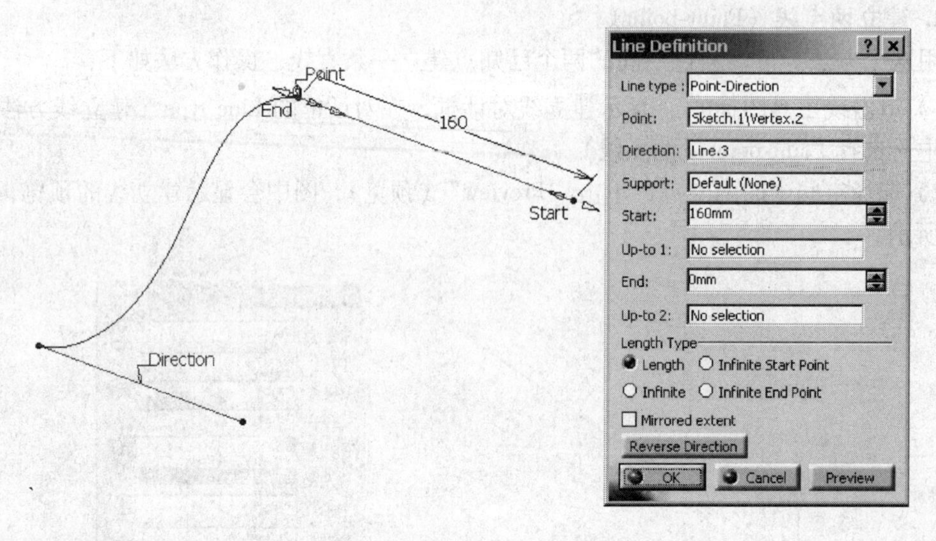

图 4-26

3. 建立曲线的法线或角度线（Angle/Normal to curve）

用这个方法可以通过一点建立曲线的法线，或与曲线在该点切线成一定角度的直线，建立曲线的法线或角度线的操作方法如下：

1）单击线工具图标，显示建立线对话框，在对话框的 Line type（建立线方法）列表框中，选择 Angle/Normal to curve（曲线的法线或角度线）。

2）选择要建立线的曲线，再选择曲线上的一个点，在 Angle 文本框中键入角度值。如果建立法线，只需单击 Normal to curve 按钮即可，单击“Preview”显示预览，如图 4-27 所示。

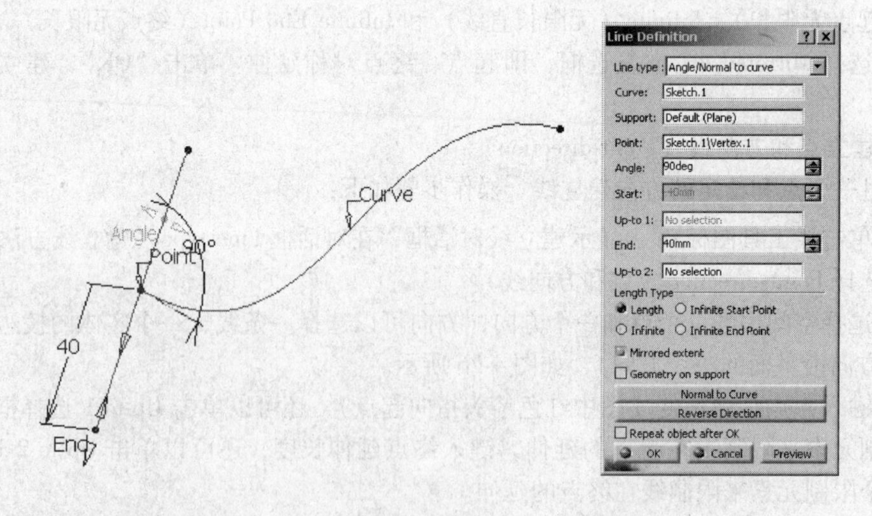

图 4-27

3）键入 Start（起点）长度和 End（终点）长度，也可以通过选择对象来限制起点或终点的长度。红色箭头指向起点与终点，单击箭头或“Reverse directing”按钮翻转方向。

4）直线长度类型同上，选择 Mirrored extent，即直线相对曲线对称延伸。如果选择一个支撑面，还可以选择 Geometry on support（直线在支撑面上生成），默认支撑面是曲线所在平面。

5）选择 Repeat object after OK 复选框，可以重复建立角度线或法线，单击“OK”，显示对象复制对话框，在 Instance（s）对话框中键入要复制的数目，单击“OK”完成复制法线或角度线，如图 4-28 所示。

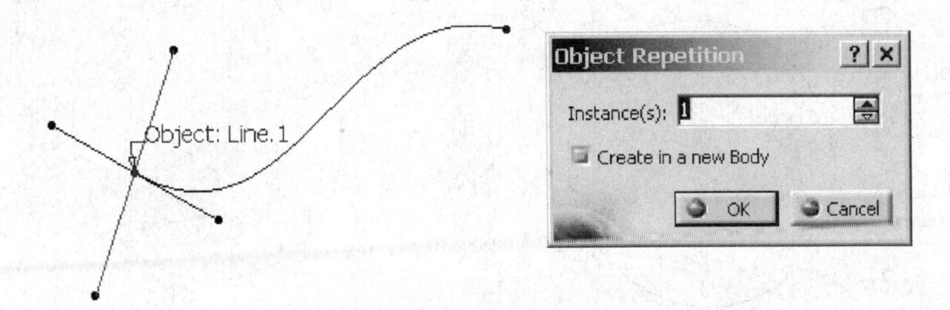

图　4-28

4. 建立曲线的切线（Tangent to curve）

用这个方法可以通过一点作曲线的切线，操作步骤如下：

1）单击线工具图标，显示建立线对话框，在对话框 Line type（建立线方法）列表框中，选择 Tangent to curve（曲线的切线）。

2）选择 Curve（曲线）、再选择 Element 2（第二个元素），如果选择另一条曲线，则作两曲线的公切线，有多解时按“Next Solution”即选择下一个解或单击要保留的解，如图 4-29 所示。

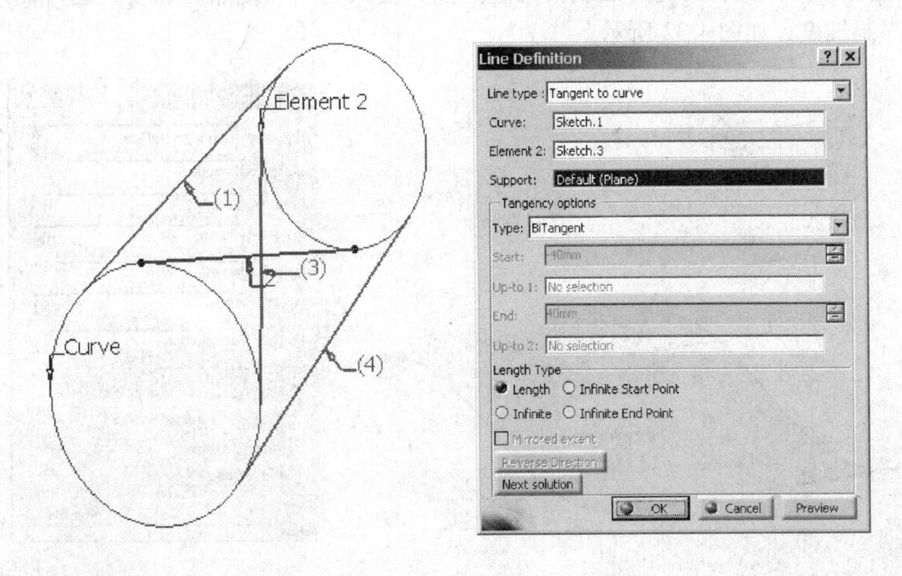

图　4-29

3）如果选择一个点，就通过这个点作曲线的切线。这时有两个选项，选择 Mono-tangent，即点若不在曲线上，就过点作曲线切线的平行线，如图 4-30 所示；选择 BiTangent

方式，就是过点作曲线的切线，如图 4-31 所示。有多解时单击“Next Solution”即选择下一个解，键入切线的起点长度和终点长度，也可以用元素限制切线的长度。

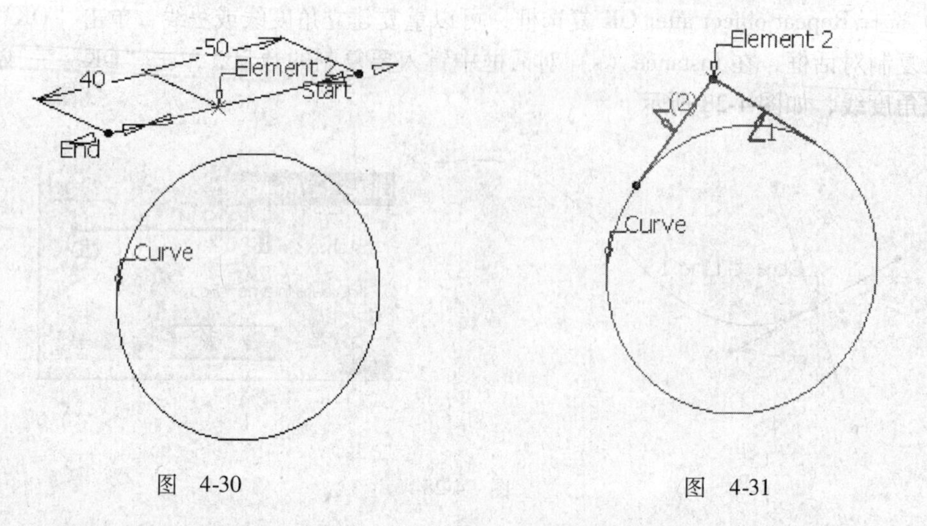

图 4-30　　　　图 4-31

4）如果选择一个支撑面（Support），切线就向支撑面上投影。

5）直线长度类型同上，单击“OK”，建立切线完成。

5. 建立曲面的法线（Normal to surface）

此方法是通过一个点作曲面的法线，操作步骤如下：

1）单击线工具图标，显示建立线对话框，在对话框 Line type（建立线方法）列表框中，选择 Normal to surface（曲面的法线）。

2）选择一个曲面，再选择法线要通过的点，键入起点和终点的长度，也可以用选择的元素限制长度，如图 4-32 所示。

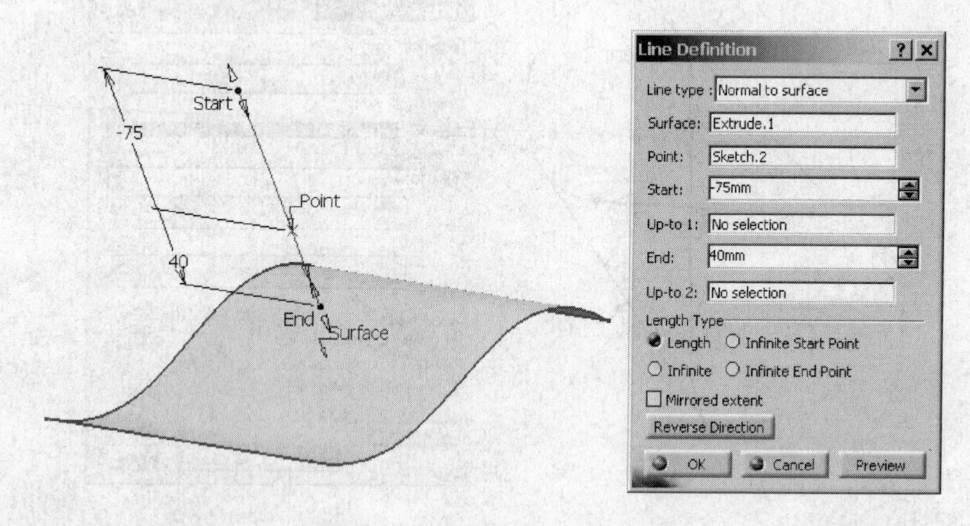

图 4-32

3）直线长度类型同上。单击“OK”，即建立曲面的法线。

6. 建立角平分线（Bisecting）

用这个方法可以建立空间两条相交直线的角平分线，如果选择的两条直线不相交，系统会显示错误警告，建立角平分线操作步骤如下：

1）单击线工具图标，显示建立线对话框，在对话框 Line type（建立线方法）列表框中，选择 Bisecting（角平分线）。

2）选择两条相交直线，默认在两直线交点处建立角平分线，如果单击“Point”选择框选择一个点，将通过这个点作角平分线的平行线。如图 4-33 所示。单击“Next Solution”即选择另一个解。

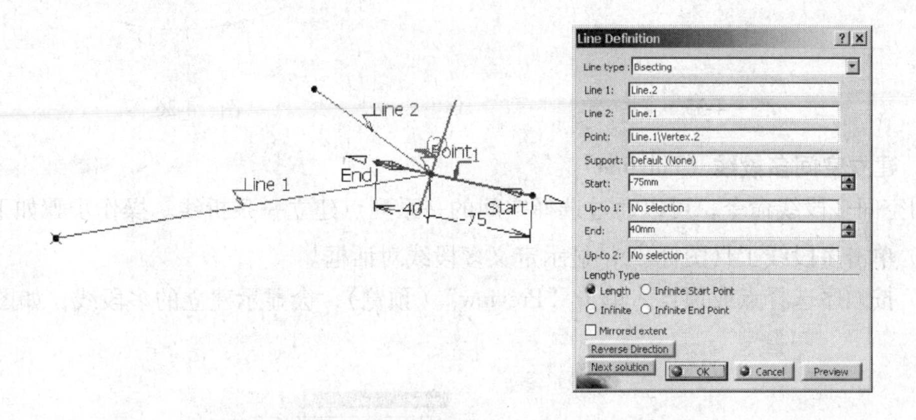

图　4-33

3）键入起点和终点的长度，可以用选择的元素来限制直线的长度，单击“OK”建立角平分线。

7. 建立轴线（Axis）

用这个命令可以为圆、圆弧、椭圆、椭圆弧、长扁圆或旋转曲面建立轴线。建立一个圆的轴线时，可以沿选择的方向、与选择的方向垂直或垂直于圆所在的平面。建立椭圆轴线时，可以沿椭圆的长轴、短轴或垂直于椭圆所在平面等。下面以建立圆的轴线为例，介绍轴线的建立方法。

1）单击轴线工具图标，显示建立轴线对话框。

2）选择要建立轴线的圆，单击 Direction（方向）选择框，选择一个方向，方向可以选择一条线或一个平面（方向沿平面法线），这里选择 yz 平面，如图 4-34 所示。

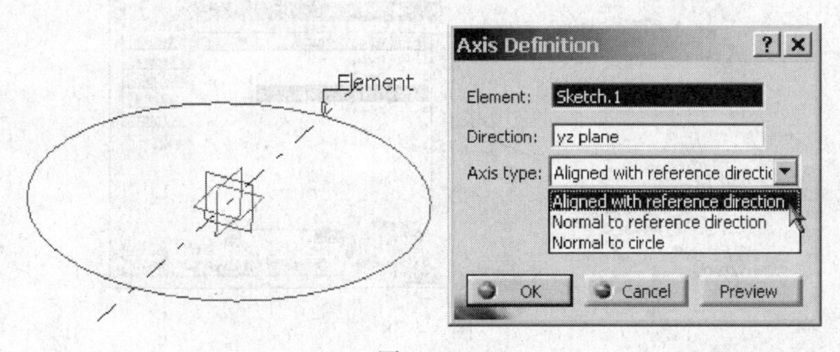

图　4-34

3）在 Axis type（轴线类型）中，选择 Aligned with reference direction（沿选择的参考方向）。选择 Normal to reference direction（垂直于参考方向），如图 4-35 所示；选择 Normal to circle（垂直于圆所在平面），如图 4-36 所示。

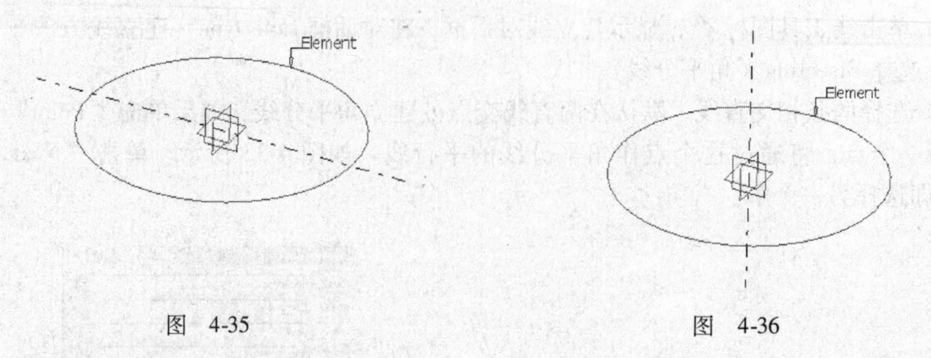

图 4-35 图 4-36

8. 建立空间多段线（Polyline）

用空间多段线命令，可以通过选择空间的一系列点建立一条折线。操作步骤如下：

1）单击多段线工具图标，显示定义多段线对话框。

2）按顺序选择点或顶点，单击“Preview”（预览），会显示建立的多段线，如图 4-37 所示。

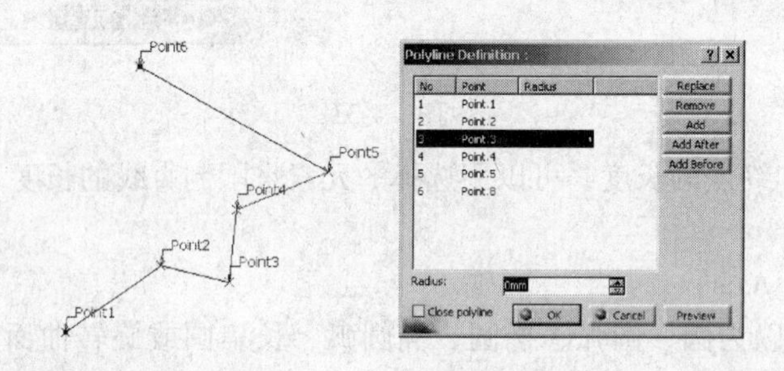

图 4-37

3）在对话框列表中选择一个点，单击对话框右侧按钮“Remove”去除这个点；单击“Add after”在这个点后加入一个选择的点；单击“Add before”在这个点前加入一个选择的点。在 Radius 文本框中键入一个半径值，多段线在这个点处作圆角。选择 Closs polyline 复选框是使多段线起点与终点闭合，单击“OK”，建立多段线如图 4-38 所示。

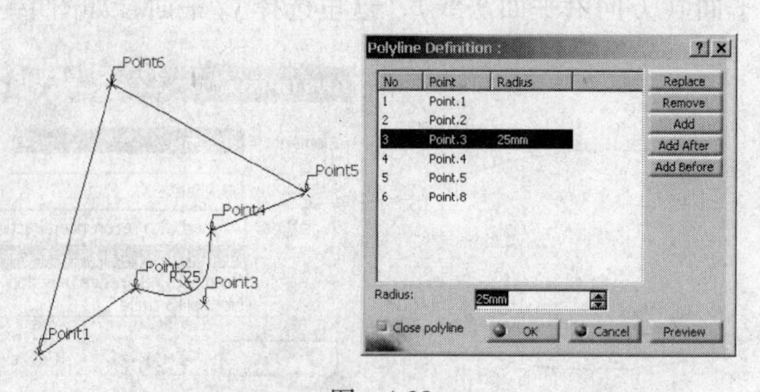

图 4-38

4.3.3　建立平面

在空间建立的平面（Plane），可以用来作为草图的支撑面，也可以作为分割曲面或实体的面或其他参考面。在 CATIA V5 中，有多种建立平面的方法，如图 4-39 所示。

（1）Offset from plane　建立偏移平面。

（2）Parallel through point　过点建立平行平面。

（3）Angle/Normal to plane　建立参考平面的角度面或垂直平面。

（4）Through three points　过三点建立平面。

（5）Through two lines　用两条直线定义平面。

（6）Through point and line　过点和直线建立平面。

（7）Through planar curve　通过平面曲线建立平面。

（8）Normal to curve　建立曲线的法平面。

（9）Tangent to surface　建立曲面的切平面。

（10）Equation　用平面方程建立平面。

（11）Mean through points　建立多个（三个以上）点的平均平面。

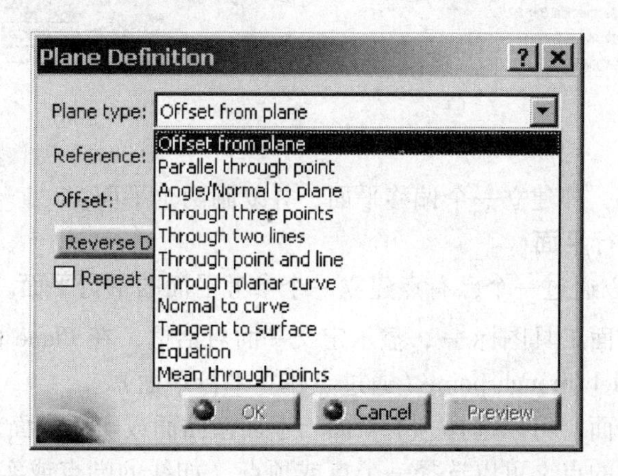

图　4-39

1. 建立偏移平面

用这个方法，可以按给定的偏移距离建立一个参考平面的平行平面。参考平面可以是平面，也可以是一个平面型曲面或实体表面。建立偏移平面的方法如下：

1）选择一个参考平面，单击建立平面工具图标，显示定义平面对话框。

2）在对话框 Offset（偏移距离）文本框中键入偏移距离，也可以在图中拖动绿色双箭头改变偏移距离，拖动 Move 图标，改变平面图标的显示位置，如图 4-40 所示。

3）单击对话框中“Reverse Direction”按钮或单击图中红色箭头，改变偏移方向。

4）选择 Repeat object after OK 复选框，单击“OK”后重复建立偏移平面。

5）在 Object Repetition（复制对象）对话框的 Instance 文本框中，键入要复制平面的数目，例中键入 2，如图 4-41 所示。

6）选择 Create in a new Body 复选框，复制平面在树上的记录在一个新几何元素集中，

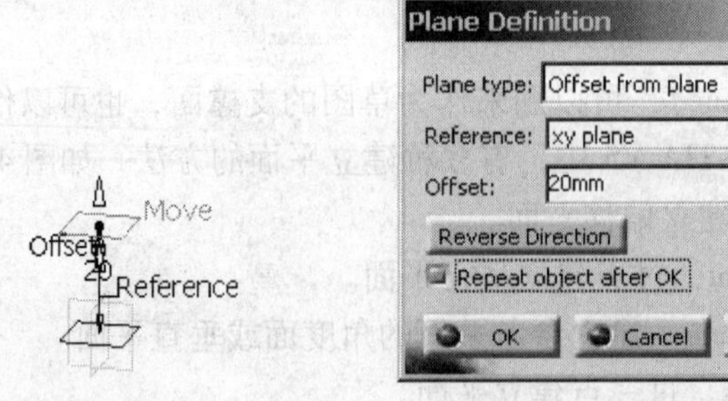

图 4-40

如图 4-41 所示。

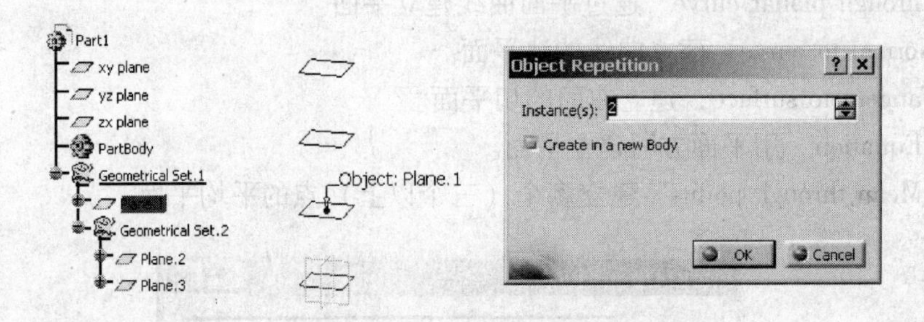

图 4-41

7）单击“OK”，即建立一个偏移平面，并复制两个平面。

2. 过点建立平行平面

用这个方法可以通过一个已有点建立一个参考平面的平行平面。操作方法如下：

1）单击建立平面工具图标，显示定义平面对话框，在 Plane type（建立平面方法）列表框中选择 Parallel through point（通过点建立平行平面）。

2）选择参考平面，可以选择一个平面、平面型曲面或实体表面。

3）选择要通过的点，可以选择一个点或顶点（如线的端点或实体、曲面边的端点），如图 4-42 所示。

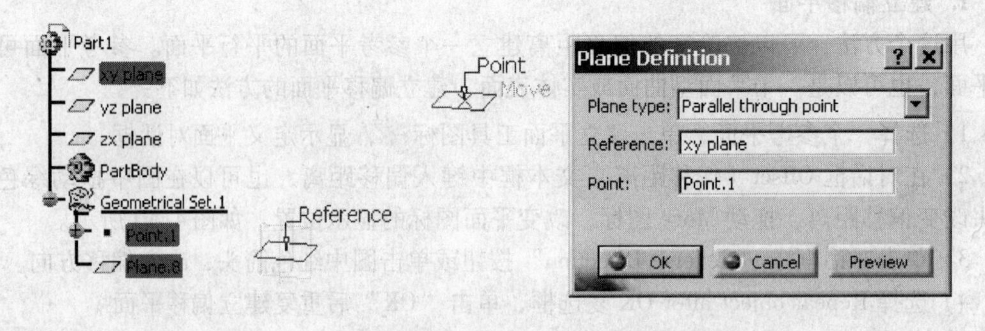

图 4-42

4）单击“OK”，建立一个新平面完成。

3. 建立参考平面的角度面或垂直平面

建立角度或垂直面操作步骤如下：

1）单击建立平面工具图标，显示定义平面对话框，在 Plane type（建立平面方法）列表框中选择 Angle/Normal to plane（角度/法平面）。

2）选择旋转轴，可以选择一条线、一个边或坐标轴，这里选择实体的边，如图 4-43 所示。

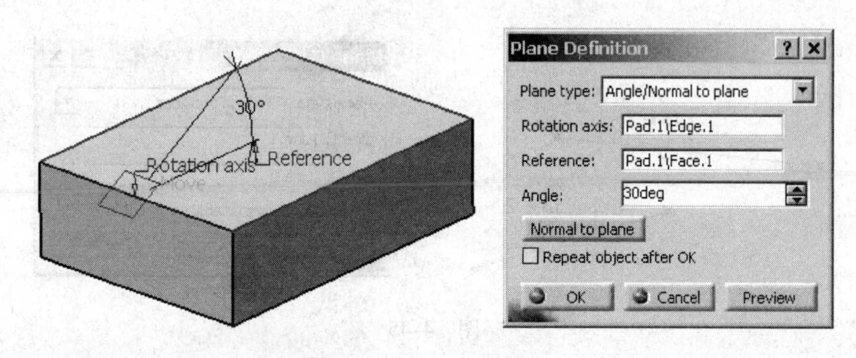

图　4-43

3）选择参考面，这里选择实体的上表面。

4）键入新建平面与参考面间的角度（Angle），如果垂直于参考面，单击 Normal to plane 会自动添入角度 90°。

5）单击“OK”，即建立角度面。

若要重复建立角度面，可以选择 Repeat object after OK 复选框，需定义复制平面的数目。

4. 过三点建立平面

通过空间不在一条直线上的三个点可以建立一个平面，操作步骤如下：

1）单击建立平面工具图标，显示定义平面对话框，在 Plane type（建立平面方法）列表框中选择 Through three points（过三点）。

2）选择三个点或顶点，如图 4-44 所示。

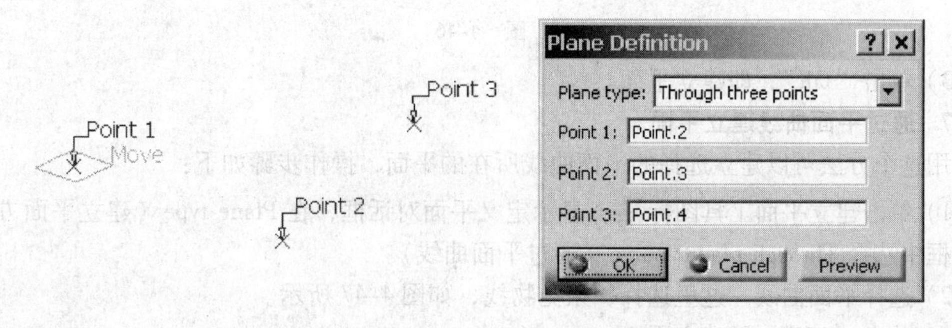

图　4-44

3）单击“OK”，建立平面完成。

5. 过两条直线建立平面

可以用空间的两条直线定义一个平面，如果两条直线不在一个平面内，建立的新平面将通过第一条直线并与第二条直线平行，操作步骤如下：

1）单击建立平面工具图标，显示定义平面对话框，在 Plane type（建立平面方法）列表框中选择 Through two lines（过两条直线）。

2）选择两条直线，注意选择的顺序，新建平面将通过第一条直线，如图 4-45 所示。

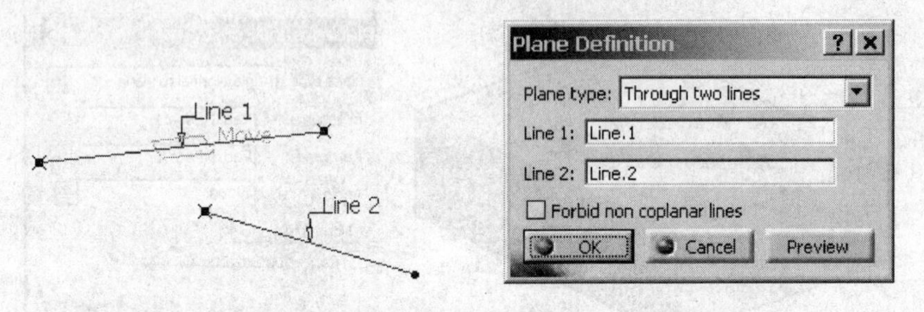

图 4-45

3）单击“OK”，即建立平面，平面与第二条线平行

6. 通过点和直线建立平面

过空间一个点和一条直线建立平面的操作步骤如下：

1）单击建立平面工具图标，显示定义平面对话框，在 Plane type（建立平面方法）列表框中选择 Through point and line（通过点和直线）。

2）选择一个点和一条直线，如图 4-46 所示。

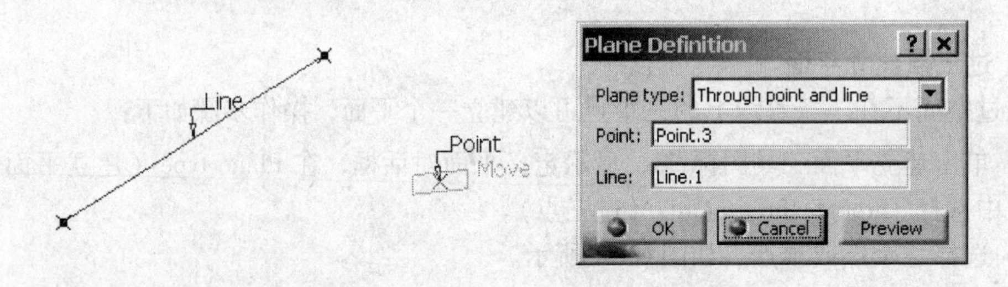

图 4-46

3）单击“OK”，即建立平面。

7. 通过平面曲线建立平面

用这个方法可以建立选择的平面曲线所在的平面，操作步骤如下：

1）单击建立平面工具图标，显示定义平面对话框，在 Plane type（建立平面方法）列表框中选择 Through planar curve（通过平面曲线）。

2）选择平面曲线，这里选择一条抛物线，如图 4-47 所示。

3）单击“OK”，即建立平面。

8. 建立曲线的法平面

用这个方法可以通过一个点建立选择曲线的法平面，操作步骤如下：

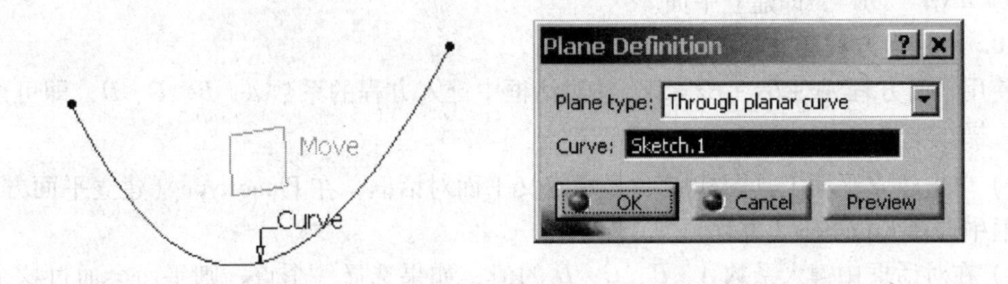

图　4-47

1）单击建立平面工具图标，显示定义平面对话框，在 Plane type（建立平面方法）列表框中选择 Normal to curve（曲线法平面）。

2）选择要建立法平面曲线。

3）选择一个点，平面将通过这个点，如果不选择点，默认平面建立在曲线的中点，如图 4-48 所示。

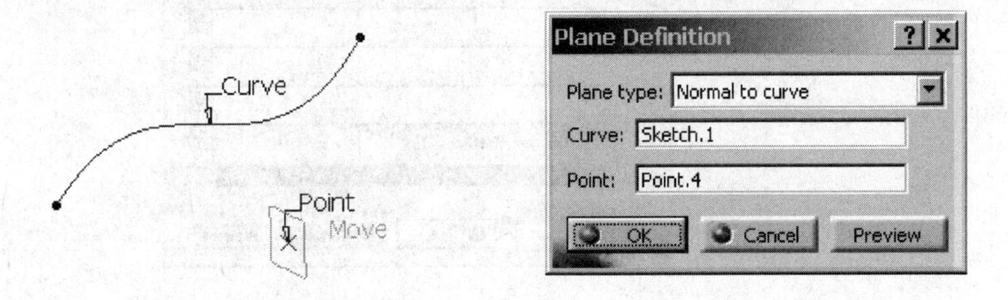

图　4-48

4）单击“OK”，即建立该曲线的法平面。

9. 建立曲面的切平面

用这个方法可以通过曲面上的一个点建立曲面的切平面，如果选择的点不在曲面上，通过这点建立的平面是该点向曲面所作法线的法平面，操作步骤如下：

1）单击建立平面工具图标，显示定义平面对话框，在 Plane type（建立平面方法）列表框中选择 Tangent to surface（切平面）。

2）选择曲面，再选择平面通过的点，如图 4-49 所示。

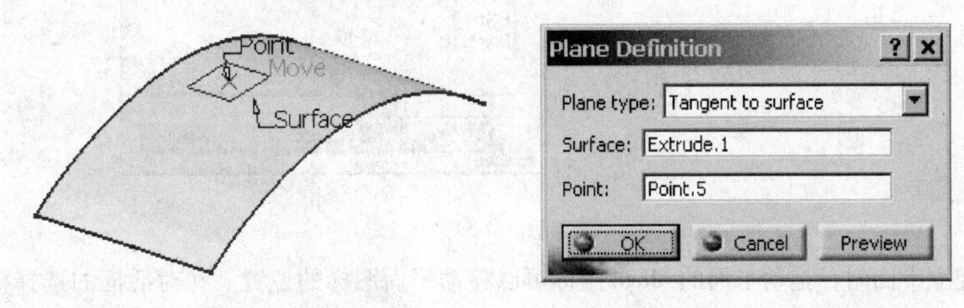

图　4-49

3）单击“OK”，即建立平面。

10. 用平面方程建立平面

使用平面方程 $Ax+By+Cz=D$，在对话框中键入方程的系数 A、B、C、D，即可建立平面，操作步骤如下：

1）单击建立平面工具图标，显示定义平面对话框，在 Plane type（建立平面方法）列表框中选择 Equation（方程）。

2）在对话框中键入系数 A、B、C、D 的值，如果选择一个点，则平面会通过这个点（不需键入 D），如图 4-50 所示。

3）如果单击“Normal to compass”按钮，会建立当前指南针 z 轴方向的法平面；单击 Parallel to screen 按钮，即建立平行于当前屏幕的平面。

4）单击“OK”，即建立平面。

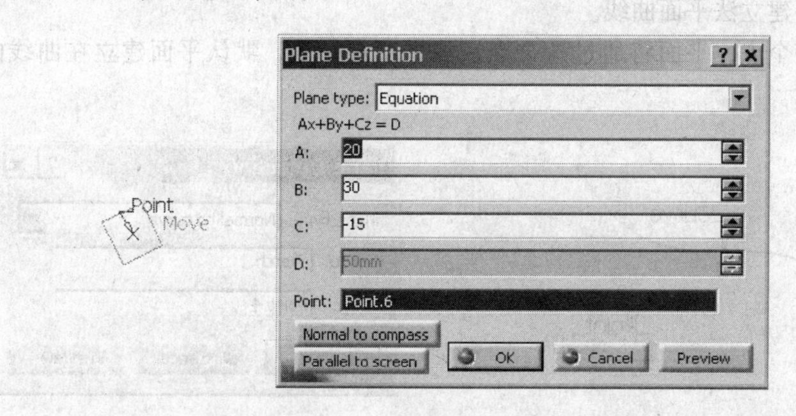

图 4-50

11. 建立多个点的平均平面

用这个方法可以建立一个平面，这个平面距离选择的多个点（超过三个）的平均距离最近。依次选择多个点，单击“OK”，即建立平均平面，如图 4-51 所示。

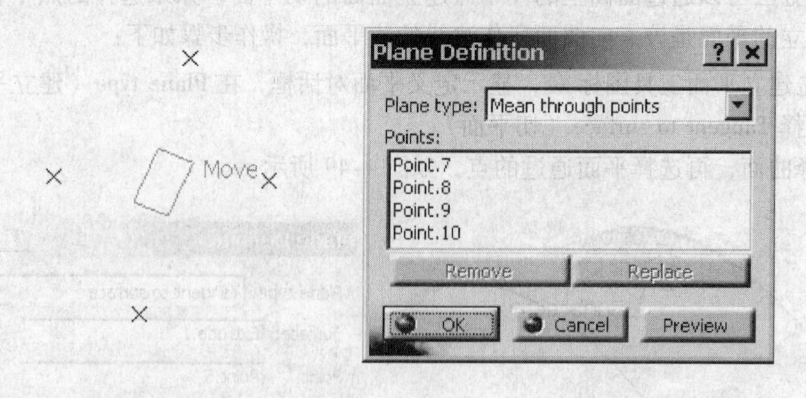

图 4-51

建立平面时，拖动平面的 Move 图标可以移动平面图标的位置。在对话框的选择框中单击右键，可在快捷菜单中选择相应的命令。

4.3.4　在空间建立曲线

在空间建立的曲线，可以用来作为生成曲面或实体的导引线或其他参考线。在线架与曲面设计工作台上，建立空间的曲线包括两类：一是利用已有几何体建立曲线，如投影或截交；另一类是在空间建立的曲线，如在空间建立圆、样条曲线或螺旋线等。

1. 投影（Projection）

用这个命令可以把空间的点向曲线或曲面上投影，也可以将曲线向一个曲面上投影，投影时可以选择沿法向投影或沿一个给定的方向投影。曲线向曲面上投影的操作步骤如下：

1）单击投影工具图标，显示定义投影对话框，在 Project type（投影方式）列表中选择 Normal（沿法向）。

2）选择要投影的曲线（可以复选），再选择一个支撑面，单击“Preview”（预览），如图 4-52 所示。

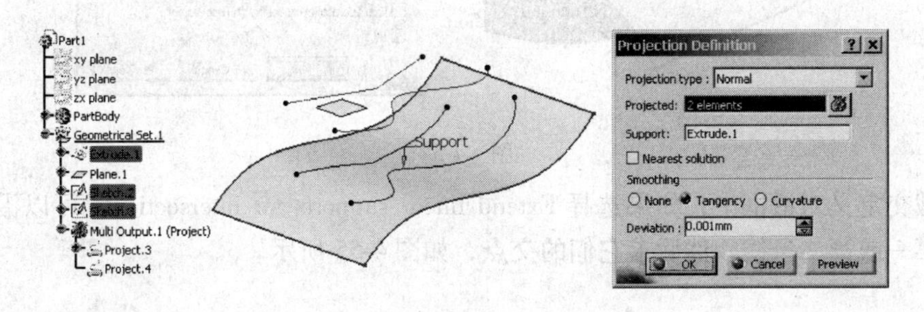

图　4-52

3）如果在投影方式列表中选择 Along a direction（沿一个方向），需要在 Direction（方向）选择框中选择一个方向（直线或平面），也可以在方向选择框中单击右键，建立方向线或平面。这里选择一个平面 Plane. 1，曲线将沿曲面的法线方向投影，如图 4-53 所示。

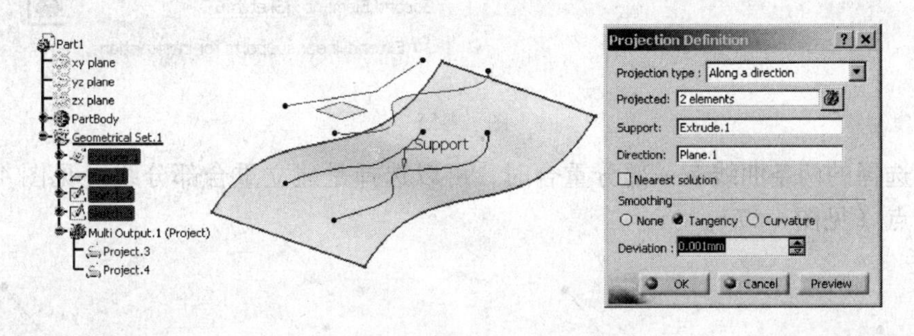

图　4-53

4）如果选择 Nearest solution 复选框，即在投影曲线的全部解中选择最接近原曲线的解。

5）可以对投影曲线进行平顺（Smoothing），有三种选择：①None. 不进行平顺处理。②Tangency（或 G1）. 相切连续平顺。③Curvature（或 G2）. 曲率连续平顺。并可以在 Deviation 中键入平顺误差。当投影曲线不能进行平顺处理时，系统会显示一个警告。

2. 截交（Intersection）

用这个命令可以求两条线的交点、线与曲面的交点、曲面与曲面的交线、曲面与实体截交轮廓线或截交面。建立截交的操作步骤如下：

1）单击截交工具图标，显示截交定义对话框。

2）选择求截交的第一个对象，再选择第二个对象（截交对象可以复选）。截交对象可以选择线或曲面，这里选择两个曲面，单击“Preview”，屏幕显示截交线的预览，如图4-54所示。

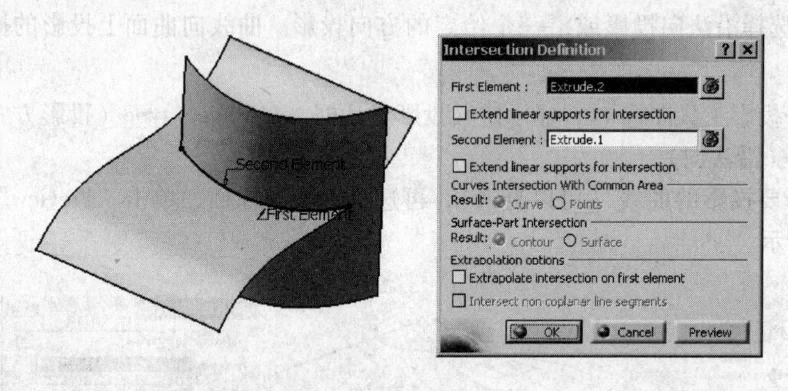

图　4-54

在截交定义对话框中，如果选择 Extend linear supports for intersection，可以沿切线方向延伸第一或第二条线，然后求它们的交点，如图4-55所示。

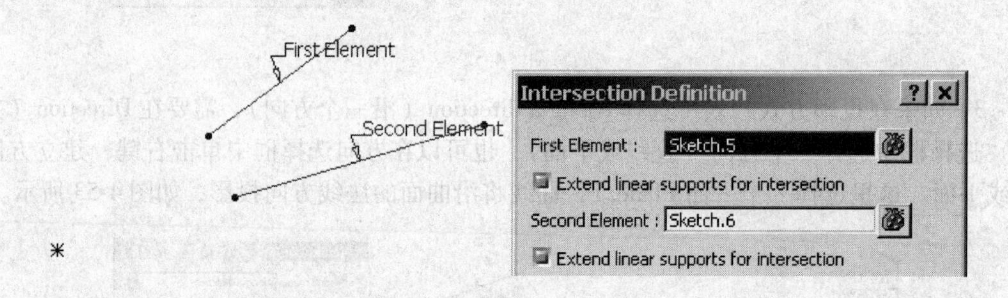

图　4-55

当所选择的两条曲线有一部分重合时，可以选择是建立重合部分线（见图4-56）或是两个交点（见图4-57）。

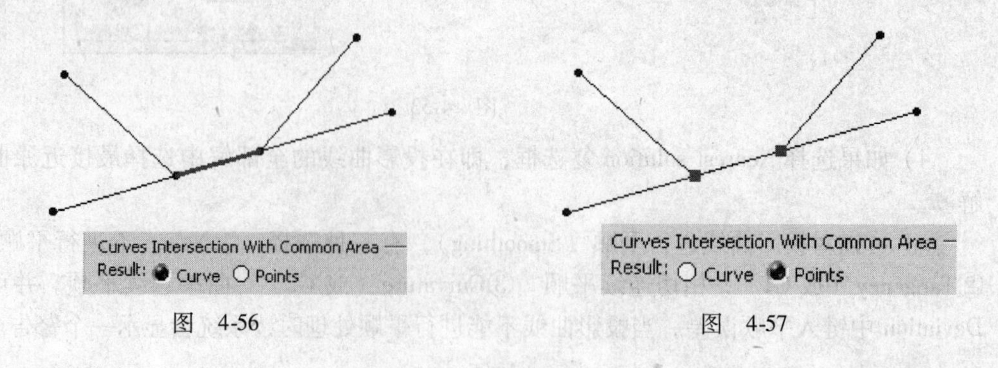

图　4-56　　　　　　　　　　　　　图　4-57

当曲面与实体截交时，可以求它们截交的轮廓线（见图4-58）或截交面（见图4-59）。

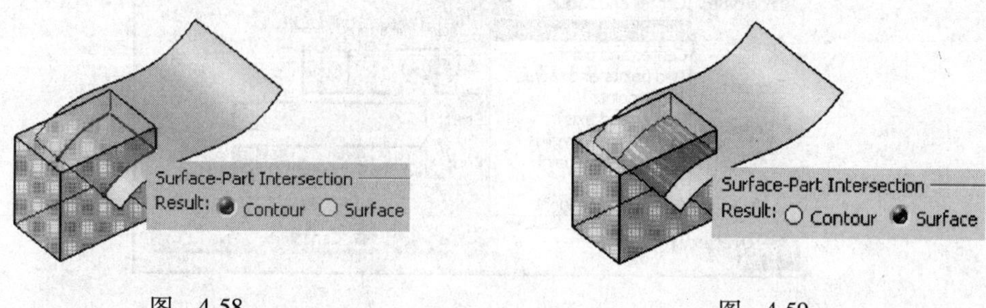

图　4-58　　　　图　4-59

在对话框中，选择 Extrapolate intersection on first element 复选框，将延伸第一个选择的曲面上的截交线，如图4-60所示。

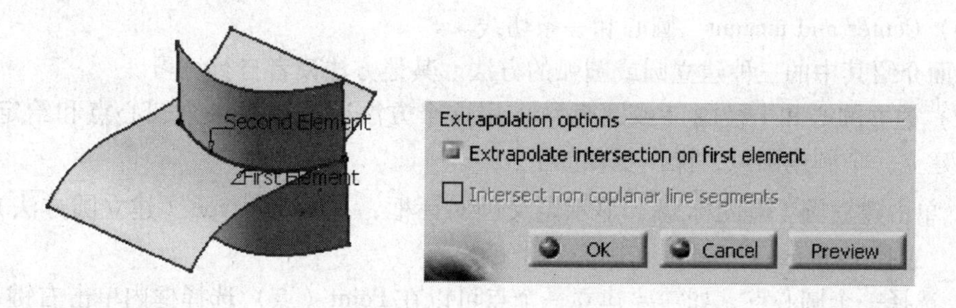

图　4-60

如果选择的两条直线不共面，选择 Intersect non coplanar line segments 复选框，可以求它们的一个近似交点，这个点在它们最短距离的中点上，如图4-61所示。

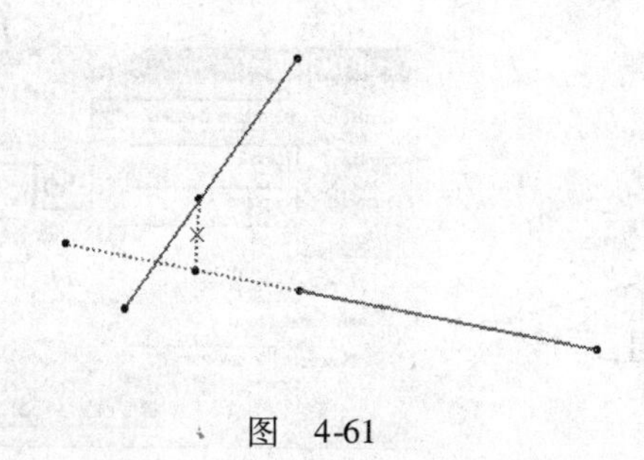

图　4-61

3. 圆（Circle）

用这个命令可以在空间建立圆或圆弧，建立圆或圆弧的方法有九种，如图4-62所示。

（1）Center and radius　圆心和半径。

（2）Center and point　圆心和圆通过的空间一点。

（3）Two points and radius　圆通过的空间两点及半径。

（4）Three points　圆通过的空间三点。

（5）Center and axis　圆心和圆轴线。

（6）Bitangent and radius　两条切线和半径。

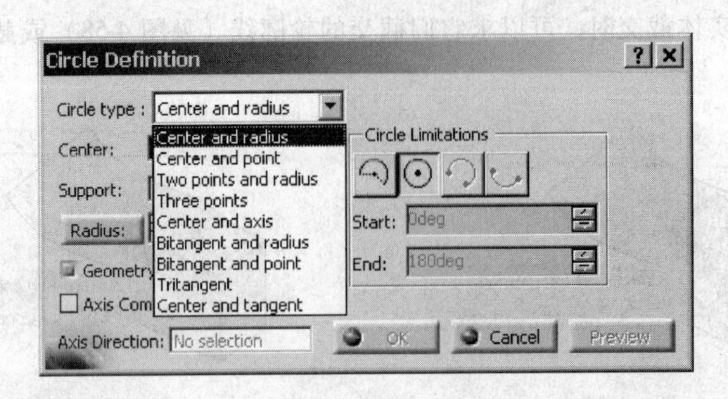

图　4-62

（7）Bitangent and point　两条切线和圆通过的一点。

（8）Tritangent　三条切线。

（9）Center and tangent　圆心和一条切线。

下面介绍其中的三种建立圆或圆弧的方法。其他方法读者自行练习。

（1）建立圆心和半径圆（或圆弧）　用这个方法通过选择一个圆心点和给定半径，在空间建立一个圆或圆弧，操作步骤如下：

1）单击建立圆工具图标，显示定义圆对话框，在 Circle type（建立圆方法）下拉列表中，选择 Center and radius（圆心和半径）。

2）选择一个圆心点，如需要建立一个点可以在 Point（点）选择框内单击右键，选择快捷菜单命令，在 Radius（半径）文本框内键入圆的半径 30mm。

3）选择一个支撑面（Support），这里选择 xy 平面，建立的圆在平行于支撑面的平面内，如图 4-63 所示。

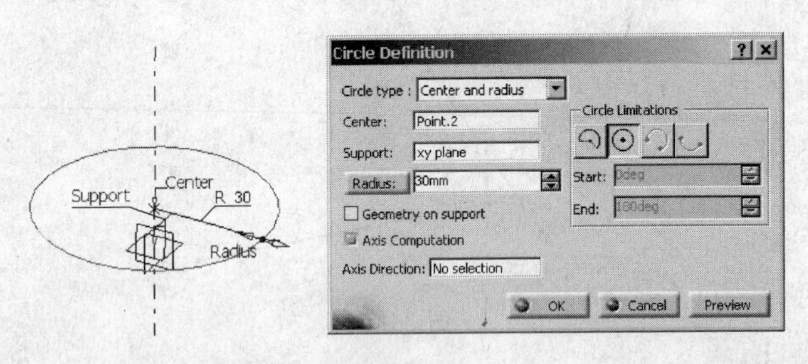

图　4-63

4）在对话框中，单击“Radius”按钮，改变为 Diameter（输入直径）；如果选择在 Geometry on support（支撑面上作圆）复选框，圆向支撑面上投影；选择 Axis computation（建立轴线），同时建立圆的轴线。

5）在对话框的 Circle limitation（圆的限制）选项中，选择图标是作圆，选择图标是作圆弧，并键入起始角度（Start）和结束角度（End），如图 4-64 所示。

6）单击“OK”，建立圆或圆弧完成。

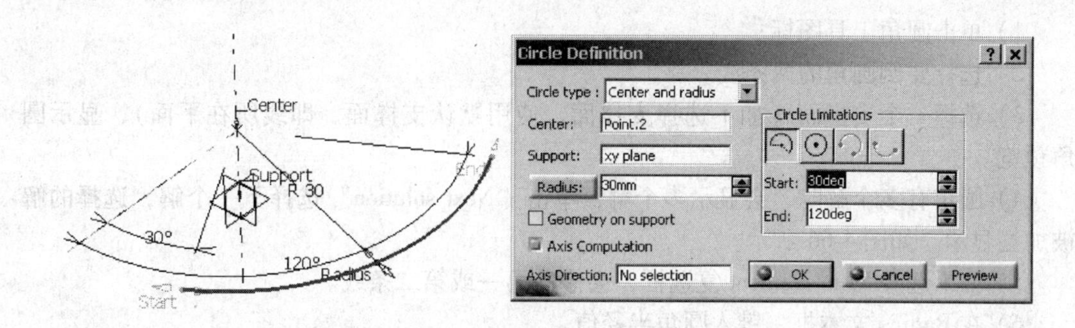

图　4-64

（2）通过两点和半径建立圆或圆弧　操作步骤如下：

1）单击建立圆工具图标，显示定义圆对话框，在 Circle type（建立圆方法）下拉列表中，选择 Two points and radius（两点和半径）。

2）选择圆通过的两个点，键入圆的半径值。

3）单击“OK”，建立圆完成。

（3）相切两条线和半径作圆　用这个方法可以建立一个确定半径的圆或圆弧，并且这个圆或圆弧与选择的两条线相切。操作步骤如下：

1）单击建立圆工具图标，显示定义圆对话框，在 Circle type（建立圆方法）下拉列表中，选择 Bitangent and radius（切线和半径）。

2）选择与圆（或圆弧）相切的两条线，键入圆或圆弧的半径（或直径），在圆的选择中选择图标是建立圆，选择图标是建立圆弧，单击图标可以在补弧间转换。

3）在对话框中，如果选择 Trim Element 1 or 2（修剪切线），可以修剪第一或第二条切线，如图 4-65 所示。

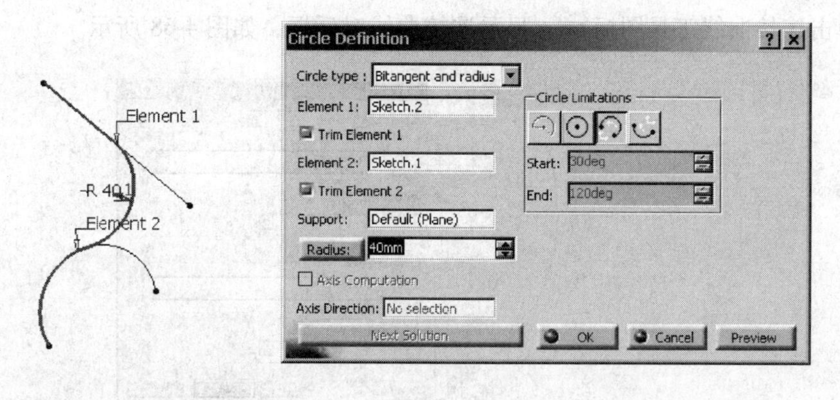

图　4-65

4）单击“OK”，即建立圆或圆弧。

4. 圆角（Corner）

用这个命令可以在空间或一个支撑面上建立圆角。如果选择的两条线是在一个平面内的平面曲线，可以在曲线所在支撑面上建立圆角；否则只能建立空间圆角。建立圆角操作步骤如下：

1）单击圆角工具图标。

2）选择要倒圆角的两条线。

3）选择一个支撑面（如不选择支撑面，使用默认支撑面，即线所在平面），显示圆角预览。

4）圆角有多个解时，会显示多个解，单击“Next solution”选择下一个解，选择的解被加亮显示。如图 4-66 所示。

5）如果选择 Trim element 复选框，会修剪第一或第二条线。

6）在 Radius 文本框，键入圆角半径值。

7）单击“OK”，即建立圆角，如图 4-67 所示。

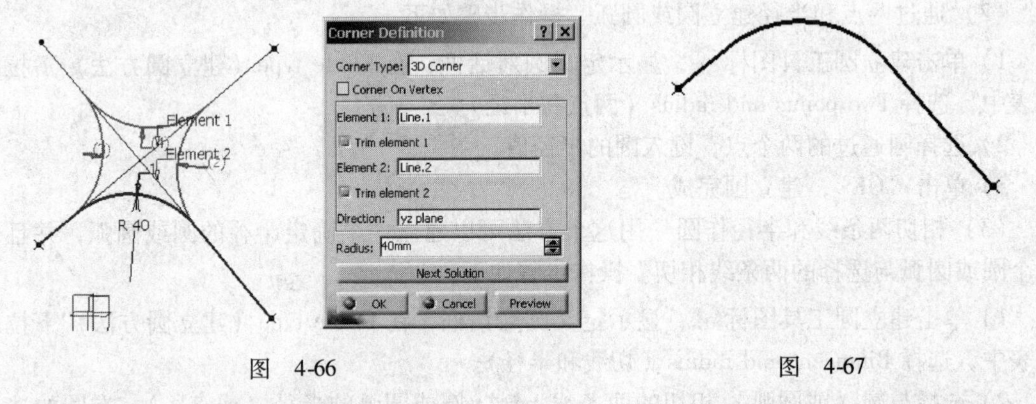

图 4-66　　　　图 4-67

5. 连接曲线（Connect）

用这个命令可以把两条曲线用样条曲线连接起来，连接时可以选择连接点处的连续性和张力，还可以选择用正常（Normal）方式或基准线（Base curve）方式，操作步骤如下：

1）单击连接曲线工具图标，显示连接曲线对话框，如图 4-68 所示。

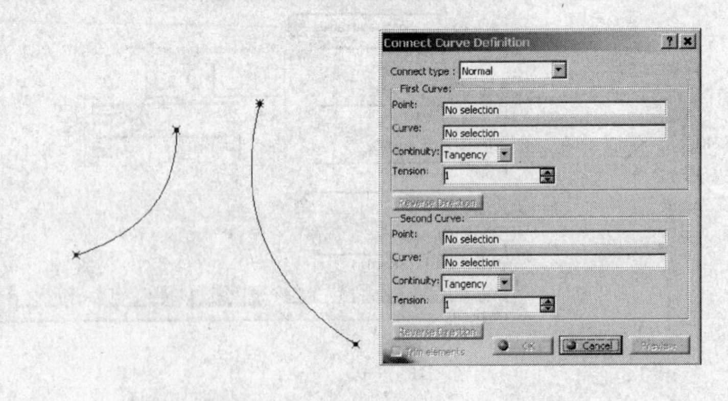

图 4-68

2）在对话框中选择 Connect type（连接方式）：Normal（正常方式）或 Base curve（基准线方式）。

3）选择第一条曲线的连接点，再选择第二条曲线的连接点，如图 4-69 所示。

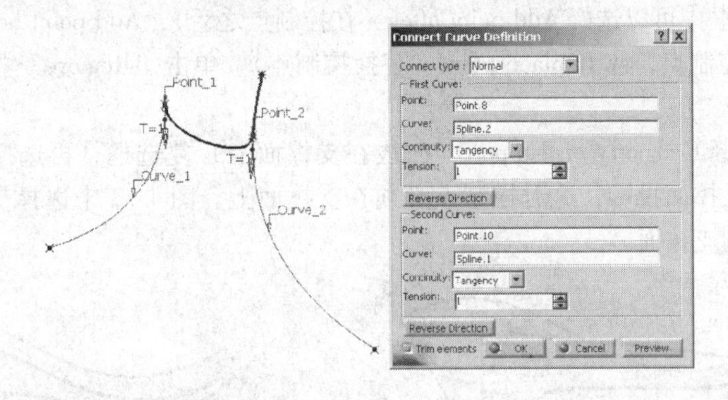

图　4-69

4）选择第一条和第二条曲线与连接曲线的连续方式（Continuity），以及在连接点处的张力（Tension）。单击“Reverse direction”按钮改变连接曲线的切矢量方向。选择 Trim elements 复选框，即修剪连接后曲线的多余部分。

5）单击“OK”，即建立连接曲线，如图 4-70 所示。

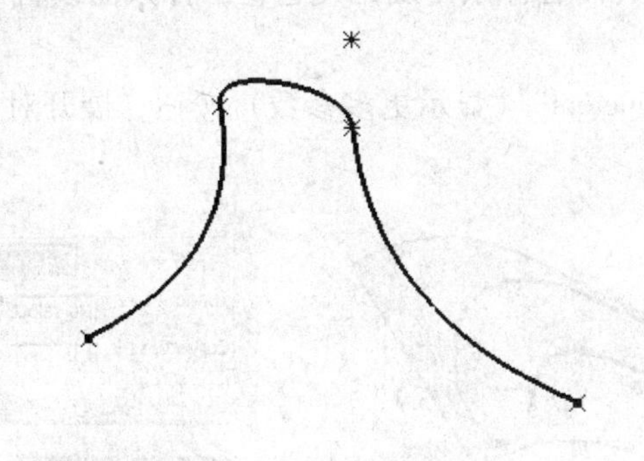

图　4-70

6. 建立空间样条曲线（Spline）

在空间建立样条曲线的方法与在草图中建立样条曲线类似，只是需要先建立控制点，然后依次选择控制点（或顶点）。建立样条曲线操作步骤如下：

1）在空间建立控制点和必要的几何体，单击样条曲线工具图标，显示定义样条曲线对话框，依次选择控制点，如图 4-71 所示。

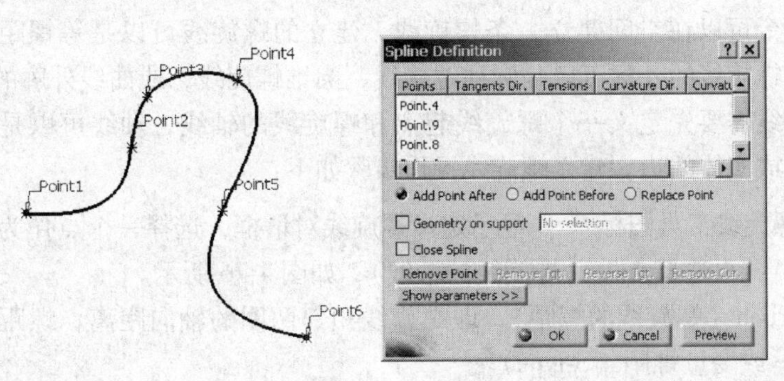

图　4-71

2）在对话框中可以选择 Add point after（在控制点之后），Add point before（在控制点之前）添加新控制点，或 Replace point（替换控制点）。单击“Remove”按钮，可以删除选择的控制点。

3）如果选择 Geometry on support（曲线在支撑面上）复选框，再选择一个平面或曲面，曲线即向支撑面投影，这时控制点必须在支撑面上。图 4-72 未选择支撑面，图 4-73 是选择了曲面的支撑面。

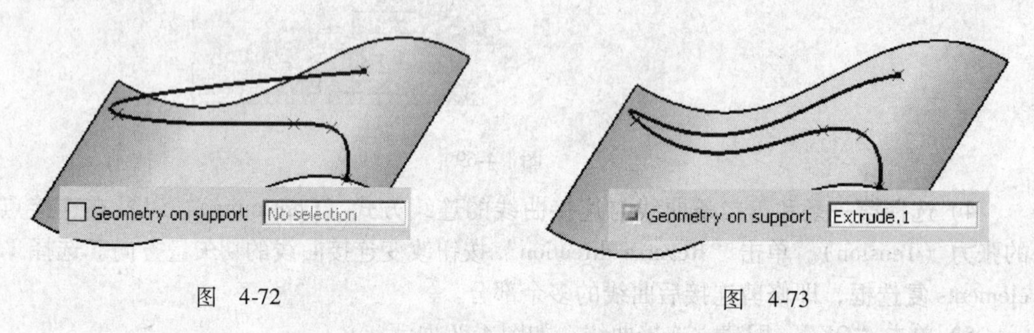

图 4-72　　图 4-73

4）选择 Close spline（闭合样条曲线）复选框，样条曲线首尾会自动闭合，如图 4-74 所示。

5）单击“Show parameters”（显示更多参数）按钮，展开对话框，可以定义更多的控制参数，如图 4-75 所示。

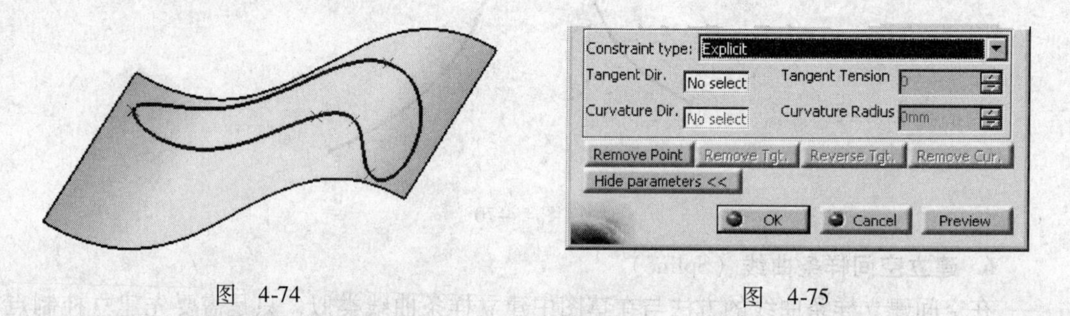

图 4-74　　图 4-75

6）在展开对话框中，可以用控制点的切矢量或一条曲线来约束切矢量或曲率方向，并可以调整控制点处的张力或曲率半径。

7. 建立螺旋线（Helix curve）

用这个命令可以在空间建立一条螺旋线，建立的螺旋线可以是等螺距，也可以是变螺距螺旋线。螺旋线的外廓可以是圆柱螺旋线、圆锥螺旋线，或曲线外廓的螺旋线。

建立螺旋线需要先定义一个螺旋线起点和螺旋线的轴线，轴线可以是一条直线，也可以是坐标轴或实体的边。建立螺旋线操作步骤如下：

1）单击螺旋线工具图标，显示定义螺旋线对话框，选择一个点作为螺旋线的起点（Starting point），再选择 Axis（螺旋线的轴线），如图 4-76 所示。

2）定义 Pitch（螺旋线的螺距），即螺旋线相邻两圈的轴向距离。螺距可以是常量螺距（Constant）或变量螺距（S-type）。

① 常量螺距（Constant）。在螺距文本框输入螺距（Pitch），并键入螺旋线的总高度

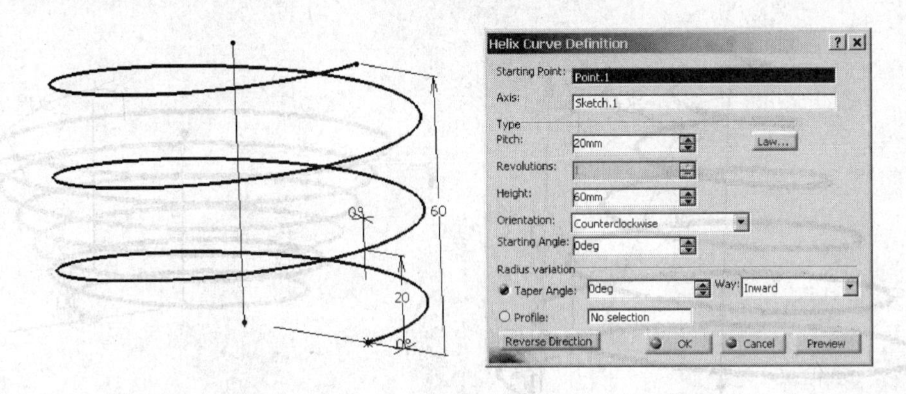

图 4-76

(Height)。

② 变量螺距（S-type）。单击按钮“Law”，显示定义变化螺距对话框，如图4-77所示，选择S-Type选项，键入螺距变化的起始值（Start value）与最终值（End value），螺距在两个值间按二次规律变化。单击“Close”关闭对话框，在螺旋线定义对话框中键入螺旋线的总圈数（Revolution）。

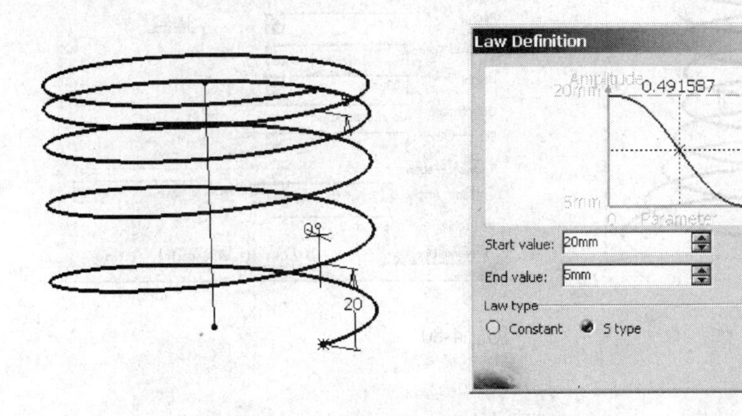

图 4-77

3）选择Orientition（螺旋线的旋向）：Counterclockwise（右旋）或Clockwise（左旋）。常量螺距时可以定义一个起始角（Starting angle），即螺旋线开始点与选择的起点间的偏移角。

4）在对话框中，Radius variation（变化半径螺旋线）选项可以设置螺旋线半径的变化规律，并定义一个圆锥螺旋线或曲线轮廓螺旋线。键入圆锥螺旋线的锥角（Taper Angle），定义锥角方向：Inward（向内），如图4-78所示；或Outward（向外），如图4-79所示。

5）若定义曲线轮廓螺旋线，需要先绘制一条轮廓线，选择Profile选项，再选择螺旋线的参考轮廓，轮廓线必须通过螺旋线的起点，如图4-80所示。

6）单击“OK”，即建立螺旋线。

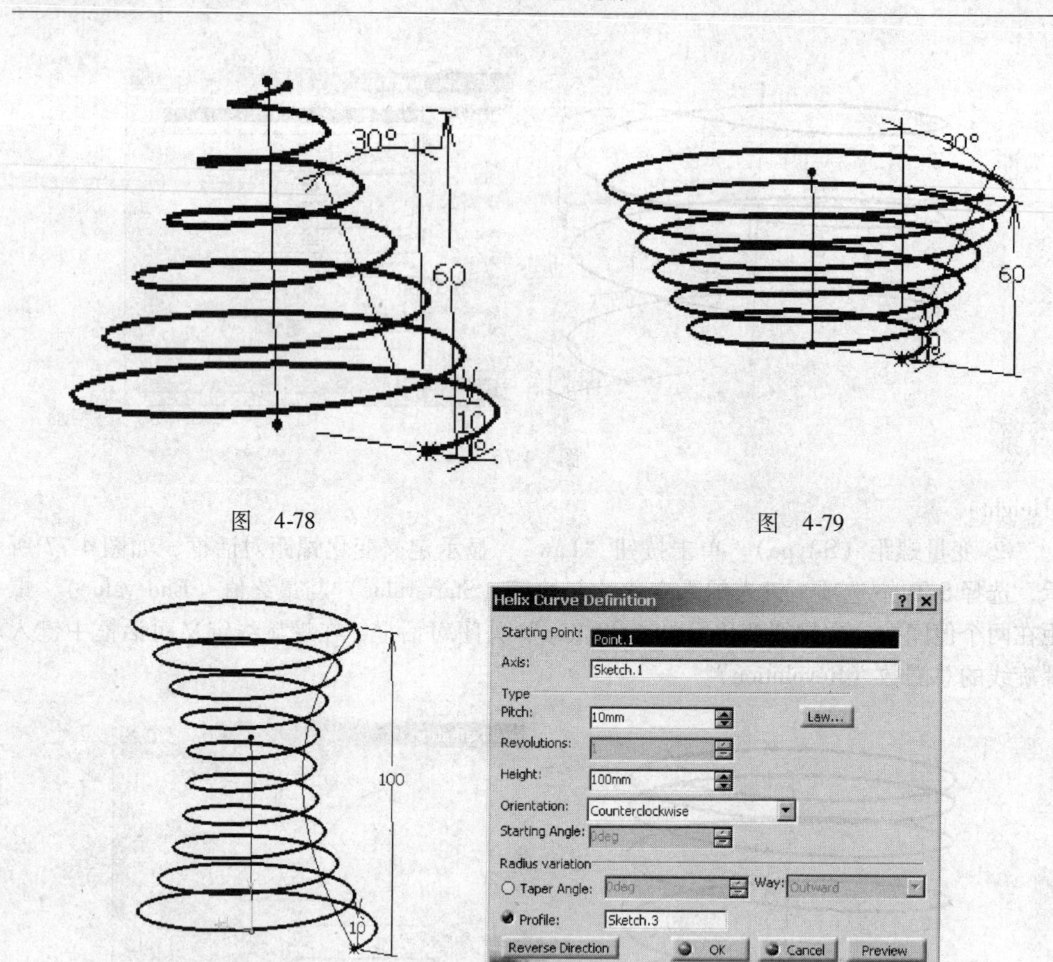

图 4-78

图 4-79

图 4-80

4.4 曲面设计

在线架与曲面设计工作台中，可以建立拉伸、旋转、扫掠、填充、放样、混成六种基本曲面和偏移曲面，以及球面和圆柱面两种预定义曲面。

4.4.1 建立拉伸曲面

所谓拉伸曲面（Extrude），就是一条轮廓曲线沿一个方向扫掠，曲线掠过的空间形成的曲面。拉伸曲面的轮廓线可以是空间曲线，也可以是草图。拉伸方向可以选择一条直线、一个平面（方向沿平面的法线）、坐标轴或用坐标分量表示的方向等；拉伸的长度可用两个尺寸来限制。建立拉伸曲面的操作步骤如下：

1）单击拉伸曲面工具图标，显示定义拉伸曲面对话框。

2）选择 Profile（轮廓线），这里选择一条空间曲线（也可以选择草图线）。

3）选择 Direction（拉伸方向），可以选择直线、平面，或在选择框中单击右键，在右键快捷菜单中可以选择 x 轴、y 轴、z 轴、用坐标分量定义一个方向（Edit components）、使用当前指南针的方向、新建一条直线或一个平面作为方向，如图 4-81 所示。这里选择 yz 平面（或 x 轴）作为方向。

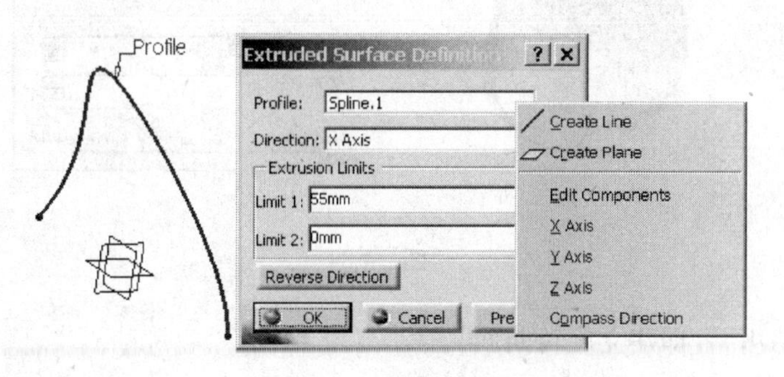

图　4-81

4）在两个 Limit（限制）文本框中，键入拉伸长度。单击“Preview”（预览），显示拉伸曲面预览。在预览图中，红色箭头指向第一限制的方向，单击红色箭头或对话框中 Reverse Direction 按钮，可以翻转这个方向，如图 4-82 所示。

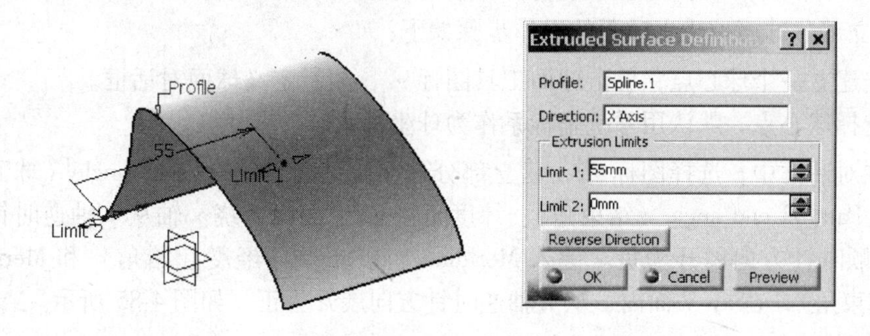

图　4-82

5）单击“OK”，即建立拉伸曲面。

4.4.2　建立旋转曲面

轮廓线绕一条轴线旋转扫掠所生成的曲面，称为旋转曲面（Revolution Surface）。如果在轮廓草图中建立了轴线，系统会默认草图轴线作为旋转轴，旋转轴线还可以使用三维直线、其他草图线或坐标轴。建立旋转曲面的步骤如下：

1）建立包含轴线的草图轮廓，单击旋转曲面工具图标，显示定义旋转曲面对话框，如图 4-83 所示。

2）选择草图轮廓，草图中的轴线作为默认旋转轴线，也可以选择直线或坐标轴作为轴线。在对话框中键入 Angular Limits（角度限制），如图 4-84 所示。

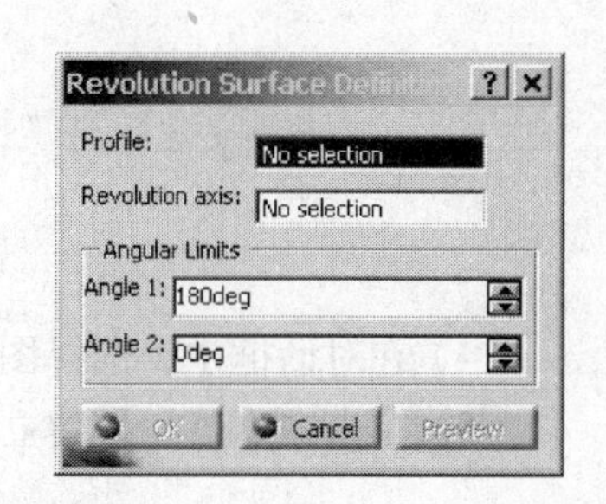

图　4-83

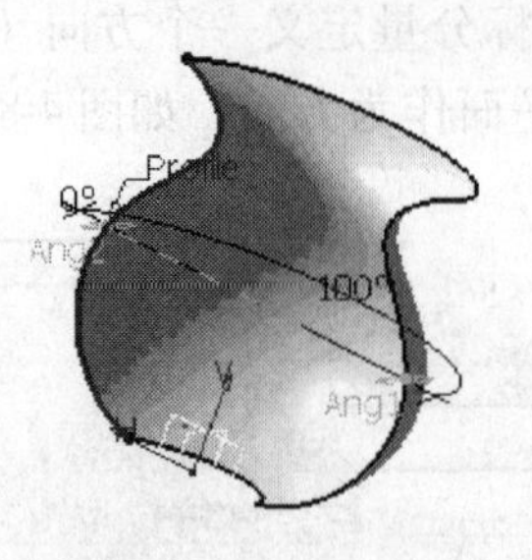

图 4-84

3）单击“OK”，即建立旋转曲面。

4.4.3 建立球面

球面（Sphere Surface）是一种旋转曲面，一段圆弧绕通过直径的轴线旋转即可得到球面。由于球面是一种常用的曲面，因此系统提供建立球面的快捷命令。建立球面，需要选择一个球心点、一个球坐标系，默认使用系统坐标系。建立球面时可以建立整球，也可以建立部分球面。建立球面的操作步骤如下：

1）先建立一个球心点，单击球面工具图标，显示定义球面对话框。

2）选择球心点，默认用系统坐标系作为球坐标系。

3）在对话框中，选择图标，建立部分球面，键入 Parallel start angle（球面纬度起始角）和 Parallel end angle（结束角）。纬度角在 yz 平面内，绕 x 轴从 y 轴逆时针方向展开为正，顺时针方向展开为负。键入 Meridian start angle（经度起始角）和 Meridian end angle（结束角），在 xy 平面内，从 x 轴逆时针方向展开为正，如图 4-85 所示。

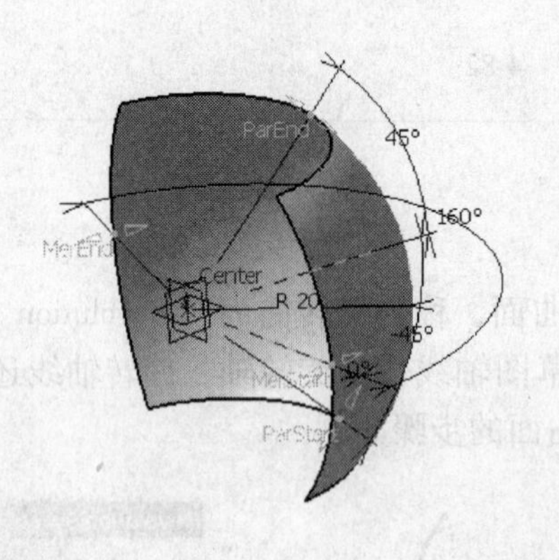

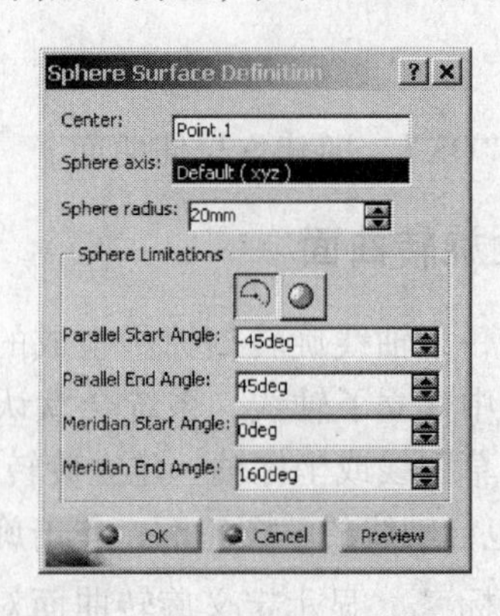

图 4-85

4）在对话框中，选择图标建立整球面，如图 4-86 所示。

5）单击“OK”，即建立球面。

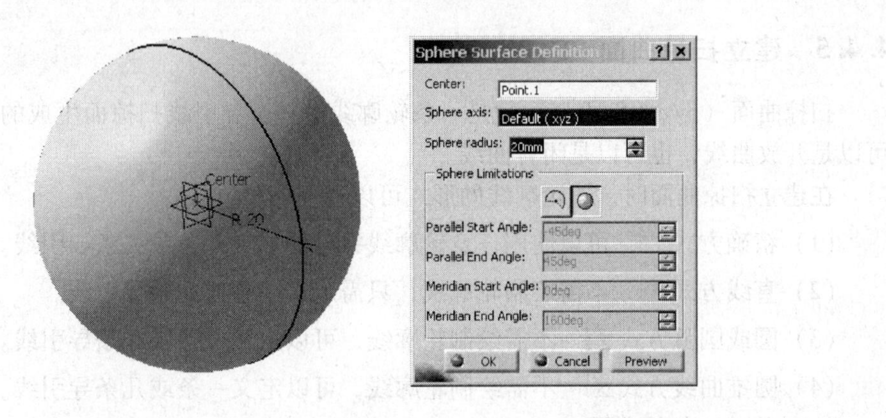

图　4-86

4.4.4 建立圆柱面

一条线绕一个平行轴线旋转生成的曲面就是圆柱面（Cylinder Surface），或一个圆沿轮廓法线方向拉伸，也可得到圆柱面。由于圆柱面是一种常用曲面，因此系统提供了建立圆柱面的快捷命令。用这个命令建立圆柱面时，需要选择一个圆柱面轴线通过的点和一个轴线的方向。建立圆柱面的操作步骤如下：

1）单击圆柱面工具图标，显示定义圆柱面对话框。

2）选择一个点作为圆柱面轴线通过的点。如果事先未建立点，在Point（点）选择框中单击右键，在快捷菜单中选择Create point（建立点）命令，显示建立点对话框，在空间建立一个点。

3）选择一个方向作为圆柱面轴线的方向。方向可以选择一条线、坐标轴或一个平面，这里选择xy平面，如图4-87所示。

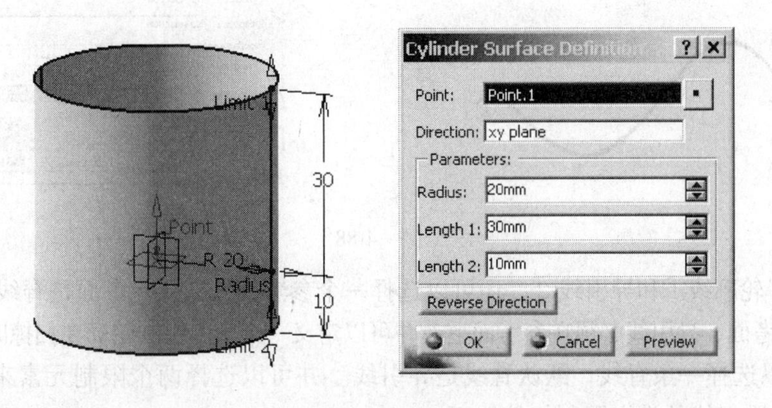

图　4-87

4）在Radius（半径）文本框中键入圆柱面的半径20mm，在Length 1（长度1）文本框中键入圆柱面沿箭头方向的长度30mm，在Length 2（长度2）文本框中键入相反方向的长度10mm。单击图中箭头图标或对话框中“Reveres direction”按钮，可以翻转方向。

5）单击“OK”，即建立圆柱面。

4.4.5　建立扫掠曲面

扫掠曲面（Swept Surface）就是一条轮廓线沿一个导引线扫掠而生成的曲面。导引线可以是开放曲线，也可以是闭合曲线。

在建立扫掠曲面时，按轮廓线的形式可以选择四种方式。

（1）精确方式 可以使用任意轮廓线并需要定义一条或二条导引线。

（2）直线方式 不需绘制轮廓线，只需定义一条或几条导引线。

（3）圆或圆弧方式 不需绘制轮廓线，可以定义一条或几条导引线。

（4）圆锥曲线方式 不需绘制轮廓线，可以定义一条或几条导引线。

1. 精确建立扫掠曲面

用这种方式建立扫掠曲面，需要定义一条轮廓线、一条或两条导引线，还可以使用锚点，或使用一条脊线。用这个方式建立扫掠曲面时，有三种方法：使用参考面、使用两条导引线和使用平推方向。操作方法如下：

1）建立一个轮廓线和一条导引线，如图 4-88 所示，单击扫掠曲面工具图标，选择精确方式。

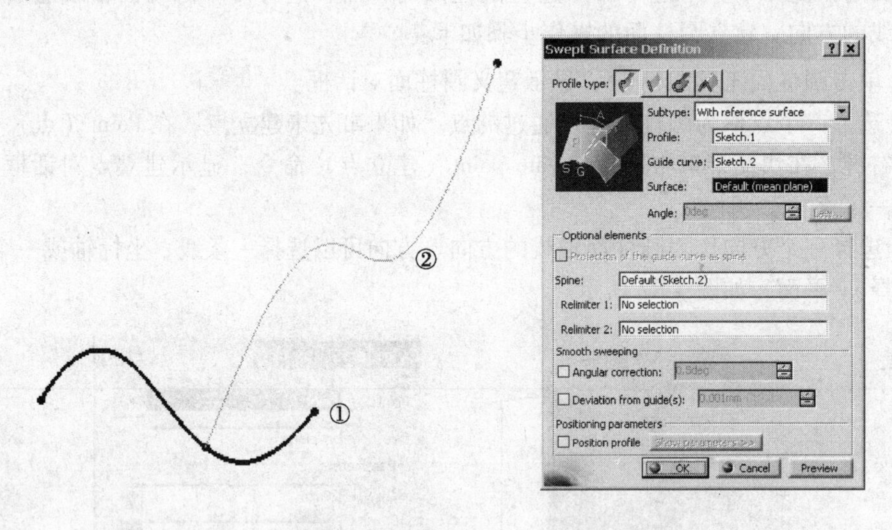

图　4-88

2）选择轮廓线①和导引线②，还可以选择一个参考面，默认参考面是脊线的平均平面。如果选择参考面，导引线必须在参考面上，并可以定义一个角度控制轮廓在扫掠时的位置。

3）可以选择一条脊线，默认脊线是导引线。并可以选择两个限制元素来限制扫掠曲面，否则用导引线的端点限制扫掠曲面。

4）单击“Preview”（预览），显示曲面预览，如图 4-89 所示。另外，还可以设置 Smooth sweeping（扫掠曲面的平顺参数）或 Position profile（调整扫掠曲面的位置）。

5）单击“OK”，即建立扫掠曲面。

使用两条导引线精确建立扫掠曲面的操作界面如图 4-90 所示。

使用一条导引线和一个方向精确建立扫掠曲面的操作界面如图 4-91 所示。

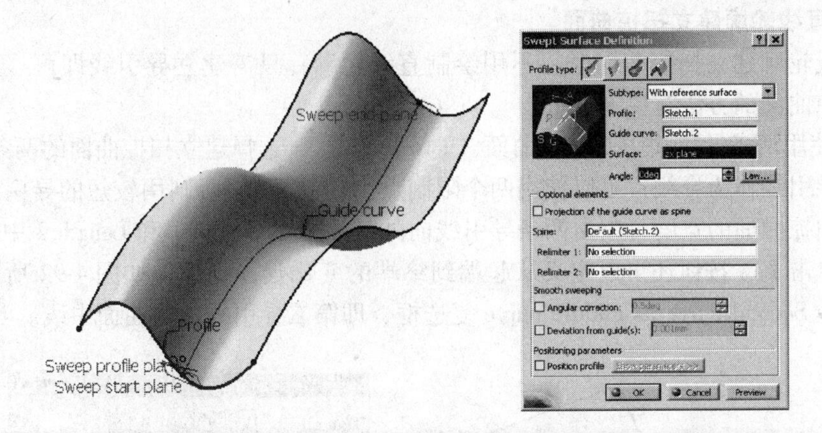

图　4-89

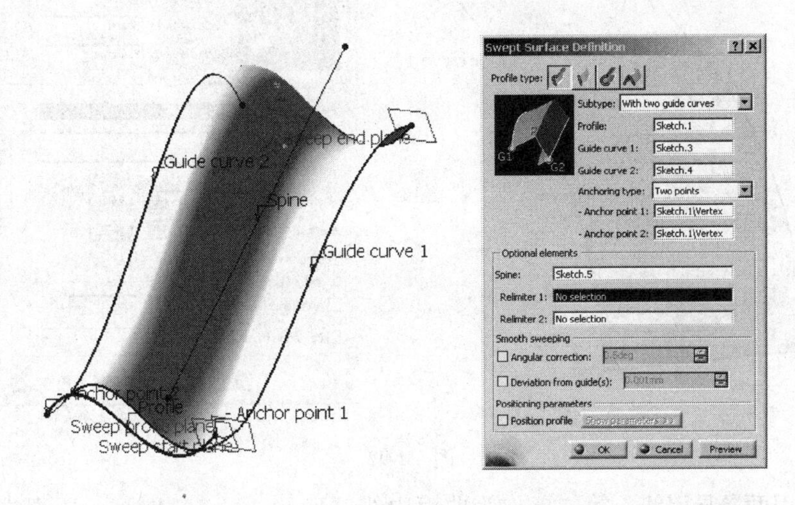

图　4-90

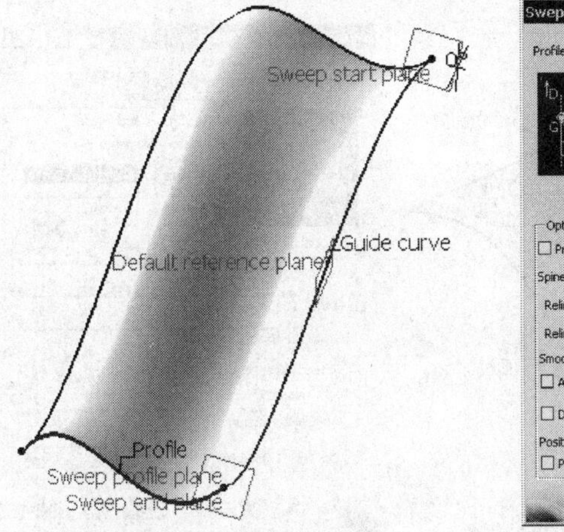

图　4-91

2. 用直线轮廓建立扫掠曲面

用直线轮廓建立扫掠曲面时，不用绘制直线轮廓，只需建立导引线即可。用直线轮廓建立扫掠曲面的方法有以下七种。

（1）使用两条导引线限制扫掠曲面（Two limits）　选择建立扫掠曲面的两条导引线，默认第一导引线作为脊线；可以使用两个限制点（或平面），否则用较短的导引线限制扫掠曲面。扫掠曲面的宽度可以由两条导引线向外延伸，在 Length 1 和 Length 2 中输入延伸的长度。单击 Law 按钮还可以定义从起端到终端的变化延伸规律，如图 4-92 所示。在对话框中选择 Second curve as middle curve 复选框，即第二导引线作为曲面中线。

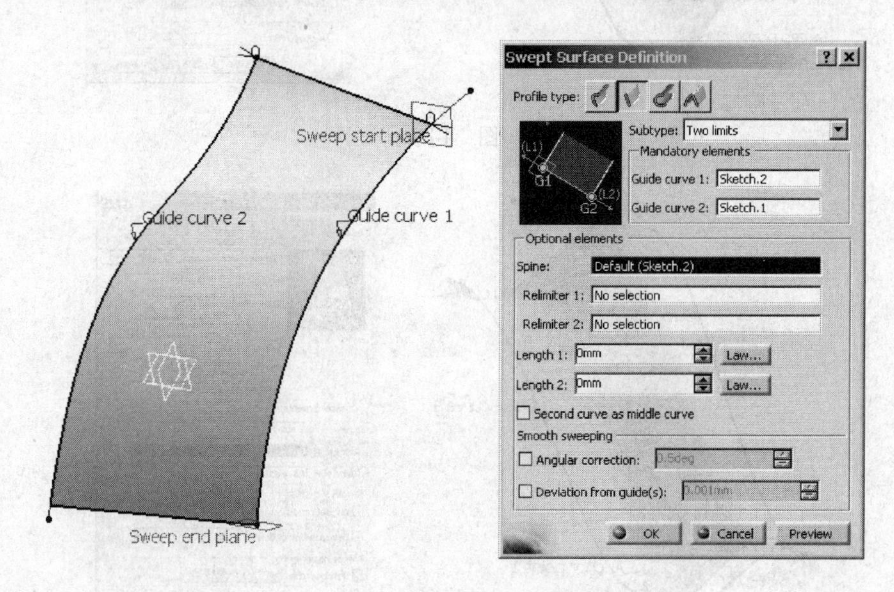

图　4-92

（2）使用两条导引线，第二条作为曲面中线（Limit and middle）　需要选择两条导引线，曲面在第二导引线一侧向外延伸，如图 4-93 所示。

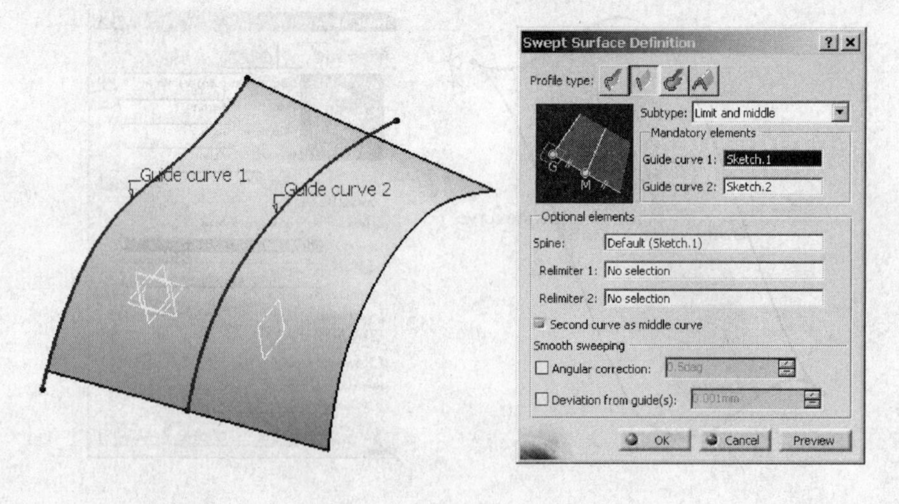

图　4-93

（3）使用一条导引线和一个参考曲面（With reference surface）　直线轮廓沿参考面上的导引线扫掠，可以定义直线轮廓与曲面间的夹角。这时需要选择一条导引线和一个参考面，导引线必须在参考面上。在 Length 1 和 Length 2 中键入扫掠曲面在参考面两侧的宽度，如图 4-94 所示。

（4）使用一条导引线和一条参考曲线（With reference curve）　直线轮廓沿导引线扫掠，轮廓的延长线在参考线上。这时需要选择一条导引线和一条参考曲线，并键入曲面的宽度（轮廓直线长度）Length 1 和 Length 2。还可定义扫掠曲面与导引线和参考曲线连线间的夹角 Angle。其中 Angle、Length1 和 Length2 都可以定义为变量，单击“Law”按钮可以定义这些参数的变化规律：常数（Constant）、线性规律（Linear）、S 形规律（S-type）和用户定义变化规律（Advanced），如图 4-95 所示。

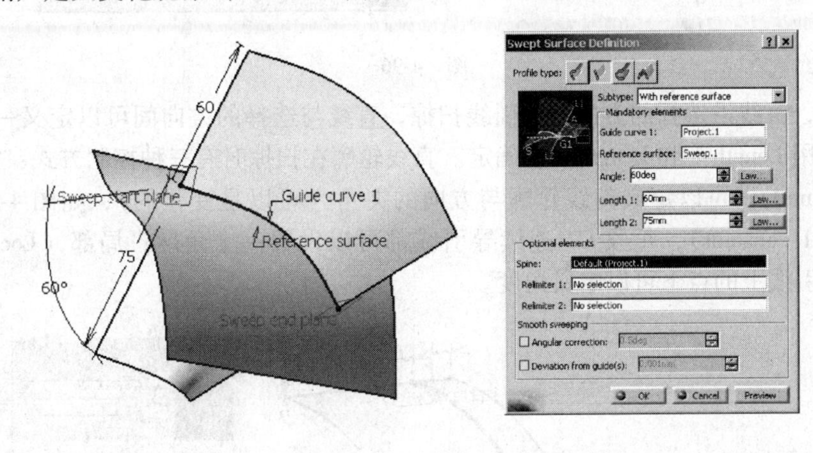

图　4-94

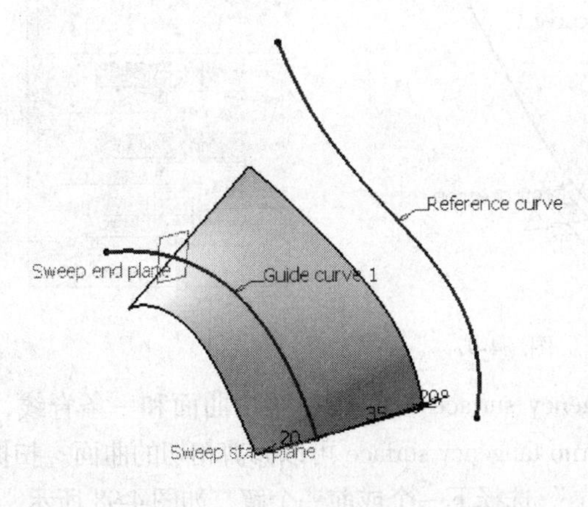

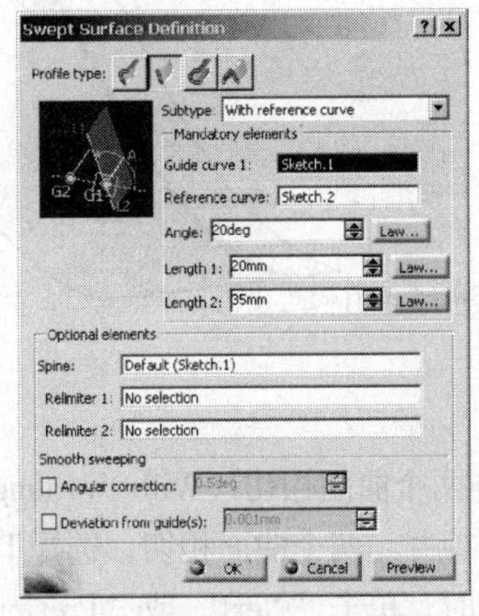

图　4-95

（5）用一条导引线并与曲面相切（With tangency surface）　选择一条导引线和一个要相切的曲面，当有多个解时单击“Next”选择下一个解。选择 Trim with tangency surface，即修剪相切曲面，如图 4-96 所示。

（6）用一条导引线和一个草拟的方向（With draft direction）　选择一条导引线并确

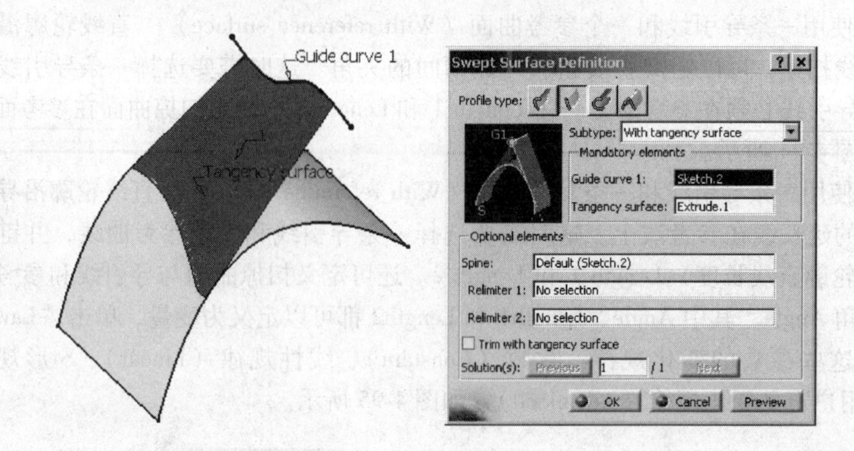

图　4-96

定一个方向，直线沿选择的方向沿导引线扫掠，直线与选择的方向间可以定义一个角度。直线的长度用 Length 1 和 Length 2 来确定。直线轮廓在扫掠时有三种控制方式：完全定义（Wholly defined），可以定义直线轮廓与方向的夹角（可以是变化的），如图 4-97 所示；G1 常数（G1 constant），每段 G1 连续导引线都可以设置一个角度；局部（Location values），在导引线上的点上可以定义角度。

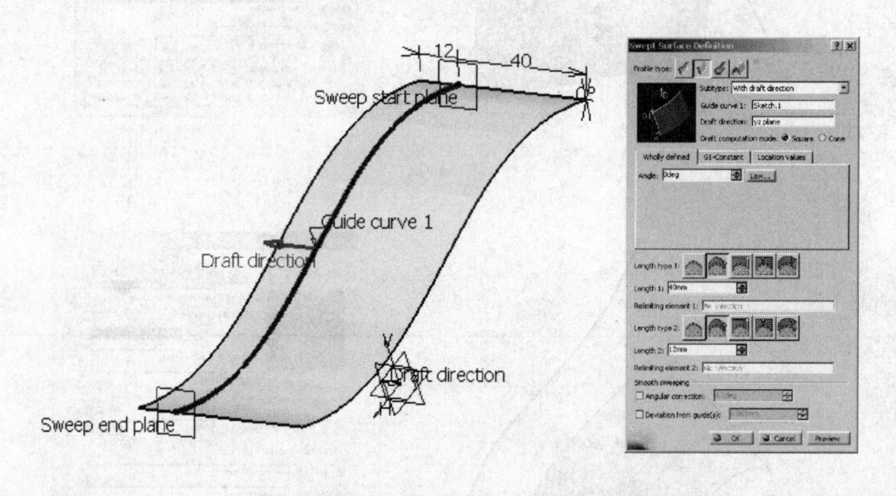

图　4-97

（7）与两个曲面相切（With two tangency surfaces）　选择两个曲面和一条脊线，直线轮廓沿脊线扫掠并与两个曲面相切，选择 Trim tangency surface 可以修剪相切的曲面。扫掠曲面如果有多个解时，单击“Next”或“Previous”选择下一个或前一个解，如图 4-98 所示。

3. 用圆或圆弧轮廓建立扫掠曲面

用圆或圆弧轮廓建立扫掠曲面时也不需绘制轮廓线，只需绘制导引线或脊线即可。在对话框的 Subtype 选择框中可以选择建立方法如下：

（1）Three guides（用三条导引线）　选择三条导引线，通过这三条导引线做圆弧轮廓的扫掠曲面，如图 4-99 所示。

（2）Two guides and radius（用两条导引线和圆弧轮廓的半径）　选择两条导引线并

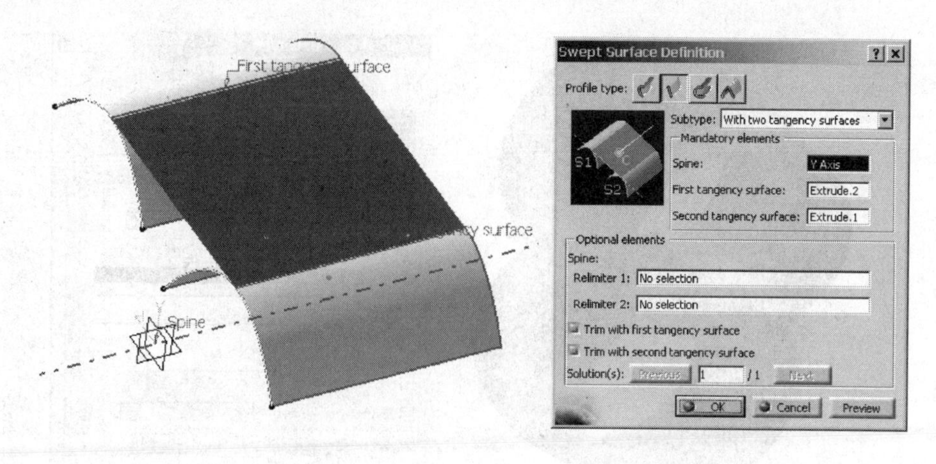

图　4-98

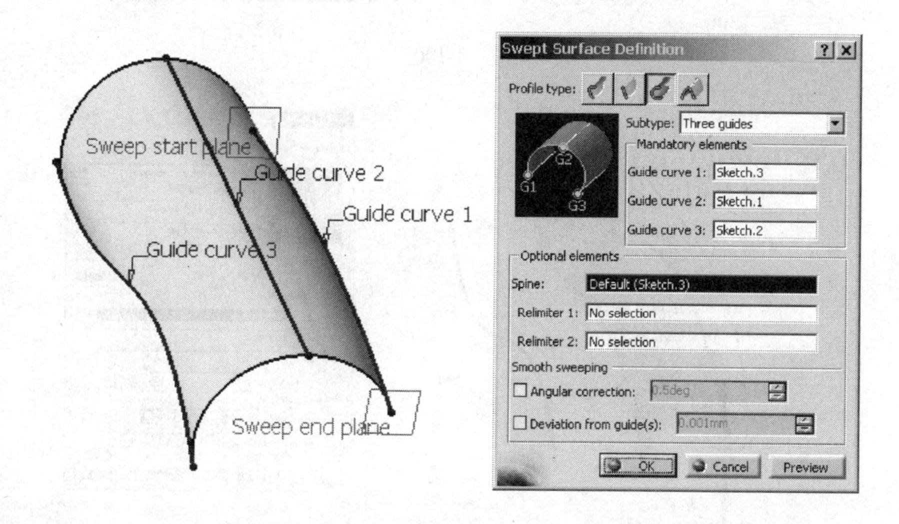

图　4-99

键入圆弧的半径，圆弧轮廓沿给定的导引线扫掠。两条导引线的最大距离应小于圆弧轮廓半径的2倍，否则会出现错误。扫掠时通常有四个解，单击“Next”或“Previous”选择下一个或前一个解。如图4-100所示。

（3）Center and two angles（用一条中心线、一条参考线和两个展开角）　圆弧轮廓以中心线为中心，以参考线为展开角的起始角度如果输入一个给定半径（Use fixed radius），就以给定半径扫掠，半径可以定义为变化的。如果不输入半径，则生成的扫掠曲面通过参考线，如图4-101所示。

（4）Center and radius（用中心线和半径）　圆轮廓沿中心线扫掠，得到圆管状扫掠曲面。圆轮廓的直径是可以变化的，单击“Law”按钮可以定义变量直径。如图4-102所示，这是一个较常用的方式。

（5）Two guides and tangency surface（用两条导引线和一个相切曲面）　选择扫掠曲面与相切曲面的切线、一个要相切的曲面，再选择扫掠曲面的限制线。扫掠曲面将通过限制线在切线处与曲面相切。通常会有两个解，选择其中一个解单击“OK”建立扫掠曲

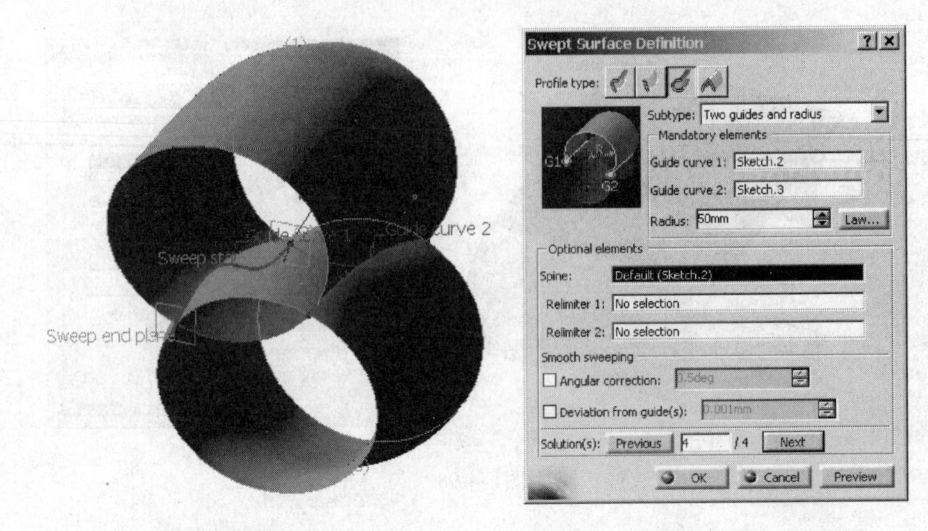

图 4-100

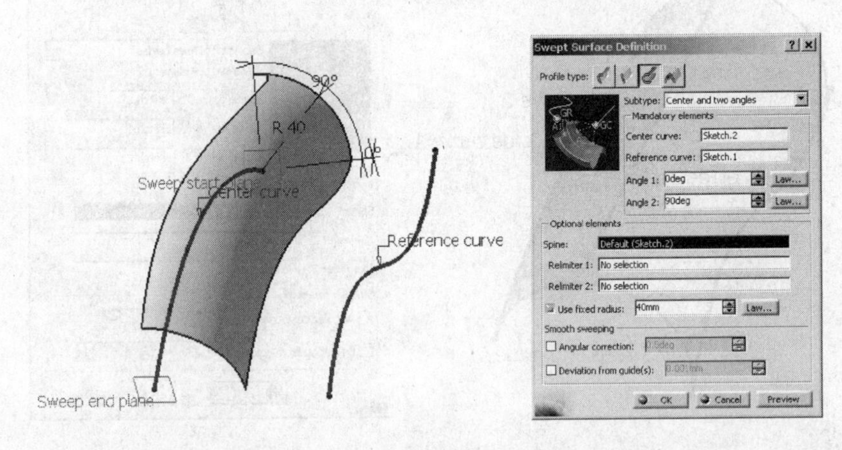

图 4-101

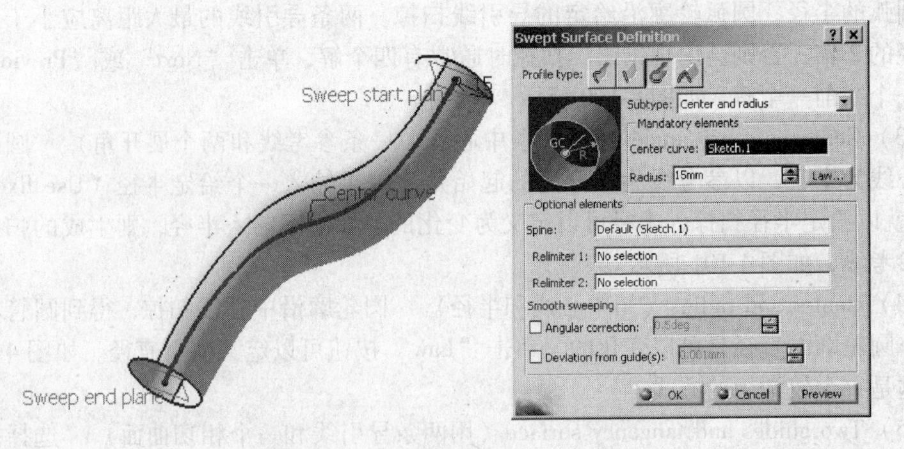

图 4-102

面，如图 4-103 所示。

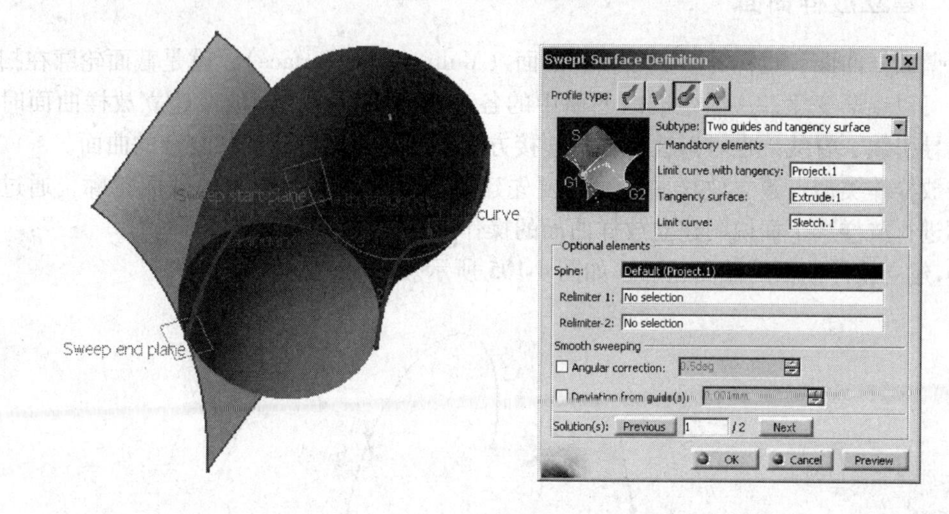

图　4-103

（6）One guide and tangency surface（用一条导引线、按给定半径与曲面相切）　选择一条导引线和要相切的曲面，输入圆弧轮廓的半径（可以定义变量半径），圆弧轮廓将沿导引线扫掠并与曲面相切，通常有两个解，可以选择其中一个解，如图 4-104 所示。

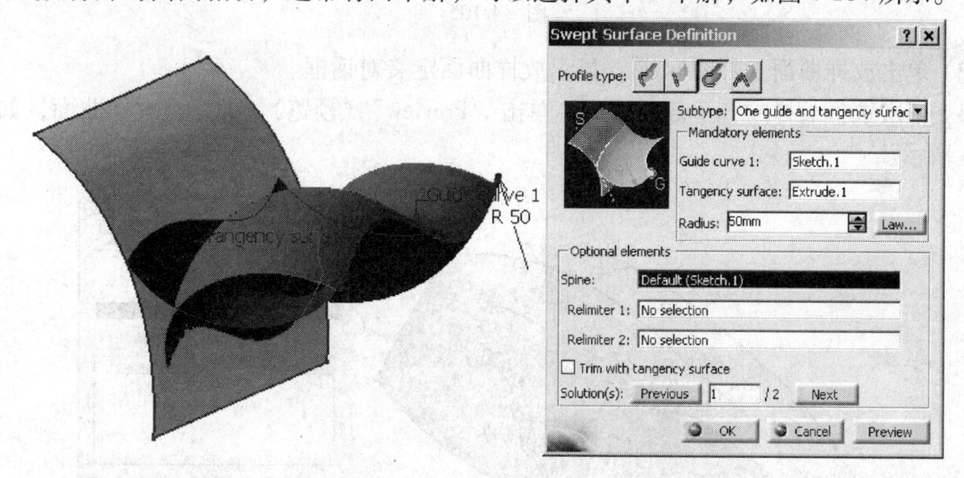

图　4-104

4. 用圆锥曲线（二次曲线）**轮廓建立扫掠曲面**

用椭圆、抛物线和双曲线轮廓建立扫掠扫掠曲面时，不需要绘制轮廓线，只要绘制导引线即可。建立圆锥曲线有以下四种方法。

1）使用两条导引线（two guide）。

2）使用三条导引线（three guide）。

3）使用四条导引线（four guide）。

4）使用五条导引线（five guide）。

具体建立扫掠曲面的方法，这里不再赘述，读者可自己练习。

4.4.6 建立放样曲面

所谓放样曲面，也称为多截面扫掠曲面（Multi-section surface），就是截面轮廓在扫掠时本身可以逐渐变化，这样生成的曲面中的各个截面可以是不同的。建立放样曲面时可以使用导引线、脊线，也可以选择各种连接方式。放样可以得到形状复杂的曲面。

与放样体类似，建立放样曲面时，要先建立放样曲面通过位置的截面轮廓，通过这些轮廓进行放样。下面说明建立放样曲面的操作方法。

1）建立放样曲面的截面轮廓，如图 4-105 所示。

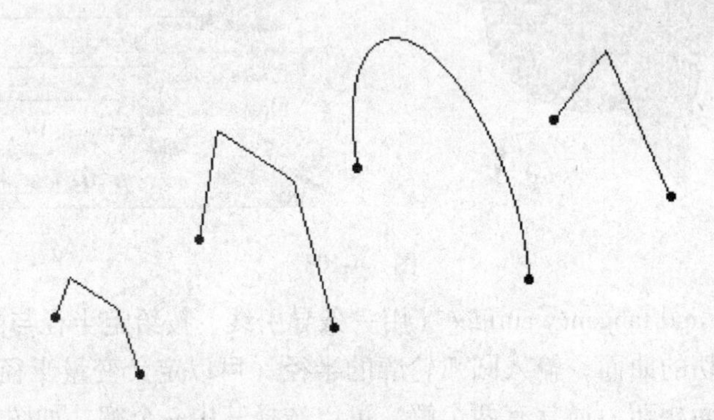

图 4-105

2）单击放样曲面工具图标，显示放样曲面定义对话框。

3）依次选择放样的各个截面轮廓，单击“Preview”（预览），即建立放样曲面，如图 4-106 所示。

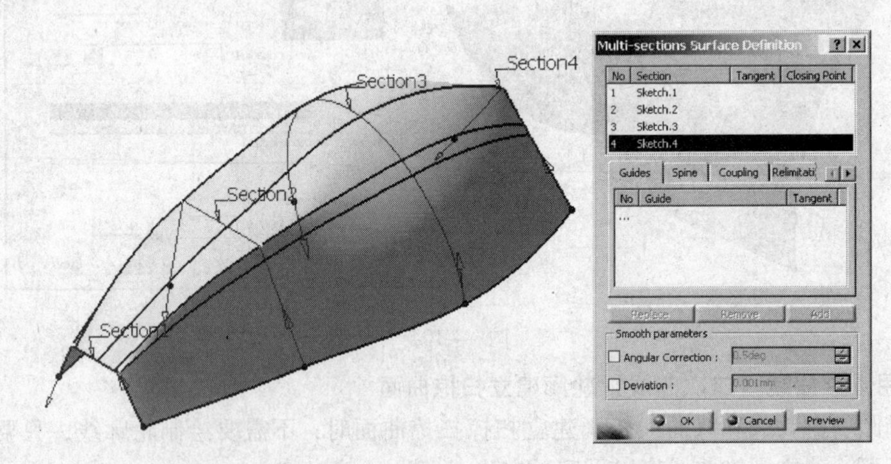

图 4-106

4）在各个截面间放样时，系统默认截面间用二次曲线过渡，若要按用户的要求在截面间过渡，可以使用导引线，单击 Guides（导引线）选择框中的“...”符号选择导引线，单击预览，放样曲面如图 4-107 所示。

5）在放样时也可以选择一条曲线作为脊线，这时在各个截面间用脊线计算放样。

6）曲面放样时，与放样实体类似，也可以选择不同的连接方式。可以选择按截面比

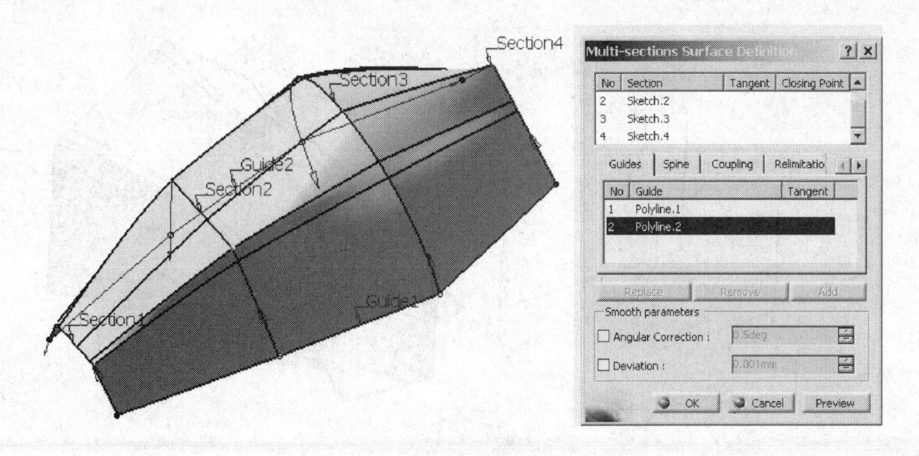

图　4-107

率连接（Ratio）、按截面相切不连续点连接（Tangency）、按相切连续而曲率不连续点连接（Tangency then Curvature）和按顶点连接（Vertices）四种自动连接方式，其中按截面比率连接方式各个截面的顶点数可以不同，其余三种方式的顶点数必须相同，否则会出错；也可以使用手动连接。

7）默认曲面在放样时，从第一个截面轮廓开始，到最后截面轮廓结束，如果要用导引线或脊线来限制曲面的放样，可以在 Relimitation（放样限制）选项卡中选择在开始端或结束端用导引线或脊线来限制放样，如图 4-108 所示，可以选择在开始端用导引线限制放样曲面。

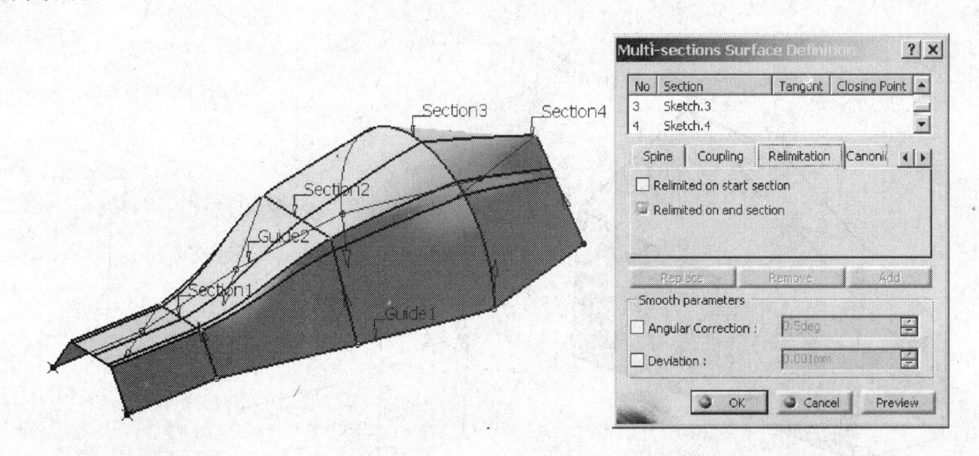

图　4-108

8）在 Canonical Sueface 选项卡中，如果选择了 Canonical portion detection，系统将自动侦测，将平面型的曲面自动转换为平面。

9）在进行闭合截面轮廓的放样时，要注意调整闭合点的位置和闭合方向，如图 4-109 所示。使用默认闭合点，只能选择按截面比率连接方式，但是放样曲面会发生扭曲。

10）改变截面的闭合点。

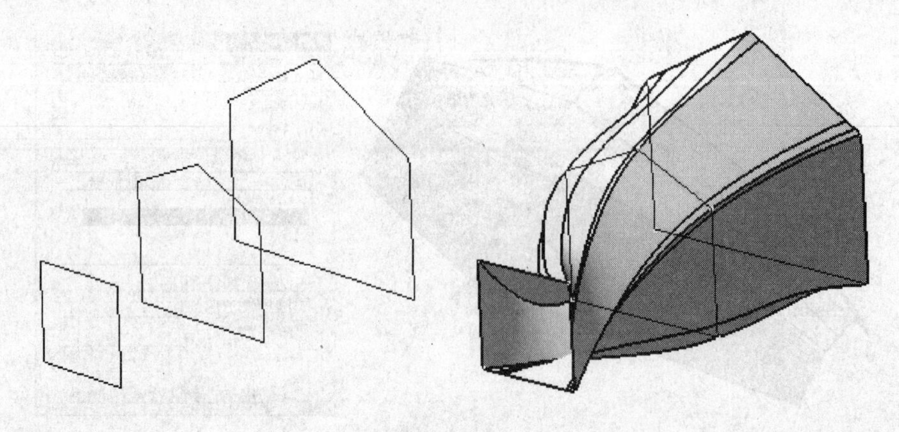

图 4-109

① 在第一个截面（正方形）的闭合点图标“Closing point”上单击右键，在快捷菜单中选择 Remove（删除闭合点）命令，然后在截面图标“Section1”上单击右键，在快捷菜单中选择 Create closing point（建立闭合点）命令，在正方形上边的中点建立一个闭合点。

② 右击截面 2 的闭合点图标，快捷菜单中选择 Replace（改变闭合点），选择五边形的上顶点作为新的闭合点；

③ 方法同上，改变截面 3 的闭合点到上顶点，并注意三个截面的闭合方向一致（单击红色箭头，可以改变闭合方向）。并选择连接方式 Vertices（按顶点连接），如图 4-110 所示。

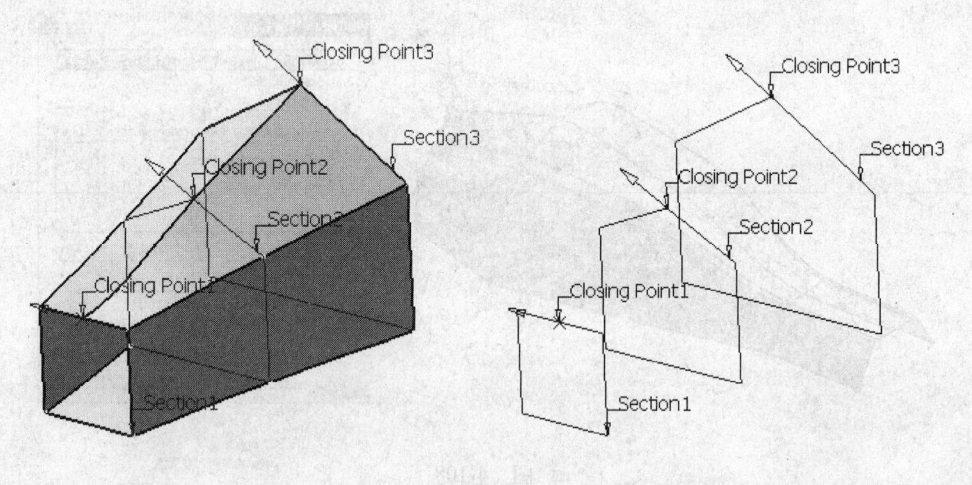

图 4-110

4.4.7 建立混成曲面

所谓混成曲面（Blend），就是在两个曲面间建立的过渡曲面，这个过渡曲面可以利用原曲面的边界，也可以定义过渡曲面与原曲面间的连续方式。混成曲面可以看成是用曲面的边界（或曲面上的曲线）作为截面轮廓建立的一个放样曲面。

建立混成曲面时，可以定义混成曲面与原曲面的连续方式，如果是闭合曲面，还需要调整闭合点，也可以选择连接方式。下面以建立一个圆柱曲面和一个矩形拉伸曲面的过渡曲面，介绍建立混成曲面的操作步骤：

1）建立图示一个圆柱曲面和一个矩形拉伸曲面，如图4-111所示。

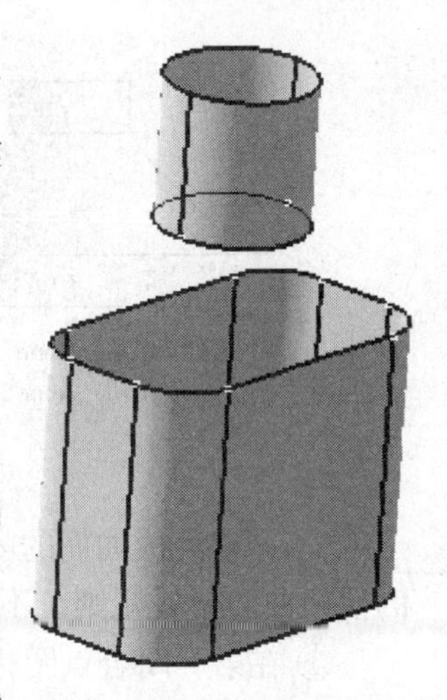

图　4-111

2）单击混成曲面工具图标，显示混成曲面对话框。

3）选择第一个曲面的边界，再选择第一个曲面作为支撑面；选择第二个曲面的边界，再选择第二个曲面作为第二支撑面，如图4-112所示（非连续的边界，需要提取边界线）。

4）在对话框中Basic选项卡中，定义混成曲面与两个已有曲面的连续方式，可以选择点连续（见图4-113a）、相切连续（见图4-113b）和曲率连续（见图4-113c）三种连续方式。

5）如果选择了两个开放曲面作为支撑面，还可以选择混成曲面的边缘与支撑面边缘是否相切连续，如图4-114所示。

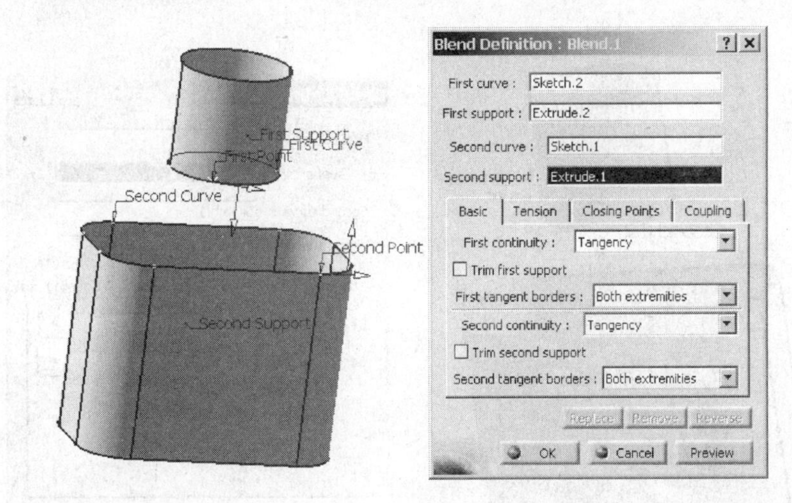

图　4-112

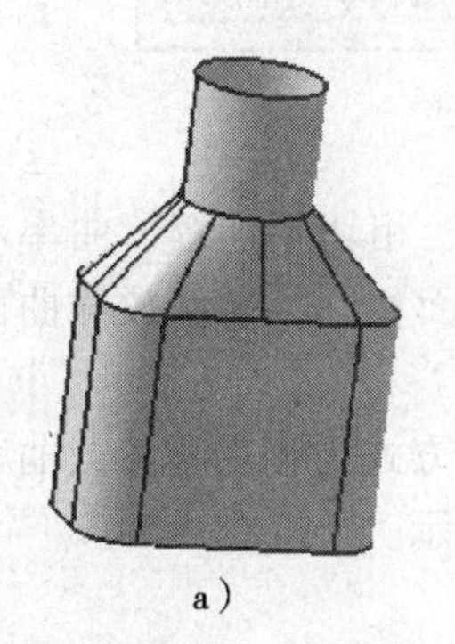

a）

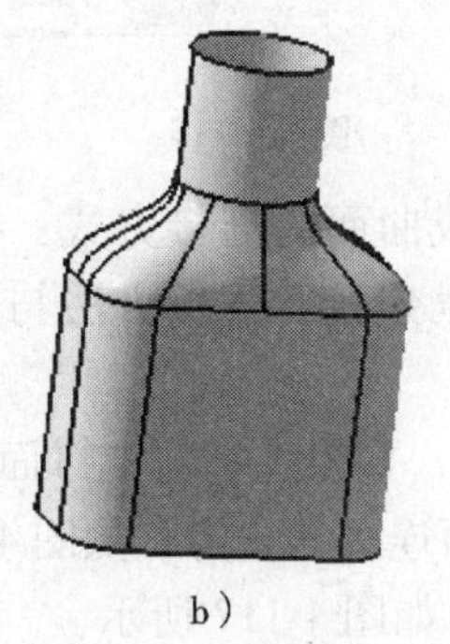

b）

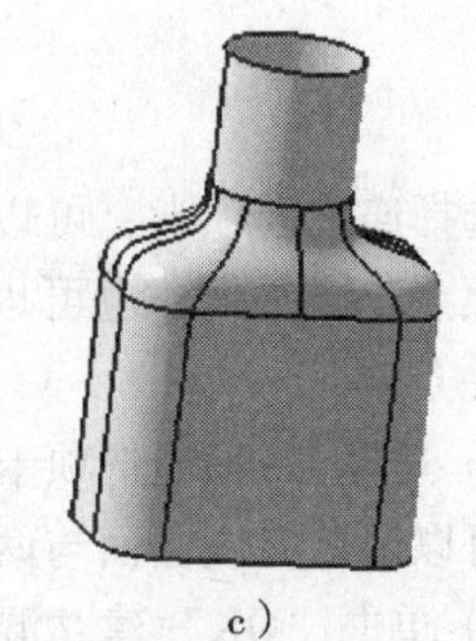

c）

图　4-113

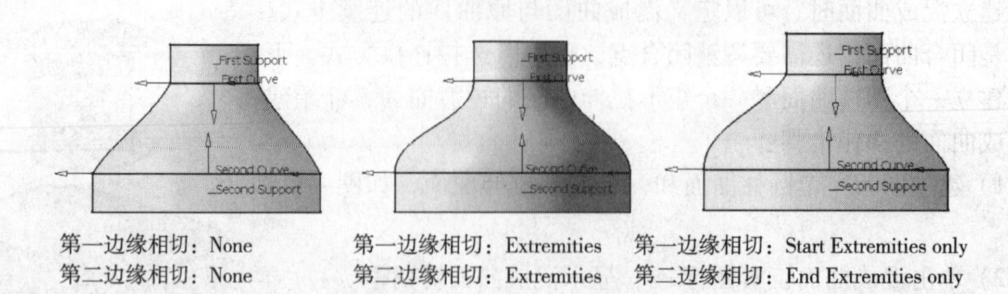

图 4-114

6）调整混成曲面的闭合点。最好闭合点要调整到混成曲面的同一母线上，这样生成的混成曲面会较规则，不会发生扭曲。

① 在第一闭合点图标“First point”上单击右键，选择 Remove（删除闭合点）命令。

② 在第一曲线图标“First curve”上单击右键，选择 Create Closing point（建立闭合点）命令，在图 4-115 所示位置建立一个新的闭合点。

③ 用同样方法调整第二闭合点，并注意两个闭合点上的闭合方向要一致（图中的红色箭头）。

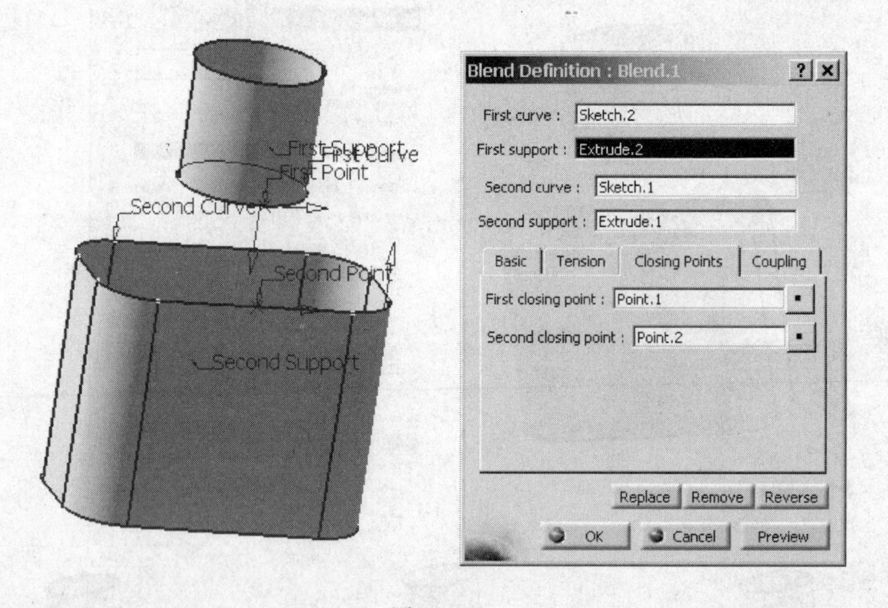

图 4-115

选择连接选项卡，可以定义混成曲面的连接方式：按比率、相切不连续、曲率不连续或顶点连接曲面；也可以选择手动连接。连接方法与放样曲面相同，参照放样曲面中的相关介绍。

7）选择 Tension 选项卡（张力），如果选择与支撑面的连续方式为相切连续或曲率连续，可以调整混成曲面与两个支撑面连接的张力，如图 4-116 所示。

8）单击“OK”建立混成曲面，如图 4-117 所示。

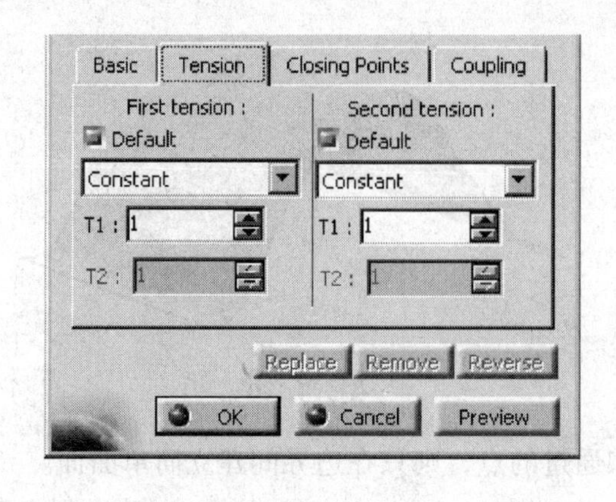

图　4-116

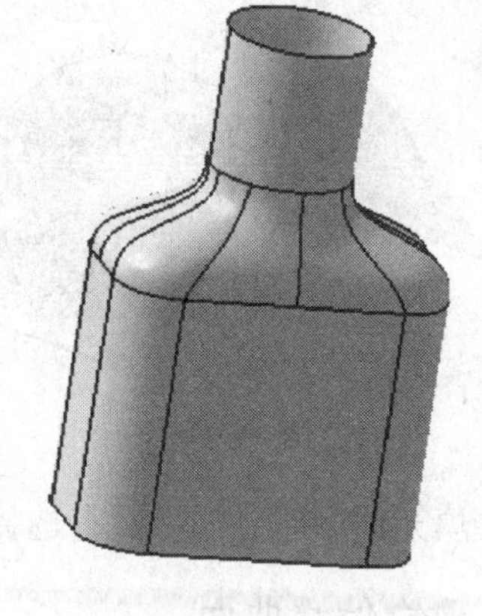

图　4-117

4.4.8　建立填充曲面

填充曲面（Fill Surface）就是在一个封闭的边界内建立曲面填充。边界可以是曲面的边，并可以定义填充曲面与原曲面的连续方式。填充曲面可以通过空间一个给定的点。下面介绍建立填充曲面的步骤：

1）单击填充曲面工具图标，显示填充曲面对话框。

2）依次选择填充曲面的边界。若要定义填充曲面与已有曲面的连续性，选择已有曲面的边界后，再选择支撑面，按图4-118所示顺序选择：Curve 1. Curve 2. Support 2. Curve 3. Curve 4. Support 4。

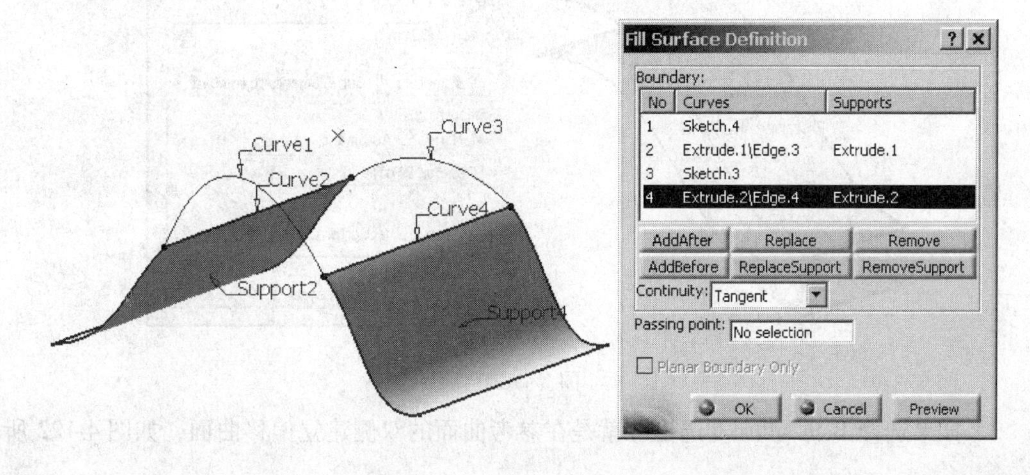

图　4-118

3）在Continuity选择框中选择填充曲面与支撑面的连续性，可以选择：Point（点连续），Tangent（相切连续）和Curvature（曲率连续）。单击Preview（预览），结果如图4-119所示。

4）单击Passing point选择框选择一个空间点，填充曲面会通过这个点。单击“OK”，填充曲面结果如图4-120所示。

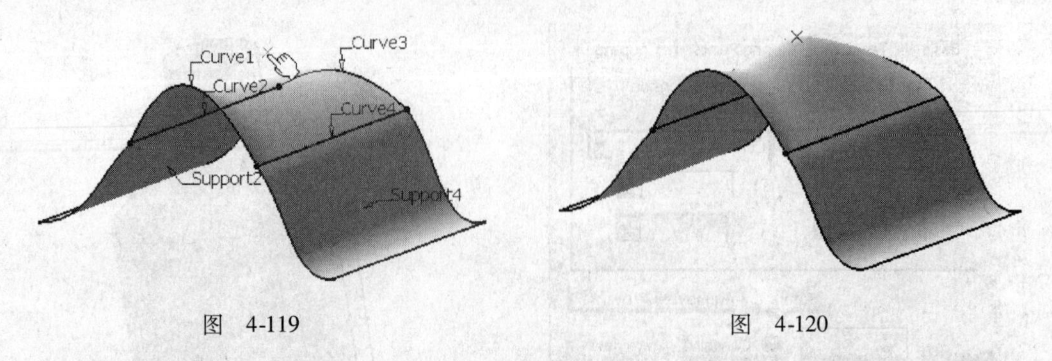

图 4-119　　图 4-120

建立填充曲面时，如果没有选择支撑面和通过的点，则只在边界间建立简单曲面。

4.4.9 建立偏移曲面

偏移曲面就是将已有曲面偏移一个给定的距离，从而建立一个新的曲面，新建立的曲面与原曲面沿法线方向的距离处处相等，即等于给定的偏移距离。建立偏移曲面时，可以一次建立多个曲面。

建立偏移曲面的操作步骤如下：

1）单击偏移曲面工具图标，显示定义偏移曲面对话框。

2）选择参考曲面，并在 Offset 对话框中键入偏移量，单击“Preview”（预览），显示偏移曲面，如图 4-121 所示。

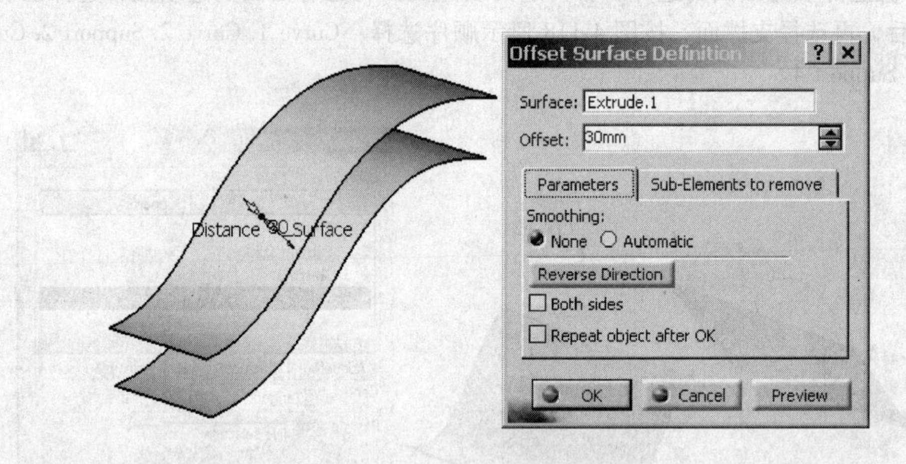

图 4-121

3）如果选择 Both sides 复选框，就是在参考曲面的双侧建立偏移曲面，如图 4-122 所示。

4）如果选择 Repeat object after OK 复选框，即单击“OK”后重复建立偏移曲面。单击“OK”，显示重复建立偏移曲面对话框，如图 4-123 所示。在对话框中键入重复建立曲面的数目，选择 Creat in a new Body 复选框，就是重复建立的曲面记录在树上的一个新几何实体集中。

建立的偏移曲面在法向距离相等。建立偏移曲面时，偏移的距离要小于参考曲面内凹处的最小曲率半径，否则会出现错误。

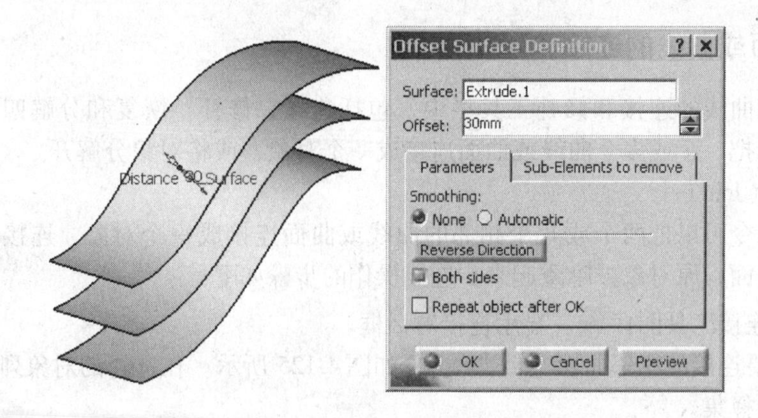

图　4-122

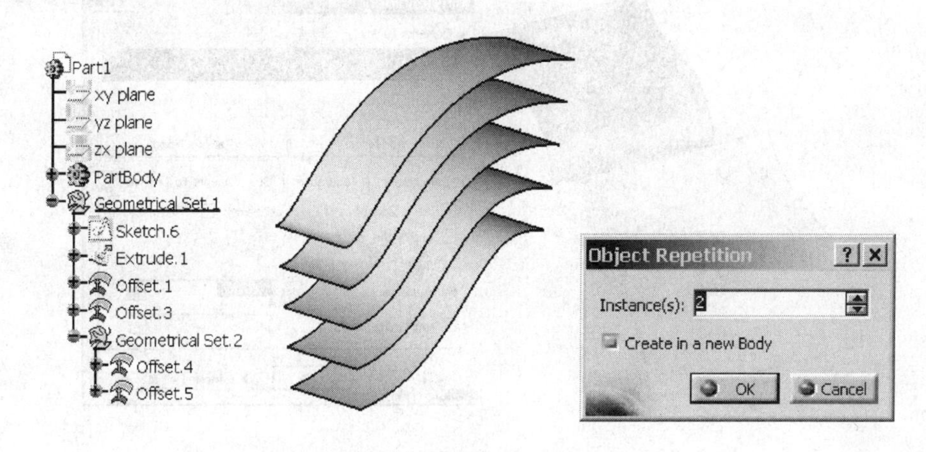

图　4-123

4.5　编辑修改线架和曲面

编辑修改线架和曲面的工具共包括五种类型：曲面或曲线的连接和修补（Join Healing）、分割与修剪（Split Trim）、提取对象（Extracts）、延伸曲面或曲线的边界（Extrapolate）和变换（Transformations）。这些编辑修改命令都在 Operations（操作）工具栏中，如图 4-124 所示。

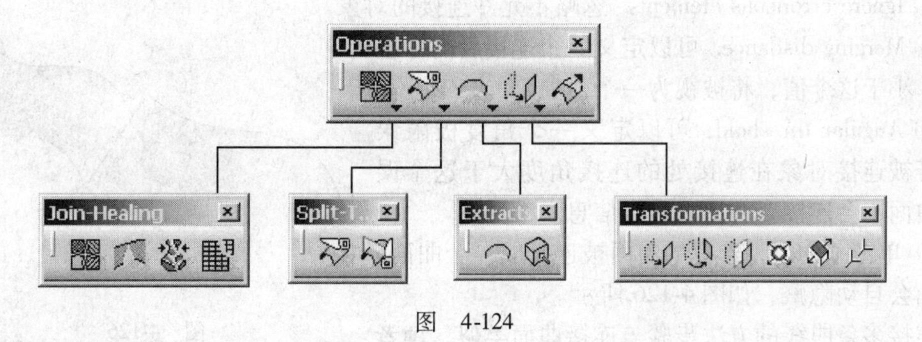

图　4-124

4.5.1 曲面或曲线的连接和修补

在曲面和曲线的连接和修补工具栏中，包括连接、修补、恢复和分解四个命令，用这些命令可以把一个或多个曲线或曲面连接成一个对象，或将对象分解开。

1. 连接（Join）

用这个命令可以把两个或几个相邻的曲线或曲面连接成一个对象，连接后生成一个新的曲线或曲面，原对象被隐藏起来。连接操作的步骤如下：

1）单击连接工具图标，显示连接对话框。

2）选择要连接的相邻曲面（或曲线），如图 4-125 所示。在选择的对象列表中单击右键可以编辑选择集。

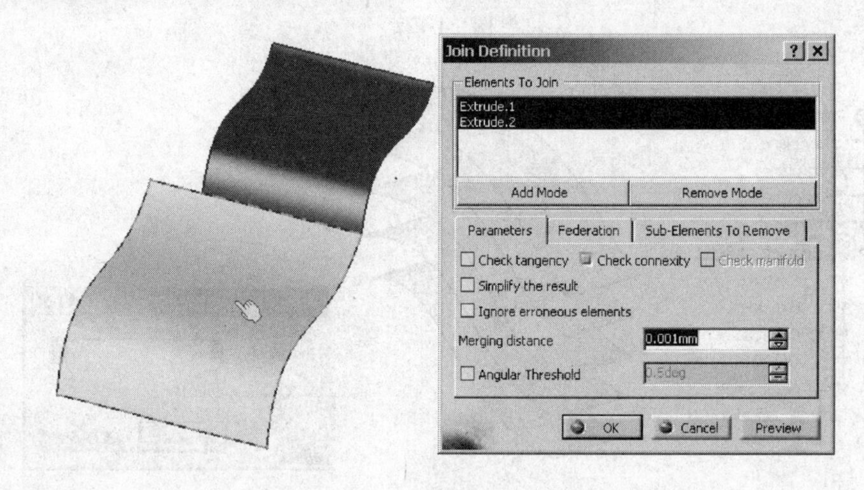

图 4-125

在 Parameters（参数）选项卡中，可以选择以下多个选项。

① Check tangency. 检查连接后的曲面是否相切连续，如果选择了这个选项而连接的曲面不相切，会出现错误信息。

② Check connexity. 检查被连接曲面的连续性，如果选择了这个复选框，曲面连接后不连续的话，会显示警告信息。

③ Simplify the result. 简化连接后的曲面，系统会自动将连接后的曲面尽可能简化为简单曲面。

④ Ignore erroneous elements. 忽略不允许连接的对象。

⑤ Merging disdance. 可以定义一个连接后的弥合误差，小于这个值，将被视为一个对象。

⑥ Angular threshold. 可以定义一个角度极限误差，若被连接对象在连接处的连接角度大于这个误差，曲面不会连接，并出现警告信息。

3）单击“OK”，选择的曲面被连接成一个曲面，原曲面会自动隐藏，如图 4-126 所示。

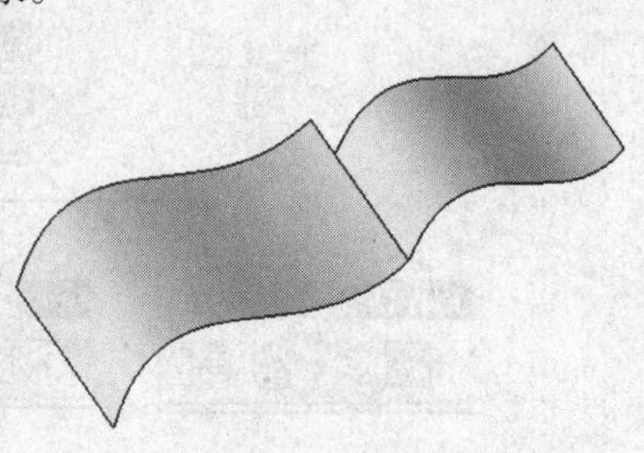

图 4-126

连接多条曲线的方法步骤与连接曲面类似，读者自己练习。

2. 修补（Healing）

如果要连接的曲面间的间隙太大而不能连接，可以用修补命令填充曲面间的缝隙，使其连接为一个曲面。修补曲面的操作步骤如下：

1）单击修补工具图标，显示修补对话框。

2）选择要连接的曲面，被选择的曲面出现在对话框的列表中，如图4-127所示。

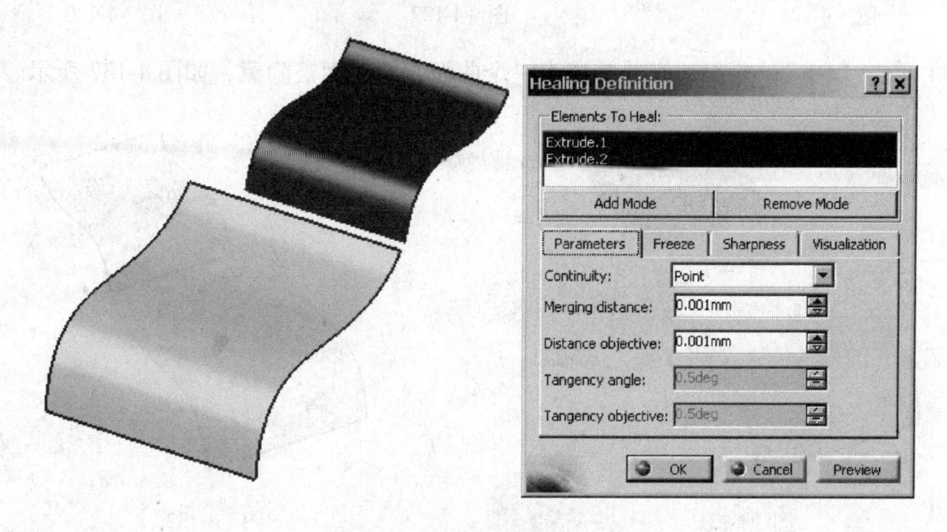

图 4-127

3）在Parameters（参数）选项卡中，设置以下选项和参数：

① Continuity. 选择曲面在连接处的连续性，可以选择Point（点连续）或Tangent（相切连续）。

② Merging distance. 定义被修补曲面间缝隙的最大距离，大于这个距离的曲面将不修补。

③ Distance objective. 定义修补后缝隙的最大距离，默认为0.001mm，最大可以设置为0.1mm。

④ Tangency angle. 如果选择连续性为相切连续，可以键入修补处允许的角偏差。

⑤ Tangency objective. 定义修补后的角偏差，范围为0.1°~2°。

4）选择Freeze（冻结）标签，打开冻结选项卡，可以选择被修补曲面冻结，修补时被冻结的曲面保持不变；选择Freeze Plane elements复选框，冻结平面型曲面，如图4-128所示。

5）选择Sharpness（锐边）标签，打开保持锐边选项卡，如果选择了相切连续方式，可以选择某个边保持锐边，还可以定义一个锐边的最大角偏差。如图4-129所示。

6）用Visualization（可见性）选项卡，可以定义图中显示信息的方式，如图4-130所示。

7）单击“Preview”（预览），显示修补预览，图上显示修补后曲面出现的最大偏差值及其位置（例如：! Dev 3.794），如图4-131所示。

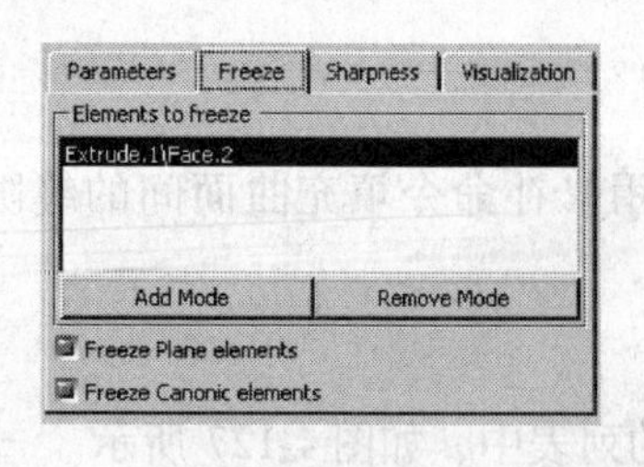

图 4-128

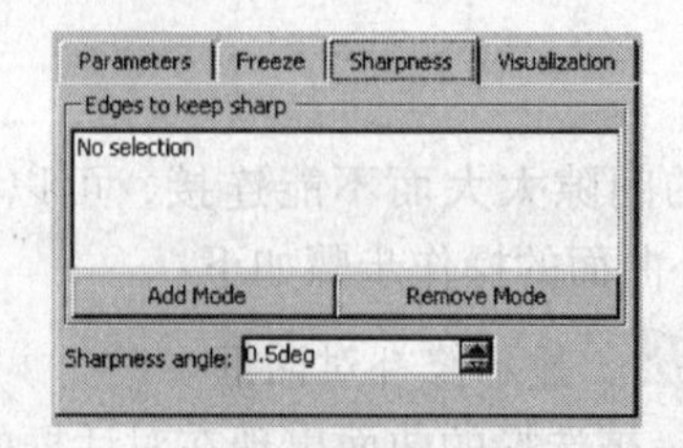

图 4-129

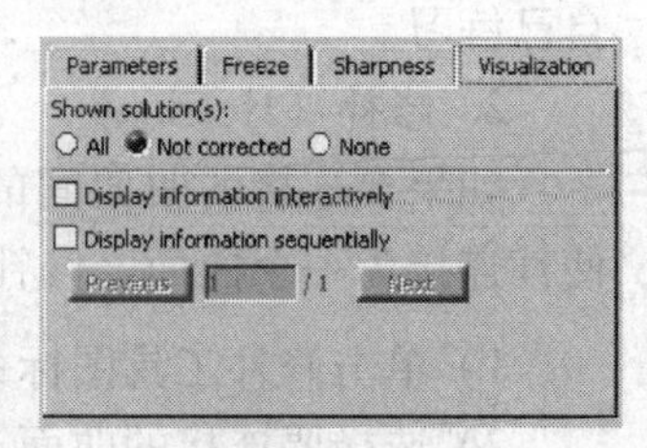

图 4-130

8）单击“OK”，曲面被修补并成为一个曲面，原曲面被隐藏，如图4-132所示。

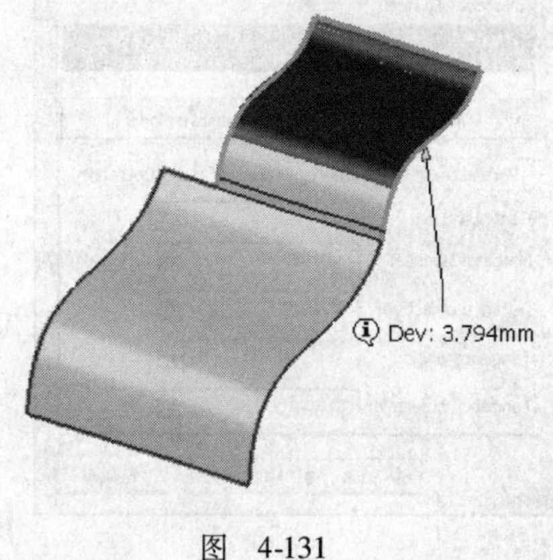

图 4-131

图 4-132

3. 恢复（Untrim）

用这个命令可以恢复用分割命令（Split）分割的曲面或曲线，是分割命令的反操作。恢复操作步骤如下：

1）建立图示放样曲面，如图4-133所示。

2）用分割命令分割曲面（见4.5.2），如图4-134所示。

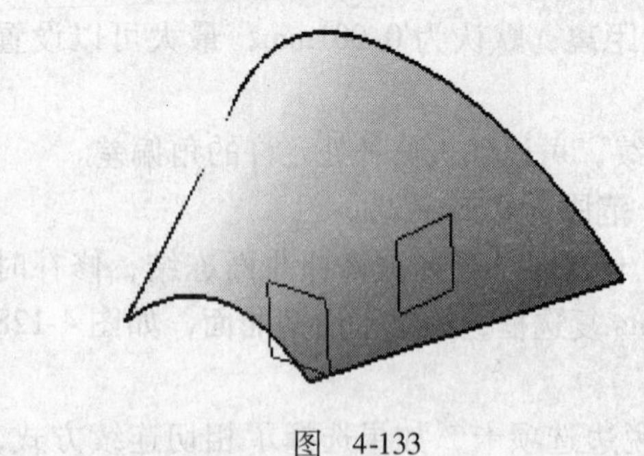

图 4-133

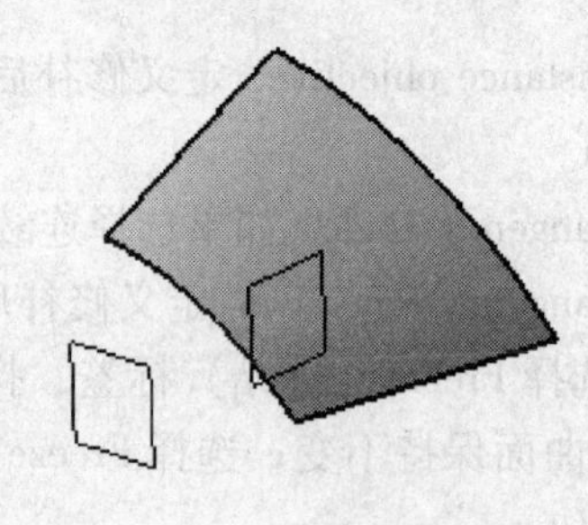

图 4-134

3）单击恢复工具图标，显示恢复对话框。

4）选择要恢复的曲面（或曲线），对话框中显示选择的对象数和要恢复的对象数。

5）单击“OK”，分割的曲面被恢复，如图4-135所示。

这个命令不能恢复闭合曲面（如圆柱面）和无限曲面（如拉伸曲面），因为恢复这些曲面时，会建立一个原曲面外轮廓的恢复曲面，而这个曲面与分割前可能不同。

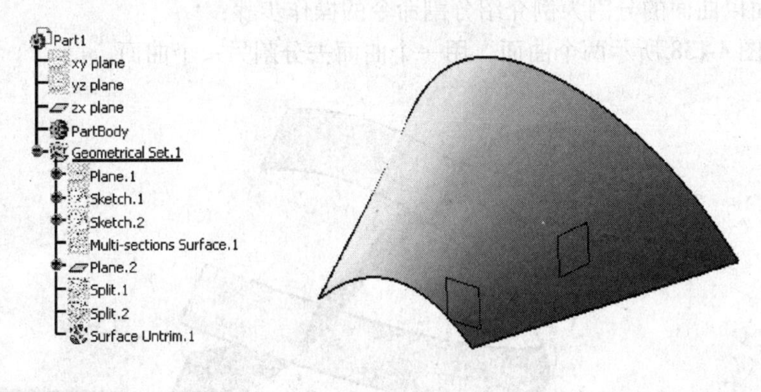

图　4-135

4. 分解（Disassembly）

这个命令可以把复合元素分解开，比如，可以分解连接后的曲面或曲线、分解多段线为线段、把草图分解为线元素等。

分解时显示一个分解模式对话框，其中有两个选项。

（1）All Cells　把选择的对象完全分解为基本元素（点、线、曲面等），比如，把多段线分解为线段、把草图分解为基本元素，如图 4-136 所示。

（2）Domains Only　把选择的对象分解，每个相连接的部分为一个对象，如图 4-137 所示。

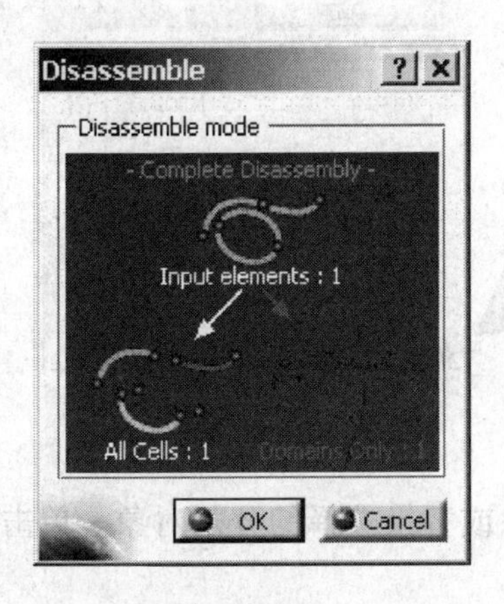

图　4-136

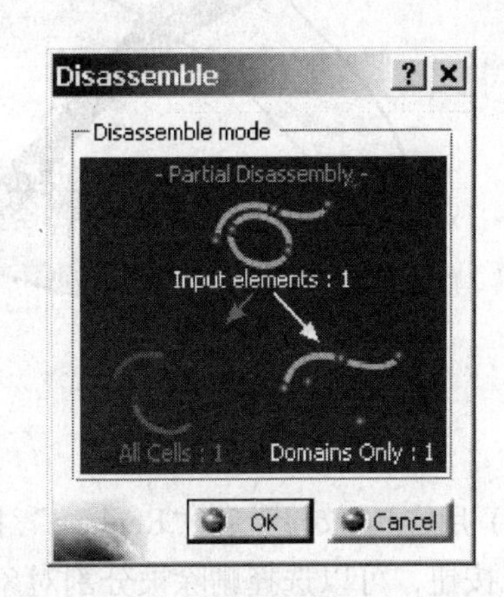

图　4-137

4.5.2　分割和修剪

这两个命令都是用来修剪曲线或曲面的，不同之处是分割是用一个对象修剪另一个对象，而修剪命令是相互修剪对象。

1. 分割（Split）

分割就是用一个对象把另一个对象分割成两个部分，并删除其中的一部分。使用分割命令，需要选择被修剪对象（可以复选），再选择修剪对象。修剪对象可以选择多个，也就是说可以用多个对象去修剪一个（或多个）对象。被修剪或修剪对象都可以是曲线或曲面。下面以曲面的分割为例介绍分割命令的操作步骤：

1）建立图 4-138 所示两个曲面，用一个曲面去分割另一个曲面。

图 4-138

2）单击分割工具图标，显示分割对话框。

3）选择 Element to cut（被分割对象），再选择 Cutting elements（分割对象），这时显示分割预览，被删除的部分用透明状显示，如图 4-139 所示。

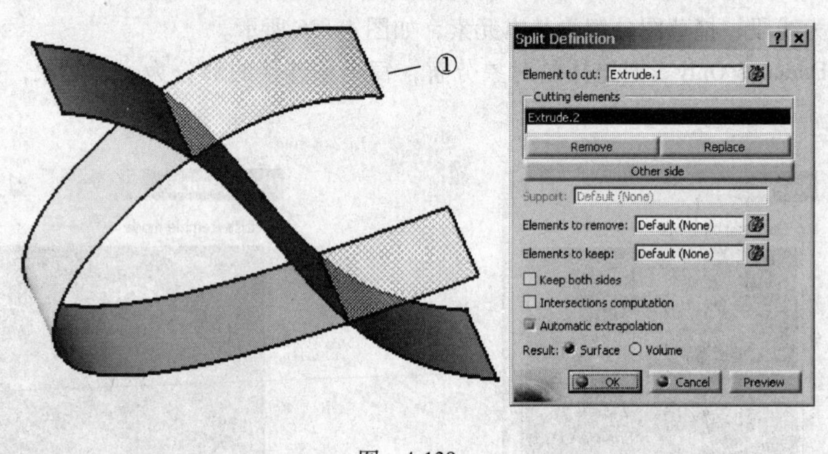

图 4-139

4）用“Remove”和“Replace”按钮可以去除或替换选择的分割对象。单击“Other side”按钮，可以选择删除被分割对象的另外一侧。

5）被分割曲面与分割曲面有两处相交，在 Elements to remove 或 Elements to keep 选择框中可以选择只修剪一处，而保留另一处。例如：单击 Elements to remove 选择框，选择①处边，结果如图 4-140 所示，下边将不修剪。

6）选择 Keep both side 复选框，曲面被切断成两部分，不删除。选择 Intersections computation 复选框，在分割和被分割曲面相交处建立截交线。选择 Automatic extrapolation 复选框，会自动延伸分割面（或线）到被分割曲面的边界，如图 4-141 所示，如果分割对象未延伸到被分割曲面的边界，不选择这个复选框，会显示错误信息。

7）如果被分割对象是一个实体，用 Result 栏中的 Surface 或 Volume 可以选择是分割表面还是实体。

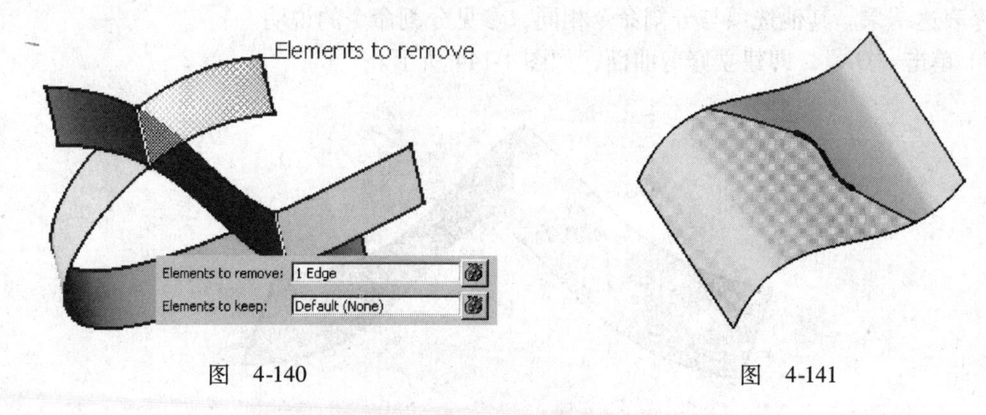

图　4-140　　　　图　4-141

8）单击“OK”，曲面被分割，如图 4-142 所示。

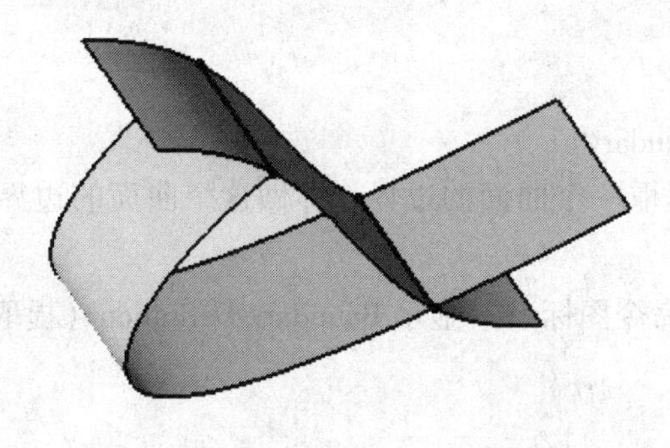

图　4-142

2. 修剪（Trim）

修剪就是两个选择的对象相互修剪，使其成为一个对象。修剪操作方法如下：

1）单击修剪工具图标，显示修剪对话框。

2）选择第一修剪对象和第二修剪对象，显示修剪预览，被修剪掉的部分显示为透明状，如图 4-143 所示。

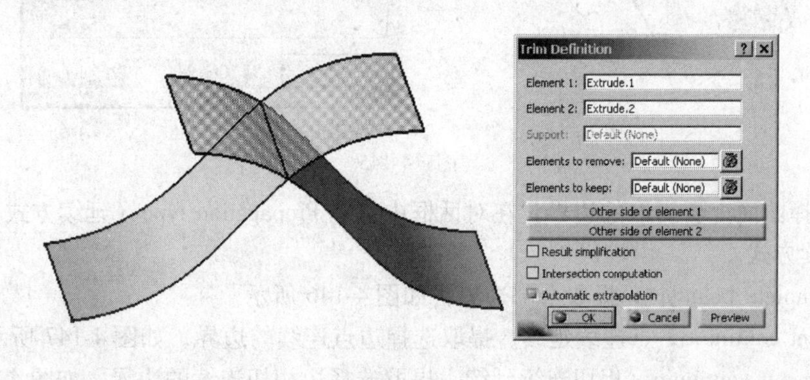

图　4-143

3）单击“Other side of element 1”或“Other side of element 2”按钮，可以翻转第一修剪对象或第二修剪对象被修剪掉的部分。

4）选择 Result simplification 复选框，系统会自动计算修剪后的曲面，并用尽量简单的曲面来表达结果。其他选项与分割命令相同，参见分割命令的说明。

5）单击“OK”，即建立修剪曲面，如图 4-144 所示。

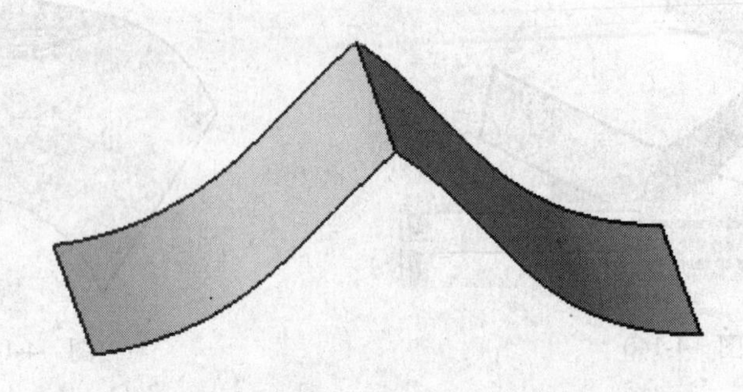

图 4-144

4.5.3 提取对象

1. 提取边界（Boundary）

用这个命令可以提取一个曲面的边界，即做这个曲面的边界线。提取边界命令的操作方法如下：

1）单击提取边界命令图标，显示 Boundary Definition（提取边界）对话框。如图 4-145 所示。

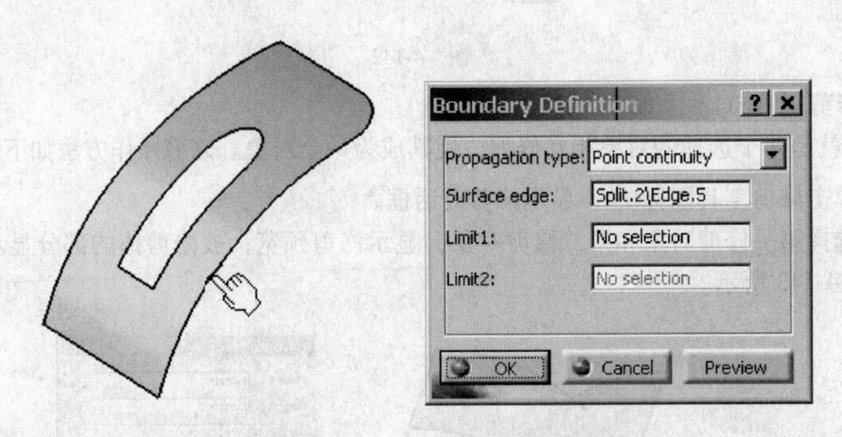

图 4-145

2）选择曲面上要提取的边界，在对话框中选择 Propagation type（延续方式），可以选择四种延续方式。

① Complete boundary. 提取全部边界，如图 4-146 所示。

② Point continuity. 点连续延续，提取选择边点连续的边界，如图 4-147 所示。

③ Tangent continuity. 相切连续延续，提取选择边相切连续的边界，如图 4-148 所示。

④ No propagation. 不延续，只提取选择的边界，如图 4-149 所示。

3）可以选择两个限制点来限制提取的边界，如图 4-150 所示。

4）单击“OK”，即建立边界线。

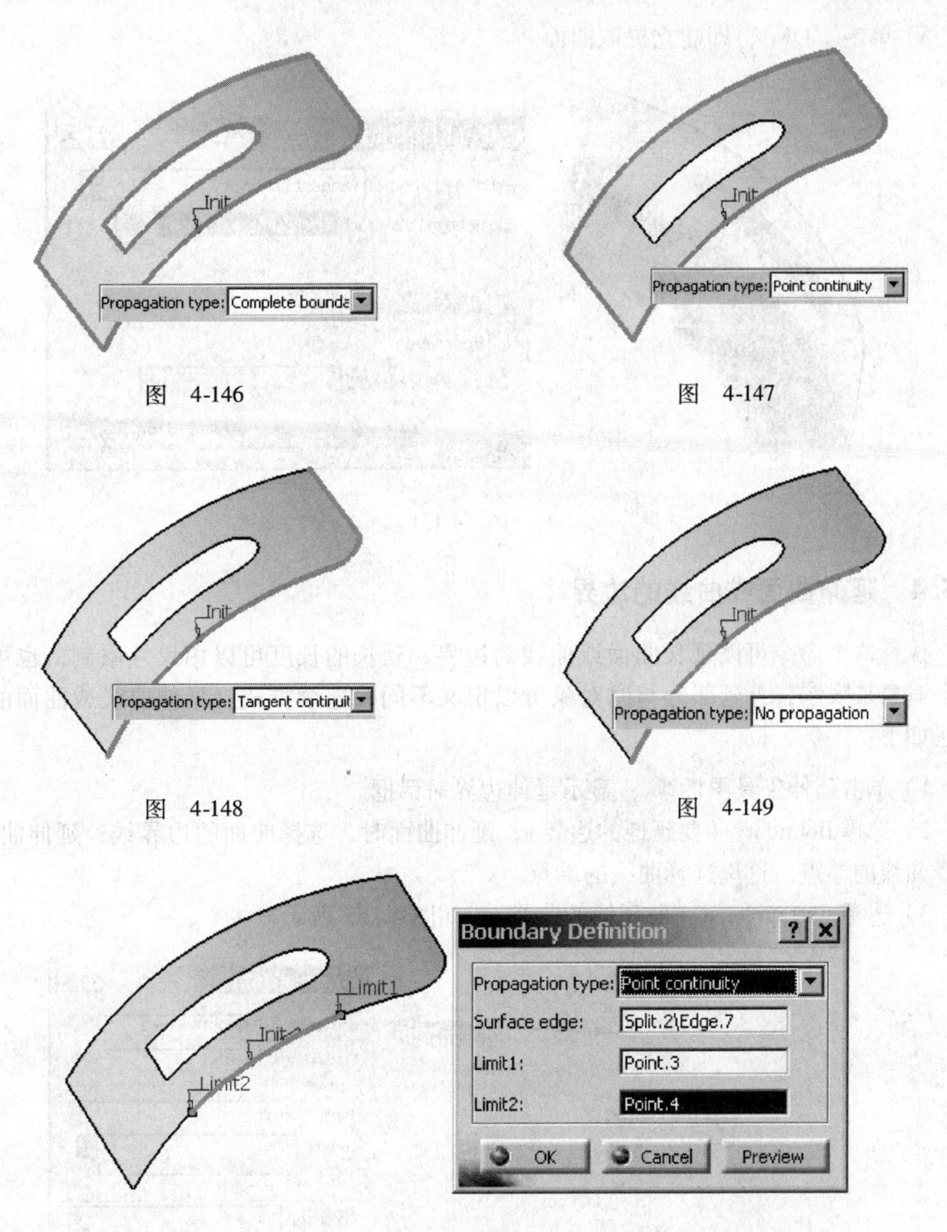

图　4-146　　　图　4-147

图　4-148　　　图　4-149

图　4-150

2. 提取（Extract）

用这个命令可以提取几何对象上的点、线和面等几何元素，提取对象时也可以使用不同的延续方式：不延续、点连续延续、相切连续延续和曲率连续延续（只用于提取曲线），提取命令的操作方法如下：

1）单击提取工具图标，显示提取对话框。

2）选择要提取的对象：点、线或表面。

3）确定 Propagation type（延续方式），如图 4-151 所示。

4）如果选择 Complementary mode 复选框，即提取除选择的面以外的其余面。

5）单击“OK”，即建立提取曲面。

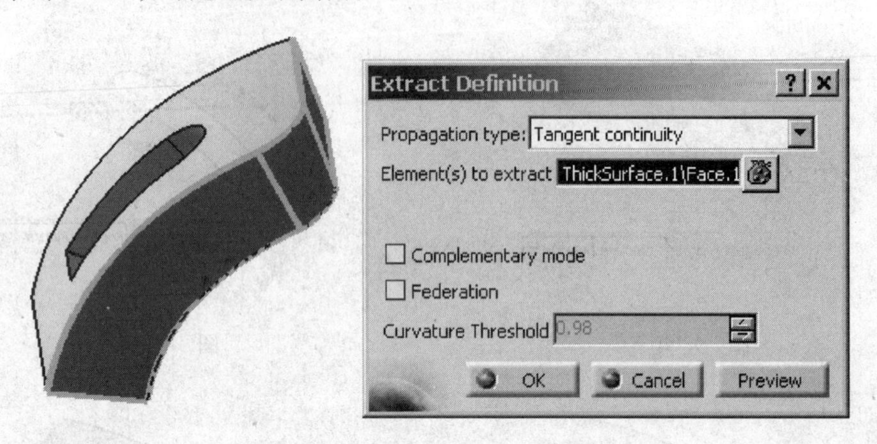

图 4-151

4.5.4 延伸曲面或曲线的边界

执行这个命令可以延长曲面或曲线的边界，延长的长度可以用尺寸限制，也可以用一个对象来限制，外延部分与原对象可以定义不同的连续方式。延伸曲线或曲面的操作方法如下：

1）单击延伸工具图标，显示延伸边界对话框。

2）选择 Boundary（要延伸的边界），延伸曲面时，选择曲面的边界线；延伸曲线时，选择曲线的端点。这里选择曲线的端点。

3）选择 Extrapolated（要延伸的曲线），如图 4-152 所示。

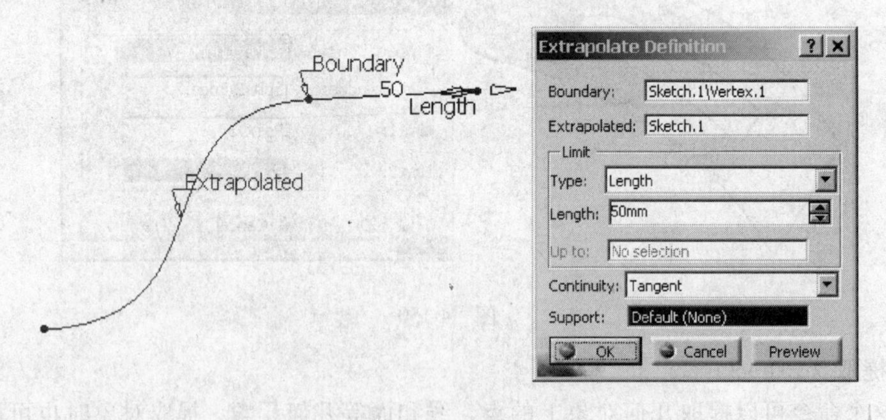

图 4-152

4）选择 Limit Type（限制方式），可以选择 Dimension（延伸的尺寸）或 Up to element（延伸到一个对象），键入尺寸值或选择一个限制对象（面或线）。

5）在 Continuity（延伸对象的连续方式）选择框中，可以选择 Tangent（相切连续）或曲率连续，还可以选择一个支撑面（Support）。延伸线一定要在支撑面上，否则会出错。

6）如果要延伸一个曲面，对话框中的选项稍有差异，如图4-153所示为延伸一个曲面到另一个曲面，用Up to方式限制曲面的延伸。

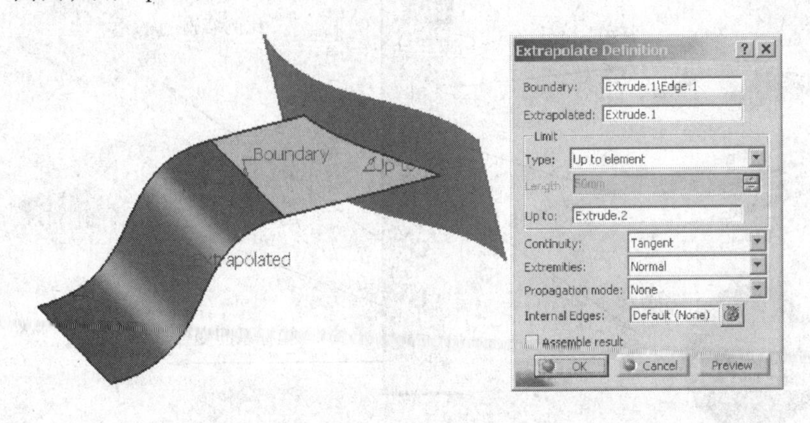

图 4-153

7）选择延伸曲面的连续方式为Tangent（相切连续），还可以定义Extremities选项（延伸曲面侧边与支撑面的关系）：Tangent（延伸面与支撑面的侧边相切），或Normal（延伸面与选择的边界垂直）；还可以确定Propagation mode（选择的边界的延续方式）：None（不延续）、Tangency continuity（相切连续延续）或Point continuity（点连续延续）；在Internal Edges选择框中，可以选择延伸面内要保留的棱边；选择Assemble result复选框，是将延伸面与支撑面组合为一个曲面，否则生成一个单独的延伸曲面。

8）如果选择延伸曲面的延伸方式为Curvature（曲率连续），只能用尺寸限制延伸曲面，不能选择侧边的选项和内棱边选项，如图4-154所示。

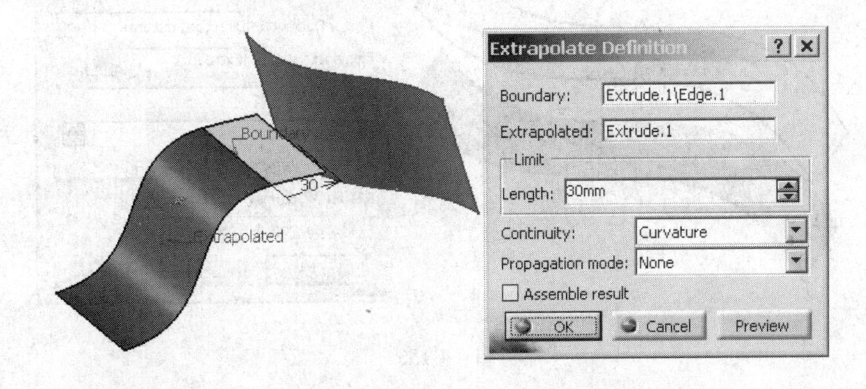

图 4-154

4.5.5 曲线和曲面的变换

所谓变换，就是对几何体进行移动、旋转、对称、比例缩放等操作，使用这些功能可以减少重复劳动并提高建立模型的效率。进行变换操作时系统将建立一个新对象，并保留原对象，如果不想要原对象，可以隐藏，但不能删除原对象，因为原对象是变换对象的父对象，删除原对象的话变换对象将不能存在。

变换操作的六种方法如图 4-155 所示。

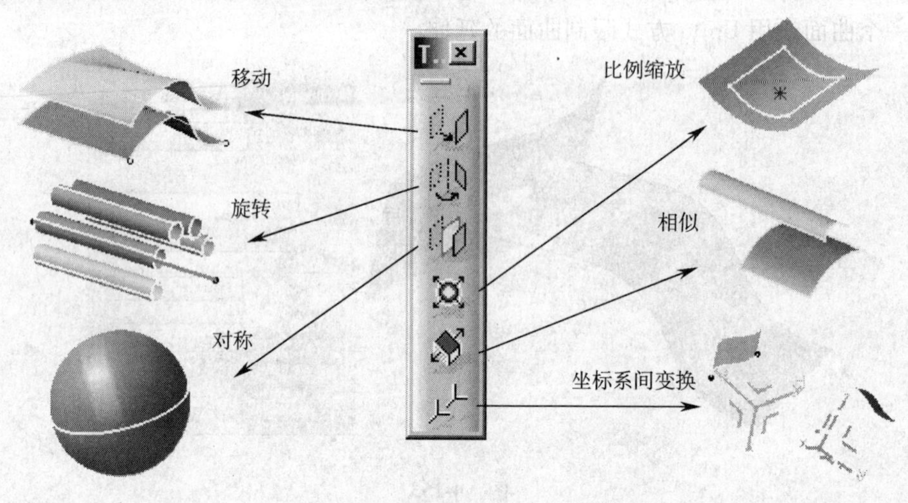

图 4-155

1. 移动（Translate）

用这个命令可以把曲线或曲面移动到一个新的位置，复制出一个新的对象。移动命令的操作方法如下：

1）选择要移动的对象，可以选择多个对象（按住 Ctrl 键复选）。

2）单击移动工具图标，显示移动对话框，如图 4-156 所示。

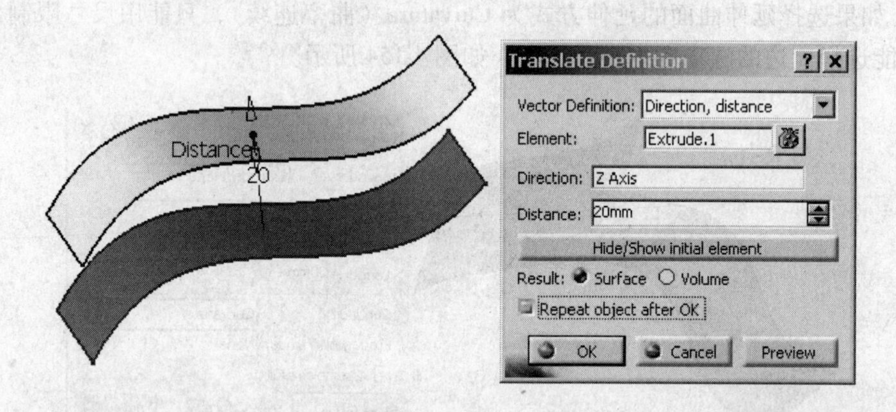

图 4-156

3）在 Vector Definition 列表中，可以选择以下三种定义移动方向参数的方法。

① Direction, distance. 给定移动的方向和距离。

② Point-Point. 选择两点确定移动的位移。

③ Coordinates. 定义对象沿 X 轴、Y 轴或 Z 轴坐标方向移动的距离。

4）选择移动的方向，可以选择线、坐标轴或平面定义方向，或在 Direction（方向）选择框中单击右键，选择快捷菜单中的命令。

5）在 Distance（移动距离）文本框中键入移动距离。

6）单击“Hide/Show initial element”按钮（隐藏/显示原对象）隐藏原曲面。

7）如果移动的对象是一个实体，可以用 Result 选择是只移动实体的表面（Surface）或移动实体（Volume）。

8）选择 Repeat object after OK 复选框，可以用复制对象为参考对象重复移动。

9）单击“OK”显示重复对象对话框，如图 4-157 所示。在对话框 Instanle（s）选择框中键入重复移动复制的数目，如果选择 Create in a new body 复选框，在树上将新建立一个几何元素集，新建立的对象放在新的几何元素集中。

10）单击“OK”，完成移动操作。

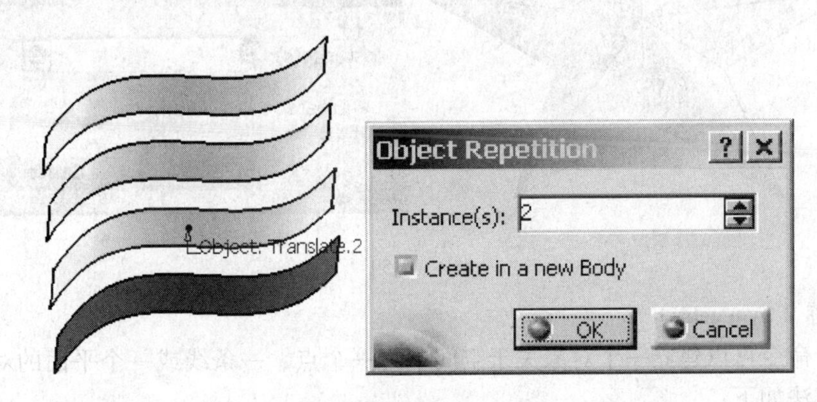

图　4-157

2. 旋转（Rotate）

用旋转命令可以把对象绕一个轴线旋转，并复制出新对象。旋转操作方法如下：

1）选择要旋转的对象（可以复选）。

2）单击旋转工具图标，显示定义旋转对话框。

3）选择旋转轴线，可以选择一条线或坐标轴作为轴线，或在轴线选择框中单击右键，选择快捷菜单中的命令。

4）键入旋转的角度，单击“Preview”（预览），如图 4-158 所示。

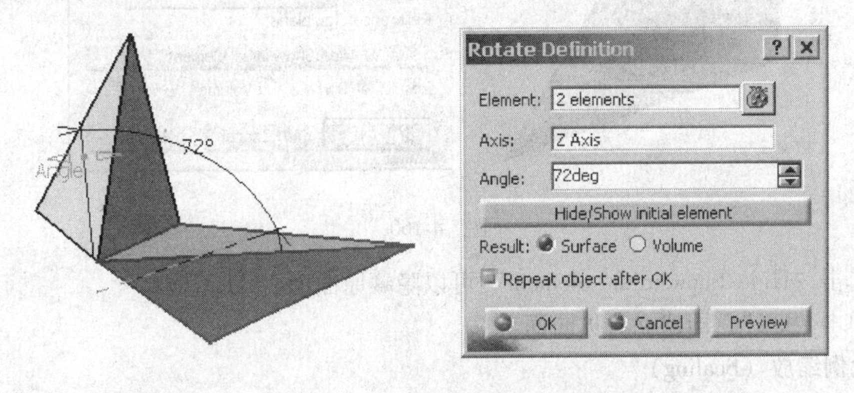

图　4-158

5）单击“Hide/Show initial element”可以隐藏原曲面。

6）选择 Repeat object after OK 复选框，可以用复制对象为参考对象重复旋转。

7）单击“OK”显示重复对象对话框，如图 4-159 所示，在对话框 Instance（s）选择框中键入重复旋转复制的数目。如果选择 Create in a new body 复选框，在树上将新建立一个几何元素集，新建立的对象放在新的几何元素集中。

8）单击“OK”，完成旋转操作。

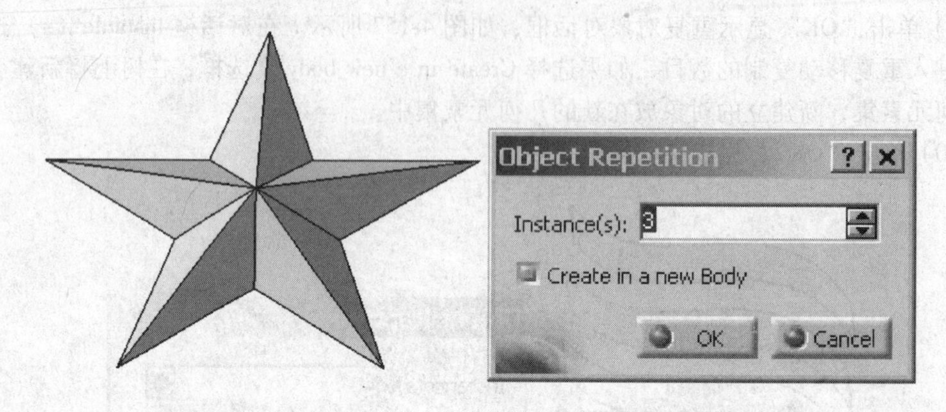

图　4-159

3. 对称（Symmetry）

用这个命令可以建立一个对象关于空间中的一个点、一条线或一个平面的对称对象。对称操作方法如下：

1）选择要对称复制的对象，可以复选。

2）单击对称工具图标，显示 Symmetry Definition（对称定义）对话框。

3）选择对称的参考对象，可以选择一个点，一条线或一个平面，这里选择 ZX 平面，如图 4-160 所示。

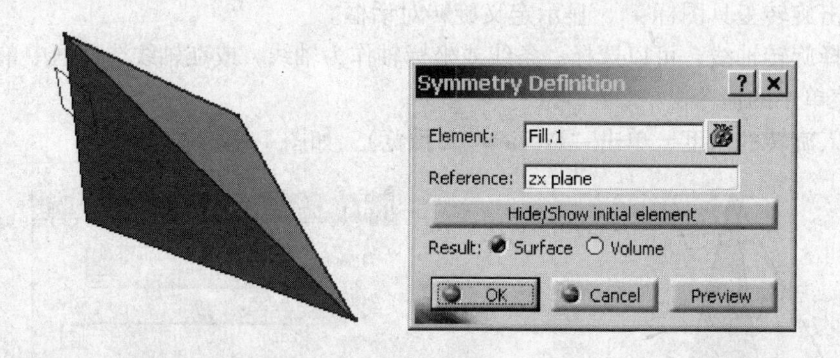

图　4-160

4）单击“Hide/Show initial element”可以隐藏原曲面。

5）单击“OK”，即建立对称曲面。

4. 比例缩放（Scaling）

用这个命令可以参考一个点或一个平面，把选择的对象按用户输入的比例系数缩放复制成一个新对象，比例缩放操作方法如下：

1）选择要缩放的对象，也可以选择多个对象。

2）单击比例缩放工具图标，显示定义比例缩放对话框。

3）选择一个参考对象，可以选择一个点、一个平面或平面型表面，选择的参考对象作为中性对象。如果选择一个点，将以这个点为中心缩放；若选择一个平面，将沿这个平面的法向缩放。如图4-161所示，参考对象是选择一个点；如图4-162所示，选择一个平面作为参考对象。

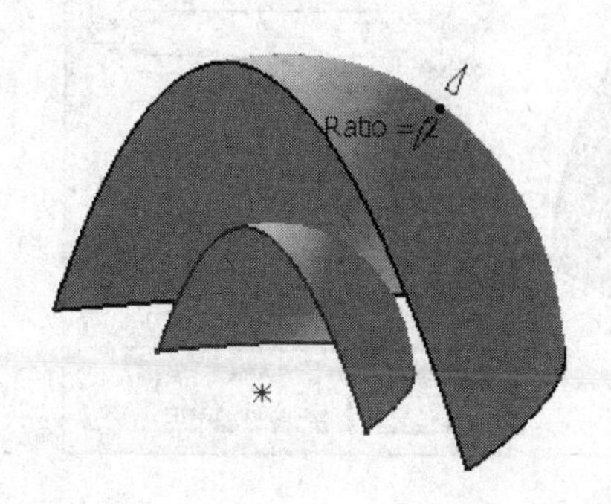

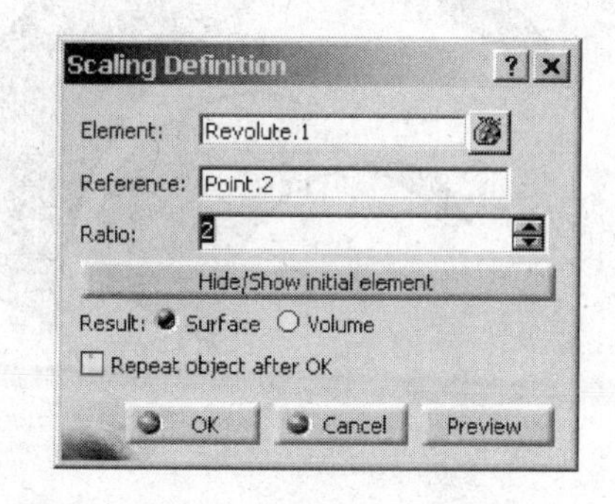

图　4-161

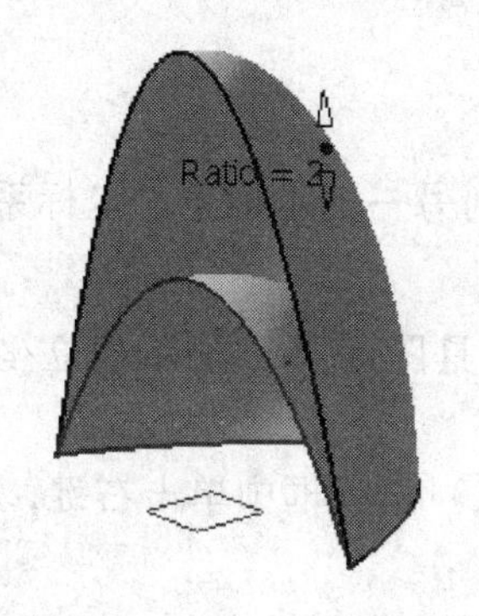

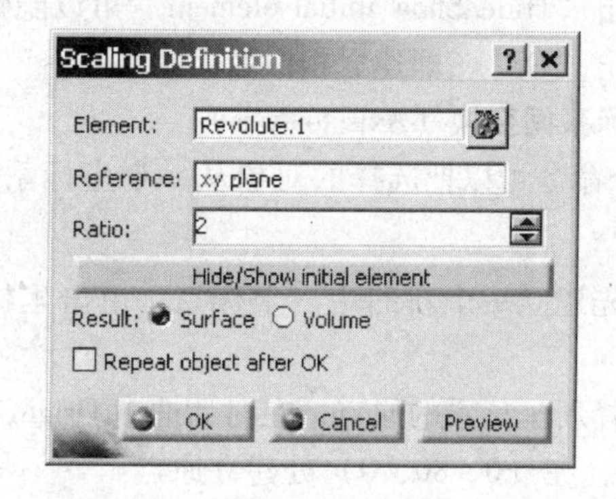

图　4-162

4）在Ratio（比率）文本框中输入缩放比例系数，输入大于1的系数为放大，输入小于1的系数为缩小；如果输入的比例系数是负值，会建立缩放对象的对称对象。

5）单击“Hide/Show initial element”可以隐藏原曲面。

6）选择Repeat object after OK复选框，可以用复制的对象为参考对象重复缩放对象。

7）单击“OK”，即建立缩放曲面。

5. 相似（Affinity）

建立相似对象时，可以定义一个用户坐标系，在这个坐标系中，可以沿x、y和z方向定义不同的缩放比例系数。相似命令的使用方法如下：

1）单击相似工具图标，显示定义相似对话框。

2）选择原对象，此例中选择曲面。

3）选择一个点，作为用户坐标系的原点，这里在Origin（原点）选择框中单击右键，快捷菜单中选择建立点命令，建立一个原点。

4）选择一个平面作为xy平面。

5）选择X轴方向，定义用户坐标系。

6）输入各坐标方向的缩放系数，如图 4-163 所示。

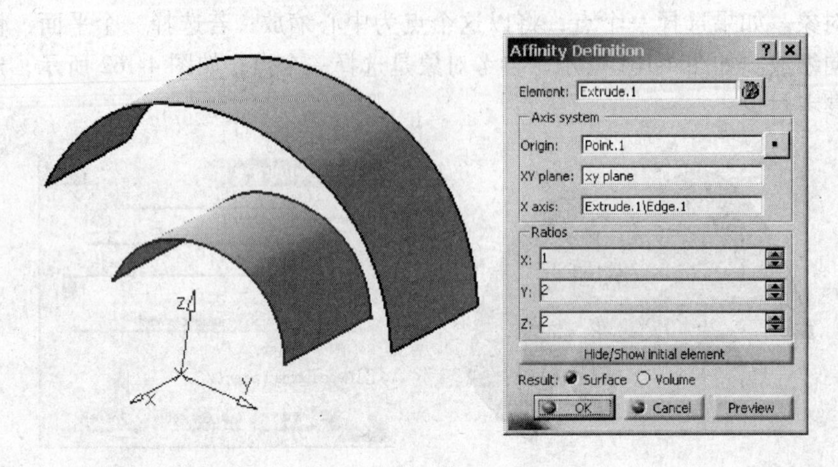

图 4-163

7）单击"Hide/Show initial element"可以隐藏原曲面。

8）单击"OK"，即建立相似曲面。

6. 坐标系间变换（Axis to Axis）

用这个命令可以把选择的对象从一个坐标系变换到另一个坐标系。坐标系间变换操作方法如下：

1）首先建立一个新的用户坐标系，单击坐标系工具图标，显示建立坐标系对话框。

2）选择新坐标系的原点，在对话框中 Origin（原点）选择框中单击右键，选择 Coordinate 命令，在（0，80，0）处建立原点。

3）在 X axis（X 轴）选择框中，单击右键，选择 Rotation（旋转）命令，绕 X 轴旋转 -15°

4）单击"OK"，即建立坐标系，如图 4-164 所示。

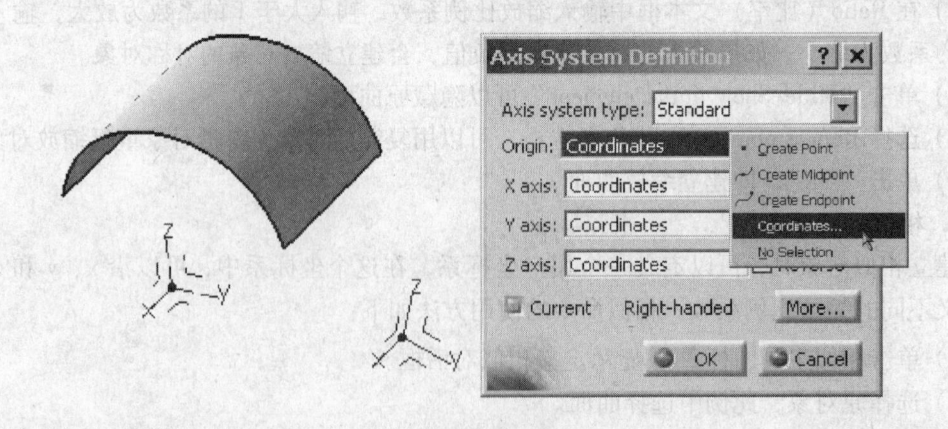

图 4-164

5）单击坐标系间变换工具图标，显示 Axis To Axis Definition（坐标系到坐标系变换）对话框。

6）选择要变换的对象，这里选择曲面。

7）选择 Reference（参考坐标系），再选择 Target（目标坐标系），单击“Preview”（预览），如图 4-165 所示。

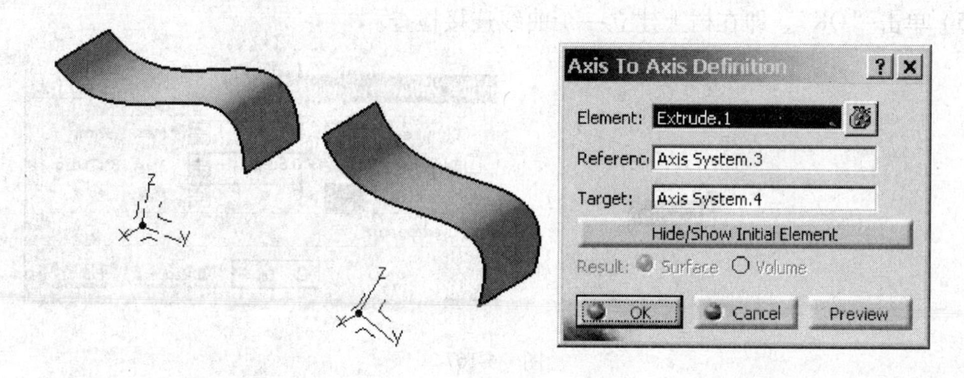

图　4-165

8）单击“Hide/Show initial element”可以隐藏原曲面。

9）单击“OK”，即在新坐标系中建立曲面。

4.6　曲面和曲线的分析检查

4.6.1　曲线的连接检查

连接检查的功能可以分析曲线在连接处是否有间隙、切矢量的连续性、曲率连续性或是否重叠。分析时有两种模式：完整模式和快速模式。曲线连接检查方法如下：

1）选择两条要分析的曲线（按住 Ctrl 键复选）。

2）单击曲线连接检查工具图标，显示 Curve Connect Checker（曲线连接检查）对话框，如图 4-166 所示。

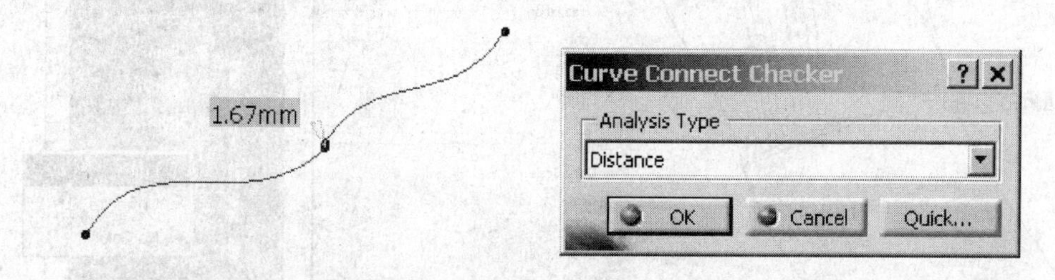

图　4-166

3）在 Analysis Type（分析方式）列表中选择要分析的项目，可以选择：

① Distance. 分析两条曲线在连接处的间隙距离。

② Tangency. 分析两条曲线在连接处切矢量的连续性。

③ Curvature. 分析两条曲线在连接处曲率的连续性。

④ Overlapping. 分析曲线在连接处是否有重叠。

4）单击"Quick..."，显示快速检查对话框，如图4-167所示。用红色显示连接间隙值，绿色显示连接处切矢量角度差值，蓝色显示曲率差的百分数。在文本框中可以定义一个值，小于这个值的数据将不显示。

5）单击"OK"，即在树上建立一个曲线连接检查。

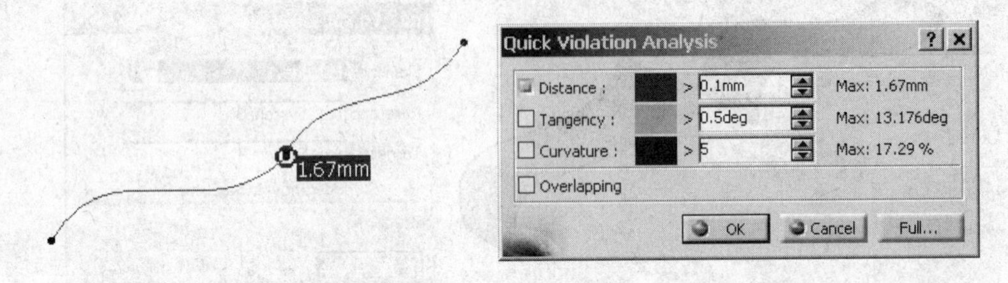

图　4-167

4.6.2　曲面的连接检查

这个功能可以检查两个曲面间连接的间隙距离、切矢量连续性和曲率的连续性，检查时需要定义一个检查计算的最大间隙，大于这个间隙的曲面不做分析计算。曲面连接检查操作方法如下：

1）选择要检查的两个曲面。

2）单击曲面连接检查工具图标，显示连接检查对话框，如图4-168所示。

3）输入Maximum Gap（要检查的最大间隙值），这个值应大于要检查的曲面间隙的最大值。

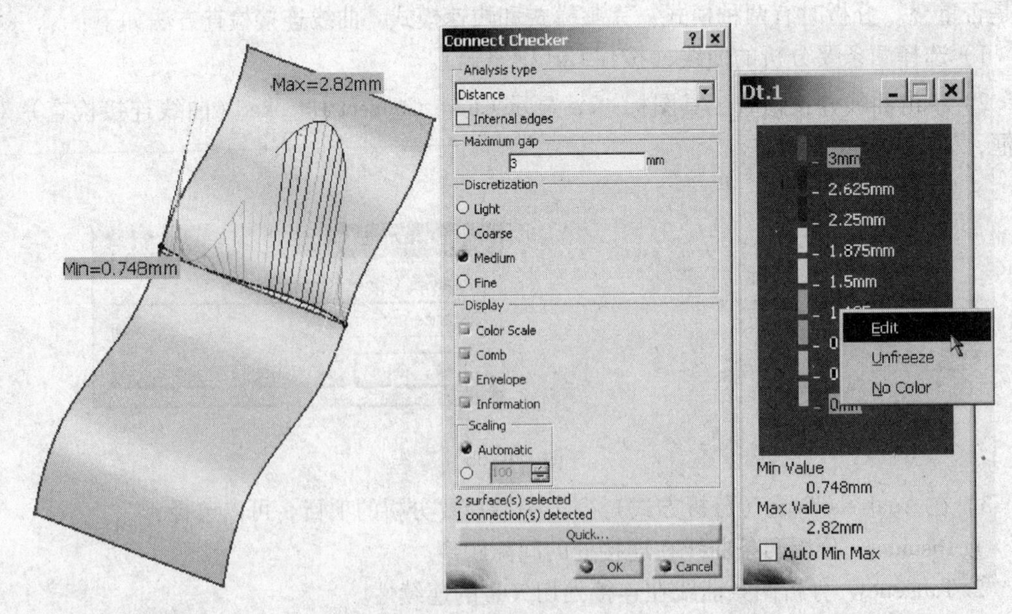

图　4-168

4）在Analysis type（分析方式）选择框中选择要检查的项目。

① Distance. 检查曲面连接的间隙距离。

② Tangency. 检查曲面连接处的切矢量连续性。

③ Curvature. 检查曲面连接处的曲率连续性。

5）选择曲面连接检查的选项。

① Color scale. 用色阶显示值的大小。

② Comp. 显示梳状图。

③ Envelope. 显示梳状图的外轮廓线。

④ Information. 显示极限值。

⑤ Discretization. 可以选择梳状图显示的密度。

⑥ Scaling. 设置梳状图显示的比例，可以自动调整显示比例（Automatic），或手动设置显示比例。

6）在色阶显示图表中，可以定义显示的色阶，可以选择自动设置最大或最小值（Auto Min Max），在图表中单击右键，可以设置显示的颜色。

7）单击对话框中“Quick...”按钮，显示快速检查对话框，与曲线连接检查类似，可以快速检查曲面连接的间隙或连续性，如图4-169所示。

图　4-169

4.6.3　曲线的曲率分析

这个功能可以分析选择的曲线的曲率或曲率半径，如果选择一个曲面，则分析曲面边界的曲率，曲率分析的操作方法如下：

1）选择要分析的曲线（或曲面）。

2）单击曲率分析工具图标，显示曲率分析对话框，同时在曲线上显示曲率的梳状图。

3）在对话框中选择Type（分析的项目），可以选择分析Curvature（曲率）或Radius（曲率半径），单击“More”展开对话框，设置图形显示的选项。如图4-170所示。

单击对话框中图标，即用线图来分析曲线在各点处的曲率，如图4-171所示。

4）单击“OK”，即在树上记录曲率分析的结果。

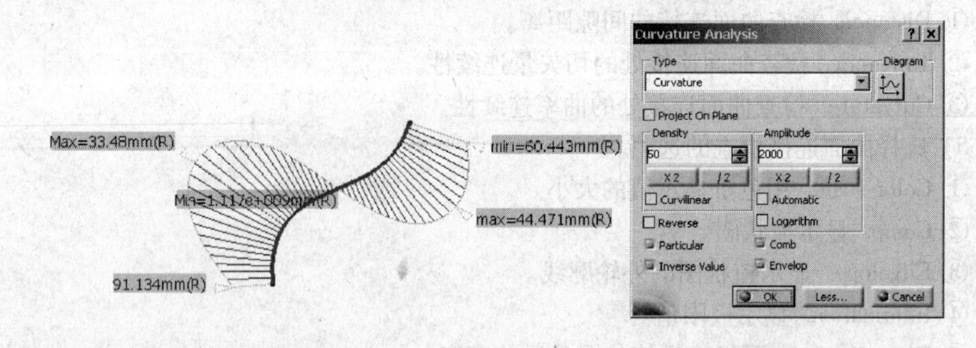

图 4-170

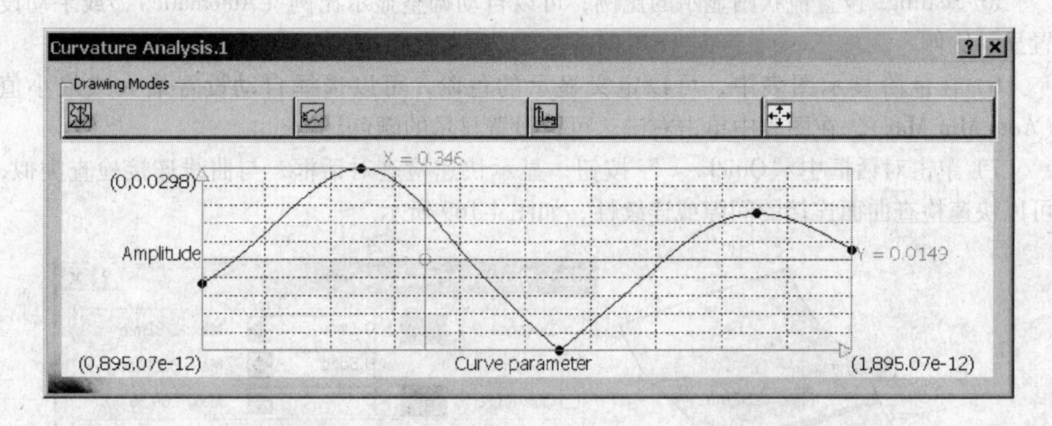

图 4-171

4.7 建立曲面基础特征

完成的曲面，可以生成实体特征。曲面可以生成整个零件，也可以生成零件的局部特征。用曲面生成零件实体特征的方法有四种：用曲面分割实体、增厚曲面成为实体、将封闭曲面填充材料闭合为实体以及缝合曲面到实体上。

4.7.1 用曲面分割实体

可以用曲面把实体分割为两部分，删除其中的一部分，这样保留的部分将依照曲面的外形。这样，当零件的局部外形较复杂时，就可以用一个建立的曲面来分割实体，从而得到零件的局部复杂外形。使用分割命令的操作方法如下：

1）进入零件设计工作台，单击分割实体工具图标，显示分割实体对话框。

2）选择要分割实体的曲面，图中桔色箭头指向要保留的实体部分，单击箭头可以翻转，选择保留实体的另一侧，如图 4-172 所示。

3）单击“OK”，实体被分割并保留选择的一侧。右键点击曲面，在快捷菜单中选择 Hide/Show（隐藏/显示）命令，隐藏曲面，如图 4-173 所示。

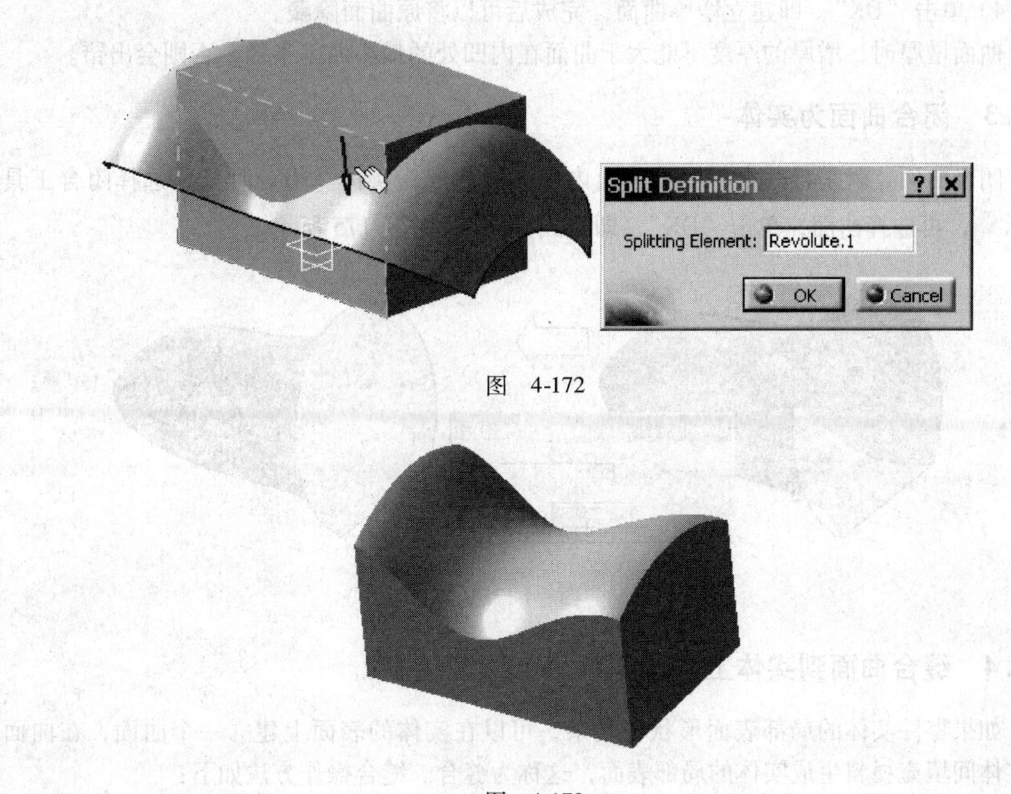

图　4-172

图　4-173

4.7.2　增厚曲面

增厚曲面就是为建立的曲面施加一定厚度的材料形成实体，这样可以形成一个等厚的薄壁实体。增厚曲面的操作方法如下：

1）在零件设计工作台，单击增厚工具图标，显示增厚曲面对话框。

2）选择要增厚的曲面，如图 4-174 所示。

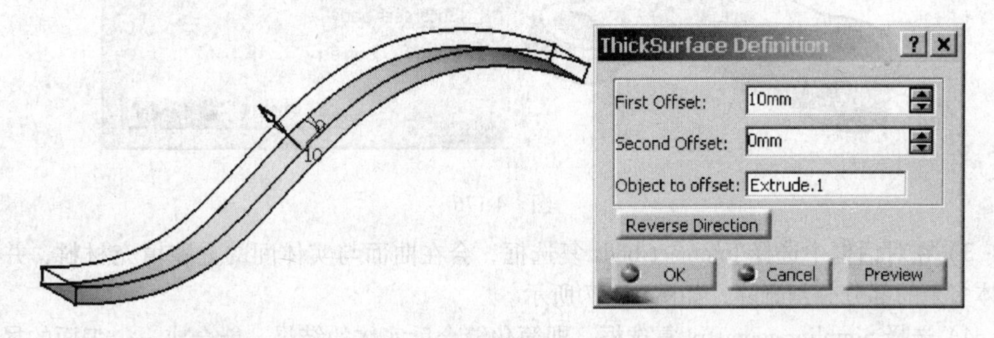

图　4-174

3）在对话框中输入曲面要增厚的厚度值，在 First offset 文本框中键入沿桔色箭头方向的厚度，Second offset 文本框中键入值，沿相反方向增厚，键入的厚度值可以是负值。单击图中的桔色箭头或对话框中 Reveres direction 按钮，可以翻转第一增厚的厚度方向。

4）单击“OK”，即建立增厚曲面，完成后可以将原曲面隐藏。

曲面增厚时，增厚的厚度不能大于曲面在内凹处的最小曲率半径，否则会出错。

4.7.3 闭合曲面为实体

闭合曲面，就是将一个封闭的曲面内填充材料成为实体。闭合时只要选择闭合工具图标，再选择曲面，单击“OK”，即完成操作。如图4-175所示。

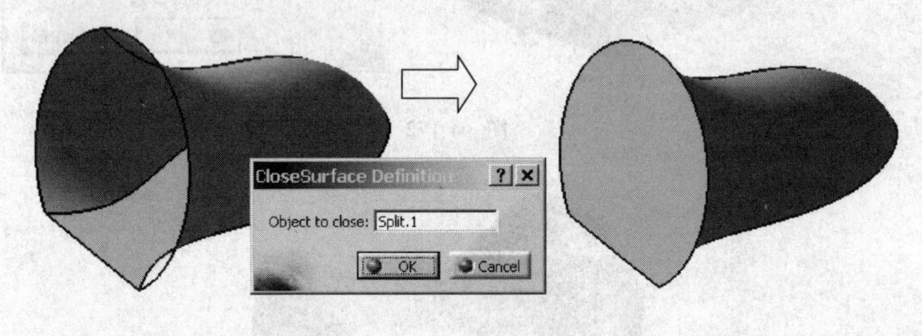

图 4-175

4.7.4 缝合曲面到实体上

如果零件实体的局部表面形状较复杂，可以在实体的表面上建立一个曲面，在曲面与实体间填充材料生成实体的局部表面，这称为缝合。缝合操作方法如下：

1）单击缝合工具图标，显示缝合对话框。

2）选择要缝合的曲面，图中的桔色箭头应指向实体，如图4-176所示。

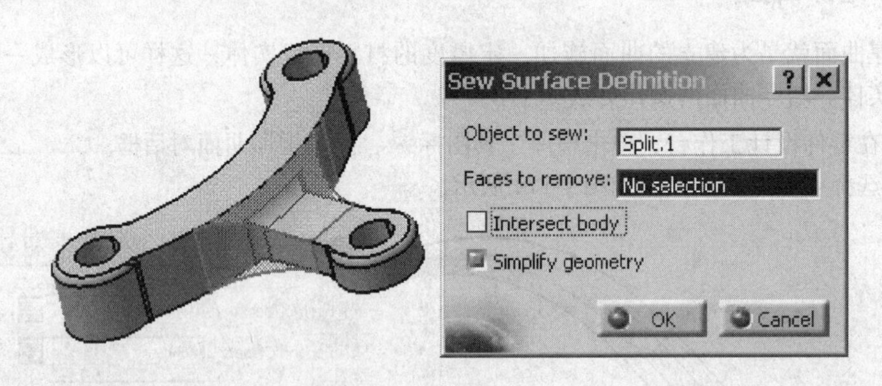

图 4-176

3）在对话框中选择 Intersect body 复选框，会在曲面与实体间的空隙填充材料，并把实体多余的部分分割删除，如图4-177所示。

4）选择 Simplify geometry 复选框，即简化缝合后实体的结果，能合成一个表面的尽量合成为一个表面。

5）单击“OK”，即建立缝合实体。

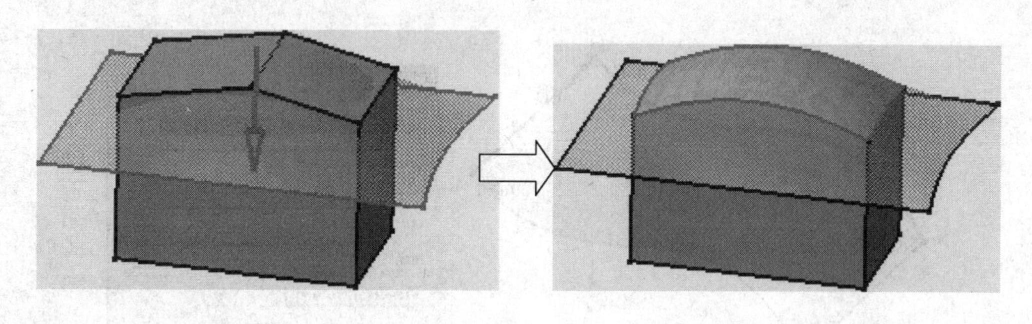

图　4-177

4.8　曲面和线架的管理

4.8.1　编辑修改线架或曲面

1. 编辑修改对象

要编辑或修改线架或曲面对象，常用的方法就是双击这个对象再去重新定义。在CATIA V5中对编辑修改对象没有什么限制，无论在什么时候建立的对象都可以修改，并可以进行任何程度的修改（只要修改后的拓扑关系正确）。下面以修改一个拉伸曲面为例，说明线架或曲面对象的修改方法。

1）选择yz平面，建立一个样条曲线草图，退出草图，建立图4-178所示的拉伸曲面。

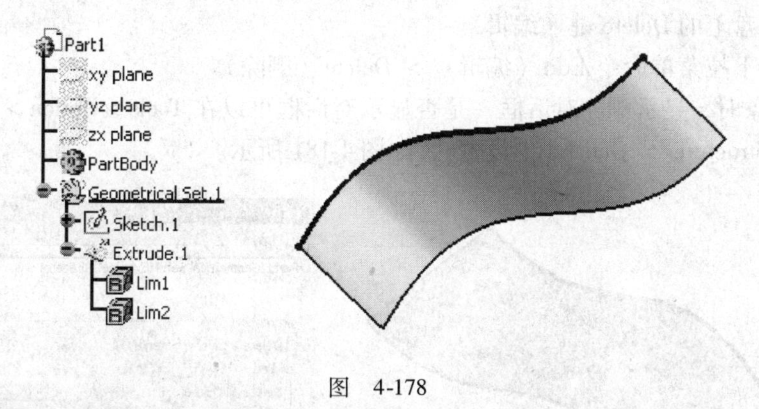

图　4-178

2）如果要修改拉伸曲面的拉伸尺寸或拉伸方向的等参数，在图中或在树上双击拉伸曲面（或右键点击拉伸曲面，在快捷菜单中选择xxx. Object > definition），显示拉伸曲面对话框，在对话框中修改拉伸尺寸或方向等参数，如图4-179所示，修改完成后单击“OK”关闭对话框，曲面自动更新。

3）要修改拉伸曲面的轮廓形状，要双击拉伸曲面的父对象——草图，进入草图器修改草图，退出草图后曲面自动更新，如图4-180所示。

2. 删除对象

在CATIA V5中，要删除选择的线架或曲面对象，有以下三种常用的方法。

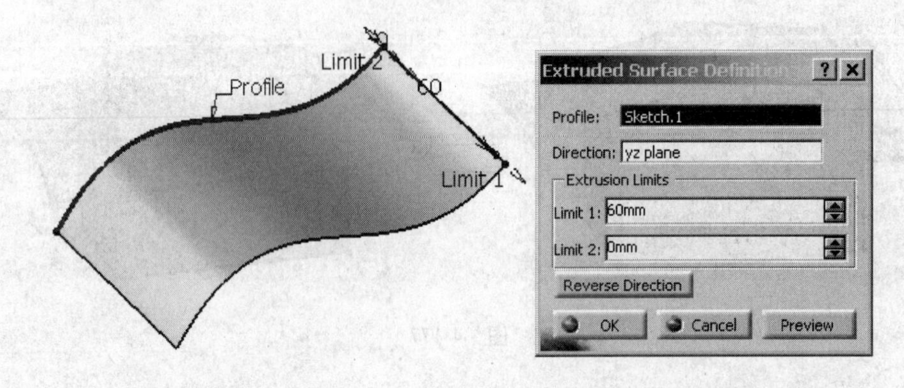

图 4-179

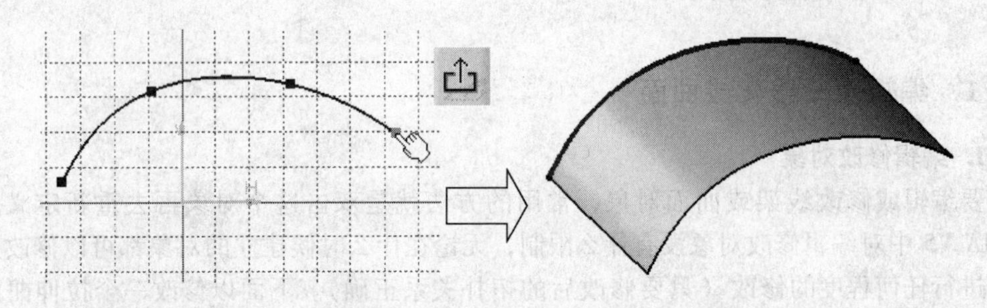

图 4-180

1）单击右键，在快捷菜单中选择 Delete 命令。

2）按键盘上的 Delete 键（编辑）。

3）选择下拉菜单命令 Edit（编辑） > Delete（删除）。

删除对象时，显示删除对话框（是否显示对话框可以在 Tools > Option > Infrastructure > Part Infrastructure > General 中设置），如图 4-181 所示。

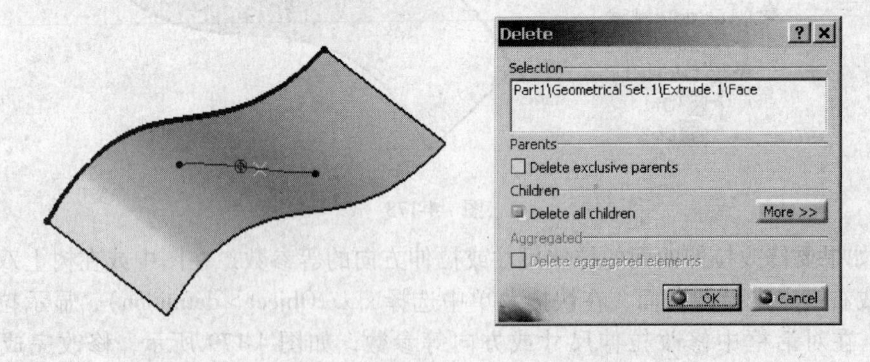

图 4-181

在 Delete（删除）对话框中，可以选择以下选项。

①Delete exclusive parents。删除上层父对象。

②Delete all children。删除全部子对象。

③Delete aggregated elements。删除相应的聚集元素，比如：建立的线的端点、混和设

计（Hybrid design）中布尔运算的实体等。

单击“OK”，确认删除；若不想删除，单击“Cancel”。

4.8.2　使用辅助工具

在线架与曲面设计工作台中可以使用一些辅助工具，用这些工具可以帮助用户更快速地建立线架或曲面对象，也可以得到一些特殊的对象。这些命令在 Tools（工具）工具栏中，如图 4-182 所示。

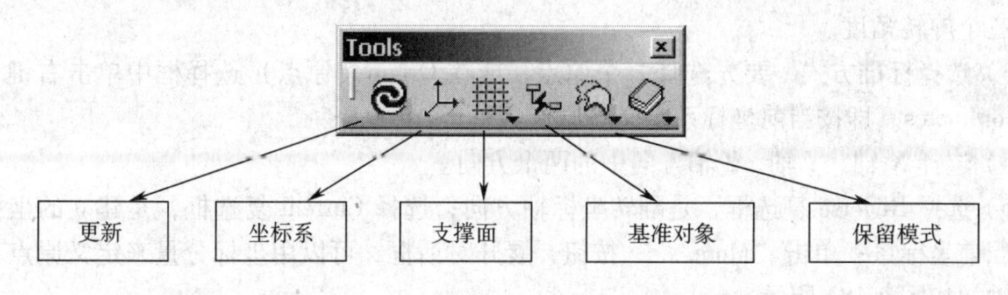

图　4-182

1. 更新对象

当完成一个对象的设计或修改一个对象后，对象都需要更新来重构系统的数据库，当单击“Preview”（预览）、单击“OK”时、或完成修改时，系统会自动更新。要更改系统的默认设置可以选择菜单 Tools > Options > Infrastructure > Part Infrastructure > Update 中选择 Automatic（自动更新）或 Manual（手动更新）。

如果选择了手动更新，当完成曲面的修改后，曲面会显示为红色，同时更新工具图标加亮，树上显示需要更新标记，表示对象需要更新，这时单击更新工具图标全部更新，或右键点击需要更新的对象选择局部更新（Local Update），如图 4-183 所示。

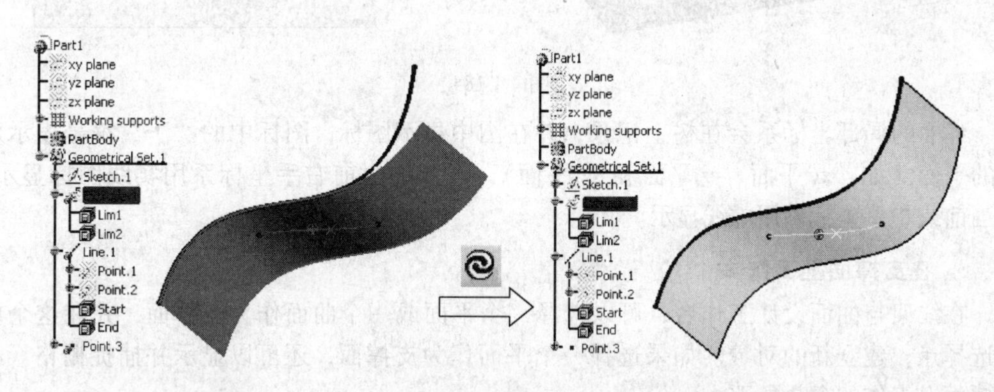

图　4-183

2. 建立用户坐标系

在 CATIA V5 中工作时，大多是以对象间的相对位置关系来决定他们的尺寸或位置的，通常不需要建立局部坐标系。如果在需要时，也可以建立用户坐标系。建立用户坐标系的方法比较灵活和方便，可以利用当前坐标系变换后得到新的坐标系，也可以通过已有的对象来定义新的坐标系。建立局部坐标系的方法如下：

1）单击坐标系工具图标，显示建立坐标系对话框。

2）在对话框中可以选择定义新坐标系的三种方法（Axis system type）。

① Standard. 标准方式，定义原点和 X、Y、Z 轴的方向。

② Axis rotation. 绕坐标轴旋转方式，定义一个原点、一个坐标轴方向、选择一个参考对象（线或面）和一个旋转角度。

③ Euler angels. 欧拉角方式，即利用球坐标变换，建立新的坐标系，选择一个原点，定义三个旋转角度。

3）选择标准方式，要先选择一个原点，或在 Origin（原点）选择框中单击右键，选择 Coordinates，即按当前坐标系定义新原点。

4）选择 X 轴、Y 轴、Z 轴方向中的两个方向。

5）选择 Reverse 复选框，是翻转坐标轴方向；选择 Current 复选框，是建立的坐标系作为当前坐标系；单击"More..."按钮，展开对话框，可以用坐标分量来定义原点和各坐标轴，如图 4-184 所示。

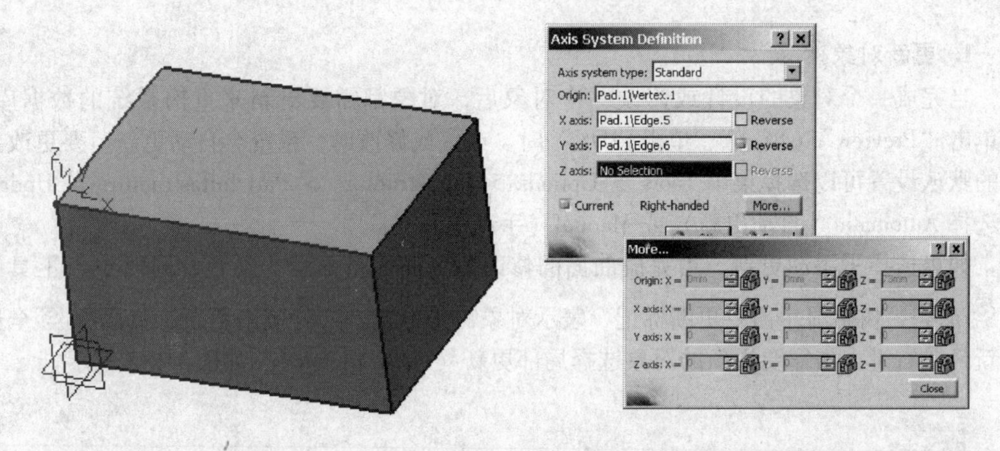

图 4-184

建立的局部坐标系会在树上记录，并在图中显示图标，图标中的"ᒪ"符号表示对应的平面（如：xy 平面、yz 平面和 xz 平面），建立的当前右手坐标系用实线图标显示，非当前或左手坐标系用虚线显示。

3. 在支撑面上工作

在线架与曲面设计工作台，可以选择一个平面或一个曲面作为支撑面，并在这个面上选择点，建立新的对象。如果选择一个平面作为支撑面，还可以显示并捕捉栅格。在支撑面上工作的方法如下：

1）单击支撑面工具图标，显示定义支撑面对话框。

2）选择支撑面有如下两种情况。

① 如果选择一个平面作为支撑面，在对话框中可以定义原点（Origin）的位置和栅格的密度，如图 4-185 所示。

② 如果选择一个曲面作为支撑面，可以定义一个原点，默认原点在曲面的中心，如

图4-186所示。

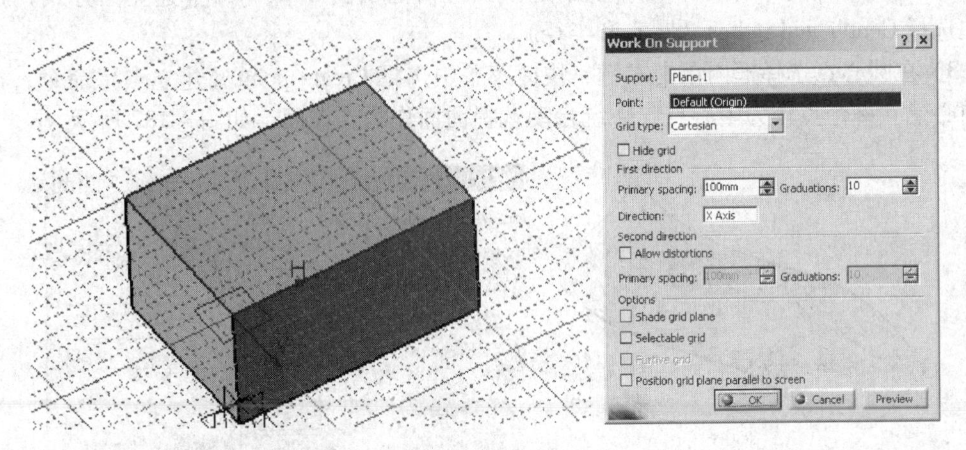

图　4-185

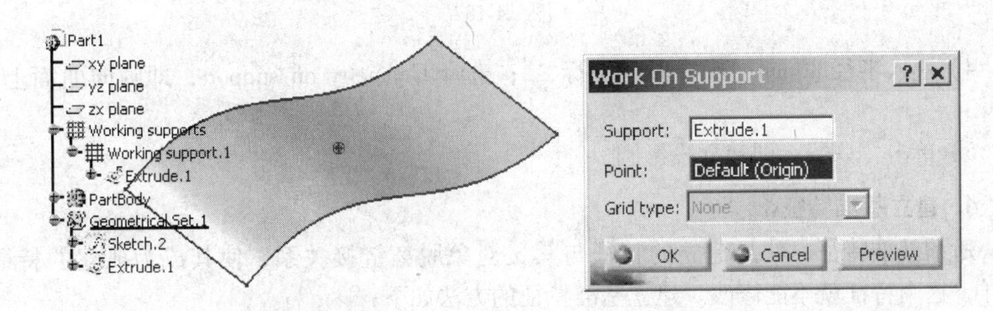

图　4-186

3）可以在定义平面支撑面对话框中作以下设置：

① Primary spacing. 显示栅格的主间距。

② Graduations. 栅格的分格数。

③ Direction. 定义栅格的主方向。

④ Allow distortions. 可以定义另一个方向不同的间距。

⑤ Shade grid plane. 着色栅格平面。

⑥ Selectable grid. 栅格中的点或线是可选择的。

⑦ Furtive grid. 只有栅格平面平行于屏幕时可见。

⑧ Position grid plane parallel to screen. 自动使栅格屏幕对正平行于屏幕。

4）定义曲面支撑面时，只要选择支撑面，再选择一个原点即可，也可以使用默认的原点（曲面的中心）。

5）单击“OK”，即建立支撑面。在树上显示支撑面标记，用工具图标转换是否在支撑面上操作，用工具图标打开或关闭栅格捕捉。

下面以在曲面的中心做一个圆说明在支撑面上工作的方法。

1）单击使用支撑面工具图标，使树上的支撑面标记和图中支撑面图标显示为红色。

2）单击建立圆工具图标，显示定义圆对话框，在 Cirde type（建立圆方式）选择框中选择 Center and radius（圆心和半径）。

3）在圆心点选择框内单击右键，快捷菜单中选择 Create point（建立点）命令，在曲面中心建立一个点作为中心点，系统自动选择曲面作为支撑面，如图 4-187 所示。

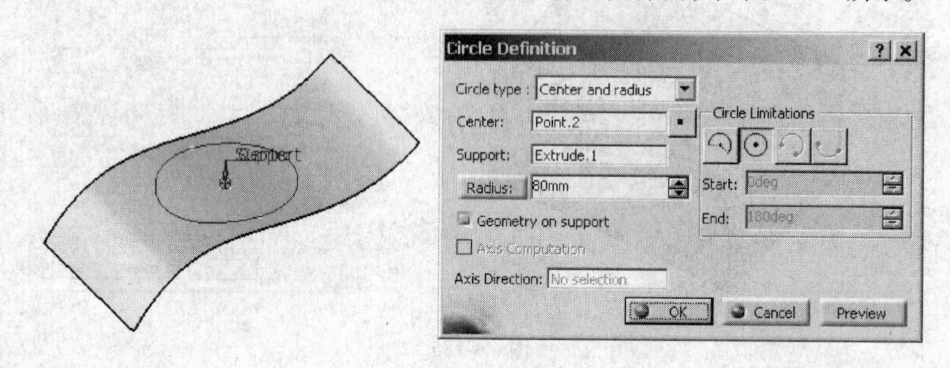

图 4-187

4）键入半径 80mm，选择做圆图标；选择 Geometry on support，即圆向曲面上投影。

5）单击“OK”，即建立投影圆。

4. 建立基准特征

所谓基准特征，就是建立的特征与其父对象脱离链接关系，使其成为孤立的特征。这样，这个特征就不能修改。建立基准特征的方法如下：

1）单击基准特征工具图标，建立的下一个曲面是基准特征，若要建立多个基准特征，可以双击工具图标。

2）选择要拉伸的草图轮廓，单击拉伸曲面工具图标，定义拉伸曲面参数，如图 4-188 所示。

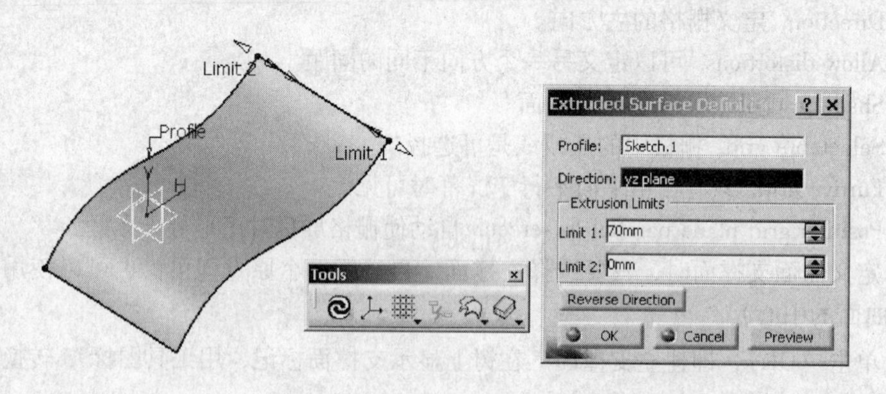

图 4-188

3）单击“OK”，建立拉伸曲面。这时在树上显示默认名为 Surface. x，并有“”标记，曲面是一个孤立的特征，与其父对象草图轮廓断开链接关系。

4）修改或删除草图轮廓，曲面不发生变化，如图 4-189 所示。

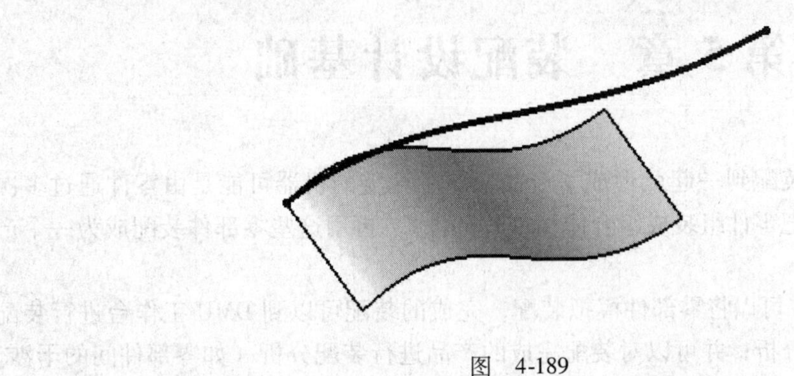

图　4-189

5. 保留模式和非保留模式

当使用连接、修剪和分解等编辑修改命令时，系统默认建立一个新的对象，隐藏原对象，这种模式称为非保留模式。也可以在编辑修改后不隐藏原对象，称为保留模式。若使用保留模式，在编辑修改前单击保留模式工具图标即可。

第 5 章　装配设计基础

设计完成的零件装配到一起就形成了产品，一个完整的机器可能是由零件通过多次装配才能完成，即先把零件组装成组合体（或称部件），再用这些零部件装配成为一个产品。

在 CATIA V5 中，可以将零部件模拟装配，完成的装配可以到 DMU 工作台进行装配仿真和机构运动仿真分析；并可以对装配完成的产品进行装配分析（如零部件间的干涉、接触、装配关系等）；还可以按照装配关系设计新的零件。

装配零部件，就是用计算机模拟现实的装配过程，通过约束把零部件联系在一起，并使其保留应有的自由度，使机器能实现预定的运动功能。

5.1　装配设计工作台介绍

在装配设计工作台，可以把零部件装配起来，形成一个产品。相关的装配文件可以保存在磁盘上（文件扩展名：*.CATProduct），在这个文件中保存各个零部件间的装配关系、约束状态和装配分析的结果等，并且还保存在装配中建立的装配特征，以实现一些特殊的装配需求（如模具和夹具的装配等），而各个零部件的数据都保存在其各自的文件中。

5.1.1　产品设计的概念

在进行一个产品的设计时，一般有两种设计方式，其一是自上而下的设计方式，其二是自下而上的设计方式。所谓“上”就是产品，“下”就是产品中的各个零部件。

自上而下设计时，先进入装配设计工作台，再逐个插入新的零部件，并针对这些零部件依次进行设计，设计时各个零部件间可以保留有相互位置关系的外部连接，也可以不保持这个关系。设计零部件时是在零件的装配位置进行的，因此设计完成后就形成了装配，不需再重新装配。

自下而上设计时，先在零件设计工作台逐个设计每个零件，再进入装配设计工作台，插入已有的零件，进行装配。

在 CATIA V5 中，也可以进行两种方式的混合设计。

零件是组成产品的基本单元，在零件设计工作台中设计的对象就是一个零件。

部件是零件和装配的统称，一个部件可能是一个零件，也可能是由多个零件组成的一个装配，作为当前装配中的一个操作单元。通常作为部件的装配，称为子装配。

装配：也称为产品，是指部件、装配关系（约束）和装配特征等的集合。

从装配树上可以看出（见图 5-1），装配就是根节点 Product1，其中 Quzhou、Liangan ass、Housai、Screw M6x16 等是部件。部件 Liangan ass 是一个子装配，而连杆体和连杆头

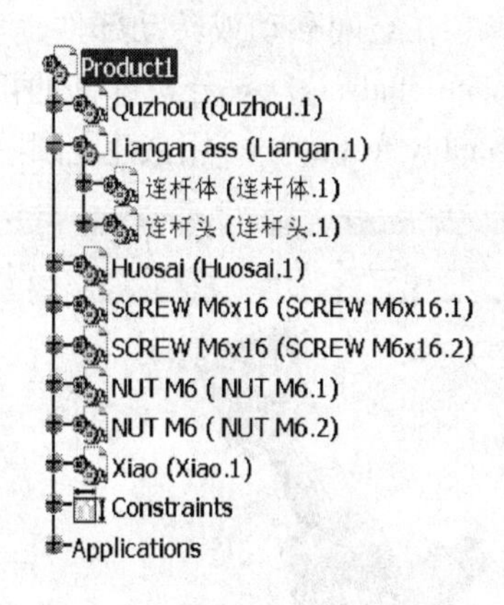

图　5-1

是这个子装配中的部件。

部件的名称由两部分组成，前面是部件名，就是保存在这个部件文件中的名称。括号内部分是在装配中对这个部件的引用名，只保存在装配文件中。

在装配树上每个部件名前面都有一个图标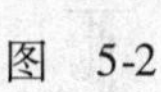，在图标上有一个白纸背景的，表示这个部件有自己的磁盘文件。如果没有这个白纸背景，表示没有单独的磁盘文件，这个部件的数据将保存在上层装配文件中。

5.1.2　产品装配工作台用户界面

有多种方法进入装配设计工作台，在开始对话框选择装配设计图标，如图5-2所示，在文件下拉菜单中，选择File（文件）>New（新建），在New（新文件）对话框选择Product（产品），如图5-3所示，在下拉菜单Start（开始）>Mechanical design（机械设计）>Assembly design（装配设计），如图5-4所示，或打开一个已有的装配文件等，都可以进入装配设计工作台。

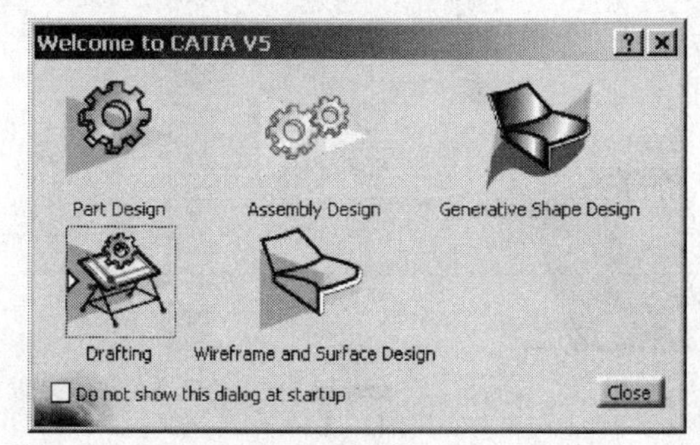

图　5-2

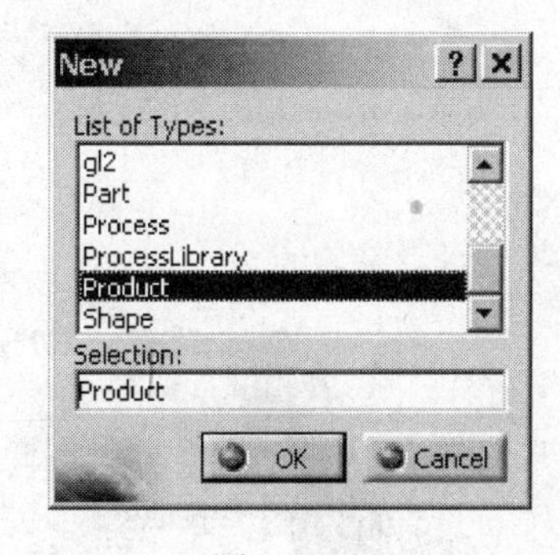

图　5-3

在装配设计工作台，包括以下常用工具栏，用户界面如图5-4所示。

（1）产品结构工具栏（Product structure tools）　用来管理装配中的部件，如插入部件、放置部件等。

（2）约束工具栏（Constraints）　为部件间建立约束，使其保持相对位置关系。

（3）移动工具栏（Move） 在空间移动或转动部件，便于装配。

（4）空间分析工具栏（Space analysis） 分析部件的接触和干涉等。

（5）装配特征工具栏（Assembly feature） 用来建立凹槽、孔、布尔运算等装配特征。

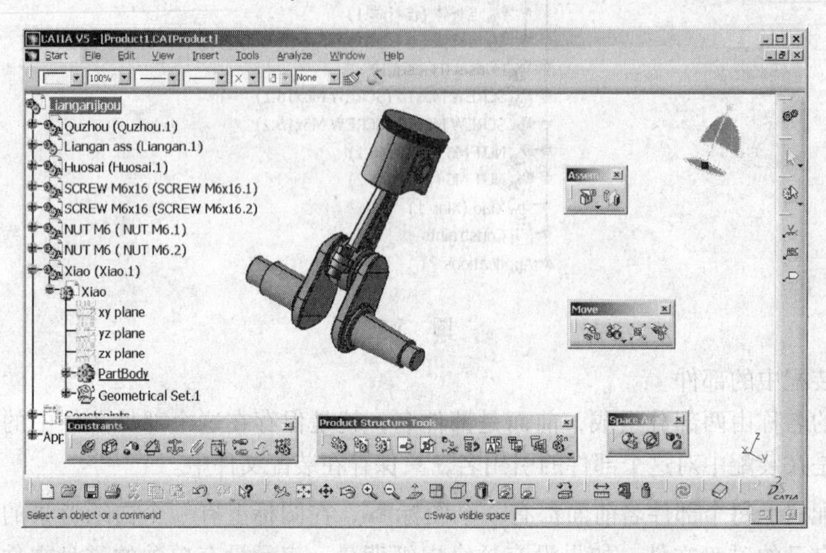

图 5-4

5.1.3 产品设计的一般步骤

产品的类型不同，设计的方法也不尽相同，在CATIA V5中进行一个产品设计的一般过程如图5-5所示。

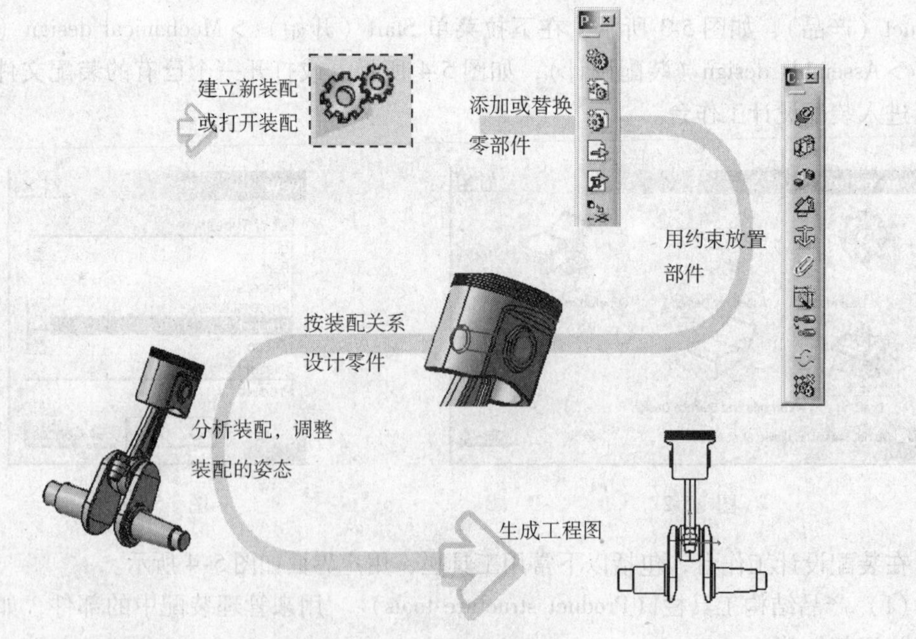

图 5-5

5.2　在装配中添加部件

5.2.1　建立一个装配文件

进入装配设计工作台，就建立了一个装配文件，这个装配的默认名称是Product1。这个装配文件可以保存到磁盘上。要改变装配的名称，可以在装配名称上单击右键，在快捷菜单中选择Properties（特性），在特性对话框中的Product（产品特性）选项卡中，修改Part number（产品的名称），如图5-6所示。

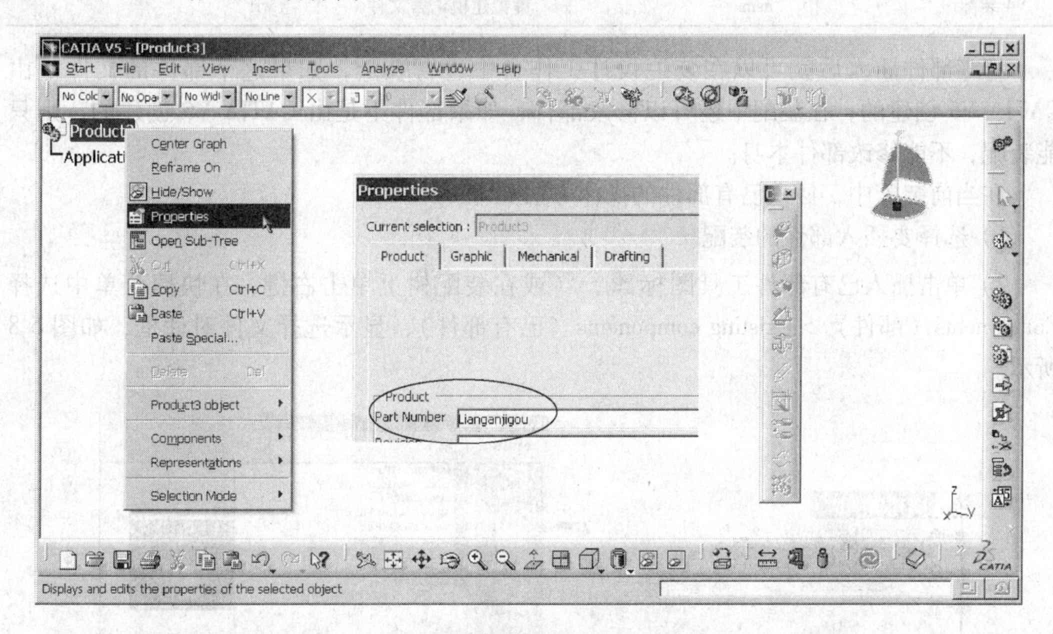

图　5-6

5.2.2　添加部件

在装配中添加部件，可以使用Product Structure tools（产品结构工具栏），或使用Insert（插入）菜单中的菜单命令，也可以使用右键快捷菜单。产品结构工具栏如图5-7所示。

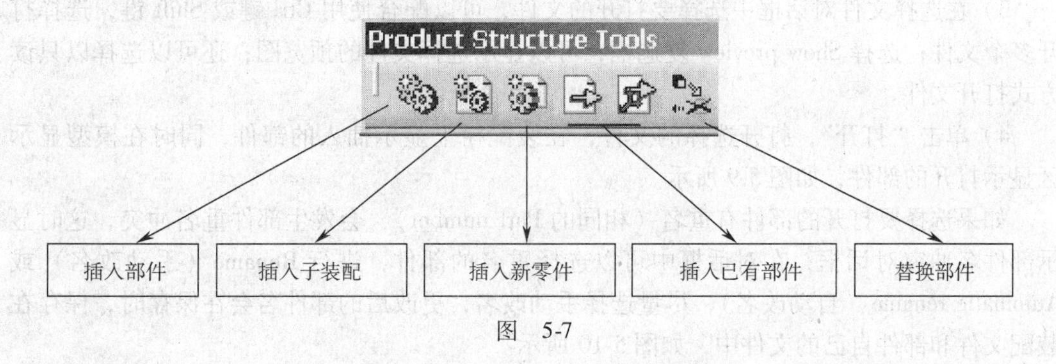

图　5-7

1. 插入已有部件

在 CATIA V5 中可以插入一个已有的零件或一个装配作为当前产品的部件，这个部件必须是已经建立、并保存在磁盘上的文件。可以插入的文件类型如表 5-1 所示。

表 5-1 可插入装配的文件类型

文 件 类 型	文件扩展名	文 件 类 型	文件扩展名
V5 零件	. CATPart	V4 模型	. model
V5 装配	. CATProduct	V4 会话文件	. session
V5 分析文件	. CATAnalysis	CATIA 图形表现文件	. cgr
V4 装配	. asm	虚拟建模语言文件	. wrl

将零部件插入后就可以在装配设计工作台中进行装配，如果这个部件的文件是由 CATIA V5 创建的，在装配中还可以修改部件；如果部件不是由 CATIA V5 创建的，则只能装配，不能修改部件本身。

在当前装配中，插入已有部件的操作方法如下：

1）选择要插入部件的装配。

2）单击插入已有部件工具图标，（或在装配树上单击右键，在快捷菜单中选择 Components（部件） > Existing components（已有部件），显示选择文件对话框，如图 5-8 所示。

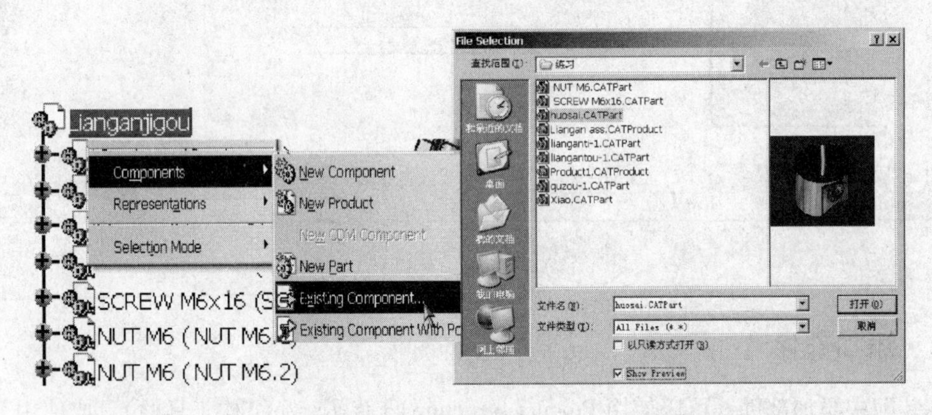

图 5-8

3）在选择文件对话框中选择要打开的文件，可以配合使用 Ctrl 键或 Shift 键，选择打开多个文件；选择 Show preview 复选框，可以显示选择文件的预览图；还可以选择以只读方式打开文件。

4）单击“打开”，打开选择的文件，在装配树上显示插入的部件，同时在模型显示区显示打开的部件，如图 5-9 所示。

如果选择要打开的部件有重名（相同的 Part number），会发生部件重名冲突，这时显示部件名冲突对话框，在对话框中可以选择重名的部件，进行 Rename（手动改名）或 Automatic rename（自动改名），尽量选择手动改名，更改后的部件名会在保存时，保存在装配文件和部件自己的文件中，如图 5-10 所示。

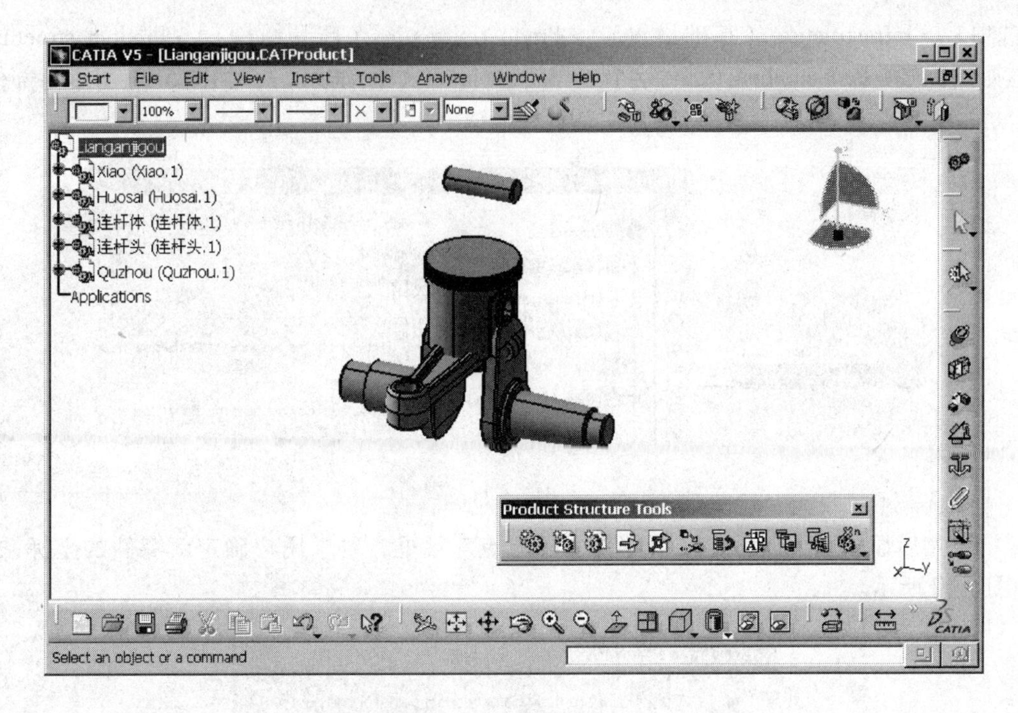

图　5-9

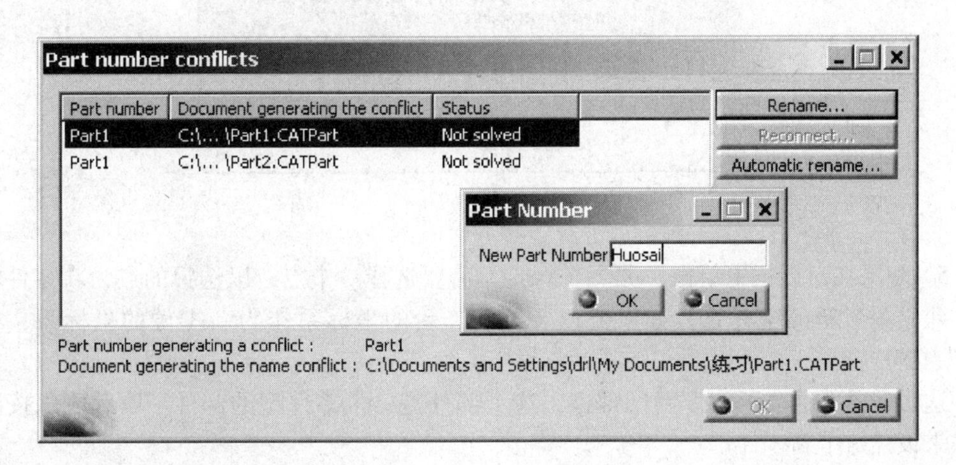

图　5-10

插入已有部件时也可以用命令，插入时需确定位置和约束。

2. 插入一个新零件

这个命令可以插入一个新零件作为装配中的部件，插入后再按装配关系设计这个零件。插入新零件的操作方法如下：

1）在装配树上选择当前装配。

2）单击插入新零件工具图标。

3）如果在系统选项中设置了手动输入部件名（Part number），会显示输入部件名对话框，可以输入一个部件名。要设置手动输入部件名，可以选择 Tools（工具）> Options

（选项）>Infrastructure（基础设置）>Product structure（产品结构）>Product structure 选项卡中选择 Part number（部件名）>Manual input（手动输入），如图 5-11 所示。部件名也可以在 Properties（部件特性）对话框中修改。

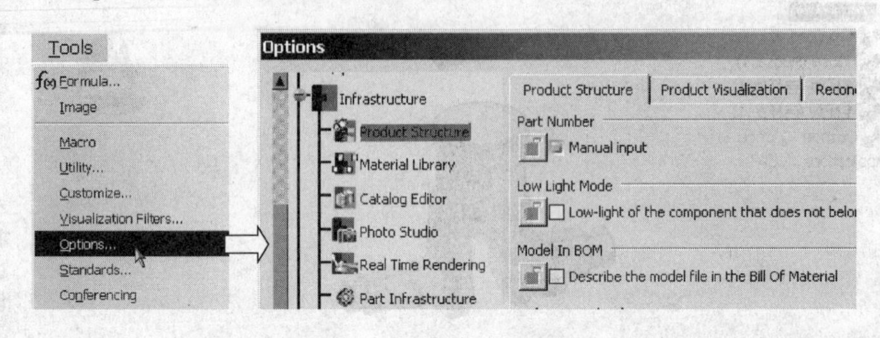

图 5-11

4）然后显示一个提示定义新零件坐标原点对话框，要求用户确定新零件的坐标系，如图 5-12 所示。

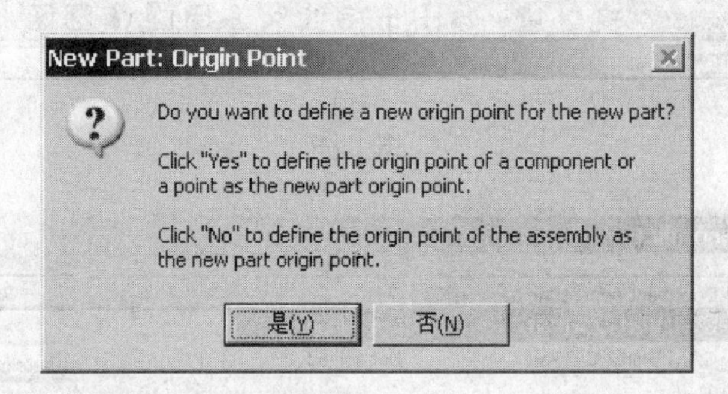

图 5-12

5）如果在对话框中单击“是”（Yes），需要选择一个点，以选择的点为新零件的原点，建立一个新的坐标系；如果要以装配工作台的坐标系作为新零件的坐标系，单击“否”（No）。

这时在树上建立了一个新的部件，这个部件是一个零件型的部件。以后可以按装配关系来设计这个新零件。

3. 插入一个新的子装配

在当前装配中，可以插入一个新的子装配，将来在这个子装配中，还可以插入部件。插入新子装配的操作方法如下：

1）选择要插入子装配的装配。

2）单击插入子装配工具图标。

3）如果在系统选项中设置了手动输入部件名（Part number），会显示输入部件名对话框，可以在对话框中输入一个部件名。

4）在树上显示新建立的子装配。

5）选择这个子装配，再插入这个子装配的部件。

4. 插入一个新部件

使用这个命令，可以在当前装配中插入一个部件，这个部件没有自己单独的磁盘文件，它的数据会保存在它上层装配（父装配）中。插入新部件的操作方法如下：

1）选择要插入新部件的装配。

2）单击插入新部件工具图标。

3）如果在系统选项中设置了手动输入部件名（Part number），会显示输入部件名对话框，可以在对话框中输入一个部件名。

4）在树上显示新建立的子装配。

5）选择这个部件，再插入这个部件的子部件。

在装配设计工作台中，插入的零部件会记录在树上，插入的已有部件会在几何模型显示区中显示，随后就可以装配这些部件或设计产品中的新零件。

5. 插入一个库中的部件

如果在CATIA V5中已经建立了零部件库，就可以用库目录浏览器，来插入库中的零部件，使用库目录浏览器的操作方法如下：

1）单击库目录工具图标，显示Catalog Browser（库目录浏览器），如图5-13所示。

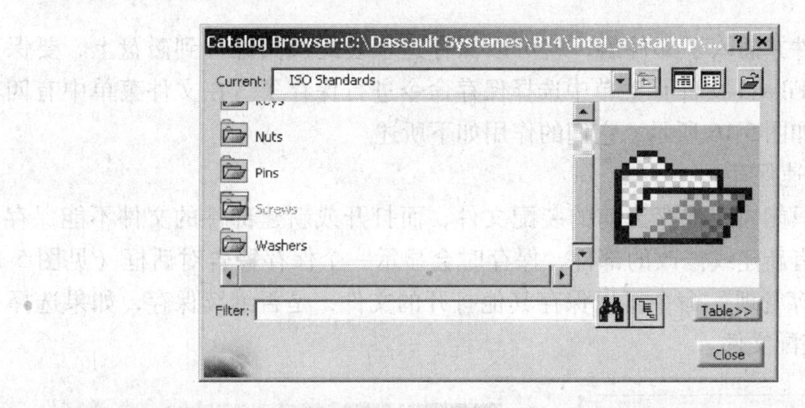

图　5-13

2）在浏览器中打开要插入零件的库文件，双击打开章、节，这里打开ISO标准件库（ISO Standard），双击选择一个螺钉（Screws章），双击打开ISO 4762内六角螺钉（ISO_4762_ HEXAGEN... 节），如图5-14所示。

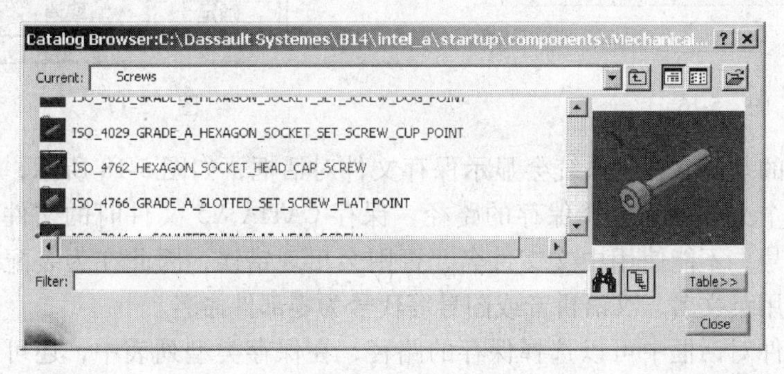

图　5-14

3）选择 M6 ×16 内六角螺钉，在浏览器中，拖动这个螺钉的图标到装配树要插入的装配上，如图 5-15 所示，单击“Close”关闭浏览器。

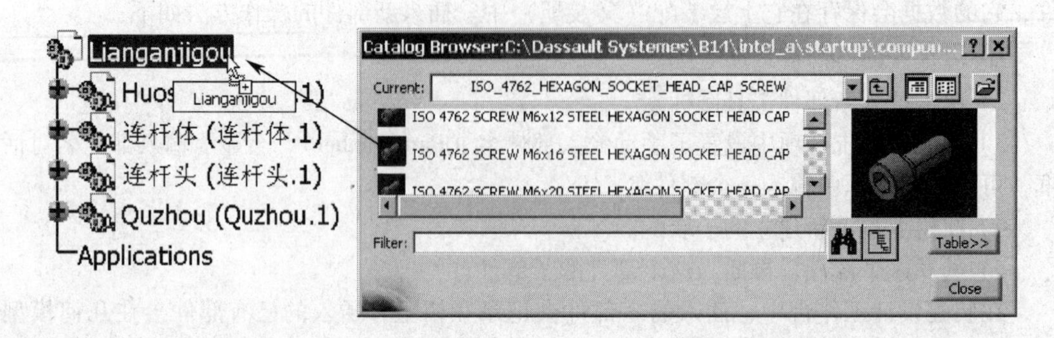

图　5-15

4）装配树上和界面上即插入一个部件，如果要修改这个部件的名称和部件标记，在部件上单击右键，选择 Properties（特性）命令，在特性对话框中修改。

5.2.3　保存装配文件

建立装配文件并插入了部件后，就可以保存这个装配及其部件到磁盘上，要保存装配文件，可以在 Files（文件）菜单中选择保存命令进行保存了。在文件菜单中有四个保存的相关命令，如图 5-16 所示，它们的作用如下所述。

1. Save（快速保存）

用这个命令只能快速保存当前的装配文件，而打开或新建部件的文件不能保存，如果在这个装配中有新建或修改的部件，保存时会显示一个保存警告对话框（见图 5-17），提示用户用“保存管理”命令可以保存其他打开的文件，是否继续保存，如果选择“确定”，保存当前装配文件。

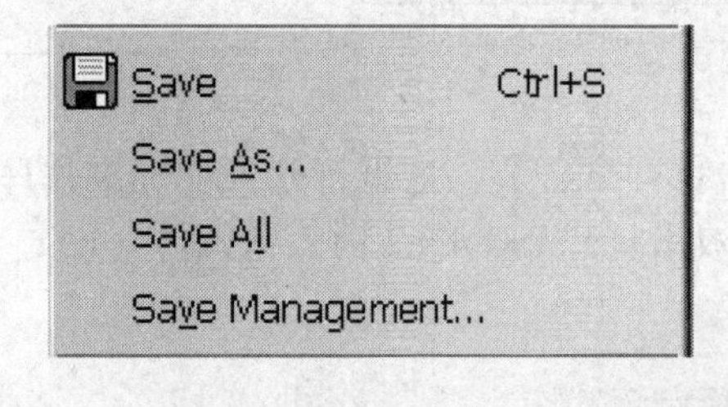

图　5-16

图　5-17

如果是新的装配文件，系统会显示保存文件对话框，如图 5-18 所示，要求用户为装配文件输入一个文件名并选择保存的路径。保存 CATIA V5 文件时的文件名，只能用字母、数字或符号，不能使用中文文件名，否则会出现错误，因此在为装配或零件文件命名时，最好使用英文名、汉语拼音或图号等代号为零部件命名。

在保存文件对话框中可以选择保存的路径，在保存类型列表中，还可以确定保存文件的类型，默认为 *. CATProduct。

图　5-18

2. Save as（另存为）

执行这个命令可以把当前文件以一个新文件名保存，或保存到另一个文件夹中。

3. Save all（全部保存）

用这个命令可以保存当前打开并修改过的全部文件，保存时如果有新文件或只读文件，会显示如图5-19所示的警告对话框，警告用户有的文件不能自动保存，询问是否保存这些文件，如果选择“取消”，将不保存这些文件；若选择“确定”，则显示“另存为”对话框，如图5-20所示。在对话框中选择每个要保存的文件，单击“Save as”按钮，显示Save as（另存为）对话框，可以为新文件命名并逐个保存文件。

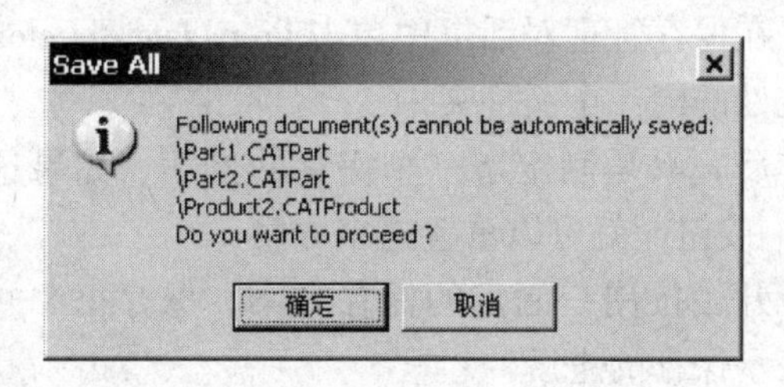

图　5-19

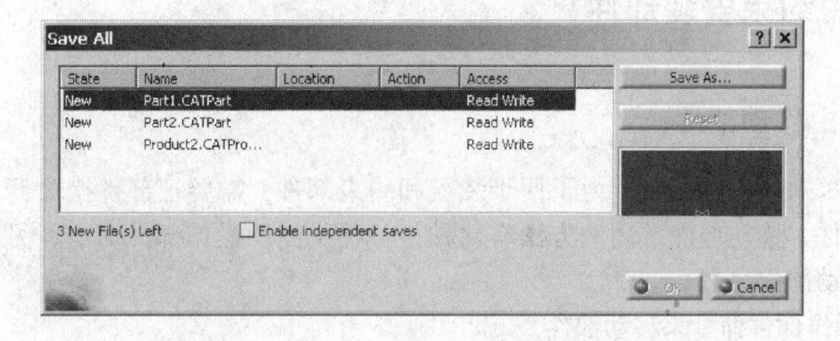

图　5-20

4. Save management（保存管理器）

当执行这个命令时，显示Save Management（保存管理）对话框，如图5-21所示。在对话框中，可以决定在 CATIA V5 中打开的全部文件的保存方式，这是一个最常用的保存命令。

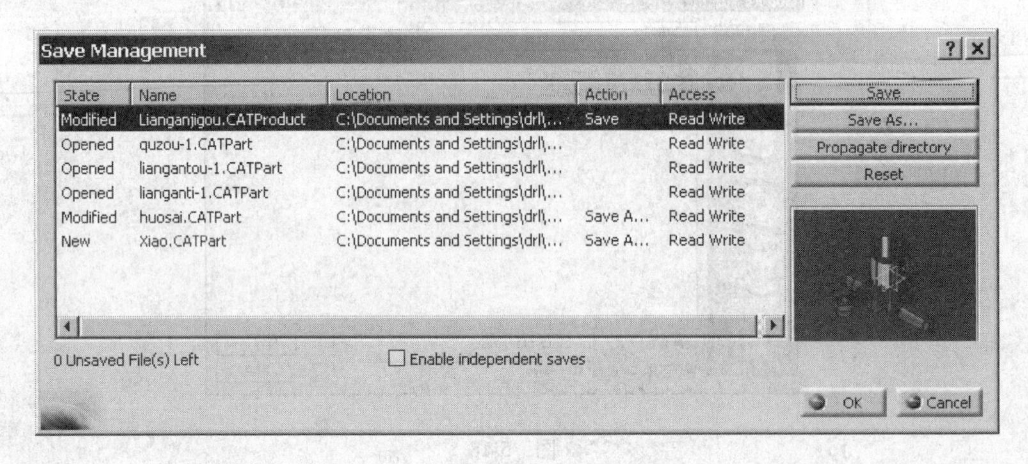

图 5-21

在对话框的列表框中，列出了当前打开的全部文件并显示它们的状态、文件名、保存路径、动作及可访问状态。这些打开文件有 New（新文件）、Open（打开的文件）和 Modified（修改过的）三种状态。

可以选择一个文件，用对话框右侧的按钮来确定它们的保存方式：Save（保存）或 Save as...（另存为），保存的方式会在列表的 Action（动作栏）中显示，当确定了其中一个文件的保存方式后，其他的新文件或修改过的文件会自动保存（Save Auto）。

如果要把装配中的全部文件都保存到一个新的文件夹中，可以选择产品文件另存到一个新建的文件夹中，在保存管理对话框中单击 Propagate directory（继承目录）按钮，全部文件会另存到产品文件的同一个文件夹中。

当执行了以上操作后，只是制定了一个保存的方案，如果这时候要改变这个保存方案，可以单击“Reset”按钮，就可以重置这个方案。

单击“OK”，系统开始按用户制定的保存方案，保存每个文件，这时界面上会显示保存进度的滚动条，表示保存的进度。

5.3 利用约束安装部件

5.3.1 自由移动部件

当部件都插入工作台后，为了便于装配和约束部件，需要把部件摆放开来。这样就需要移动部件，移动部件常用的方法有两种，一种是使用操作部件命令，另一种方法是用指南针移动部件。

1. 用操作部件命令来移动部件

用这个命令可以沿各个方向自由移动部件，可以绕某个轴线转动部件，也可以将部件摆放到期望的目标位置。操作部件命令的使用方法如下：

1）执行操作命令前保证要移动部件的父装配是当前活动装配。单击操作部件工具图标，显示操作对话框，如图5-22所示。

2）在对话框中选择要移动的方向或转动的轴线。

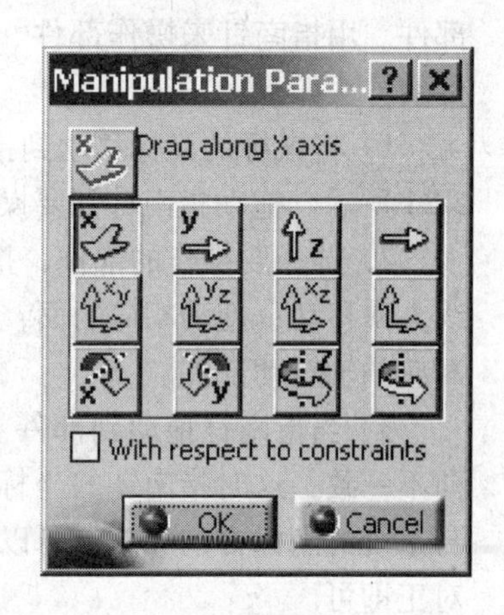

图　5-22

① 沿x轴方向移动。

② 沿y轴方向移动。

③ 沿z轴方向移动。

④ 沿选择的方向移动。

⑤ 在xy平面内移动。

⑥ 在yz平面内移动。

⑦ 在xz平面内移动。

⑧ 在选择的平面内移动。

⑨ 绕x轴转动。

⑩ 绕y轴转动。

⑪ 绕z轴转动。

⑫ 绕选择的轴线转动。

3）拖动要移动的部件，就可以沿选择的方向移动，或绕选择的轴线转动，如图5-23所示。

图　5-23

4）选择复选框With respect to constraints，将会保持约束来移动或转动部件，也就是说，部件只能沿保留的自由度方向运动。

5）单击“OK”，即完成部件的操作。

2. 使用指南针操作部件

当指南针在默认位置（工作界面的右上角）时，可以用指南针来操作屏幕视图（操作方法见 1. 3. 2 中的介绍）；如果把指南针拖动到部件上，就可以用指南针来移动或转动部件。用指南针来操作部件，方法简单灵活，是操作部件常用的方法。用指南针操作部件的方法如下：

1）将鼠标的光标移动到指南针中间的红色方块标记处，光标显示为十字箭头，如图 5-24 所示。拖动指南针到要操作的部件上。

2）选择要操作的部件，拖动指南针上的 U 轴、V 轴、W 轴将沿这个轴线方向移动；拖动相应的面，在这个平面内移动；拖动指南针上的弧线，绕对应的轴转动部件。

图　5-24

3）当指南针拖动到部件上时，可能指南针的坐标方向与系统的坐标方向不一致，这时指南针的坐标用 U、V、W 表示。若要使指南针的坐标方向与系统的坐标方向一致，可以拖动指南针到平面右下角的系统坐标系图标上对正即可。

4）也可以设置指南针自动捕捉到要操作的部件上（当要移动的部件隐藏在其他部件内部时，用自动捕捉很重要），在指南针上单击右键，在右键快捷菜单中，选择 Snap Automatically to Select Object（自动捕捉指南针到选择的部件上），如图 5-25 所示。

5）选择要操作的部件，指南针会自动跳到部件上，并与部件的坐标系对齐，这时拖动指南针上的元素就可以操作部件。如图 5-26 所示。

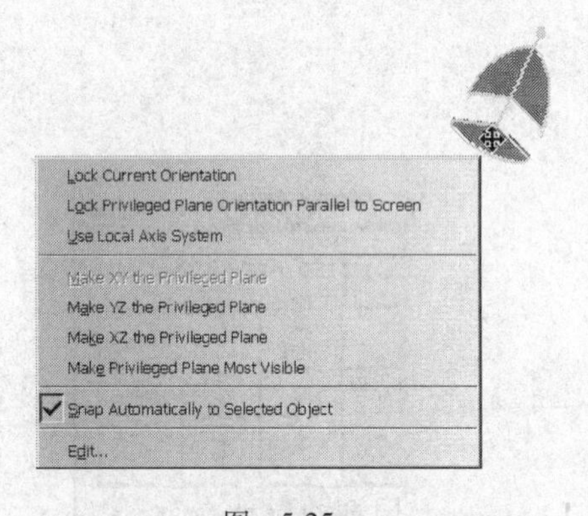

图　5-25

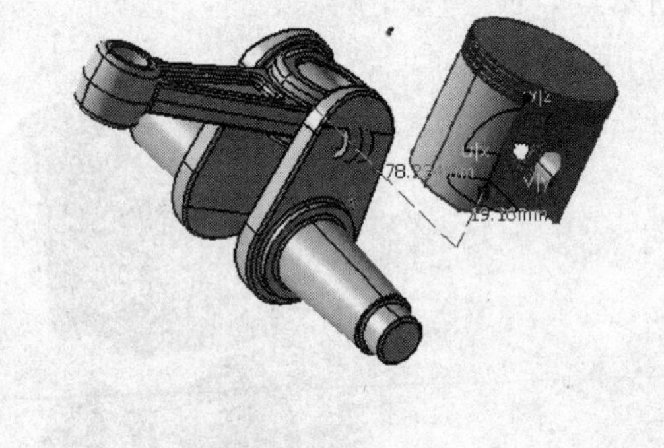

图　5-26

6）使用指南针，也可以精确地操作部件，若要精确地移动或转动部件，将指南针自动捕捉到目标部件，在指南针上单击右键，选择 Edit...（编辑），显示指南针操作对话框，如图 5-27 所示。

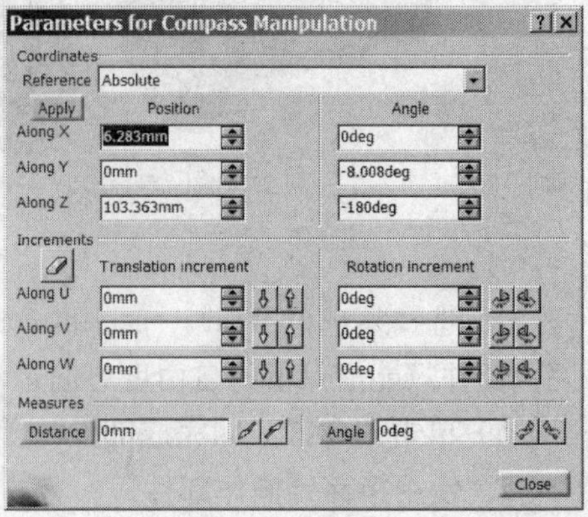

7）在对话框中可以选择移动或转动时参考绝对坐标（Absolute）或当前装配的坐标系（Active object）。

在 Position（位置）中键入要移动部件的目标位置的 x、y、z 坐标，单击“Apply”（应用），部件的原点将移动到目标点上。

图　5-27

在 Angle（角度）中键入要转动部件绕 X 轴、

Y 轴、Z 轴转动的角度，单击“Apply”（应用）转动部件部件。

在 Translation increments（移动增量）中键入沿 U 轴、V 轴、W 轴移动的增量值，单击，可以正向或反向移动部件。

在 Rotation increments（旋转增量）中键入绕 U 轴、V 轴、W 轴转动的增量值，单击，可以正向或反向转动部件。

在 Measures（测量）中，可以用测量的距离或角度来移动或转动部件，单击按钮“Distance”（距离），在屏幕上选择两个对象（面、点或线），单击，会按选择的两个对象间的距离移动部件；单击“Angle”（角度）按钮，在屏幕上选择两个对象（面或线），单击，部件按测量出的角度转动。

8）单击“Close”（关闭），即完成部件的操作。

当用指南针移动或转动部件时，按 Shift 键会保持约束移动或转动，如果设置了指南针自动捕捉到选择的部件，操作完成后不要忘记取消这个选择。

5.3.2　建立装配约束

把部件摆放开后，就可以装配这些部件了。装配时，主要是约束部件，使部件间有确定的位置。约束部件后需要更新约束，才能使部件到达要约束的位置。为了使部件的约束过程顺利，通常需要选择手动更新方式（也是默认方式）。要设置装配的更新方式，可以选择菜单 Tools（工具）>Options（选项）>Mechanical design（机械设计）>Assembly design（装配设计）>General（概况）>Update（更新）>Manual（手动），如图 5-28 所示。

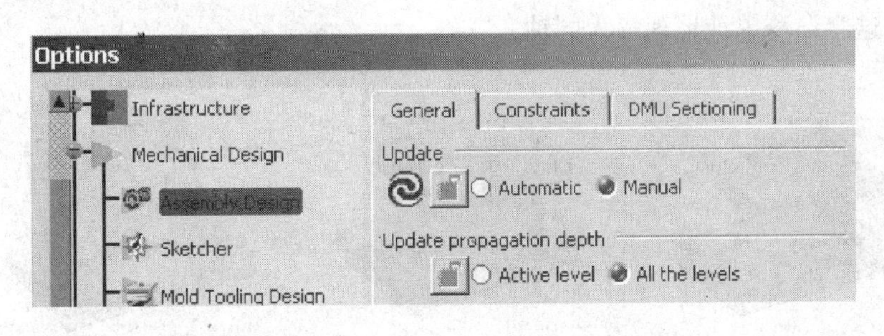

图　5-28

建立约束时，可以用约束工具栏或 Insert（插入）下拉菜单中的约束命令。约束工具栏的工具图标说明如图 5-29 所示。

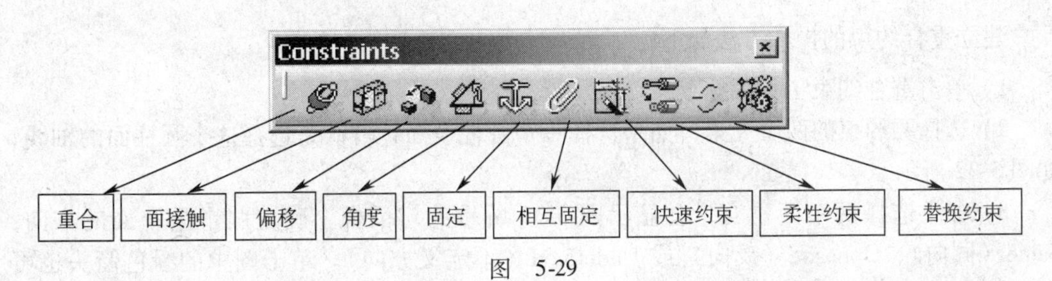

图　5-29

1. 建立固定约束

在一个装配中，至少有一个部件是固定件，固定件的自由度为0。通常固定件选择机架、壳体或底座等部件。

要设置固定约束，选择被约束的部件，单击固定约束工具图标即可。

默认施加的固定约束是在空间固定，当移动这个部件后，单击更新工具图标，部件会返回到约束时的位置。也可以设置为相对固定方式，要设置为相对固定方式，双击固定约束（在工作界面上或树上），显示固定约束对话框，如图5-30所示，单击对话框中更多选择按钮“More > >”，取消复选框Fix in space即可。这时如果移动这个部件，就会固定在这个位置。在空间固定和相对固定在树上的图标不同。

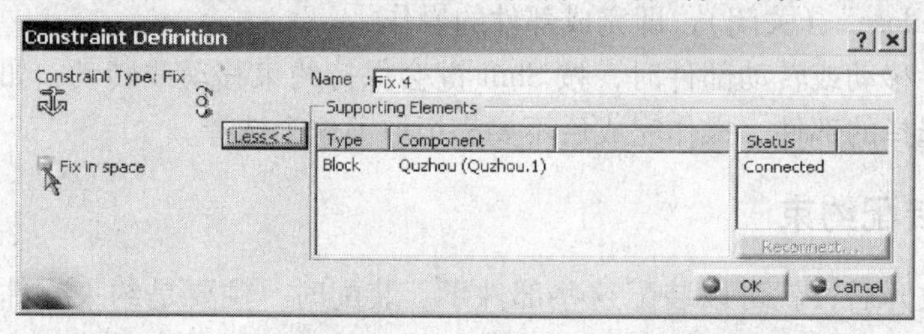

图 5-30

2. 建立重合约束

这个命令可以约束两个部件中的元素重合，比如：线重合（共线或同轴）、面重合（共面）、点重合（共点）、线与面重合、点与线重合、点与面重合。如图5-31所示（注意：不要把这个命令单纯地理解为同轴）。

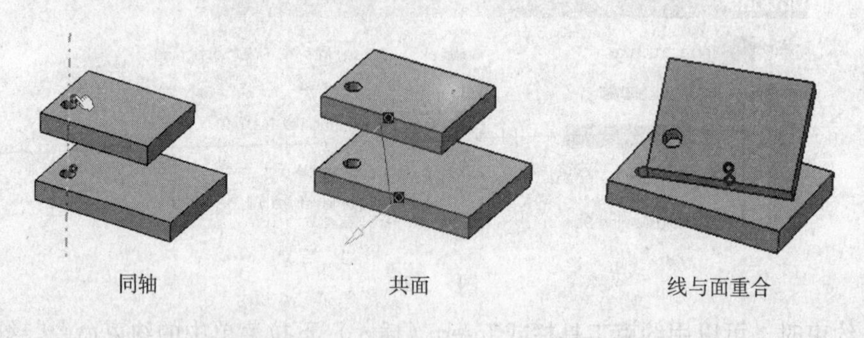

图 5-31

建立重合约束的操作方法如下？

1）单击重合约束工具图标。

2）选择要约束的两个元素，如果选择一个圆柱表面，默认是选择这个圆柱面的轴线，如图5-32所示。

3）如果选择两个面重合，会显示图5-33所示的对话框，确定两个重合面的方向：Same（同向）、Opposite（反向）或Undefined（不定义方向）。单击图中的绿色箭头也可以改变共面方向。

图 5-32

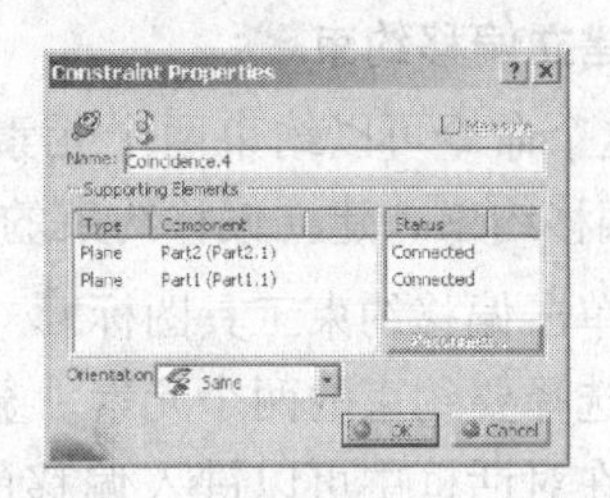

图 5-33

4）单击“OK”，即建立约束。若单击更新工具图标，部件自动移动到约束的位置。

3. 建立接触约束

这个命令可以约束两个元素相接触的状态，接触时可以是面接触（如两个平面接触）、线接触（如平面与圆柱面接触、圆与球面接触、圆与圆锥面接触）或点接触（如平面与球面接触），如图5-34所示。

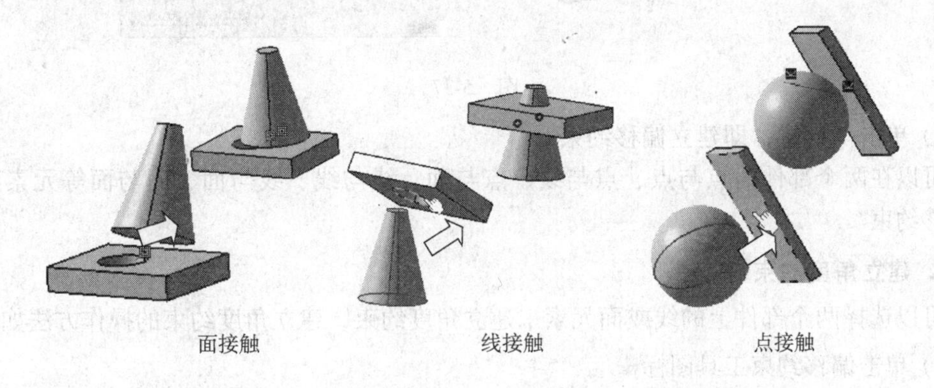

图 5-34

建立接触约束的操作方法如下：

1）单击接触约束工具图标。

2）选择两个要约束的平面，如图5-35所示。

3）如果选择线接触或点接触，显示图5-36所示对话框，在对话框中可以选择接触的方向。

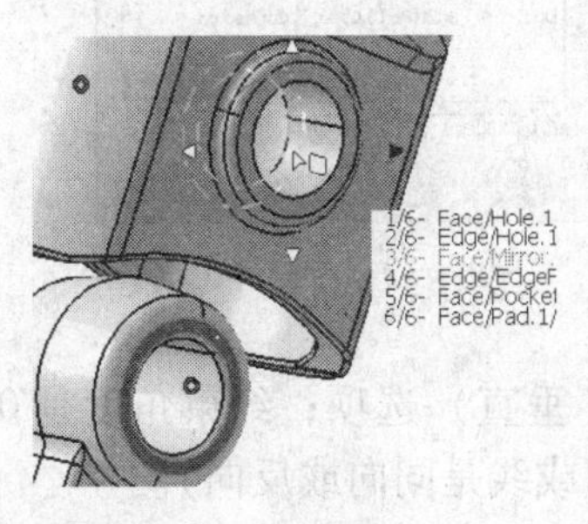

图 5-35

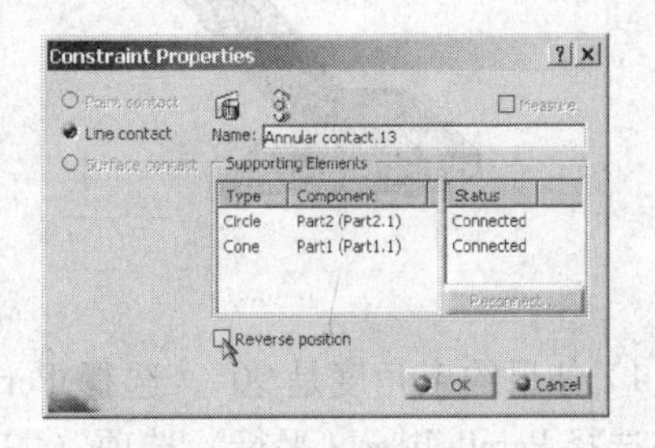

图 5-36

4. 建立偏移约束

用这个命令可以约束两个元素保持一个偏移距离，可以在部件的点、线、面等元素间建立偏移约束，建立偏移约束的操作方法如下：

1）单击偏移约束工具图标。

2）选择要约束的两个元素，显示偏移约束对话框。

3）在对话框中可以键入偏移的距离和方向，方向可以选择 Same（同向）、Opposite（反向）和 Undefined（不定义方向），如图 5-37 所示。

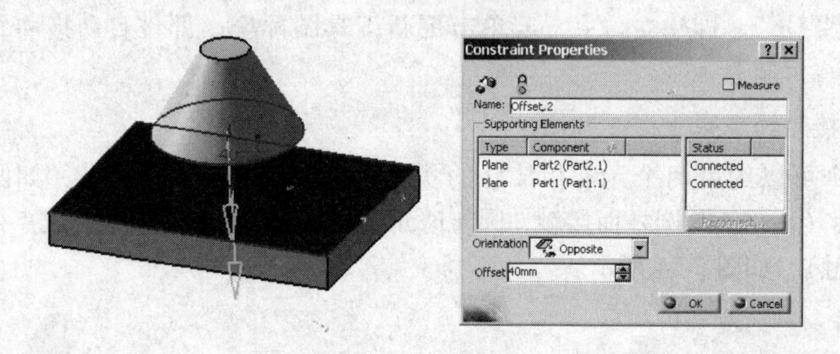

图 5-37

4）单击“OK”，即建立偏移约束。

可以在两个部件的点与点、点与线、点与面、线与线、线与面、面与面等元素间建立偏移约束。

5. 建立角度约束

可以选择两个部件上的线或面元素来建立角度约束，建立角度约束的操作方法如下：

1）单击偏移约束工具图标。

2）选择两个部件上要约束的元素（线或平面表面）。

3）在偏移约束对话框文本框 Angle（角度）中键入约束角度，如图 5-38 所示。

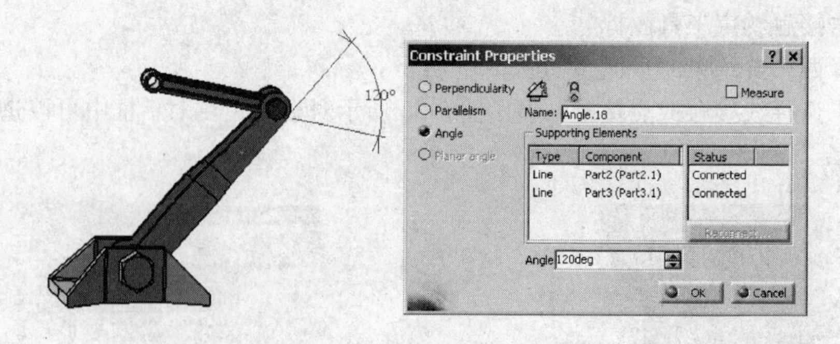

图 5-38

4）如果约束角度是 90°，选择 Perpendicularity（垂直）选项；约束角度是 0°或 180°时，选择 Parallelism（平行）选项（需要定义两个面或线是同向或反向）。

5）单击“OK”，即建立角度约束。

6. 建立相互固定约束

用这个命令，可以把当前活动装配中的两个或多个部件固定到一起，建立相互固定约束的操作方法如下：

1）单击相互固定约束工具图标，显示相互固定约束对话框，如图5-39所示。

2）选择要约束的部件（在树上或在几何区内），要去除选择就再次选择这个部件。

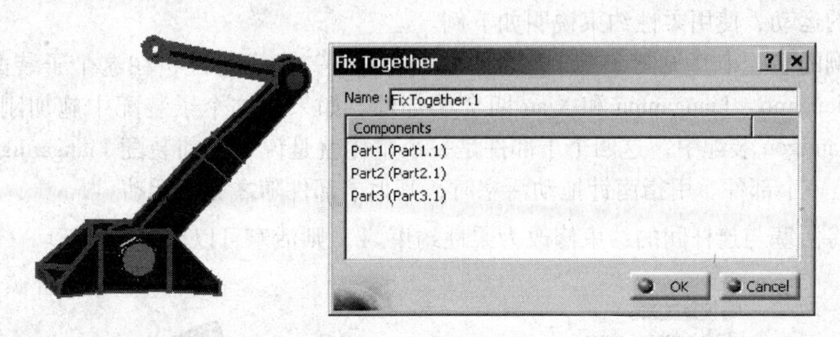

图　5-39

3）可以在对话框中键入一个约束名作为部件组的名称。

4）单击“OK”，即建立相互固定约束。

相互固定的部件，用操作命令或指南针也可以移动或转动，若按Shift键移动被相互固定的部件时，部件间会保持相互固定，即移动一个部件，被固定的部件会随之一起移动。

7. 建立快速约束

建立快速约束时，选择两个要约束的部件，系统将根据用户选择的对象的类型和设置的快速约束顺序，自动建立一个适当的约束。

要设置快速约束顺序，选择下拉菜单Tools（工具）>Options（选项）>Mechanical Design（机械设计）>Assembly Design（装配设计）>Constraints（约束）>Quick constraints（快速约束）中用↑或↓来调整自动约束的顺序，如图5-40所示。

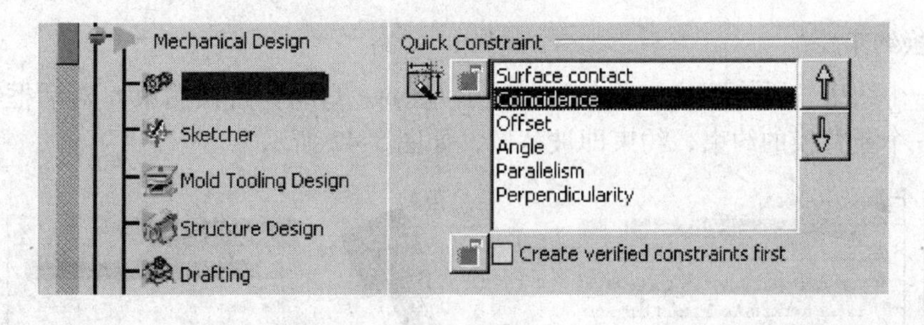

图　5-40

建立的快速约束，如果不是用户预期的约束，可以用替换约束的方法来改变约束类型。

8. 柔性/刚性约束

当在一个装配中插入另一个装配时，插入的装配作为当前装配的一个部件，即一个子装配。当要移动子装配中的一个子部件时，整个部件（子装配）会一起移动。也就是说，子装配中的部件不能单独做相对运动。这样在子装配中施加的约束就是一个刚性约束。如果将子装配中的约束修改为柔性约束，这时，在当前装配中也能操作子装配中的子部件间的运动，使用柔性约束说明如下例。

在下例的装配中（见图 5-41），部件 Product1 是一个子装配，在这个子装配中包括 Huosai、Lianganti、Liangantou 和 Xiao 四个子部件。如果在这个子装配中施加刚性约束，则在 Lianganjigou 装配中，这四个子部件是一个整体就是说对当前装配 Lianganjigou 来说，Product1 是一个部件。用指南针拖动活塞时，其他子部件随之一起运动。

如果将活塞与连杆间的约束修改为柔性约束，则活塞可以单独运动。

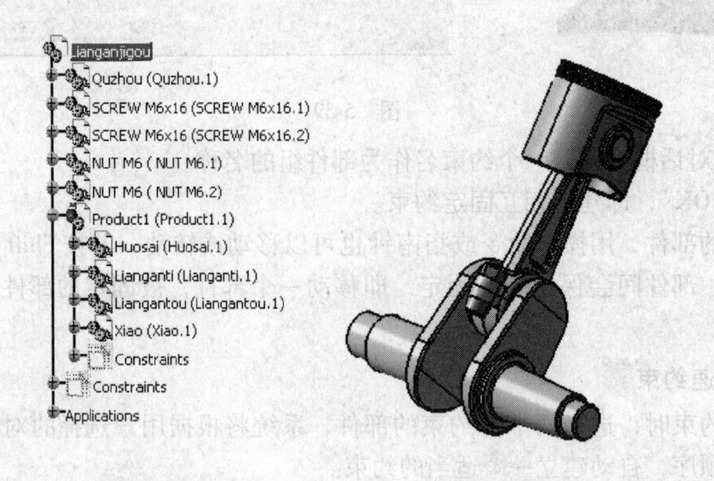

图 5-41

这样，选择一个刚性约束，单击可以把这个刚性约束修改为柔性约束，再次单击工具图标，也可以把柔性约束修改为刚性约束。

9. 替换约束

选择一个约束，再执行这个命令时，显示 Change Type（替换约束）对话框，在对话框中选择一个要替换的约束，约束即被替换，如图 5-42 所示。

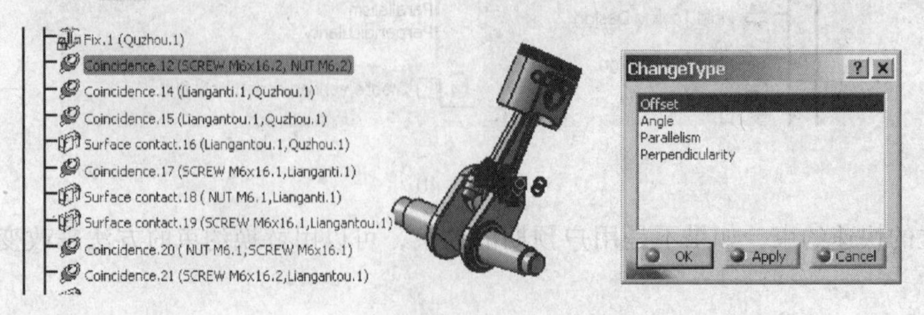

图 5-42

10. 装配约束规则

在部件间施加约束时，CATIA V5 必须遵循以下规则，违反这个规则的约束将无法施加。须遵循的规则如下：

1）只能在当前活动装配的部件间施加约束。

2）不能在同一个部件的两个几何元素间施加约束。

3）如果子装配不是活动装配，则不能在子装配的部件间施加约束。

图 5-43 是约束规则的说明。

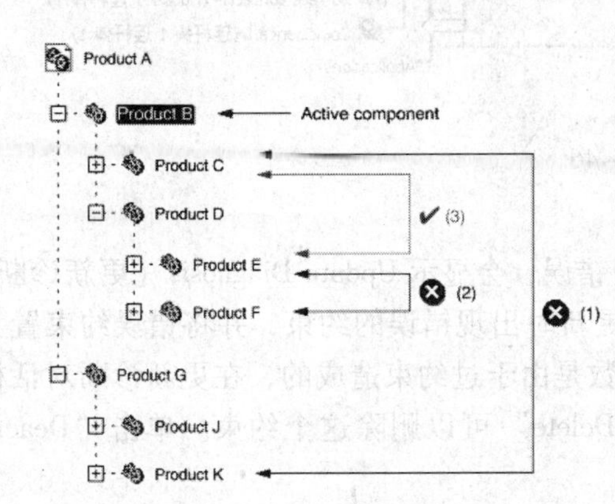

约束（1）不能施加，因为 Product K 不属于活动部件 Product B。要定义这个约束 Product A 必须是活动的。

约束（2）不能施加，因为 Product E 和Product F 二者属于Product B的不同部件，要定义这个约束 Product D 必须是活动的。

约束（3）可以施加，因为Product C 属于活动部件Product B 并且 Product E 包含在 Product D中，它也包含在 Product B中。

图　5-43

5.3.3　更新装配约束

部件间施加约束后，并不能装配到位。需要更新约束，才能使部件按约束状态装配到一起。

当部件施加约束需要更新时，更新工具图标被加亮，单击工具图标，会更新全部约束，图 5-44 为更新前状态，图 5-45 所示为更新后状态。

图　5-44

图　5-45

1. 更新装配约束

更新装配约束时，可以一次更新全部约束，也可以单独更新一个约束。要更新全部约束，单击工具图标；要更新个别的约束，在树上选择这个约束后单击右键，在快捷菜单中选择 Update（更新）命令，就可以只更新这个约束。

未更新的约束在树上的图标中有更新标记，并且在几何模型上的约束图标是暗绿色的。更新后，几何模型中的约束图标转变为明绿色的。如图 5-46 所示。

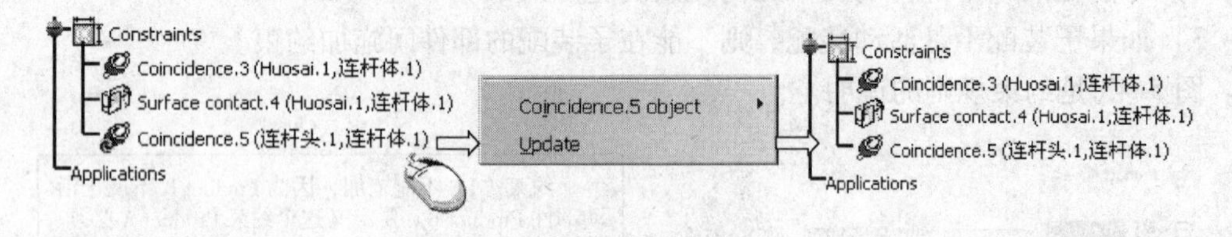

图 5-46

2. 处理更新错误

在更新装配约束时，如果施加的约束中有错误，会显示 Update Diagnosis（更新诊断）对话框，如图 5-47 所示。在对话框中会列出更新时出现错误的约束，并将错误约束置为无效（使其不起作用）。出现错误的约束大多数是由于过约束造成的，在更新诊断对话框中单击“Edit”，可以编辑这个约束。单击“Delete”可以删除这个约束。单击“Deactivate”也可以使这个约束无效。

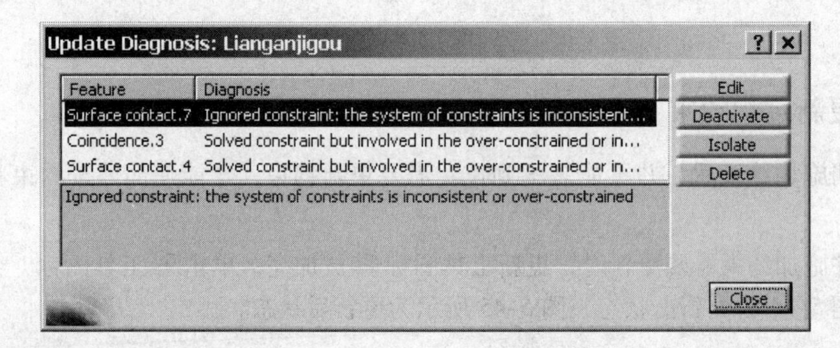

图 5-47

在装配树上，不同约束状态的约束会用图标标记表示，表 5-2 列出这些标记的含义及解决方法。

表 5-2 约束状态标记说明

装配树标记	含 义	原 因	解 决 方 法
	未更新的约束	未更新或过约束	用更新命令更新这个约束，如果更新后仍然出现这个标记，可能是过约束，需要删除
	无效约束	用 Deactivate 命令置为无效	单击右键，选择有效（Activate）命令
	错误的约束	约束定义错误或被约束的部件被删除	删除这个约束，或双击约束修改它
	正常约束	—	—

5.3.4　隐藏装配约束

施加装配约束并更新后，部件按约束关系装配到正确的位置。这时，约束图标会显示在屏幕上，要使屏幕上几何模型显示地整洁清晰，可以隐藏这些装配约束图标，隐藏装配约束的方法与隐藏几何体的方法一样。可以单独隐藏一个约束，也可以一次隐藏多个约束。

在要隐藏的约束上（装配树上或工作界面上的约束图标）单击右键，选择 Hide / Show（隐藏/显示）命令，就可以隐藏（或显示）这个约束。

要隐藏多个约束，可以按住 Ctrl 键，在树上逐个选择要隐藏的约束，单击隐藏 / 显示工具图标或右键菜单命令。也可以用 Shift 键在树上连续选择约束（选择第一个约束，再按 Shift 键选择最后一个约束，之间的约束就都被选中），再执行隐藏命令。

可以隐藏一个子装配中的全部约束，要选中一个部件的约束，在这个部件上单击右键，选择 Object（部件对象）下 Component constraint（部件约束）命令，选择这个部件中的全部约束，单击隐藏/显示工具图标隐藏这些约束。

在树上选择已经隐藏的约束，单击隐藏/显示工具图标会再显示约束。

5.4　编辑修改装配

5.4.1　工作模式

在装配设计工作台中工作时，可以有两种工作模式：默认使用设计模式和使用可视模式。

使用设计模式工作时，零部件的屏幕显示和设计数据全部加载到计算机的内存中。在这种工作模式下可以访问或修改每个零件及其特征，系统具有全功能。

使用可视模式工作时，只加载零部件的显示数据，而不加载它们的设计数据。在工作台中，只能查看这些部件，而不能编辑修改零件及其特征。当你的计算机配置不高，并且要做一个大型装配时，使用可视模式是一个很好的选择。

使用设计模式和可视模式的差异比较见表 5-3。

表 5-3　设计模式与可视模式比较

内　容	设计模式	可视模式
内存与性能		
加载到内存	全部加载	部分加载
加载和更新速度	正常	快
显示性能	正常	正常
可见性		
在显示空间可见性	可以	可以
在隐藏空间可见性	可以	可以

（续）

内　　容	设计模式	可视模式
非着色模式的可见性	可以	可以
在DMU和草图器中可见性	可以	可以
工程图中可见性	可以	可以，自动转换到设计模式
装配约束与变换		
施加装配约束	可以	可以，自动转换到设计模式
装配约束的生成与更新	可以	可以，自动转换到设计模式
移动或转动	可以	可以，自动转换到设计模式
分析		
干涉分析	可以	不可以
分析质量特性	可以	不可以
测量尺寸	可以	不可以（除测量最小距离）
零件实体		
在树上访问特征	可以	不可以
编辑几何体	可以	不可以
在装配中用其他零件中的元素定义特征（例如up-to-plane）	可以	可以，自动转换到设计模式
关系特征的生成或更新	可以	可以，自动转换到设计模式

要使用可视模式，在系统选项中打开高速缓存系统即可。打开高速缓存系统后，CATI V5会自动以可视模式加载零件模型。要打开高速缓存，选择菜单Tools（工具）>Options（选项），在选项对话框中选择Infrastructure（基础设置）>Product structure（产品结构），在Cache Management（选项卡中选择）Work with the cache system（高速缓存系统）复选框，如图5-48所示。

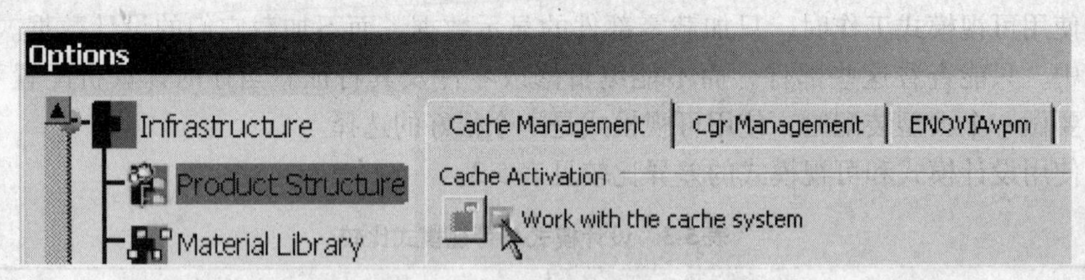

图　5-48

在选项对话框中选择打开高速缓存系统后，系统会把要加载的零件的显示数据存储在一个临时目录中，在这个目录中保存要加载零件的CATIA图形表现文件（.cgr文件），在选项对话框中可以设置这个目录的路径。

打开高速缓存系统后，需要再次启动CATIA V5才能生效。

工作在可视模式时，当执行的操作需要，会自动转换为设计模式。也可以在装配树的部件上单击右键，选择Representations（表示形式）>Design mode（设计模式）命令，就可以将这个部件的设计数据加载，转换为设计模式；再次选择 Representations（表示形式）>Visualization mode（可视模式）命令，会再转换为可视模式。

5.4.2　删除部件

在装配设计工作台，可以删除无用的部件，删除的方法就是在装配树上选择要删除的部件，按 Delete 键或在右键快捷菜单中选择 Delete（删除）命令。部件从装配中删除时，只是从装配中移出了这个部件，如果这个部件已经保存，删除部件并不影响磁盘上已经保存的文件。

如果删除的部件是在装配设计工作台建立的新零件，并且还没有保存，删除时会显示图 5-49 所示对话框，提示：要剪切或删除未保存的部件，这些部件从内存中移除时不会发出警告，这样将无法用回退（Undo）命令来恢复部件，你是否要编辑这些部件？如果在对话框中选择“是”（Yes），会在一个单独的窗口打开这个部件，同时在装配中删除这个部件；如果选择“否”（No），会直接删除这个部件；选择“取消”（Cancel），取消删除命令。

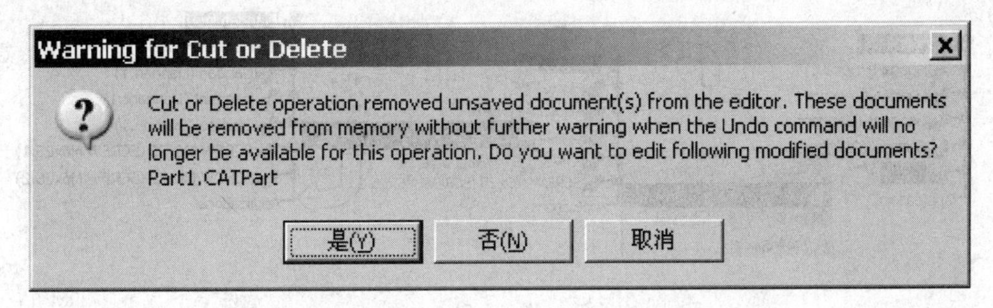

图　5-49

如果要删除的部件在装配中与其他部件间已经建立了约束，当删除部件时会显示 Delete（删除部件）对话框，如图 5-50 所示，在对话框中选择 Delete all children 复选框，会同时删除与这个部件相关的约束，否则用户需要手动删除这些约束。

图　5-50

5.4.3 复制部件

在装配设计工作台中，有时需要使用多个相同的部件，比如，在装配中使用多个相同的螺钉或螺母。要重复引用一个部件时，可以采用多种方法，用复制粘贴技术、重复引用命令或引用一个已有的阵列定义。

1. 用复制粘贴的方法复制部件

如果装配中重复引用的部件的数量不多，可以用复制、粘贴的方法。使用复制、粘贴技术时，与其他 Windows 应用程序的操作方法一样，可以使用右键快捷菜单，或用快捷键，也可以使用拖动技术。

复制、粘贴部件的操作方法如下：

1）在树上右键单击被复制的部件，在快捷菜单中选择 Copy（复制）命令。

2）在树上右键单击要添加部件的装配，快捷菜单中选择 Past（粘贴）命令。

3）树上显示新加入的部件，这个部件会由系统自动命名，如图 5-51 所示。

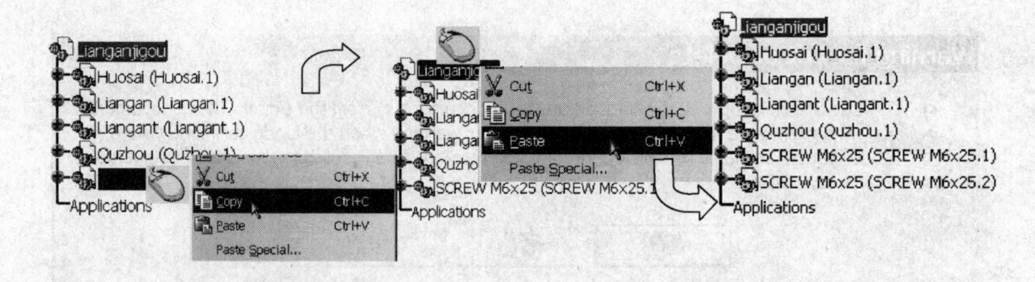

图 5-51

还可以在树上选择被复制的部件，按“Ctrl + C”复制这个部件，再选择要加入部件的装配，按“Ctrl + V”粘贴这个部件。

另一种方法就是在树上选择被复制的部件，按 Ctrl 键拖动部件到目标装配。

粘贴后得到的部件，与原部件重叠在一起，可以用指南针移动部件，将它们摆放开，以便于装配。

2. 用重复引用命令复制部件

用重复引用命令，可以在复制部件后，将部件沿着一个方向排列开。重复引用命令的工具图标有两个，一个是定义重复引用工具，另一个是快速引用工具，用快速引用命令可以按事先的定义作为默认参数，来快速重复引用。使用重复引用命令的方法如下：

1）选择被复制的部件。

2）单击定义快速引用工具图标，显示对话框，如图 5-52 所示。

3）在对话框中的 Parameter（参数）选择框中可选择以下三种排列方式。

① Instance（s）& spacing. 引用的数目和间距。

② Instance（s）& length. 引用的数目和总距离。

③ Spacing & length. 间距和总距离。

4）输入参数，如：New instancecs（引用数目）为 4、Spacing（间距）为 20mm。

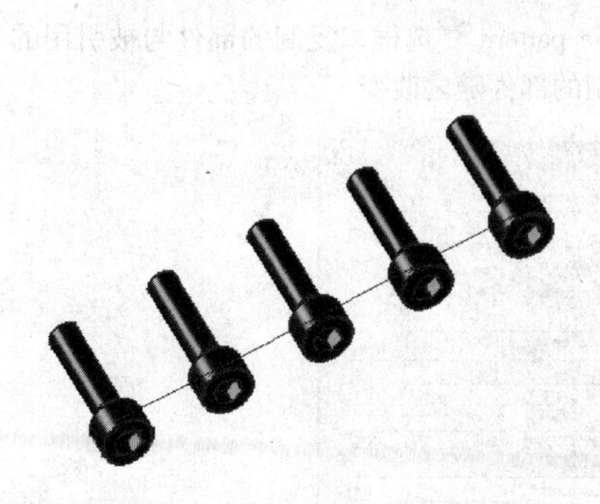

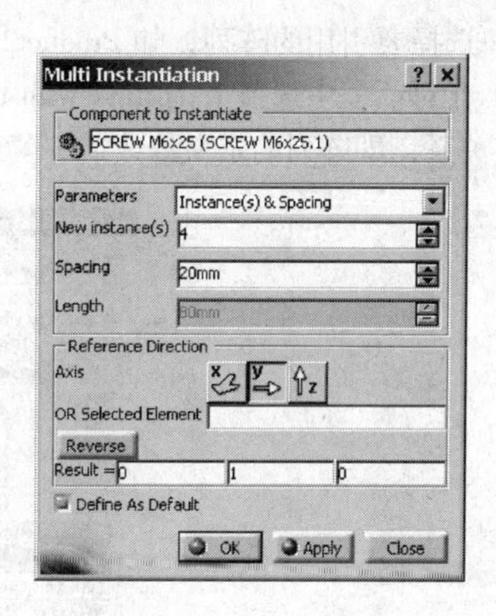

图　5-52

5）选择排列的方向，可以选择 X、Y、Z 方向，或选择一个元素来定义方向，也可以在 Result（结果）文本框中键入坐标分量来定义方向，单击 Reverse（翻转）按钮，可以改变排列方向。

6）选择 Define As Default（定义为默认参数）复选框，再次使用快速引用命令时，以这些参数作为默认参数。

3. 引用已有的阵列定义

在装配设计工作台中，不能定义新的阵列，但可以引用已有的阵列定义。只要在装配树上能够看到这个阵列特征，就可以在装配中引用这个阵列的定义。

如图 5-53 所示的圆盘上，有 6 个螺纹孔，现在插入一个螺钉（Screw M16 × 25. 1)，需要再复制 5 个同样的螺钉，就可以引用螺纹孔的阵列定义来复制。复制后的螺钉，可以同时完成装配。

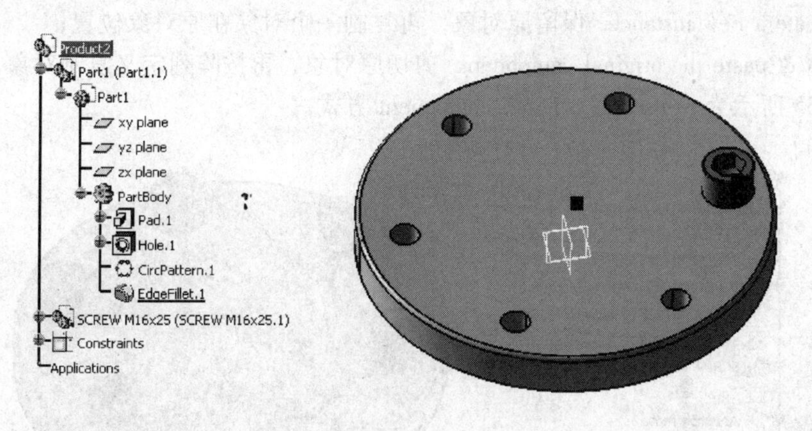

图　5-53

引用已有的阵列定义的操作方法如下：

1）单击引用阵列工具图标，显示引用阵列对话框，如图 5-54 所示。

2）在装配树上选择被复制的对象，如 Screw M16 × 25. 1。

3）选择要引用的阵列，如 Product2 \ Part1 \ PartBody \ CircPattern. 1。

4）在对话框中选择 Keep link with the pattern 复选框，复制的部件与被引用的阵列保持链接关系，即阵列的定义修改后，复制的部件随之改变。

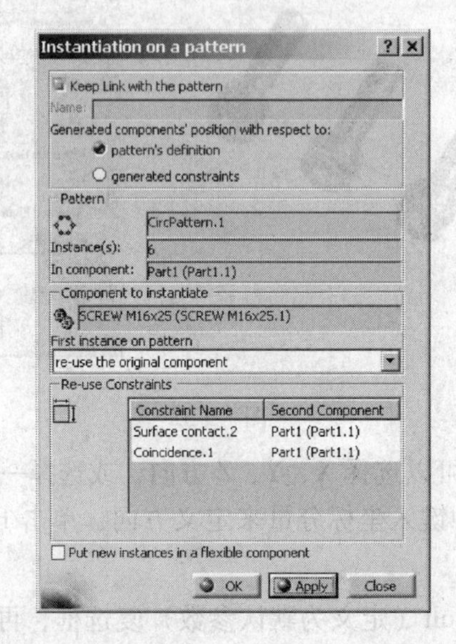

图 5-54

5）确定是否同时在复制的部件上引用约束，选择 Pattern's definition，只是复制部件不引用约束；选择 Generated constraints，将同时引用原部件的约束，这时可以在 Re-use constrains 列表框中选择引用哪个约束。

6）在 First instance on pattern 选择框中可以设置第一个阵列对象（原对象）的三种复制方式。

① re-use the original component. 保留原对象，其余对象在树上依次复制；

② create a new instance. 保留原对象，再复制一个对象在原对象位置；

③ cut & paste the original component. 剪切原对象，再按阵列定义复制对象。

图 5-55 所示为 re-use the original component 方式。

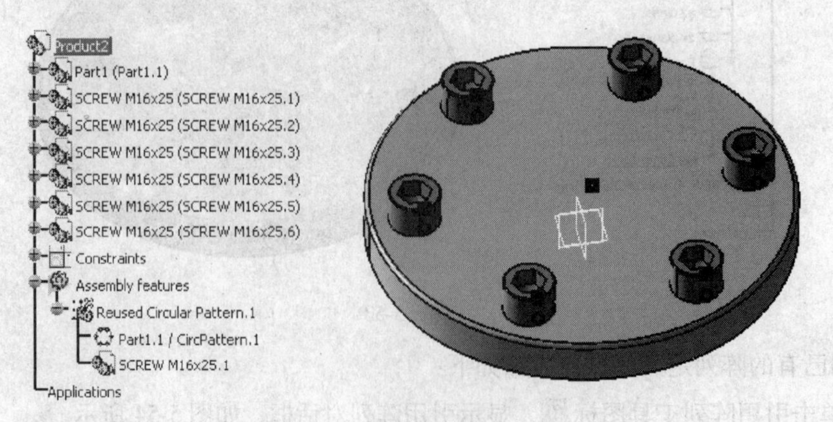

图 5-55

7）选择 Put new instances in a flexible component 复选框，复制的部件将全部重叠在原部件上。

5.4.4　镜像一个子装配

在设计一个产品时，经常需要建立对称部件，比如，汽车的车轮和车门都是左右对称的。当需要建立一对相互对称的部件时，可以只建立一个部件，另一个部件用镜像的方法得到。在 CATIA V5 中，建立对称子装配时，可以得到一个新的子装配，这个新的子装配可以保存到磁盘，也可以只是引用原部件，而这个引用部件，没有自己的磁盘文件。在引用部件时，还可以进行变换。

镜像子装配时，会有一个简洁的向导，完成向导中的两个步骤后，显示镜像对话框。镜像子装配操作方法如下：

1）单击建立对称子装配工具图标，显示操作向导对话框，如图 5-56 所示。

图　5-56

2）选择建立镜像的对称平面。

3）在装配树上，选择要镜像的部件（可以是一个零件，也可以是子装配）。

4）显示 Assembly Symmetry Wizard（定义镜像参数）对话框，如图 5-57 所示。

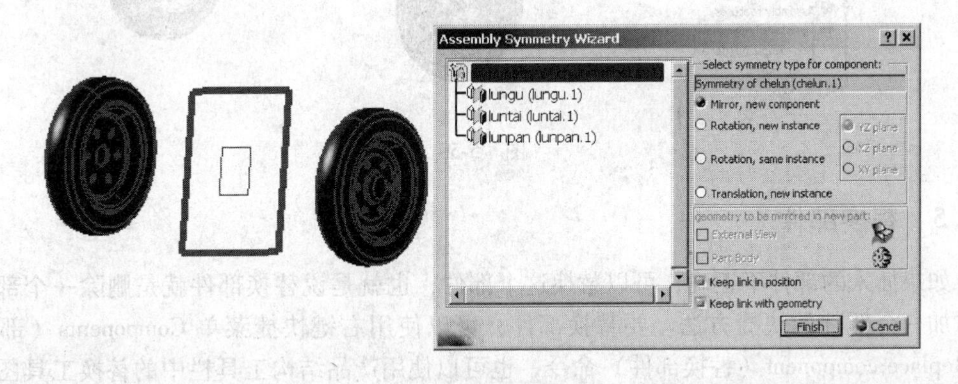

图　5-57

5）在对话框左侧的树状图中，可以选择镜像的子装配中子部件的镜像方式，在右侧是选择镜像方式的选项。

① Mirror，new component. 镜像，得到一个新部件。

② Rotate，new instance. 建立一个新的引用，引用时还可以选择对 xy 平面、yz 平面或 xz 平面做对称旋转。

③ Rotate, same instance. 对原部件做一个对称变换。

④ Translate, new instance. 移动复制原部件，得到一个新的引用。

6）在对话框中选择 Keep link in position 复选框，即镜像部件与原部件保持位置的关联。如果你修改了原部件的位置，镜像部件会自动改变位置，并保持与原部件关于镜像平面对称。

7）在对话框中选择 Keep link with geometry 复选框，即镜像部件与原部件保持几何形状和结构的关联。如果修改了原部件的形状或结构，镜像部件会自动被修改。

8）单击"Finish"（结束），出现 Assembly Symmetry Result（镜像结果）对话框，显示镜像中新部件的数目、新引用的数目和子部件的总数，如图 5-58 所示。

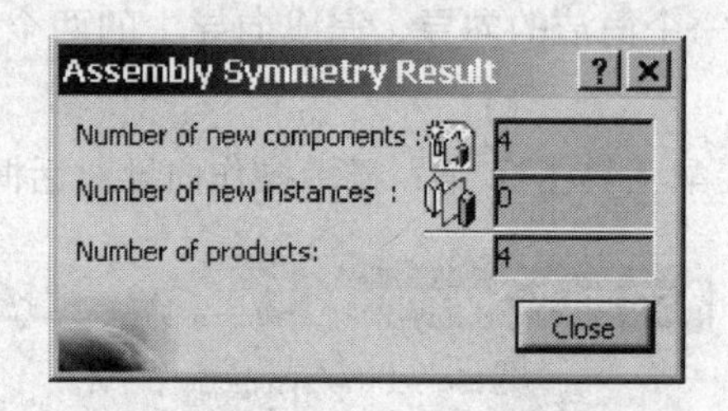

图 5-58

9）单击"Close"关闭对话框并完成镜像操作，如图 5-59 所示。

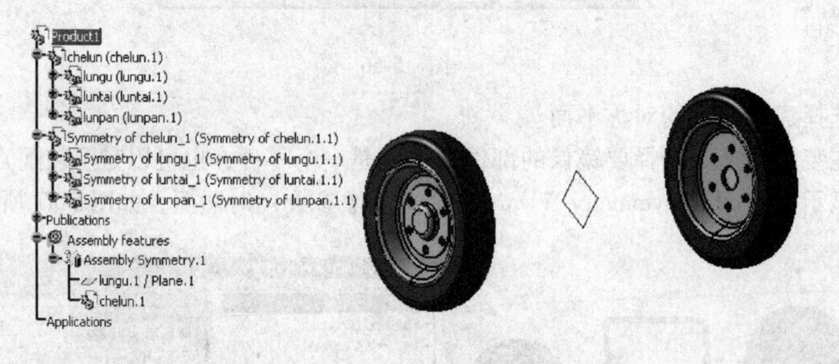

图 5-59

5.4.5 替换部件

如果插入的部件不正确，可以替换这个部件，也就是说替换部件就是删除一个部件，再添加一个部件的快捷方法。要替换部件，可以使用右键快捷菜单 Components（部件）> Replace component（替换部件）命令，也可以使用产品结构工具栏中的替换工具图标。替换部件的操作方法如下：

1）选择被替换的部件，或右键点击这个部件。

2）单击替换部件工具图标，或选择右键菜单命令 Replace component"替换部件"。

3）显示选择文件对话框，在对话框中选择替换部件，如图 5-60 所示。

4）单击"Open"，打开选择的部件，原部件被替换。

图　5-60

5.4.6　重新组织部件

在一个装配中，可以把部件从一个子装配，移动到另一个子装配中，或移动到父装配中。也就是说可以把部件移动到同级装配上，可以移动到下级子装配上，也可以移动到上级装配上。

当移动一个子装配时，可以使用剪切（Cut）、粘贴（Paste）技术。用剪切、粘贴技术时可以使用右键菜单，也可以使用快捷键或使用拖动技术。当使用剪切、粘贴部件时，需要在装配树上进行。

具体操作方法就是在被移动的部件上单击右键，在右键菜单中选择 Cut（剪切）命令，然后在目标装配上单击右键，在快捷菜单中选择 Paste（粘贴）命令。或拖动要移动的部件到目标装配上即可。

5.5　分析装配

5.5.1　测量装配

在装配设计工作台可以对装配或部件进行各种测量，测量的结果可以保存到树上。这个结果可以用作知识软件的参数，也可以作为工程图中的尺寸标注。

装配设计工作台中的测量工具栏中有三个测量工具：元素间测量、单项测量和惯性参数（或称为质量特性）测量，如图 5-61 所示。

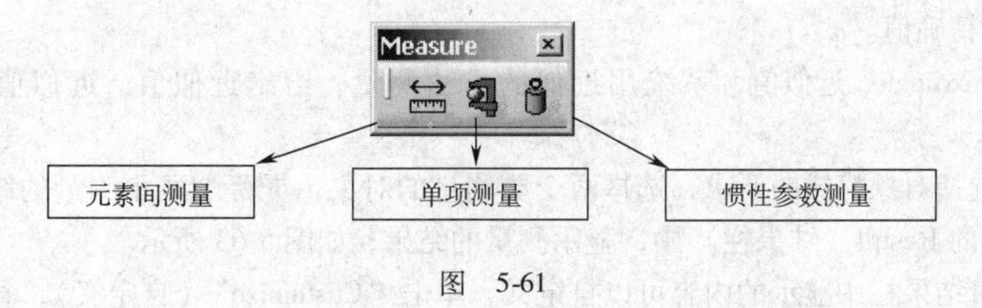

图　5-61

1. 元素间测量

这个命令可以测量两个对象间的参数，如：距离、角度等。具体测量方法如下：

1）单击元素间测量工具图标，显示测量对话框。

2）在对话框中选择测量方式，有以下三种测量方式。

① 元素间测量。每次测量两个对象间的参数（距离及角度）。

② 连续测量。链式连续测量尺寸。

③ 基点式测量。以第一个对象为基点，测量其他元素与基点元素间的尺寸。

3）设置选择对象的模式，可以分别设置两个对象的选择模式，在 Selection 1 mode 和 Selection 2 mode 列表框中可以设置选择对象的模式，如图 5-62 所示。

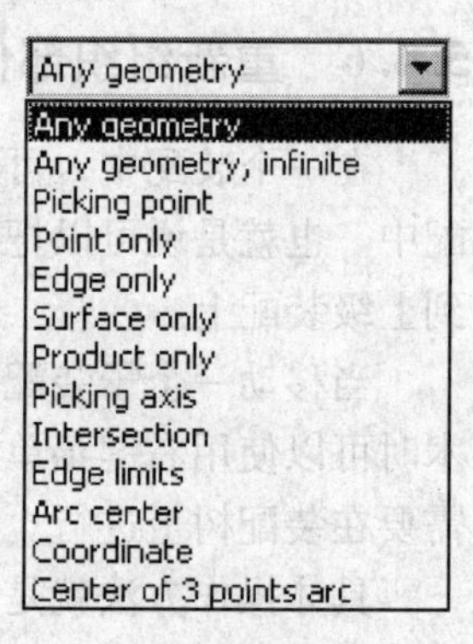

图 5-62

① Any geometry. 默认的选择方式，可以选择点、线或面等任何元素，选择一个圆柱或圆锥时，默认是选择它们的轴线。

② Any geometry，infinite. 选择无限几何对象，平面、直线或曲线。

③ Picking point. 在几何实体上拾取的点，拾取的点要在一条曲线上。

④ Point only. 只选取点（顶点）。

⑤ Edge only. 只选取曲面或实体的边。

⑥ Surface only. 只选取曲面。

⑦ Product only. 只选择产品。

⑧ Picking axis. 在屏幕上拾取一个点，作为垂直于屏幕的一条直线，测量这条直线与其他对象间的距离或角度。

⑨ Intersection. 相交，选择两条线或面求它们的交点或交线。

⑩ Edge limits. 曲面或实体边的端点。

⑪ Arc center. 选择圆或圆弧的中心。

⑫ Coordinate. 坐标点，用对话框输入 X、Y、Z 坐标定义的点。

⑬ Center of 3 points arc. 选择三点定义一个弧的圆心。

4）设置测量计算的模式（Calculation mode）。

① Exact else approximate. 可能的情况下给出测量的精确值，否则给出近似值。

② Exact. 计算出测量的精确值，如果无法计算精确值，会显示信息对话框，警告用户无法得到精确值。

③ Approximate. 近似值，系统用近似的方法测量，给出近似值，近似值的前面有“~”标记。

5）按选择对象模式的要求，选择两个要测量的对象，屏幕上显示测量的结果，同时对话框下部的 Result（结果栏）中，显示测量的结果，如图 5-63 所示。

6）测量结果栏中显示的内容可以自定义，单击“Customize”（自定义），显示自定义测量结果对话框，如图 5-64 所示，在对话框中选择要测量的参数。

7）如果选择 Keep measure 复选框，测量的结果会保存到树上和工作界面上。如果不

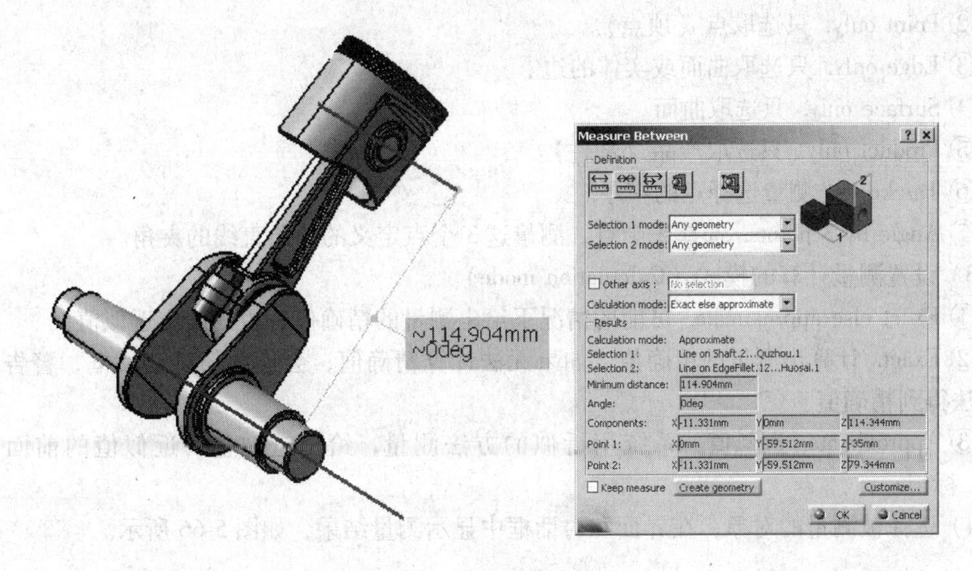

图　5-63

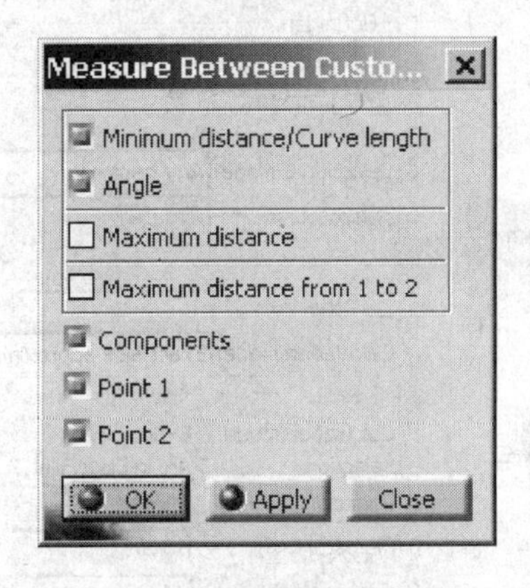

图　5-64

想看到界面上的测量值，可以隐藏。

8）单击“Create geometry”，可以建立测量点或线等几何体。

9）单击“OK”，即完成测量。

2. 单项测量

用这个命令，可以测量单个对象的尺寸，如：长度、直径、半径、点坐标、面积、厚度和体积等参数。使用这个命令时只需选择一个对象。单项测量的操作方法如下：

1）单击单项测量工具图标，显示单项测量对话框。

2）设置选择对象的模式（Selection 1 mode），如图 5-65 所示，这些模式包括：

① Any geometry. 默认的选择方式，可以选择点、线、面、部件等任何对象。

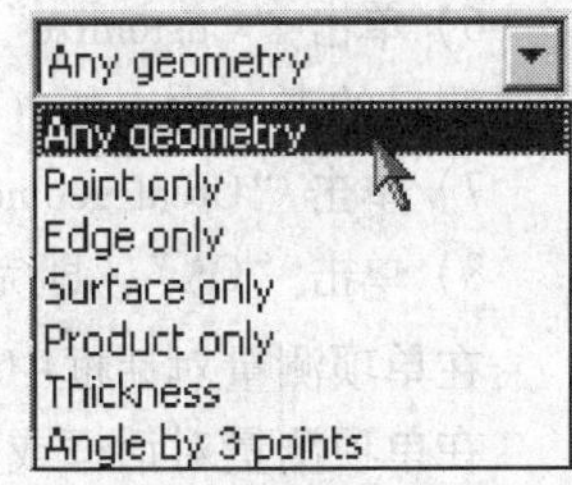

图　5-65

② Point only. 只选取点（顶点）。

③ Edge only. 只选取曲面或实体的边。

④ Surface only. 只选取曲面。

⑤ Product only. 只选取产品（部件）。

⑥ Thickness. 测量选择点的壁厚。

⑦ Angle by 3 points. 选择 3 个点，测量这 3 个点定义的两条直线的夹角。

3）设置测量计算的模式（Calculation mode）。

① Exact else approximate. 可能的情况下给出测量的精确值，否则给出近似值。

② Exact. 计算出测量的精确值，如果无法计算精确值，会显示信息对话框，警告用户无法得到精确值。

③ Approximate. 近似值，系统用近似的方法测量，给出近似值，近似值的前面有“～”标记。

4）选择被测量的对象，在界面和对话框中显示测量结果，如图 5-66 所示。

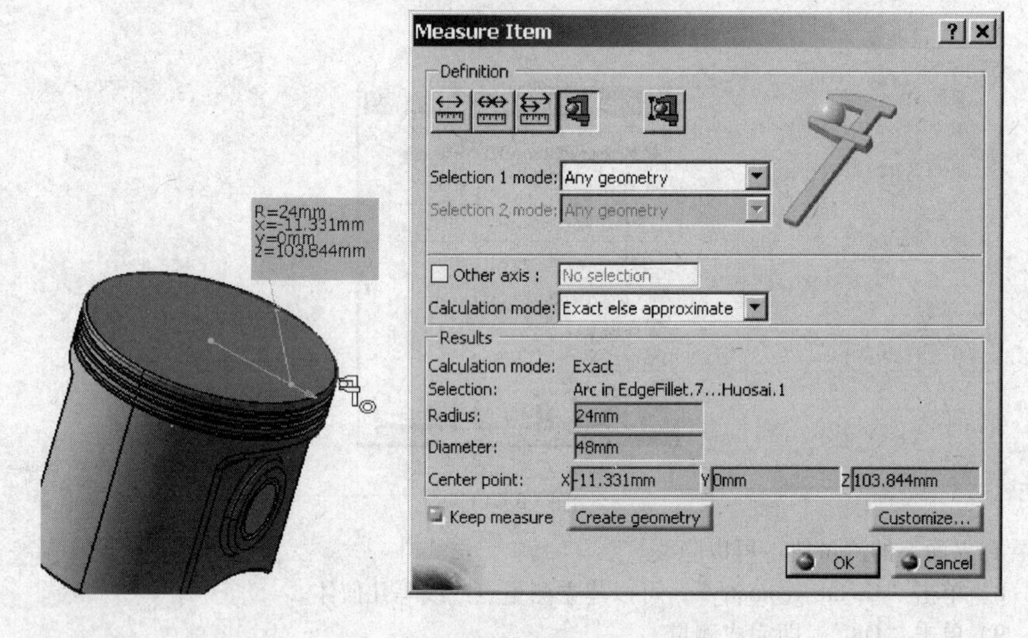

图 5-66

5）选择 Keep measure 复选框，测量的结果会保存到树上和屏幕上。如果不想看到屏幕上的测量值，可以隐藏。

6）单击“Customize”，显示自定义测量结果对话框，如图 5-67 所示，在对话框中选择要测量的点、边、弧（圆）、曲面、体的参数。

7）单击“Creat geometry”，可以建立测量点或线等几何体。

8）单击“OK”，即完成测量。

在单项测量对话框中，单击图标，会自动将选择的模式设置为测量壁厚。

在单项测量对话框或元素间测量对话框中，都可以通过单击对话框中的图标在两种测量方式之间转换。

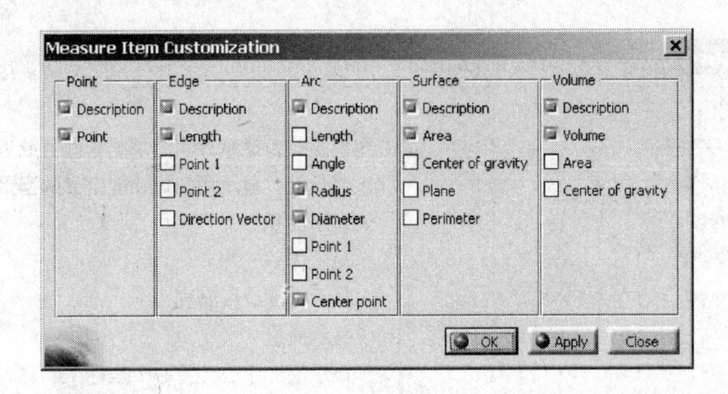

图　5-67

3. 测量惯性参数

使用这个测量工具，可以测量一个部件的质量、面积、重心位置、主轴、主矩、对点的惯性矩和对轴的惯性矩等惯性参数。测量惯性参数的操作方法如下：

1）单击惯量测量工具图标，显示测量惯量对话框。

2）在对话框中定义测量类型：测量三维惯量或二维惯量。

3）选择要测量的对象（选择部件时，最好在树上选择），对话框展开，显示测量结果，如图 5-68 所示（图示为三维惯量参数）。

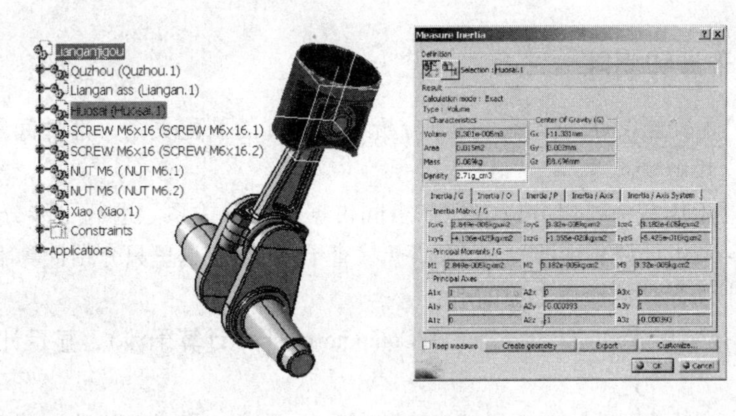

图　5-68

4）选择 Keep measure 复选框，测量结果会保存到装配树上，测量的参数通常与几何体相关联，这些参数可以作为函数中的参数来计算部件的强度、重量、刚度等。

5）单击“Customize”，显示自定义对话框，可以自定义要测量的参数，如图 5-69 所示。

6）单击“Export”，可以输出一个文本文件，记录的是测量的参数。

7）单击“Create geometry”，可以在惯性中心建立一个点，或按主轴建立一个局部坐标系。

8）单击“OK”，即完成测量。

二维惯性参数的测量这里不再赘述，读者可以自己练习测量。

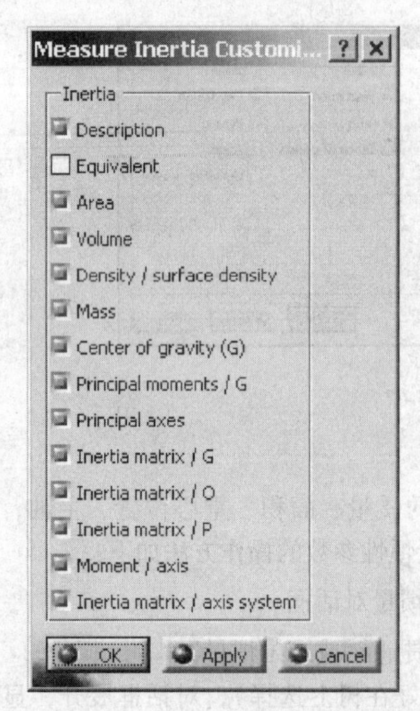

· 说明行，显示计算结果是精确值或近似值
· 当量值，显示用知识功能定义的当量值
· 显示面积
· 显示体积
· 显示密度或面密度
· 显示质量
· 显示惯性中心（重心）坐标
· 显示部件对主轴的主矩
· 显示主轴的坐标
· 显示关于惯性中心的惯性矩阵
· 显示关于系统原点的惯性矩阵
· 显示关于选择的点的惯性矩阵
· 显示对轴的力矩
· 显示关于选择的坐标系的惯性矩阵

图 5-69

5.5.2 计算干涉和间隙

在 CATIA V5 装配设计工作台，可以分析各个部件的装配关系，部件间是否有干涉、间隙是否合理、接触情况等。

在装配设计工作台，可以分析部件在空间占据的位置关系。进行干涉分析的命令有两个：Compute clash（计算干涉）和 Clash（检查干涉），在这里只介绍计算干涉命令。

使用计算干涉命令的操作方法如下：

1）选择下拉菜单 Analysis（分析）>Compute clash（计算干涉），显示计算干涉对话框。

2）在 Definition（定义）下拉列表中，选择分析模式：干涉（Clash）或间隙（Clearance）。

3）如果选择干涉分析，按住 Ctrl 键选择两个部件，选择的部件会显示在列表框中。

4）单击“Apply”（应用），在 Result（结果栏）会显示计算的结果：Clash（干涉）或 Contact（接触），同时在屏幕上用红色显示干涉的部位，黄色显示接触，如图 5-70 所示。

5）如果选择间隙分析，在间隙文本框中键入间隙值，部件间的间隙小于这个值视为间隙不足，会显示警告。

6）按住 Ctrl 键选择两个部件，选择的部件显示在列表框中。

7）单击“Apply”（应用），在 Result（结果）栏会显示计算的结果：Clearance Violation（间隙不足）、Contact（接触），同时在屏幕上用绿色显示间隙不足的部件，用黄

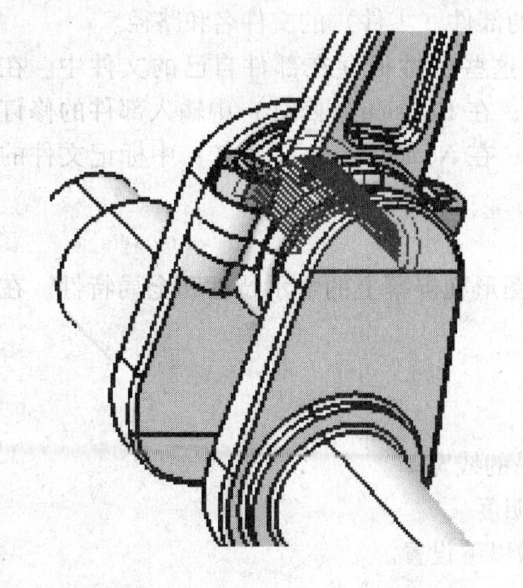

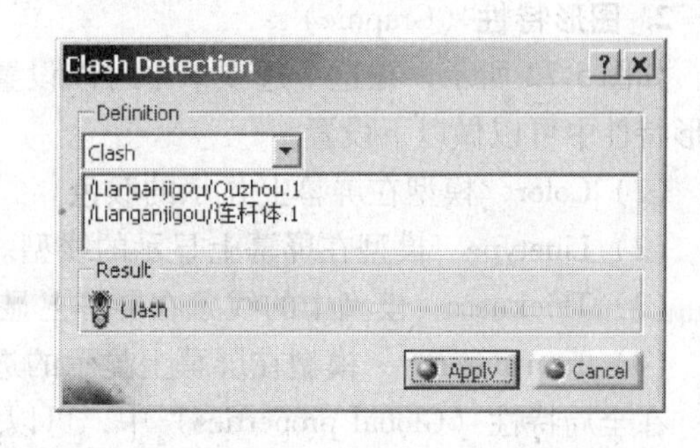

图　5-70

色显示接触。

8）单击“Cancel”（取消），关闭对话框，完成分析。

完成干涉检查后，再用测量工具检查干涉处的尺寸关系，对有干涉的部位进行修改，直到部件间不发生干涉且间隙合理。

5.5.3　查看部件特性

在装配树上，右击部件，选择 Properties（特性）命令，可以查看部件的特性参数，在特性对话框中通常有四个标签，可以打开四个选项卡。它们是：Product（产品特性）、Graphic（图形特性）、Mechanical（机械特性）和 Drafting（工程图选项），在对话框中可以设置这些特性参数和选项。

1. 产品特性（Product）

在装配树上右击部件，快捷菜单中选择 Properties（特性）命令，显示部件特性对话框，在对话框中选择 Product（产品特性）选项卡，设置产品特性，如图 5-71 所示。

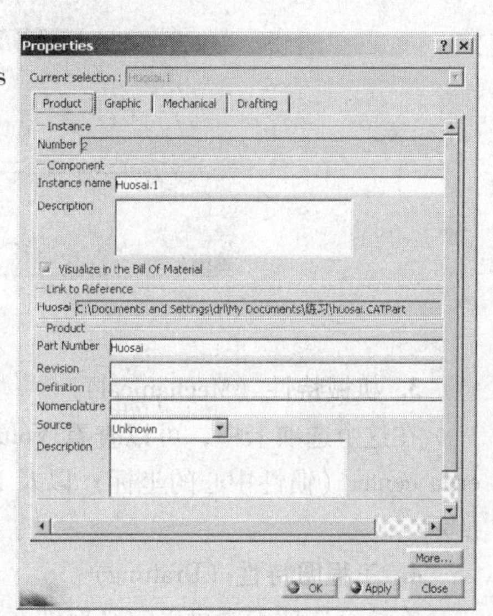

图　5-71

Properties（特性）对话框中的参数如下：

（1）Instance \ Number　部件在装配中的编号，不可修改。如果在装配中没有对部件编号，不显示这个项目。

（2）Component \ Instance name　部件（零件）的引用名（树上显示的括号内部分），可以在文本框中修改部件的引用名，还可以在 Description（注释）文本框中键入对部件的简单说明。选择 Visualize in the Bill Of Material 复选框，这个部件列入明细表。

（3）Link to Reference　显示在装配中关联的部件（零件）的文件名和路径。

（4）Product　定义部件（零件）的特性，这些特性保存在部件自己的文件中。在Part Number文本框中可以修改部件（零件）名；在Revision（修订）中输入部件的修订版本；在Definition（定义）中标记文件的定义；在Nomenclature（命名）中标记文件的类型；Description（注释）中可以键入注释。

2. 图形特性（Graphic）

如图5-72所示，在这个选项卡中可以设置图形在屏幕上的显示特性和全局特性。在图形特性中可以做以下设置。

（1）Color　模型在屏幕上显示的颜色。

（2）Linetype　模型在屏幕上显示的线型。

（3）Thickness　模型中的线条在屏幕上显示的线宽。

（4）Transparency　模型在屏幕上显示的透明度。

在全局特性（Global properties）中，可以做以下设置。

（1）Show　部件是否在屏幕上显示。

（2）Pickable　部件在屏幕上是否可选。

（3）LowInt　部件在屏幕上是否用低照度显示。

还可以选择Layers（部件所在的层）和Render Style（部件的渲染方式）。

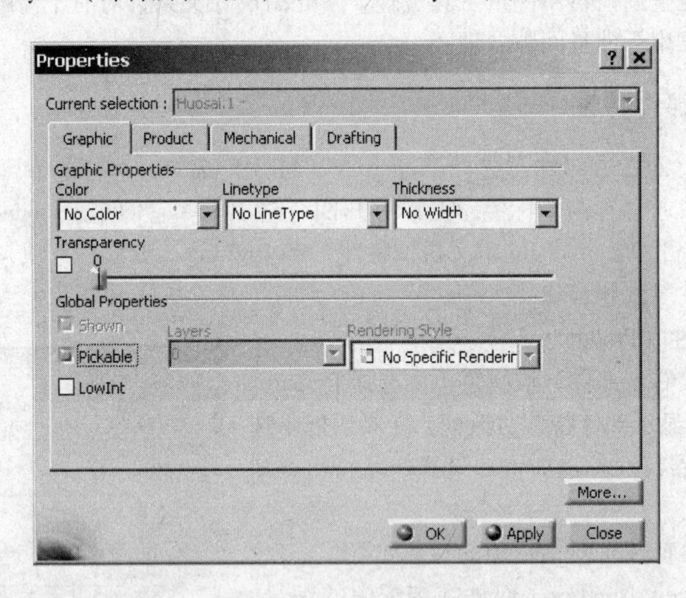

图　5-72

3. 机械特性（Mechanical）

在这个选项卡中，可以查看Volume（体积）、Mass（质量）、Surface（表面积）、Inertia center（惯性中心的坐标）以及Inertia matrix（部件的惯性矩阵）等参数，如图5-73所示。

4. 工程图特性（Drafting）

在这个选项卡中可以定义部件在工程图中的表现，如图5-74所示。

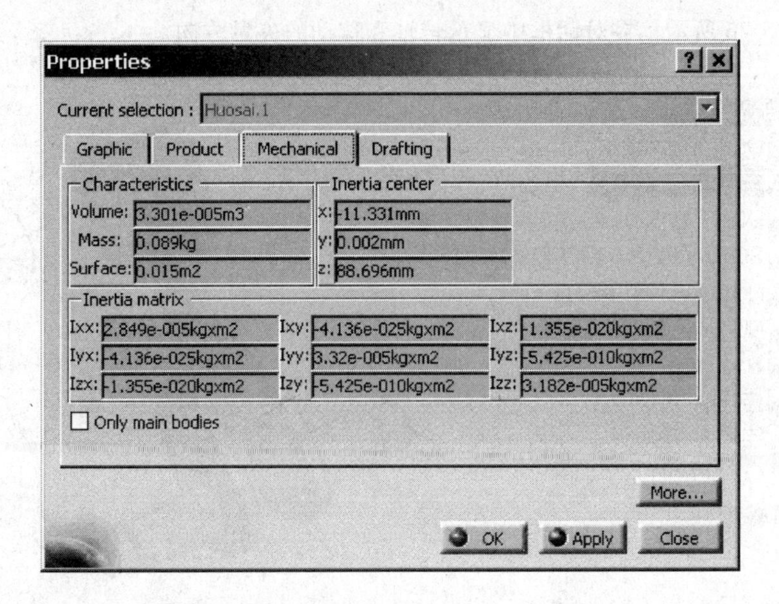

图　5-73

（1）Do not in section views　部件在剖视图中不剖切。

（2）Do not use when projecting　部件在投影图中不投影。

（3）Represented with hidden lines　用虚线表示出隐藏线。

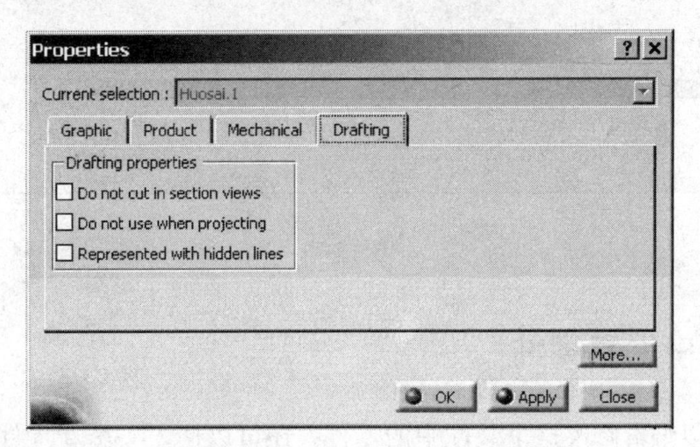

图　5-74

5.5.4　分析部件的自由度

所谓自由度就是部件具有的独立运动参数。空间中的一个自由部件（未施加约束）有6个自由度，3个移动和3个转动；固定部件没有自由度。

约束就是对部件自由度的限制，当部件间施加了约束后，它们一些自由度被限制，可以查看部件保留的自由度。要查看部件的自由度，在树上右击这个部件，快捷菜单中选择 xxxx Object > Components degree of freedom，在图上显示部件的自由度，如图5-75所示，图中可以看出活塞保留两个自由度，一个转动和一个移动，同时显示自由度分析对话框，如图 5-76 所示，在对话框中显示转轴和移动的矢量方向。

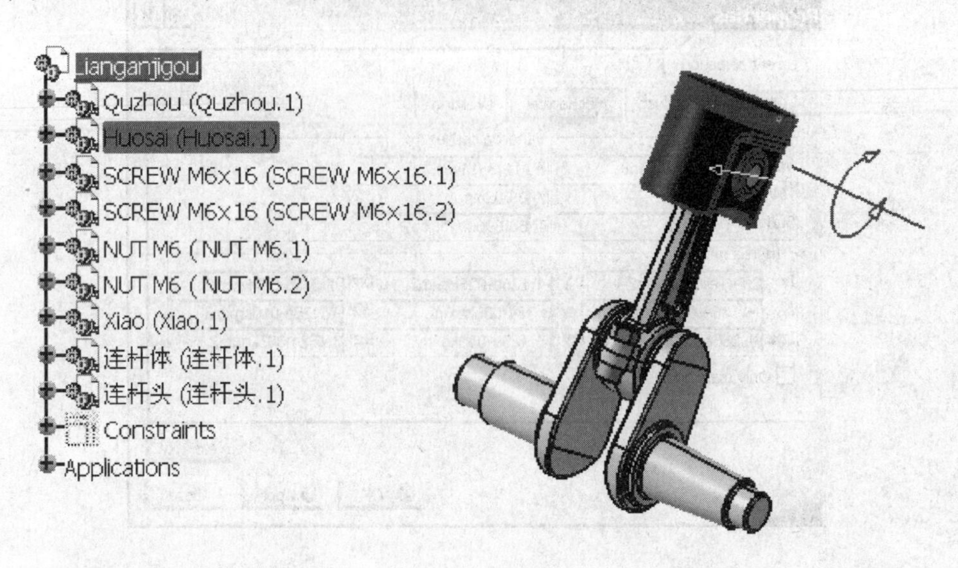

图 5-75

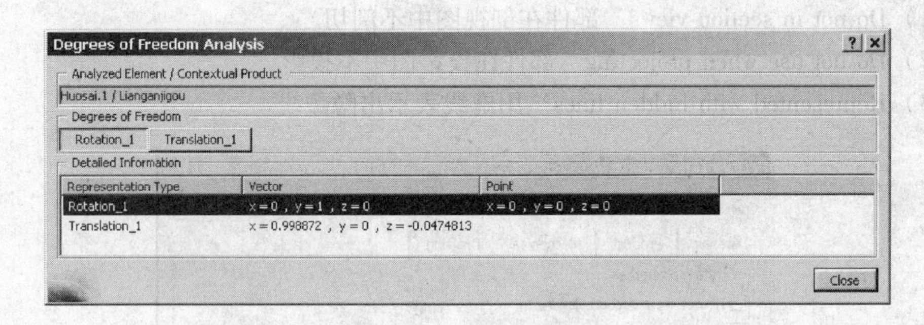

图 5-76

5.6 在装配中编辑零件

在装配中可以编辑修改这个装配中的零件，还可以插入一个新零件，并在装配中按照零件的装配关系来设计这个新零件。

要编辑装配中的零件，在树上双击要编辑的零件，系统自动转换到零件设计（或线架曲面设计）工作台，这时就可以编辑修改零件中的草图或实体特征。编辑修改的方法与零件设计中的方法相同，这里不在赘述。下面重点介绍在装配中设计新零件的方法。

5.6.1 按装配关系设计新零件

在装配中设计一个新零件时，可以选择界面上可见的对象作为参考，比如：选择其他零件的表面作为草图平面、用其他部件上的元素向草图平面上投影（或截交），作为新零件特征的草图。

新建立的对象与参考对象间可以保持或不保持链接关系，是否保持链接关系，可以在系统选项中设置。选择下拉菜单 Tools（工具）> Options（选项），在选项对话框中选择 Infrastructure > Part Infrastructure，在 General 选项卡中选择 Keep link with select object 复选框（见图5-77），即保持外部参考的链接关系。

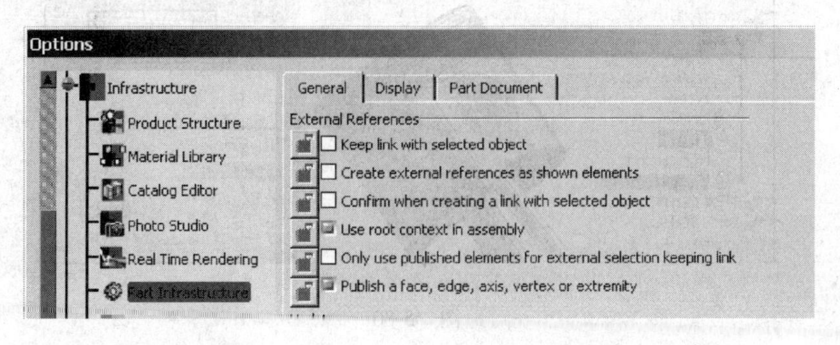

图　5-77

下面以建立活塞销为例，说明在装配中设计零件的方法。

1）在系统选项中选择 Keep link with select object（与所选部件保持关联）复选框。

2）在装配中插入一个新零件，零件命名为 Xiao，使用系统坐标系。

3）在装配树上，双击零件 Xiao，系统自动转换到零件设计工作台，如图5-78 所示。

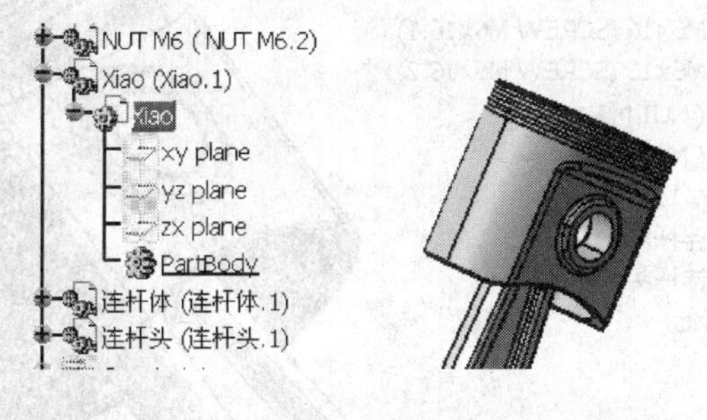

图　5-78

4）选择活塞孔的端面画草图，投影活塞孔到草图平面，然后退出草图工作台，如图5-79 所示。

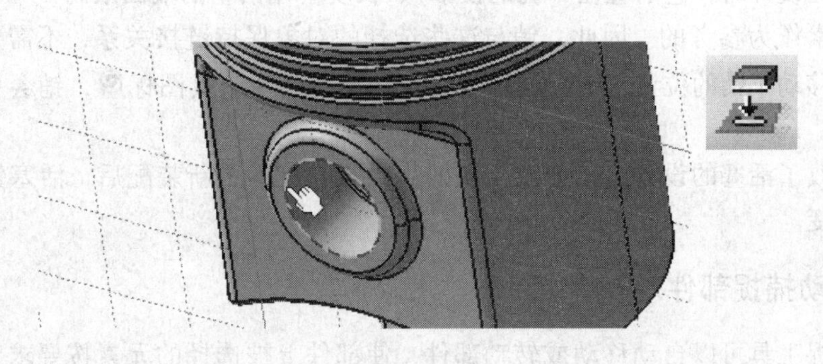

图　5-79

5）在零件设计工作台中，执行拉伸凸块命令，拉伸长度限制选择 Up to plane，选择活塞孔的另一个端面作为限制面，单击“OK”，即建立活塞销圆柱，如图5-80 所示。

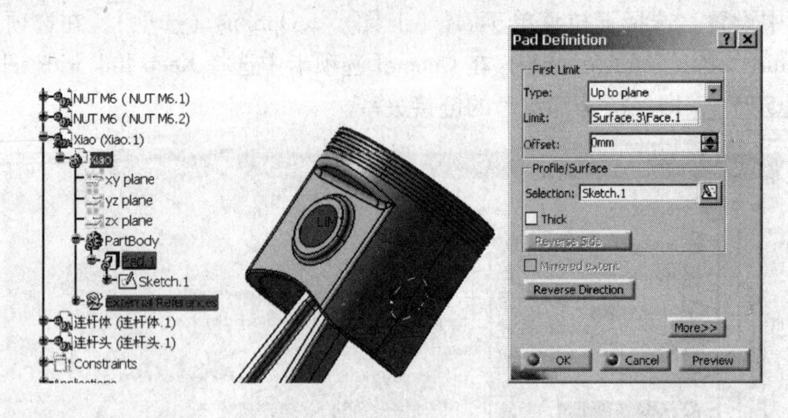

图 5-80

6）选择销的两个端面，建立倒角 0.5×45°。

7）在装配树上双击根节点 Lianganjigou，系统自动转换回装配设计工作台，完成 Xiao 部件的设计，如图 5-81 所示。

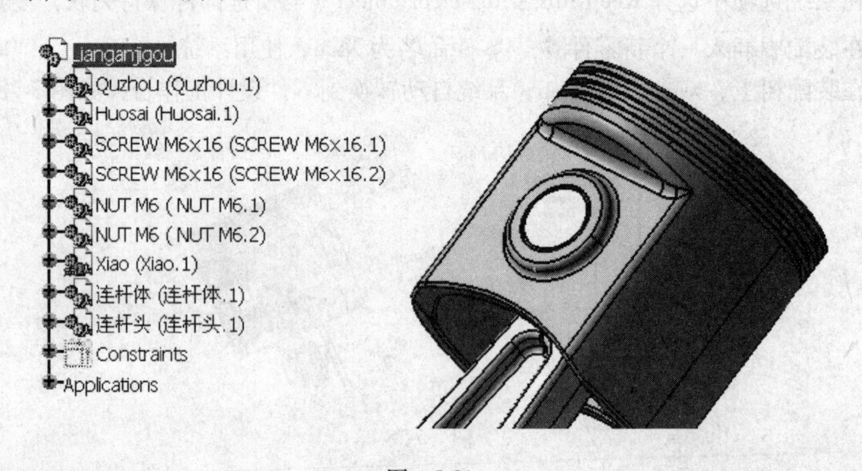

图 5-81

由于销在设计时，它的直径（孔的投影）、长度（用活塞的端面限制）和位置是选择活塞上的元素作为参考的。因此，销与这些选择的对象保持链接关系，不需要约束。如果用指南针移动了销的位置，销会显示为红色，单击更新工具图标，销会自动回到相关联的位置。

如果更改了活塞的设计，比如改变孔的直径或长度，更新装配后，活塞销的尺寸会自动发生改变。

5.6.2 自动捕捉部件对齐

使用捕捉工具可以自动移动或转动部件，使部件上被选择的元素按要求对齐。捕捉部件的元素对齐后，还可以自动施加必要的约束。

1. 捕捉

用这个命令可以捕捉部件上的点、线或面，系统会移动或转动第一个选择的对象与第二个选择的对象对齐，对齐的方式见表5-4。

表5-4　捕捉部件中元素的对齐方式

第一选择元素	第二选择元素	对 齐 方 式
点	点	共点
点	线	点与线重合
点	平面	点与平面重合
线	线	线与线重合（共线）
线	平面	线与平面重合
平面	平面	平面与平面重合（共面）

下面以一个轴零件与轴套为例，如图5-82所示，说明使用捕捉命令的操作方法。

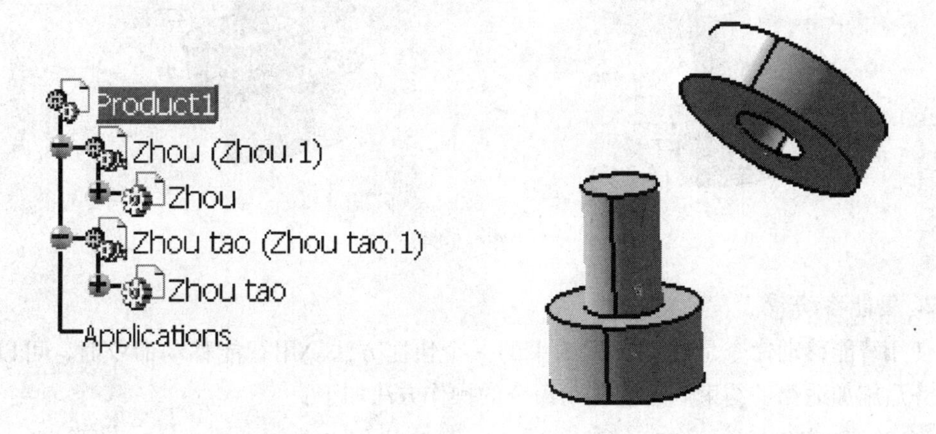

图　5-82

（1）捕捉轴套孔与轴的轴线重合　具体步骤如下：

1）单击捕捉工具图标。

2）选择轴套孔圆柱表面。

3）选择轴圆柱表面，轴套自动移动并与轴对齐，如图5-83所示。

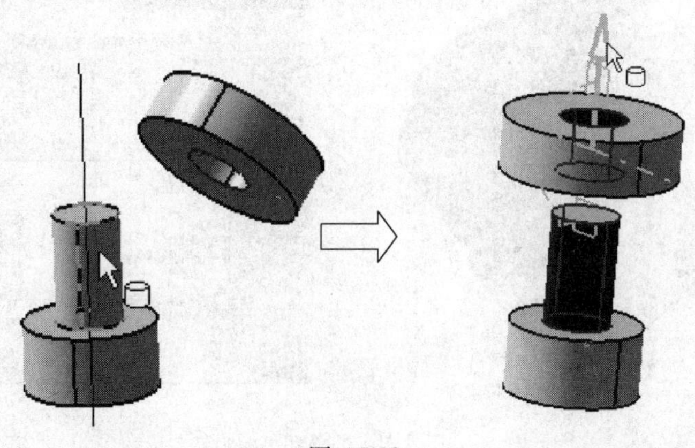

图　5-83

4）单击图中绿色箭头，可以改变对齐的方向。

5）在界面上任意点单击鼠标，即完成对齐操作。

（2）捕捉轴肩与轴套端面对齐（共面） 具体步骤如下：

1）单击捕捉工具图标。

2）选择轴套端面。

3）选择轴肩表面，轴套端面自动移动并与轴肩对齐，如图 5-84 所示。

4）单击图中绿色箭头，可以改变对齐的方向。

5）在界面上任意点单击鼠标，即完成对齐操作。

图 5-84

2. 智能移动

使用智能移动命令是建立装配约束的一个快捷方法。用智能移动命令时，可以在捕捉对齐后施加适当的约束。智能移动命令的操作方法如下：

1）单击智能移动工具图标，显示 Smart Move（智能移动）对话框，如图 5-85 所示。

2）在对话框中，选择 Automatic constraint creation（创建自动约束）复选框，并展开对话框，在对话框中可以改变自动约束的优先顺序。

3）选择孔与轴，单击“OK”，轴套移动并自动建立重合约束。

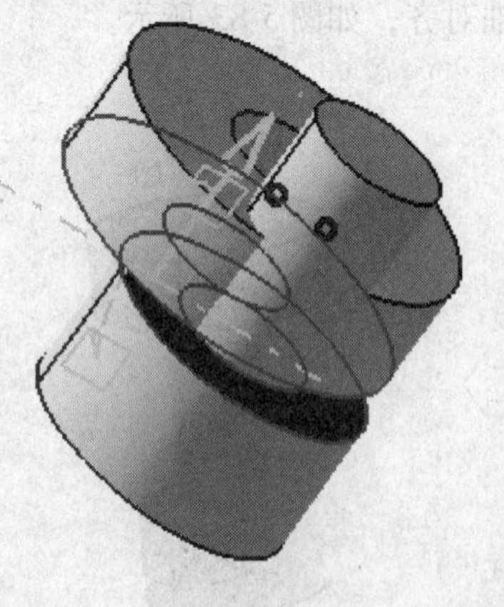

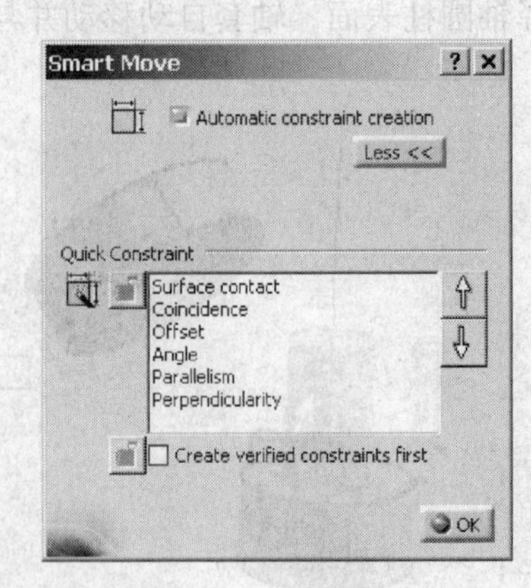

图 5-85

4）再单击智能移动工具图标，显示 Smart Move（智能移动）对话框。

5）选择轴套端面与轴肩面，单击图中绿色箭头，可以改变端面的重合方向。

6）单击“OK”，轴套移动并自动建立接触约束。

7）更新装配约束，部件装配到位，并施加了适当的约束，如图5-85所示。

第 6 章　工程图设计

在工程图设计工作台，可以用设计完成的三维零件或装配（产品）生成工程图，也可以在这个工作台中绘制二维工程图。在本章我们将重点介绍用三维零件生成工程图的方法，同时也简单介绍绘制工程图的部分功能。

6.1　工程图设计概述

所谓工程图，就是按一定的制图标准，绘制在图纸上的二维几何图形，用这个图形来表达三维零件（或装配）的结构和尺寸（或装配关系）。通常在一幅工程图中，包含有投影视图、剖视图（剖面图）和各种辅助视图，还包含尺寸、公差标注和各种文字注释等。

在现代化设计、生产制造过程中，有了三维设计模型通常不必生成工程图样，但在有些生产过程中，还需要工程图作为辅助参考。

6.1.1　生成工程图的一般过程

在 CATIA V5 中要生成工程图，需要先完成零件或装配设计，然后用三维零件或装配来生成工程图，生成的工程图与三维对象保持链接关系，当三维对象发生了设计变更，通过更新工程图会自动反应出设计的变化。

生成工程图的一般过程如图 6-1 所示。

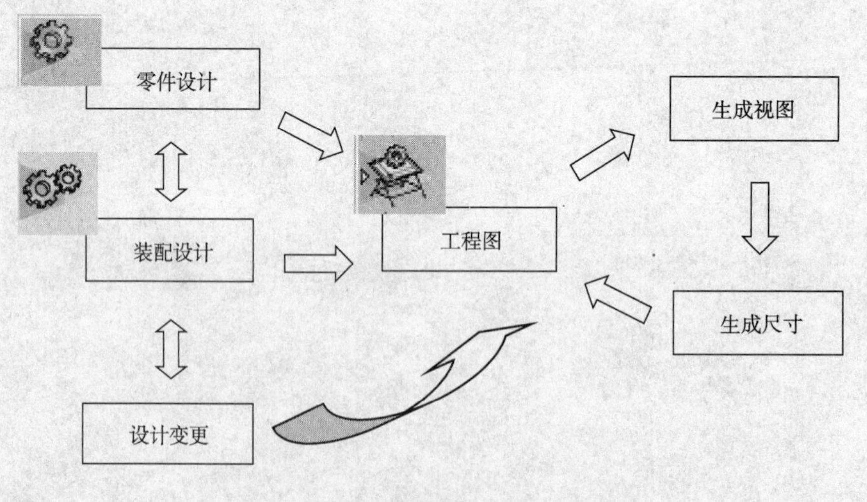

图　6-1

6.1.2　进入工程图工作台

要生成一个工程图，需要在零件设计工作台或装配设计工作台中，先打开零件或装配模型。进入工程图工作台有多种方法，常用的方法包括：用开始对话框（见图6-2）、用下拉菜单 Start（开始）>Mechanical design（机械设计）>Drafting（草图）（见图6-3）或用下拉菜单 File（文件）>New（新建），在建立新文件对话框中选择建立工程图文件（Drawing）（见图6-4）。

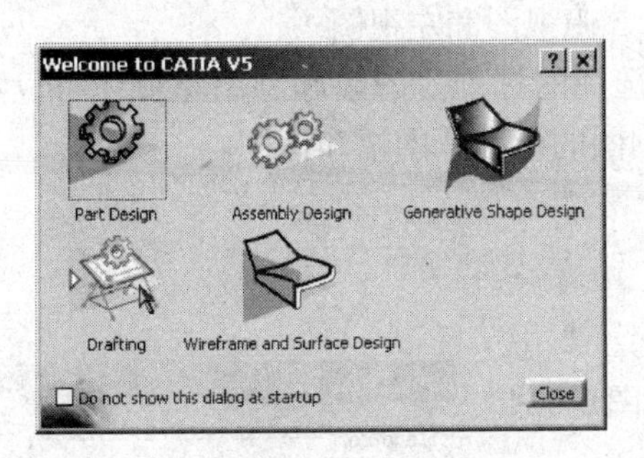

图　6-2

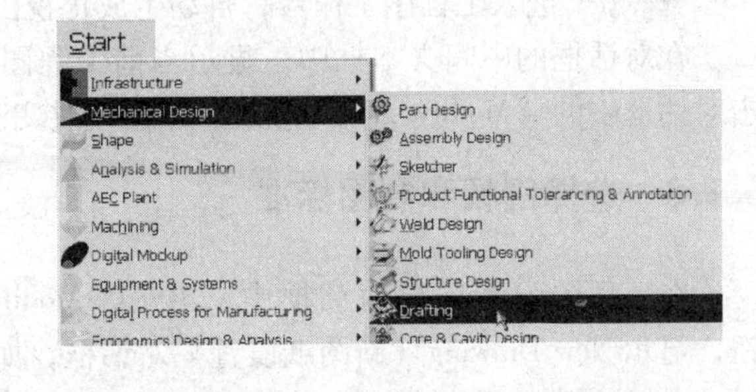

图　6-3

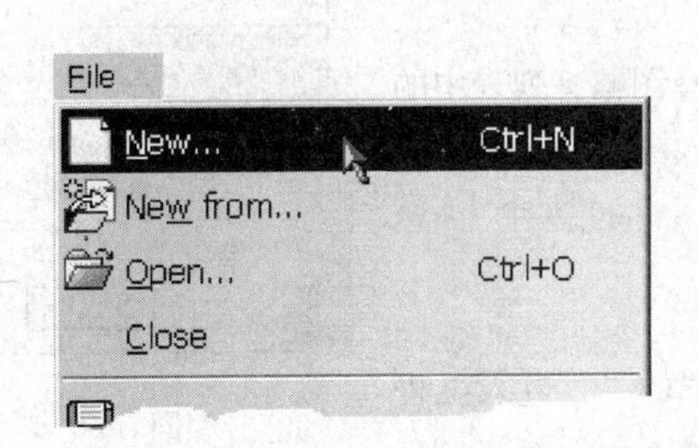

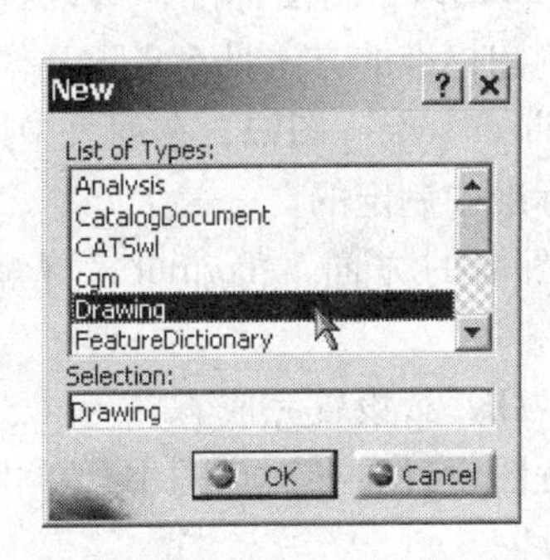

图　6-4

进入工程图工作台前，会先显示一个工程图设置对话框，在这个对话框中可以选择一个自动布局形式，如图6-5所示。

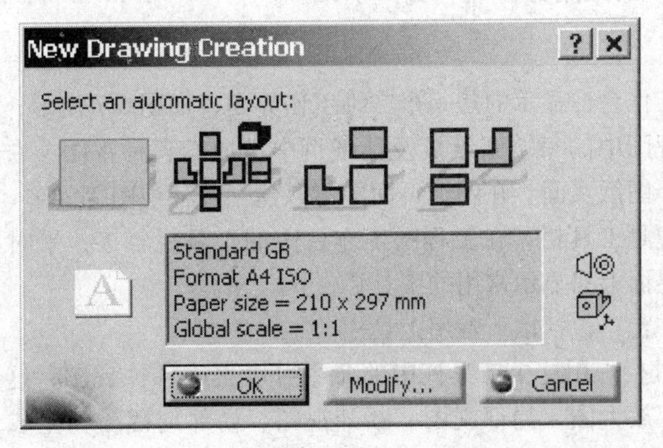

图　6-5

用一个空白图纸，进入工程图工作台。

进入工程图工作台，自动生成全部投影视图。

进入工程图工作台，自动生成正视图、仰视图和右视图。

进入工程图工作台，自动生成正视图、俯视图和左视图。

在对话框的中间文本框中，显示当前工程图选择的标准、图幅和制图比例。可以单击对话框中的“Modify...”（修改）按钮，改变制图的标准、图幅和比例。

6.1.3　选择图幅和制图标准

在工程图设置向导对话框中，单击“Modify...”按钮，显示 New Drawing（新图纸设置）对话框，如图 6-6 所示，在对话框中可以做如下选择：

（1）Standard　制图标准，可以选择已制定的制图标准，制定制图标准的方法见 6.9。

（2）Sheet style　图幅，在列表中选择图幅，列表中的图幅是在标准中制定的。

（3）图幅的方向　Portrait（纵幅）、Landscape（横幅）。

单击“OK”，设置完成。

在工程图设置向导对话框中，单击“OK”，进入工程图工作台。

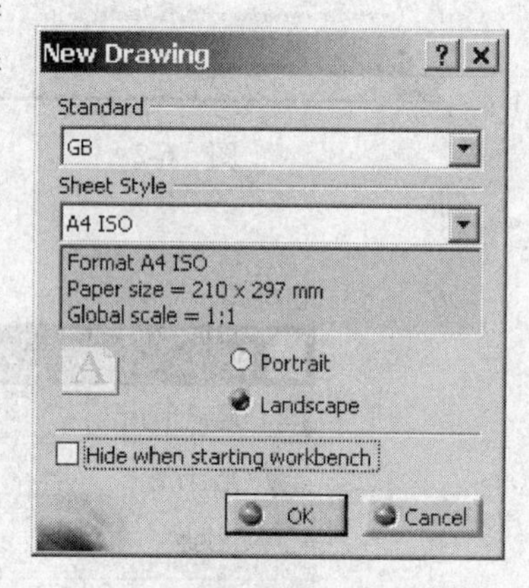

图　6-6

如果在开始工程图时未选择制图的标准或图幅，或要修改标准、图幅等，可以在工程图工作台中，用下拉菜单 File（文件）中的 Page Setup（页面设置）命令进行设置。

6.1.4　工程图工作台的用户界面和术语

1. 用户界面

进入工程图工作台，显示的是一个二维工作界面，如图 6-7 所示，左边窗口显示一个树状图，记录工程图中的每个图纸页及图纸页中生成的各种视图。右边是工作区，在这个区域中显示一个图纸页面，在图纸页面中可以建立各种视图等。

在窗口的周边是工具栏，在工程图工作台中的工具栏较多，平时不常用的工具栏可以隐藏起来，在界面上只显示常用的工具栏。

在工程图工作台，包括以下常用工具栏。

（1）视图工具栏　用这个工具栏中的命令可以生成各种视图，这些视图包括：投影图、剖面图、局部放大图、局部视图、断开视图、局部剖视图和生成视图向导等，如图 6-8 所示。

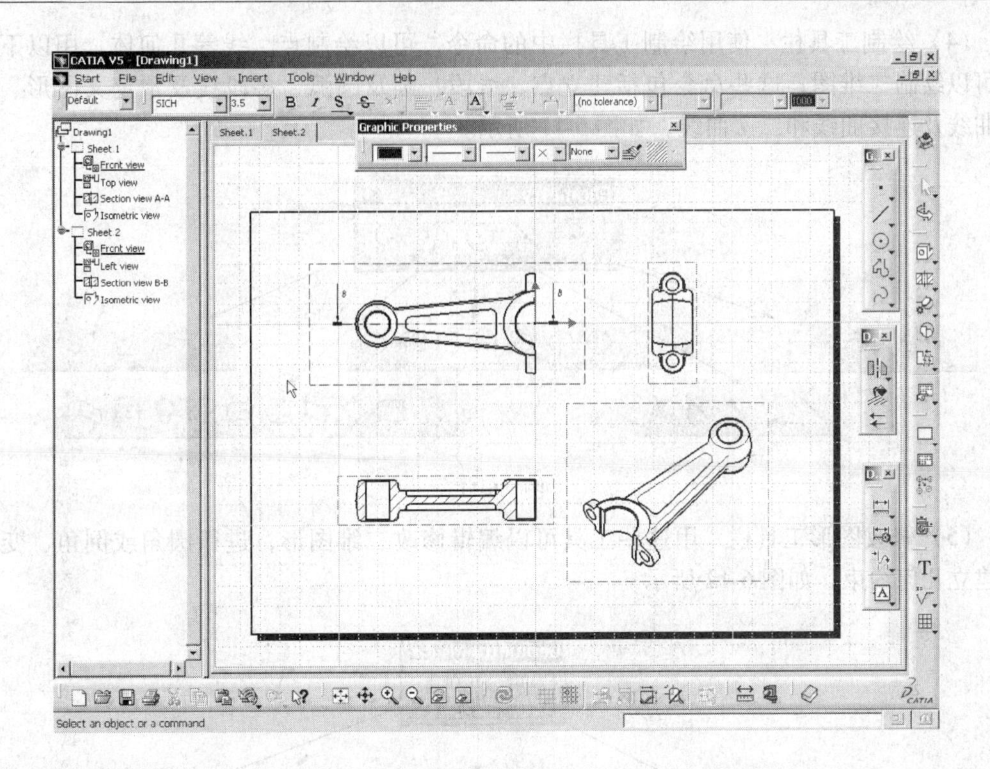

图　6-7

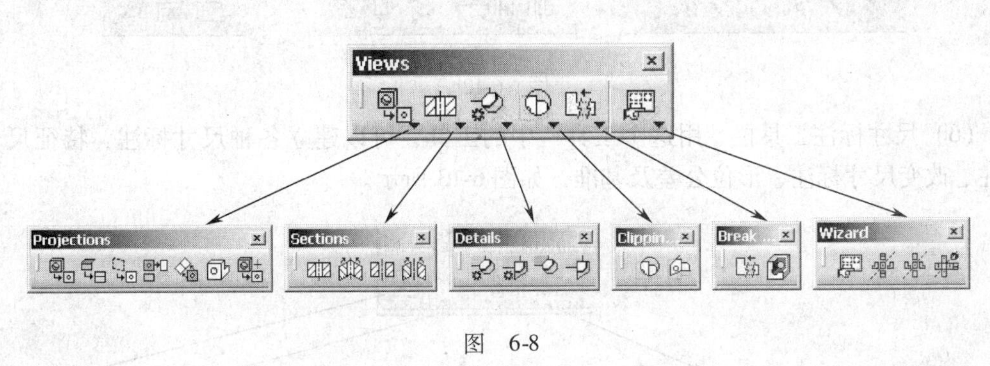

图　6-8

（2）生成尺寸工具栏　用这个工具栏中的命令，可以自动生成尺寸标注和零部件的编号，如图 6-9 所示。

（3）绘图工具栏　在这个工具栏中包括建立新图页、视图和引用二维图的命令，如图 6-10 所示。

图　6-9　　　　图　6-10

（4）绘制工具栏　使用绘制工具栏中的命令，可以绘制点、线等几何体。用以下命令可以绘制二维图，这些命令包括建立点、线段、圆及圆弧、多段线及预定义图形、样条曲线及连接曲线和二次曲线，如图 6-11 所示。

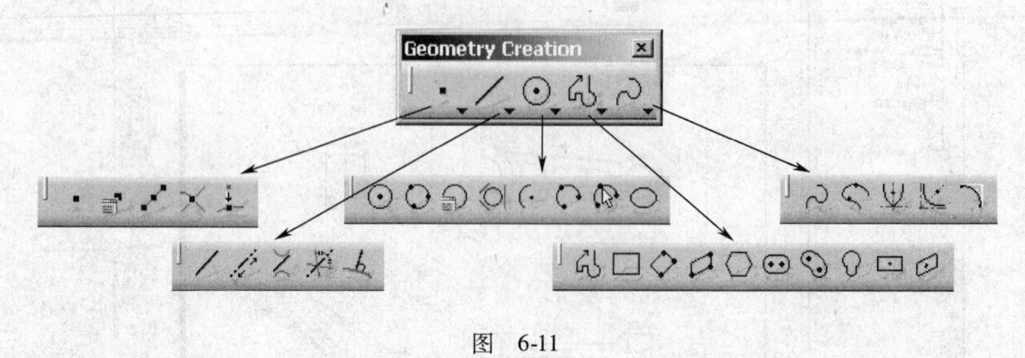

图　6-11

（5）修改图形工具栏　用这些工具可以编辑修改二维图形，进行圆角或倒角、变换和建立几何约束，如图 6-12 所示。

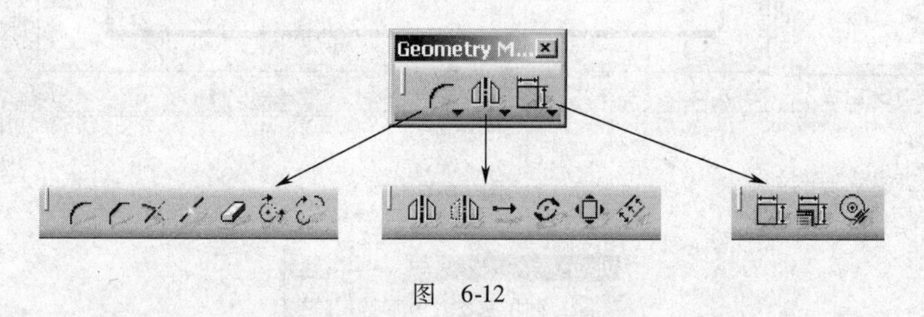

图　6-12

（6）尺寸标注工具栏　用这个工具栏中的工具，可以建立各种尺寸标注、特征尺寸标注、改变尺寸标注、形位公差及基准，如图 6-13 所示。

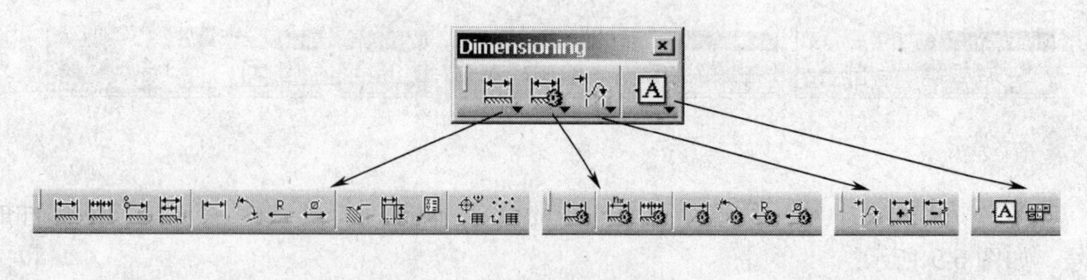

图　6-13

（7）文字注释工具栏　这些工具可以建立文字注释、标注粗糙度、焊接符号以及建立表格等，如图 6-14 所示。

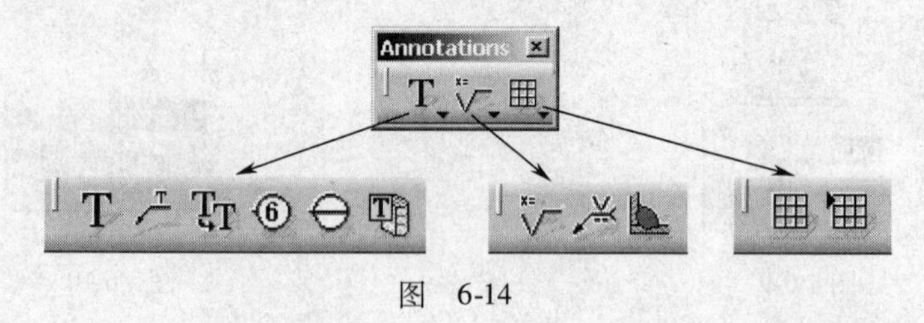

图　6-14

（8）文字特性工具栏　用这些工具，可以修改文字的字体、字高、文字修饰、对齐方式和特殊符号等，如图6-15所示。

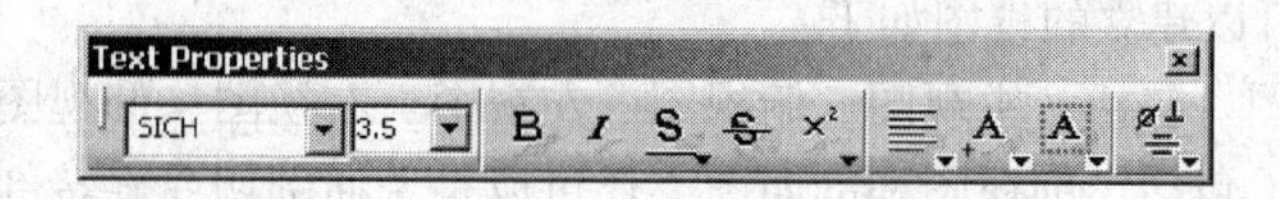

图　6-15

（9）尺寸特性工具栏　用这个工具栏中的命令可以修改尺寸标注的样式、公差形式、公差值、数字的格式和精度等，如图6-16所示。

图　6-16

（10）视图修饰工具栏　用这些工具命令，可以绘制圆的中心线、圆柱（圆锥）的轴线、螺纹符号、剖面线和箭头等，如图6-17所示。

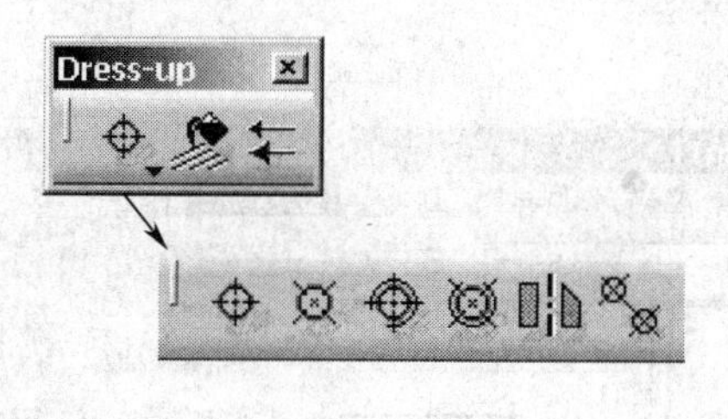

图　6-17

2. 常用术语

在CATIA V5中，一个工程图中可以包含有多个图纸页，每个图纸页中可以包含有各种视图，每个视图在屏幕上显示为虚线框中的内容。红色视图边框的视图是当前活动视图，活动视图在树上显示有下划线，非当前视图的边框是蓝色的。

每一个工程图都可以保存为一个磁盘文件，图纸文件的扩展名是.CATDrawing，在这个文件中可以保存用户在工程图工作台中建立的各种二维对象。

（1）工程图（Drawing）　用户建立的二维工程图文件，可以保存在磁盘上。

（2）图纸页（Sheet）　工程图中的一页图纸，可以表达一个零件、一个装配或一个视图中的内容。

（3）视图（View）　图纸页虚线框中的内容，可以是投影视图、剖视图、辅助视图等，当前操作的视图是红色边框。

6.2　生成工程图和视图

当用户进入工程图工作台后，系统就会建立一个工程图文件，默认的文件名是DrawingX. CATDrawing，同时在这个工程图中建立一个图纸页，默认这个图纸页的名称是

Sheet. 1。这样就可以在这个图纸页上建立各种视图，从而表达零件或装配的形状、结构、尺寸和文字注释等。

在图纸页上可以建立的视图如下：

（1）投影视图　包括：主视图、俯视图、左视图、右视图、仰视图和后视图。

（2）剖切图　包括：剖视图和剖面图，还可以是普通剖切或旋转剖切。

（3）辅助视图　包括：局部放大视图、局部视图、断开视图、局部剖视图、向视图、轴测图和展开图。

下面介绍用空白图纸建立这些视图的方法。

6.2.1　生成主视图

主视图（也称为正视图）是在工程图中建立的第一个视图，建立主视图前保证要生成工程图的三维零件或装配文件已经打开，建立主视图的操作方法如下：

1）在工程图工作台中，单击主视图工具图标。

2）进入装配（或零件）工作台，选择下拉菜单 Window（窗口）中选择装配（或零件）模型工作台窗口，也可以按键盘 Alt 键 + Tab 键转换到装配（或零件）工作台，如图 6-18 所示。

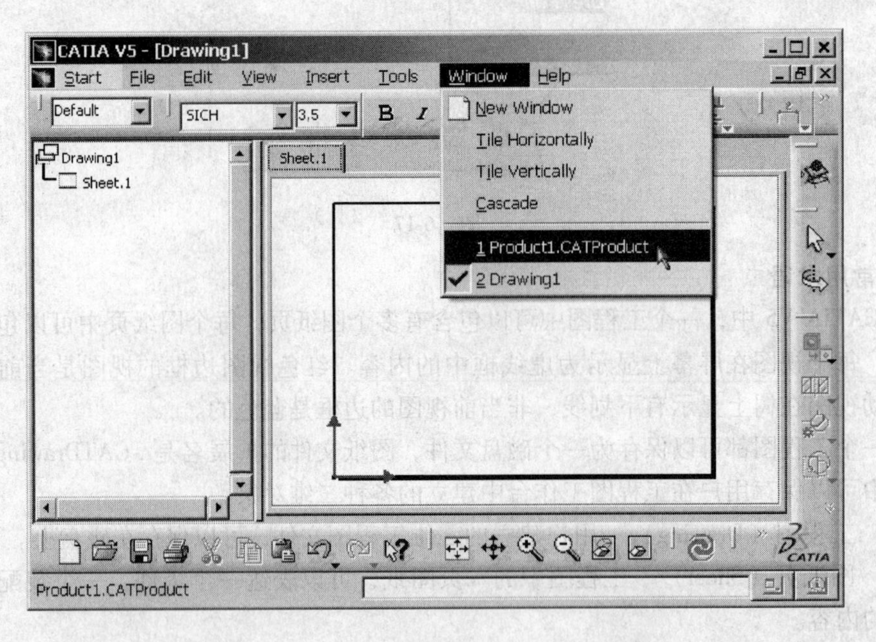

图　6-18

3）在装配树上选择要投影的部件（如果是零件工作台，不需要选择），若不选择部件，意味着投影整个装配，在下例中选择 Huosai（Huosai. 1），如图 6-19 所示。

4）选择主视图的投影平面，可以选择一个平面或平面型表面，当鼠标的光标移动到平面上时，屏幕的右下角会显示当前平面投影的预览，选择这个平面，系统自动切换回工程图工作台。

5）在工程图工作台会显示按投影平面投影视图的预览，同时界面的右上角显示一个

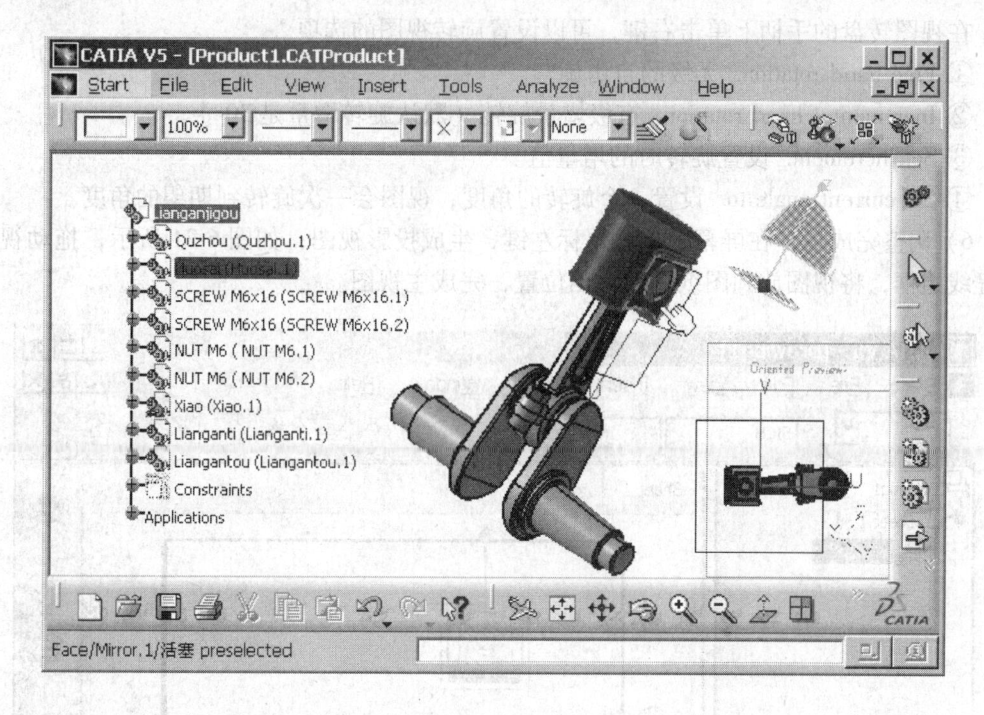

图　6-19

视图转盘，用视图转盘中的上、下、左、右箭头可以翻转预览视图，每按一次翻转 90°。单击中间的弧形箭头（或拖动圆周上的手柄），可以旋转预览视图，默认每按一次旋转 30°，如图 6-20 所示。

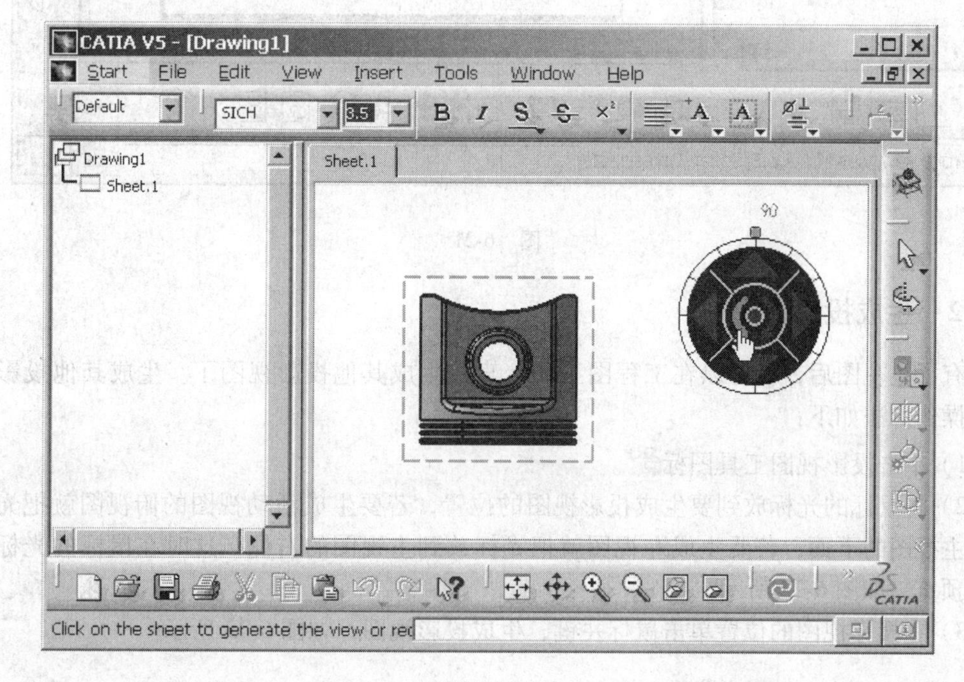

图　6-20

在视图转盘的手柄上单击右键，可以设置旋转视图的选项。

① Free hand rotation. 无级的自由旋转。

② Incremental hand rotation. 有级增量旋转（默认旋转增量是30°）。

③ Set increment. 设置旋转时的增量值。

④ Set current angle to. 设置一个旋转的角度，视图会一次旋转到期望的角度。

6）调整完成后，在屏幕上单击鼠标左键，生成投影视图，如图6-21所示，拖动视图的虚线边框，将视图放到图纸页的适当位置，完成主视图。

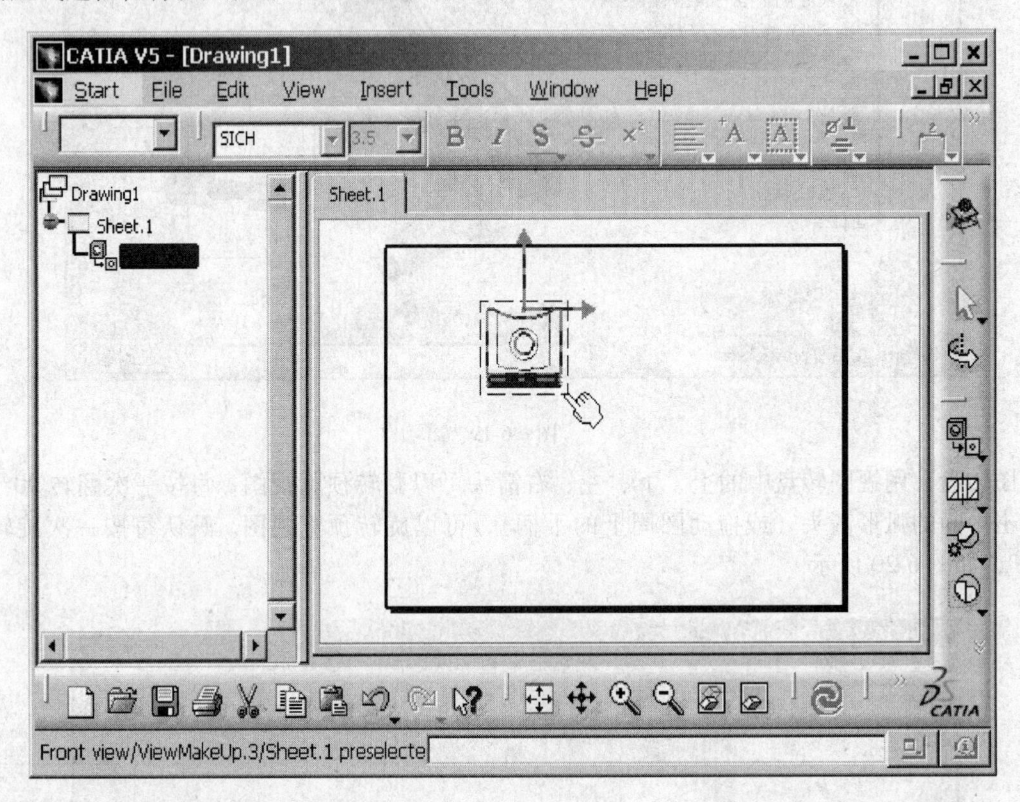

图 6-21

6.2.2 生成投影视图

有了主视图后，就可以在工程图工作台直接生成其他投影视图了。生成其他投影视图的操作方法如下：

1）单击投影视图工具图标。

2）将鼠标的光标放到要生成投影视图的位置，若要生成活动视图的俯视图就把光标放在主视图的下面；若要生成左视图就把光标放到主视图的右侧，这时在鼠标的光标处显示预览，如图6-22所示。

3）在投影视图的位置单击鼠标左键，生成投影视图，如图6-23所示。

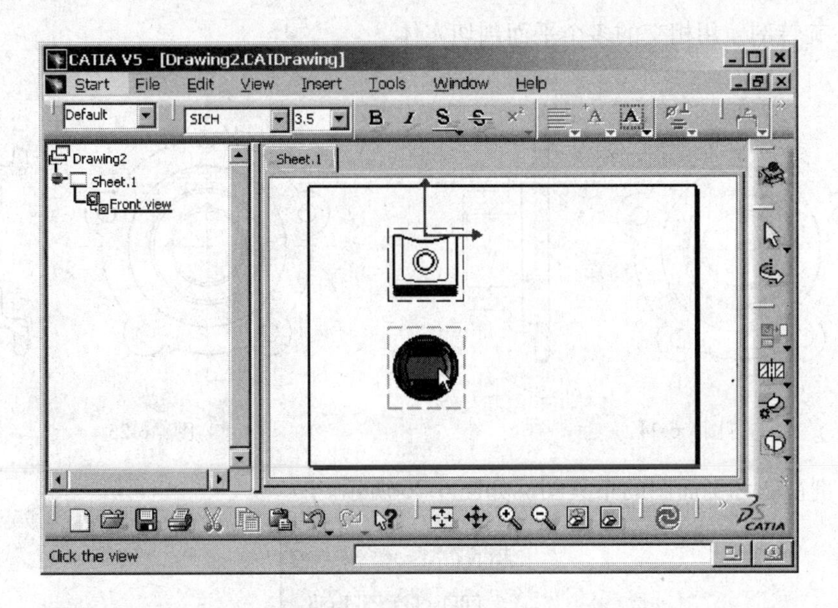

图　6-22

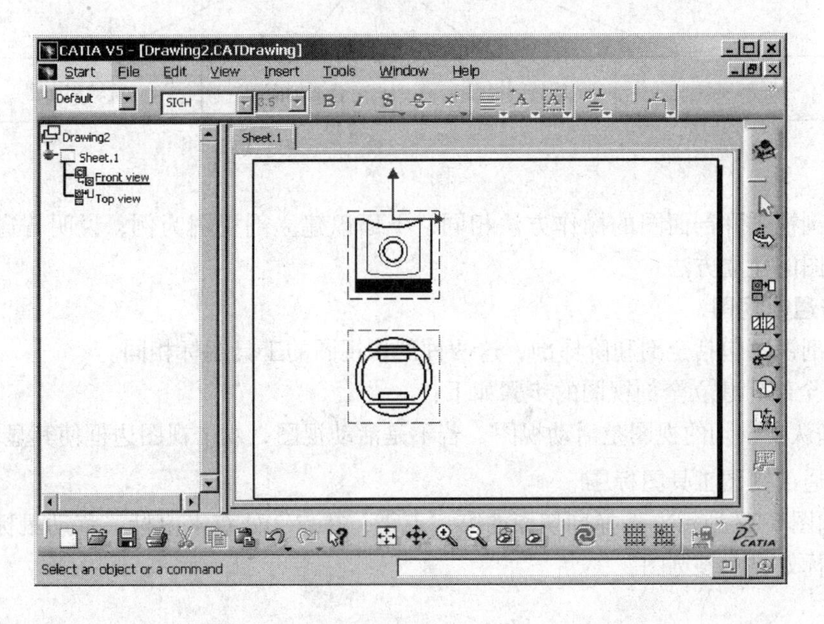

图　6-23

6.2.3　生成剖切图

用假想的平面将实体剖切开，用剖切图来表现实体内部或截面的结构和尺寸。剖切图包括两种：剖视图和剖面图。所谓剖视图（见图 6-24）就是将实体剖切后，向剖切面方向投影后得到的投影视图；剖面图（见图 6-25）是剖切面与实体间截交的平面图。

对实体的剖切方法有二种：普通剖和旋转剖。

（1）普通剖　包括全剖和阶梯剖，用一个或几个相互平行的平面剖切实体。

（2）旋转剖　用相交的多个平面剖切实体。

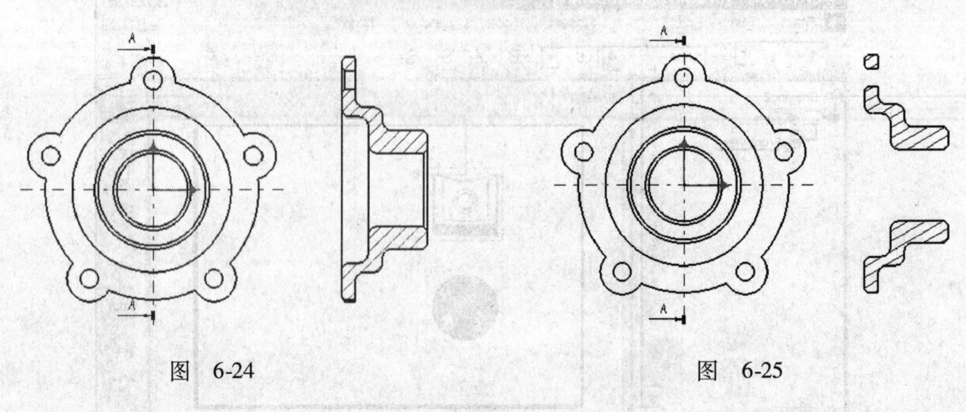

图　6-24　　　　图　6-25

建立剖视图和剖面图的工具图标如图 6-26 所示。

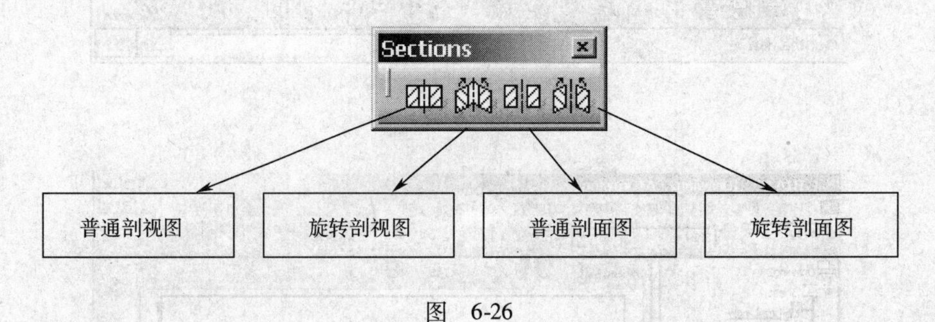

图　6-26

建立剖视图和剖面图的操作方法相同，下面以建立剖视图为例，说明普通剖视图和旋转剖视图的建立方法。

1. 普通剖视图

普通剖视图包括全剖和阶梯剖，这两种剖切视图的工具图标相同。

（1）全剖　建立全剖视图的步骤如下：

1）确认要剖切的视图是活动视图，若不是活动视图，双击视图边框使其显示为红色，再单击普通剖视图工具图标。

2）如图 6-27 所示，选择剖切面的第一点①，在点②处双击鼠标，移动鼠标到右侧位置，在光标处显示预览图。

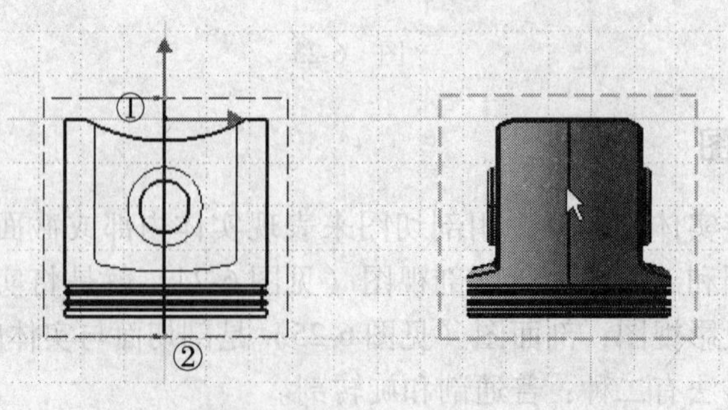

图　6-27

3）单击鼠标，生成全剖视图，如图 6-28 所示。

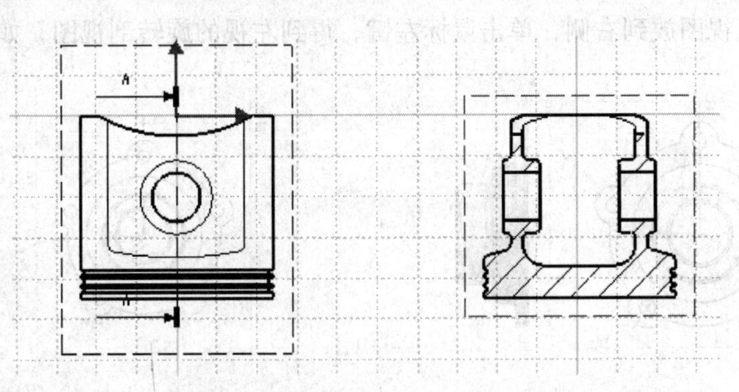

图　6-28

（2）阶梯剖　生成阶梯剖视图的操作步骤如下：

1）单击普通剖视图工具图标。

2）如图 6-29 所示，选择左侧圆①，单击选择点②，选择点③，单击选择点④，最后在点⑤处双击鼠标，移动鼠标到右侧，显示预览视图。

3）在放置剖视图位置处单击鼠标，生成阶梯剖视图，如图 6-30 所示。

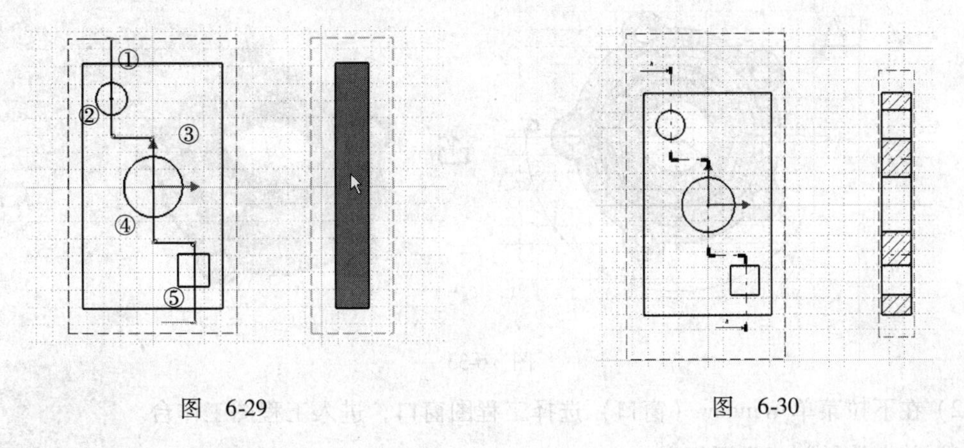

图　6-29　　　　图　6-30

在视图上建立剖切时，要做一条直线或正交的折线，在画线时可以自动捕捉视图中的线、点、圆弧等，也可以捕捉栅格；当选择视图中的圆（或圆弧）时，剖切线将通过这个圆（或圆弧）的圆心。在剖切线的最后一点，要双击鼠标结束折线。剖视图的方向，取决于鼠标光标拖动预览图的位置，当拖动光标到预定的位置，单击鼠标后才生成剖视图。

建立普通剖面图的操作方法与剖视图相同，读者可自己练习操作。

2. 旋转剖视图

建立旋转剖视图时，也是要在被剖切视图上做一条折线，只是这条折线的折角可以不是正交的。建立旋转剖视图的操作方法如下：

1）将被剖切视图设置为活动视图，单击旋转剖工具图标。

2）如图 6-31 所示，选择圆①，选择圆②，再选择圆③，最后延伸折线，在点④处双击鼠标，移动光标时会显示剖视图预览。

3）将预览视图放到右侧，单击鼠标左键，得到左视的旋转剖视图，如图 6-32 所示。

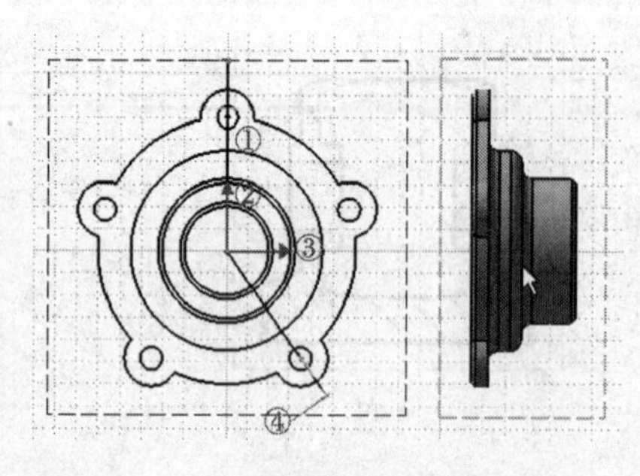

图 6-31

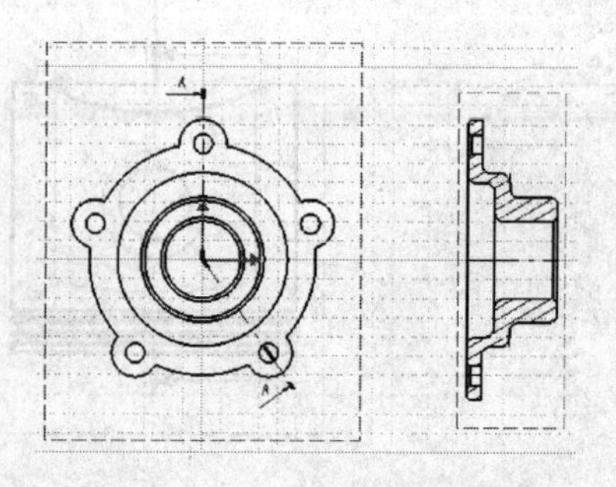

图 6-32

在进行阶梯剖或旋转剖时，如果在工程图工作台上画折线时定位有困难，可以在零件设计工作台（或装配设计工作台）中，用草图做出剖切线。建立剖视图时，选择这条草图线即可，具体操作方法如下：

1）切换到零件设计工作台，选择被剖切视图投影平面的任意一个平行平面（这里选择 XY 平面），进入草图器，画出剖切线草图后退出草图器，如图 6-33 所示。

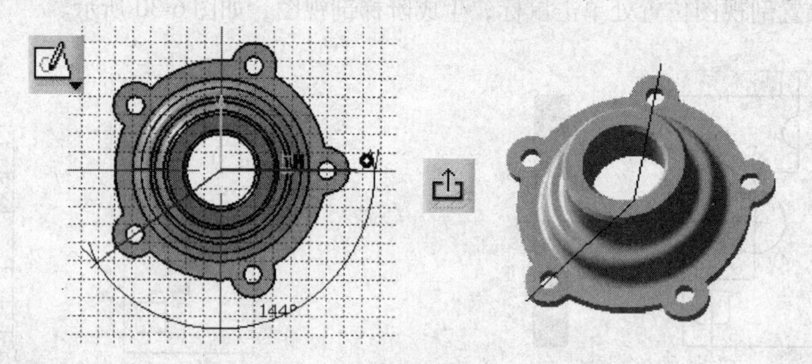

图 6-33

2）在下拉菜单 Window（窗口）选择工程图窗口，进入工程图工作台。

3）单击旋转剖工具图标。

4）用 Window（窗口）菜单（或 Ctrl 键 + Tab 键）切换到零件设计工作台，选择剖切线草图，如图 6-34 所示。系统自动切换回工程图工作台。

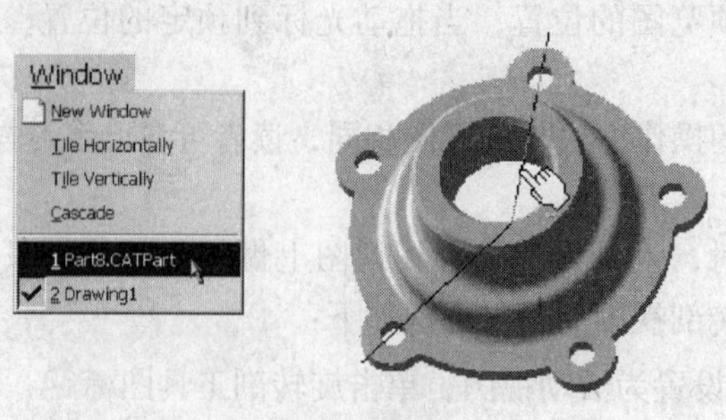

图 6-34

5）在工程图工作台显示预览图，如图6-35所示。

6）在预定生成剖视图的位置单击鼠标，生成剖视图，如图6-36所示。

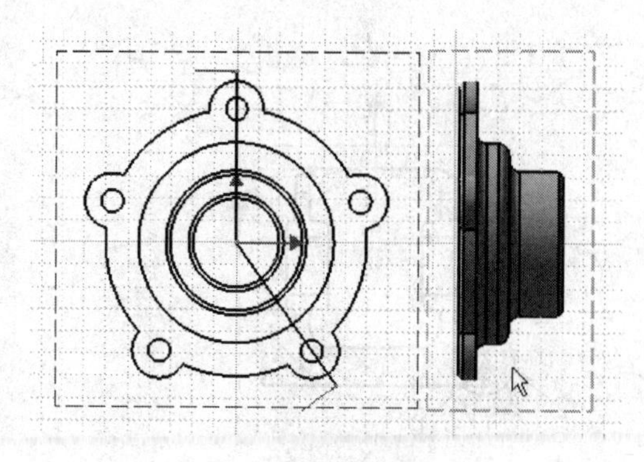

图　6-35

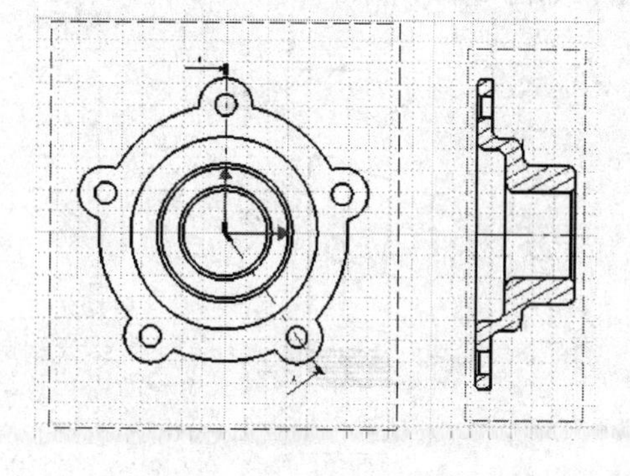

图　6-36

6.2.4　生成辅助视图

辅助视图也是工程图中常用的视图，在CATIA V5中，可以生成局部放大视图、局部视图、断开视图、局部剖视图、向视图、轴测图和展开视图七种辅助视图。使用辅助视图主要是用来表达零件的局部结构和尺寸、节省视图的数量和节约图纸幅面，也可以有效地帮助用户更好地阅读和理解工程图。

1. 局部放大视图

在CATIA V5中，局部视图的生成有两种方式，一种方式是从三维实体用布尔运算和投影的方式生成局部放大视图；另一种方式是用二维工程图，经修剪后直接引出并放大得到局部放大视图。局部放大视图可以用圆引出也可以用多边形引出。这样，局部放大视图的命令就有四个，如图6-37所示。

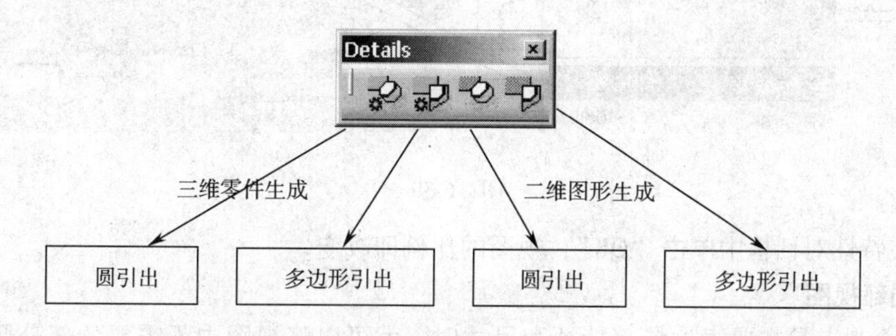

图　6-37

建立局部放大视图时，无论是用三维零件生成还是二维图形生成，操作的方法和步骤都是相同的。下面就用圆引出、三维零件生成局部放大视图介绍操作方法，其他局部放大视图的建立方法与其类似，读者可自己练习操作。

1）确认被放大的视图为活动视图，单击局部放大视图工具图标。

2）在被放大视图中选择引出圆的圆心点①，选择圆心时系统能自动捕捉实体对象，也可以捕捉栅格（需要打开栅格捕捉）。

3）选择圆通过的点②，绘制出一个引出圆。

4）移动鼠标时显示预览，在放置局部放大视图的位置单击鼠标，即生成局部放大视图，如图 6-38 所示。

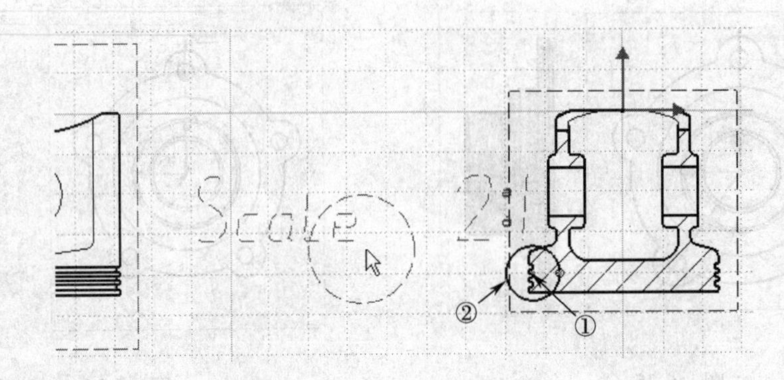

图 6-38

5）默认的局部放大视图，是把被放大视图的局部放大一倍。要改变局部放大视图的比例，可以在局部放大视图的虚线边框上单击右键，选择 Properties（特性）命令，在特性对话框中的 View（视图）选项卡中，改变 Scale（视图比例）的值，例如，将比例 2∶1 修改为 4∶1，如图 6-39 所示。

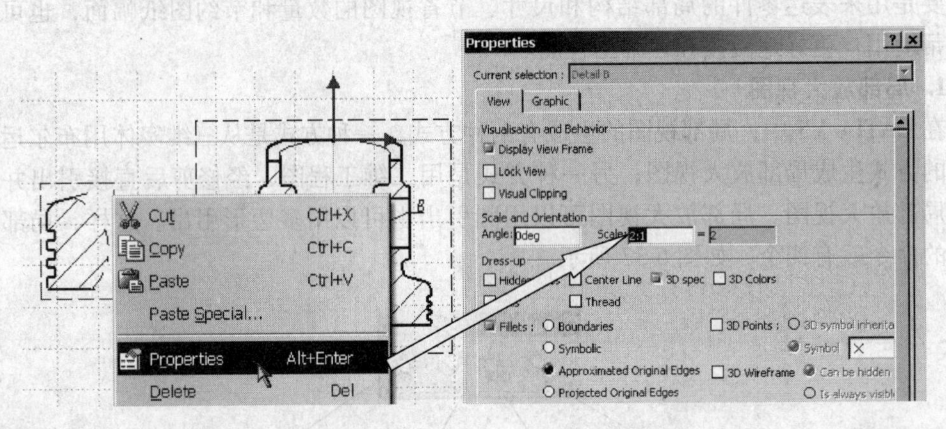

图 6-39

6）在特性对话框中单击"OK"，视图的比例即改变。

2. 局部视图

当某个视图只需要表达局部特征和尺寸时，就可以将视图中不需要的部分删除，这样可以有效地节省图纸幅面。局部视图可以用圆引出，也可以用多边形引出，把圆内（或多边形内）的图线保留，将圆（或多边形）外的图线修剪掉，因此局部视图有时也称为修剪视图。下面就把用圆引出局部视图的操作方法介绍如下：

1）确认被修剪视图是活动视图，单击局部视图工具图标。

2）在视图上选择圆心点和圆通过的点，做一个圆。

3）系统自动将圆外的图线修剪掉，完成局部视图，如图 6-40 所示。

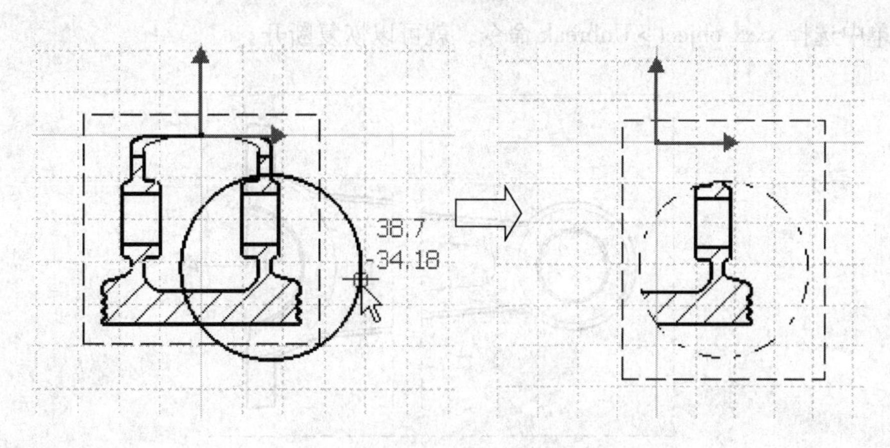

图　6-40

3. 断开视图

“断开”就是把视图的中间部分截断并删除，这样可以节省图纸的空间。通常断开视图用于细长的截面没有变化的轴、截面变化规律相同的腹板类零件等，关键是断开后不影响视图对零件结构和尺寸的表达。建立断开视图的操作方法如下：

1）确认要断开的视图是活动视图，单击断开视图工具图标。

2）选择一点用来确定断开第一截面的方向，定义断开的第一个截面。

3）这时鼠标的光标将拖动一条绿色的线，表示断开的第二截面，同时在屏幕上显示红色实线和绿色虚线，表示第二截面的绿色线只能在绿色虚线范围内选择，不能在红色实线区域内选择，如图6-41所示。

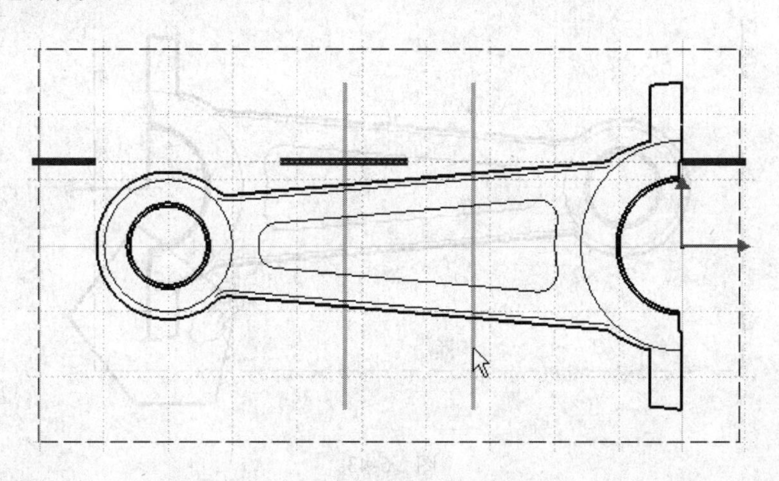

图　6-41

4）在绿色虚线区域内单击鼠标，确定第二截面的位置。图中显示两条绿色线，表示断开的两个截面。

5）在屏幕的任意位置单击鼠标，视图在第一截面和第二截面间被断开，中间部分被删除，视图更新后重新生成，如图6-42所示。

6）如果要使断开视图恢复到原来的状态，在被断开视图的边框上右击鼠标，在右键快捷菜单中选择 xxxx object > Unbreak 命令，就可以恢复断开。

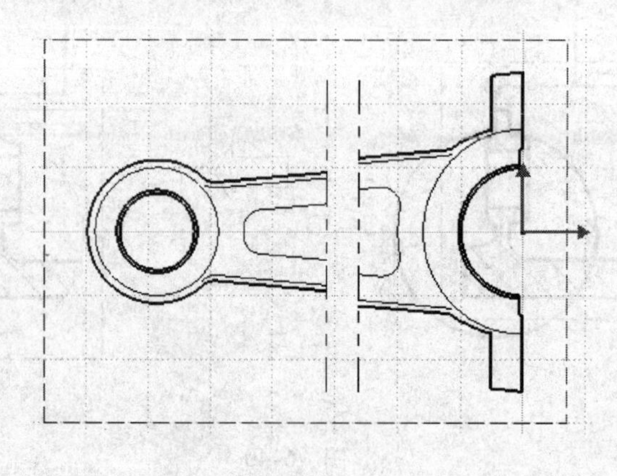

图　6-42

4. 局部剖视图

局部剖视图，就是在原有的视图上进行局部的剖切，用来表现剖切部分内部的结构和尺寸。使用局部剖视图可以有效的节省全剖视图，从而减少视图的数量，使图面更简洁清晰。建立局部剖视图就是假想用一个封闭的多边形柱面向内切入，再用一个横向平面剖切，将剖切掉的部分移出，暴露出内部的结构。局部剖视图的建立方法如下：

1）确认被剖切视图为活动视图，单击局部剖视图工具图标。

2）做一个封闭多边形表示切入的平面，在界面上拾取点绘制多边形。使起点和终点重合，成为封闭多边形，如图 6-43 所示。

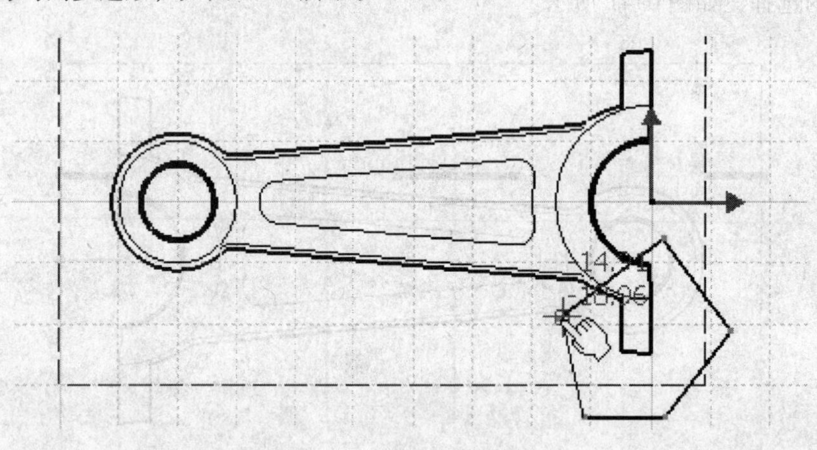

图　6-43

3）这时屏幕上显示三维预览窗口，用来确定横向剖切面的位置，如图 6-44 所示。在三维窗口中可以拖动横向剖面，以便确定位置。在视图上选择对象，横向剖面会自动定位到选择的对象上，比如，选择图示圆，横向剖面将通过这个圆的圆心。在三维视图窗口中，如果选择 Animate（活动）复选框，当鼠标的光标移动到工程图中的某个视图处时，三维视图会自动翻转到视图的投影方位。

4）单击“OK”，生成局部剖视图，如图 6-45 所示。

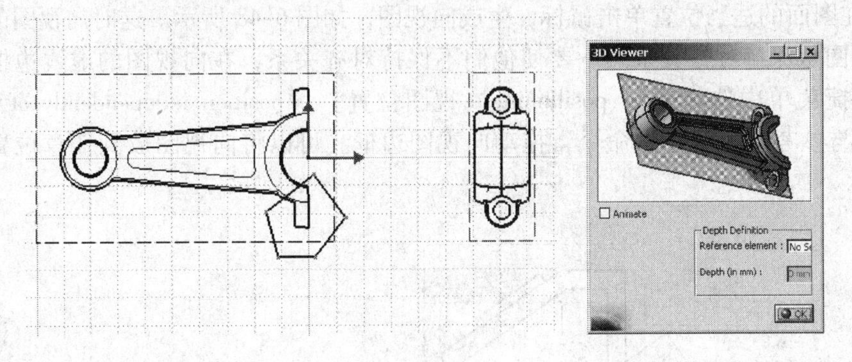

图　6-44

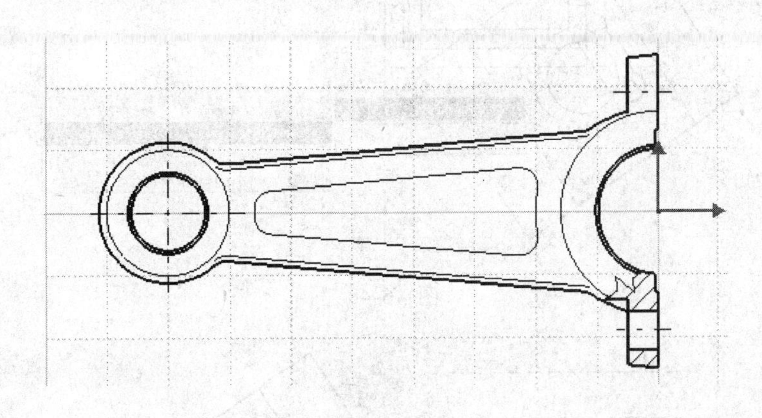

图　6-45

5. 向视图

向视图就是按用户指定的投影平面建立的投影视图。当要表达零件某个倾斜表面上的结构时，向视图是一个很好的选择。建立向视图的操作方法如下：

1）确认被投影视图是活动视图，单击向视图工具图标。

2）选择视图上的投影面，或选择两个点作一条线段来定义投影平面，如图6-46所示。移动鼠标，会在光标处显示向视图预览，如图6-47所示。

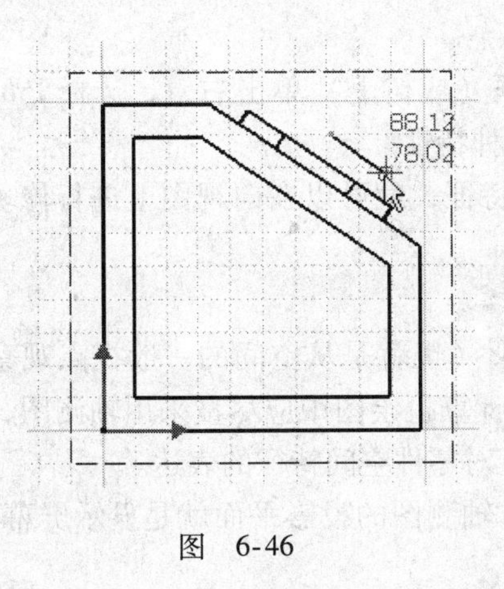

图　6-46

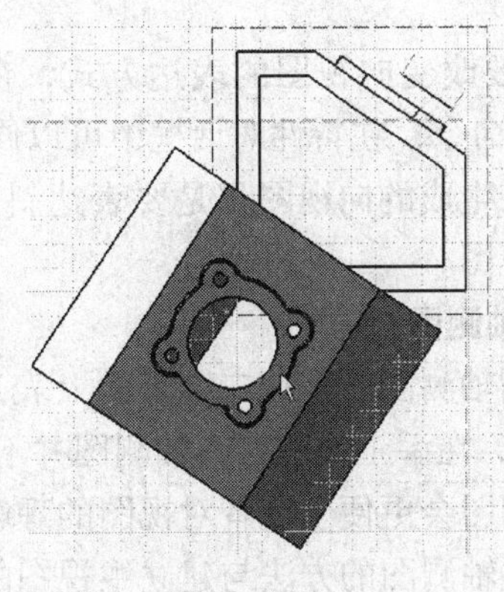

图　6-47

3）在图面的适当位置单击鼠标，生成向视图，如图 6-48 所示。这时向视图的位置与被投影视图是保持对齐关系的。要使他们不保持对齐关系，在向视图的虚线边框上单击右键，快捷菜单中选择 View positioning（视图位置）> position independently of reference view（不与参考视图对齐）命令，拖动向视图边框，可以将向视图放到任意位置，如图 6-49 所示。

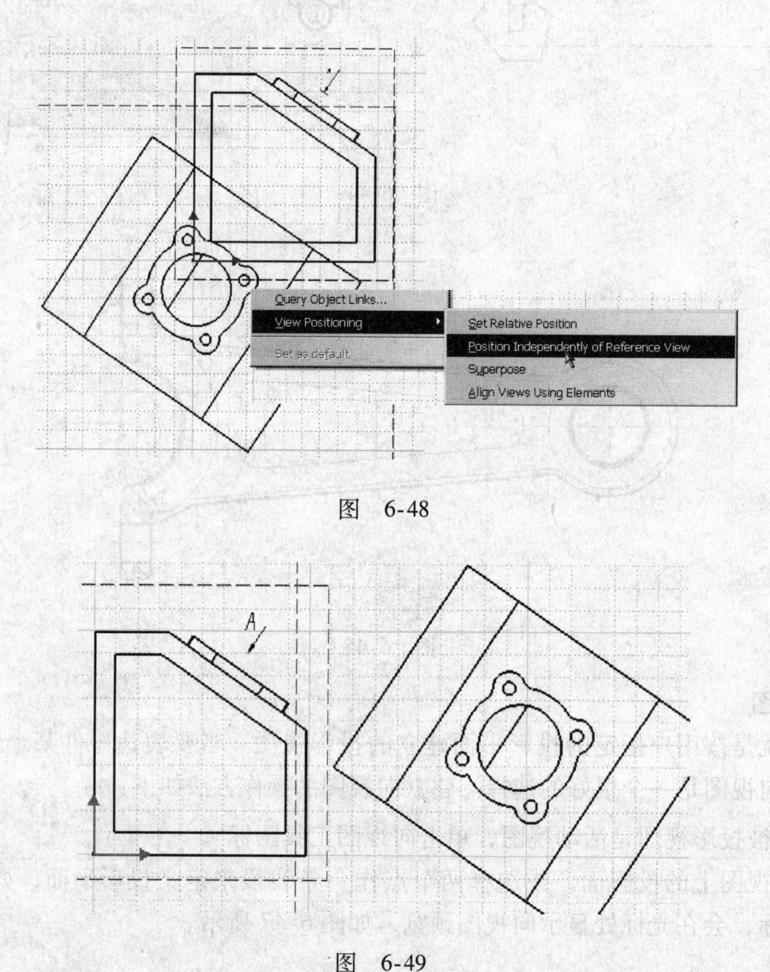

图　6-48

图　6-49

4）要改变向视图的表达方式，在向视图边框（或树上）单击右键，选择 Properties（特性）命令，在特性对话框中可以修改视图的各种特性。

如果生成的向视图只是要表达斜面上的局部特征，就可以在向视图上进行修剪，得到局部视图。

6. 轴测图

所谓轴测图就是在二维平面上表达的立体图形（也就是从空间的一般视点观察的投影视图），在手工绘图时，轴测图并不常用，但在计算机绘图中应尽量采用轴测图，因为使用轴测图会更便于读者对视图的理解，也有助于对零件空间特征的表达。

建立轴测图的方法与建立主视图的方法类似，轴测图的投影平面就是显示屏幕平面，建立轴测图的操作方法如下：

1）单击轴测图工具图标。

2）转换到零件或装配设计工作台（在 Window 菜单中选择相应的工作台窗口）。

3）在零件（或装配）设计工作台，将零件转动到一个合适的视点角度，在零件的任意位置单击鼠标，选择界面的显示平面做为投影平面，系统自动转换回工程图工作台，如图 6-50 所示。

4）在工程图工作台显示轴测图预览，可以用视图转盘来翻转或旋转预览视图，在工程图的任意点单击鼠标，生成轴测图，如图 6-51 所示。

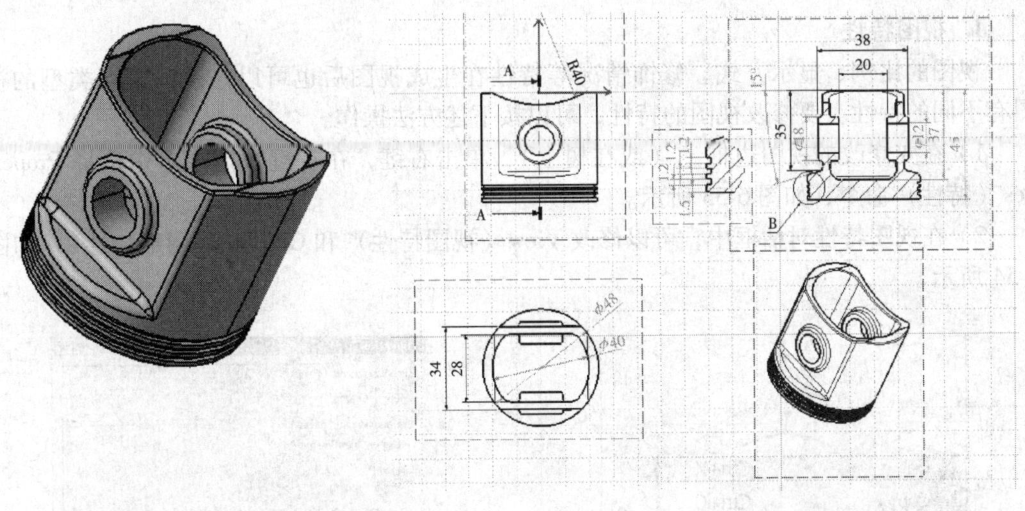

图　6-50　　　　图　6-51

在建立轴测图的时候，调整零件或装配的视点非常重要，调整好视点不但可以增强轴测图的立体感，还可以使零件的结构和特征表达得更清楚。

在装配中建立一个零件的轴测图时，需要在树上先选择零件然后再选择投影平面；要建立装配的轴测图，不需要选择对象，只要调整好视点，选择投影平面即可；也可以在装配中建立一个场景（Scene），建立装配的爆炸视图，如图 6-52 所示。

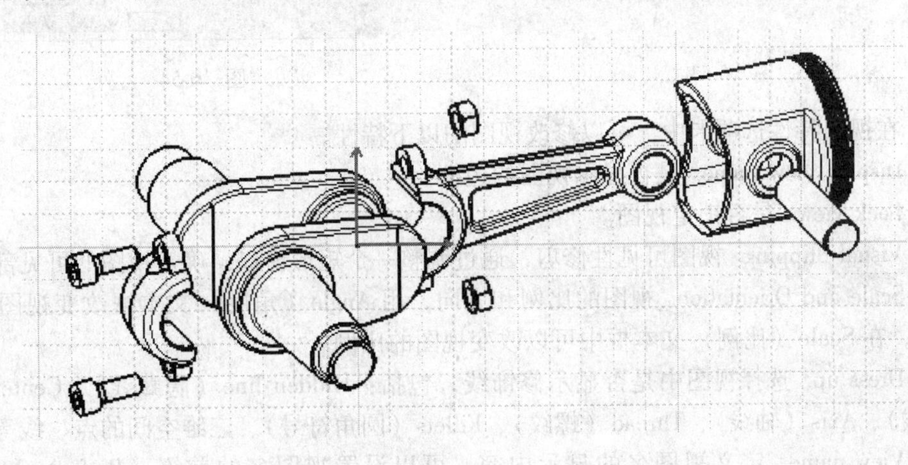

图　6-52

7. 展开图

展开图通常用于钣金零件生成下料的工程图，这种视图通常与钣金设计工作台或曲面设计工作台配合运用。

6.3 编辑视图的布局和特性

6.3.1 修改视图或图页的特性

1. 视图特性

视图的比例、显示方式、修饰情况等特性在生成视图后也可以修改，不同类型的视图有不同的特性。要修改视图的特性，可以按下述方法操作。

1）在要修改的视图边框上（或在树上），单击右键，在右键快捷菜单中选择 Properties（特性）命令，如图 6-53 所示。

2）在视图特性对话框中，可以修改 View（视图特性）和 Graphic（图形特性），如图 6-54 所示。

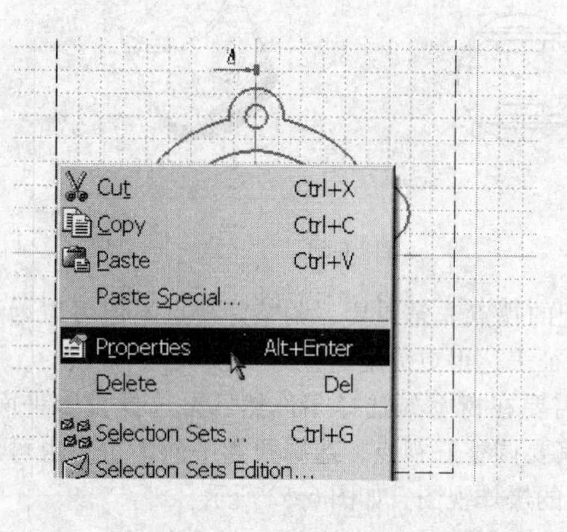

图 6-53

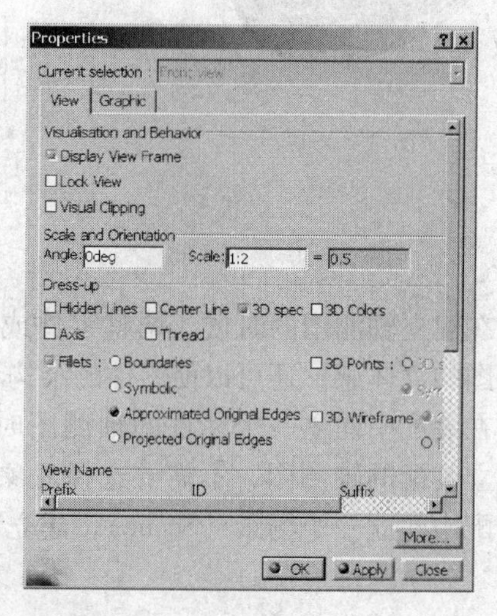

图 6-54

3）在视图特性选项卡中，可以修改视图的以下特性。

① Display view frame. 是否显示视图的边框。

② Lock view. 是否锁定视图。

③ Visual clipping. 视图可见性修剪，通过调整一个矩形窗口，确定视图的可见部分。

④ Scale and Orientation. 视图的比例和方向，用 Angle（角度）文本框改变视图的显示角度，在 Scale（比例）文本框中可以改变视图的比例。

⑤ Dress up. 选择视图中是否显示修饰线，包括：Hidden line（隐藏线）、Center line（中心线）、Axis（轴线）、Thread（螺纹）、Fillets（圆角符号）、三维空间的点、线等。

⑥ View name. 定义视图名的显示内容，可以设置视图名的前缀（Prefix）和后缀（Suffix）。

⑦ Generation mode. 视图的生成模式，可以用四种模式生成视图：Exact view（精确）、cgr（CATIA 图形表现文件）、Approximate（近似）和 Raster（光栅）默认生成视图是精确模式。

2. 图页特性

在树上右键点击图页（默认为 Sheet. x），快捷菜单中选择 Properties（特性）命令，显示特性对话框，在对话框中可以设置图页的以下特性。

（1）Sheet name 视图名（默认为 Sheet. x），可以修改。

（2）Scale 绘图比例。

（3）Format 图幅尺寸。选择 Display（显示）复选框，会显示图幅。

（4）Projection method 投影原理，可以选择 First angle standard（第一象角）或 Third angle standard（第三象角）投影，GB 和 ISO 标准采用第一象角投影。

（5）Generative views positioning mode 生成视图的放置方式：Part center of gravity（按零件重心对齐）、Part 3D axis（零件三维坐标系对齐）。

（6）Print area 打印区域，可以设置图纸页的打印范围。

6.3.2 重新布置视图

生成的投影视图或向视图默认的位置与主视图是保持对齐关系的，拖动视图的边框就可以按视图的对齐关系移动视图的位置（当拖动主视图的边框时，会移动全部投影视图）。这种对齐关系可以取消，也可以在图面上按用户的要求随意布置每个视图。

1. 改变视图的对齐关系

用活动视图生成的左视图（右视图）或俯视图（仰视图）是保持平齐和对正关系的，活动视图是这些投影视图的参考视图。可以用右键快捷菜单的 View positioning（视图布置）中的命令来改变这些视图的位置关系。操作方法如下：

1）在要改变位置的视图边框上单击右键，在右键快捷菜单中选择 View positioning（视图布置）>Position independently of reference view（不与参考视图对齐），如图6-55 所示。

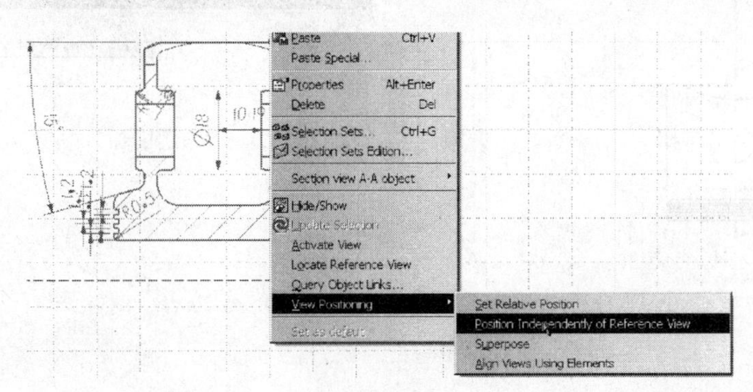

图 6-55

2）拖动视图边框，视图与参考视图脱离了对齐关系，这样视图就可以拖动放置在图纸的任意位置了。

3）在脱离对齐关系的视图边框上，再次单击鼠标右键，快捷菜单中选择 Position

according to reference view（与参考视图对齐）命令，视图即又恢复对齐关系。

2. 叠放视图

要使两个视图对齐重叠在一起，可以在要叠放的视图边框上单击右键，在快捷菜单中选择 View positioning（视图布置）>Superpose（叠放），再选择要叠放到的视图边框，两个视图会重叠到一起。

3. 按图形元素对齐视图

可以分别选择两个视图中的两条线对齐，从而对齐两个视图。在要对齐的视图边框上单击右键，在右键快捷菜单中选择 View positioning（视图布置）>Align views using elements（用元素对齐视图），再分别选择两个视图中的两条线①和②，使这两条线对齐，这样就对齐了两个视图，如图 6-56 所示。

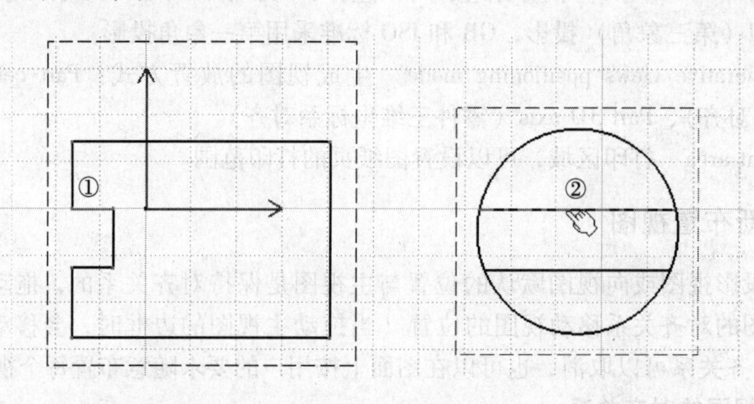

图 6-56

4. 调整视图的相对位置

在要调整位置的视图边框上单击右键，在快捷菜单中选择 View positioning（视图布置）>Set Relative Position（设置相对位置），这时视图上显示十个定位点和一条定位线，如图 6-57 所示。

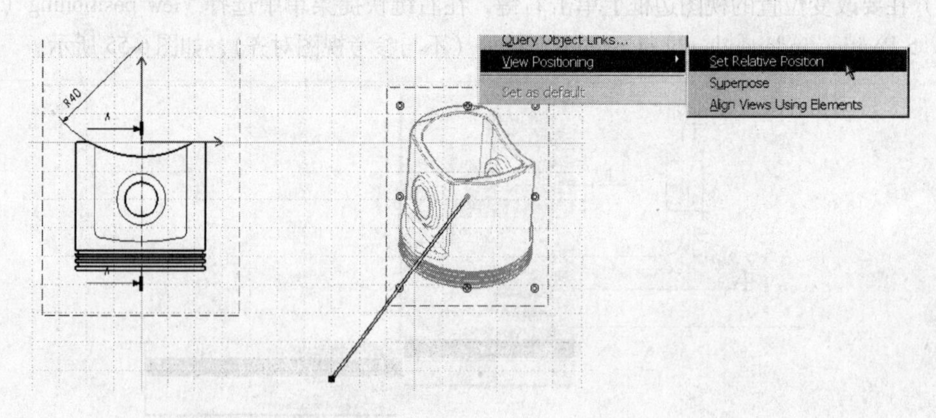

图 6-57

1）单击定位线端点处的黑色方块（定位点），红色点会在黑色方块中闪动，选择要定位相对位置的视图边框，定位线的端点自动对齐到目标视图的中心，如图 6-58 所示。

2）拖动定位线，可以改变定位线的长度，如图 6-59 所示。单击定位线，定位线加亮闪动，再选择视图中的一条线，定位线就会与选择的线对齐。

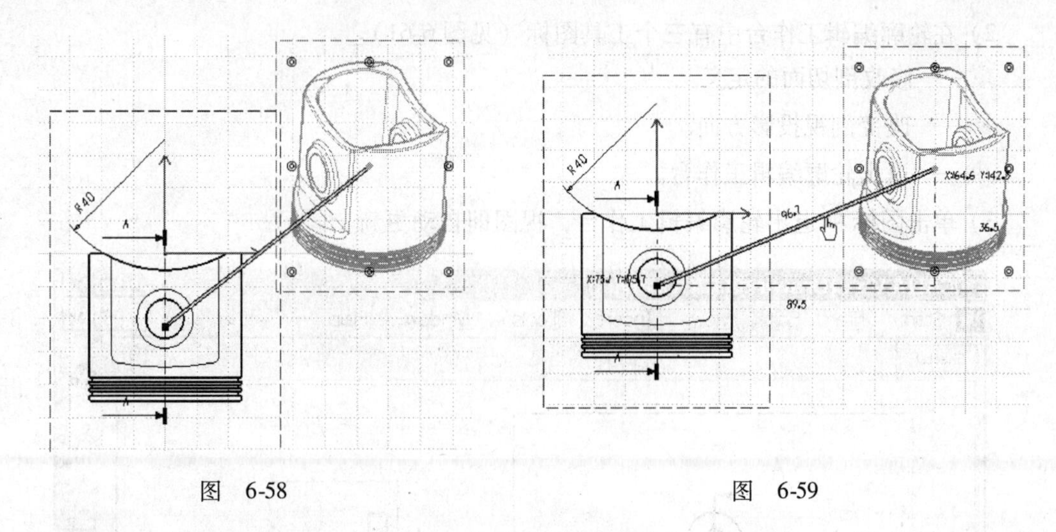

图　6-58　　　　　　　　　　　　　图　6-59

3）拖动定位线绿色端点，可以绕定位线的另一端转动。选择视图中的定位点，这个定位点会自动对齐到定位线的绿色端点。

4）在图上的任意点单击鼠标，完成调整视图的相对位置。

6.3.3　修改剖视图、局部视图和向视图的投影方向

当剖视图、向视图或局部放大视图生成后，要想改变投影方向或改变剖切面的位置可以进入轮廓编辑工作台，在这个工作台中可以改变剖切面的位置或剖视方向、向视图的投影平面或方向、局部放大视图的位置等。

1. 修改剖视图的定义

改变剖视图的剖切面定义或剖切投影方向的操作方法如下所述。

1）在剖视图的剖切符号（箭头）上双击鼠标左键，如图 6-60 所示，系统进入轮廓编辑工作台。

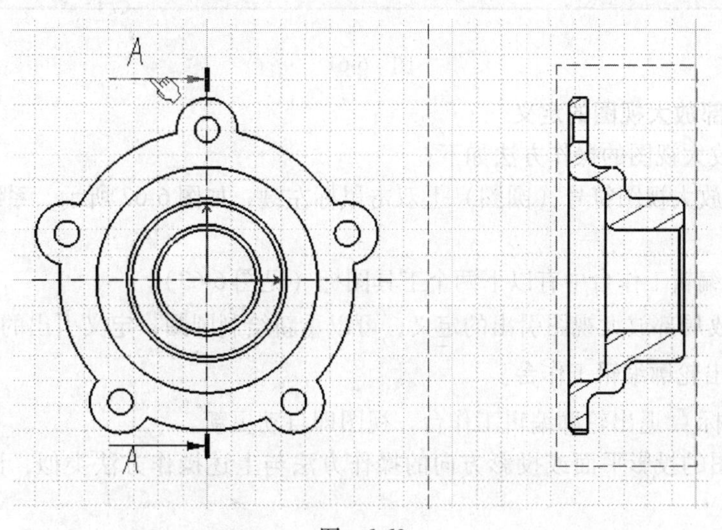

图　6-60

2）在轮廓编辑工作台中有三个工具图标（见图 6-61）。

——修改剖切面的定义。

——改变剖视投影方向。

——退出轮廓编辑工作台。

3）单击图标退出轮廓编辑工作台，视图即自动更新。

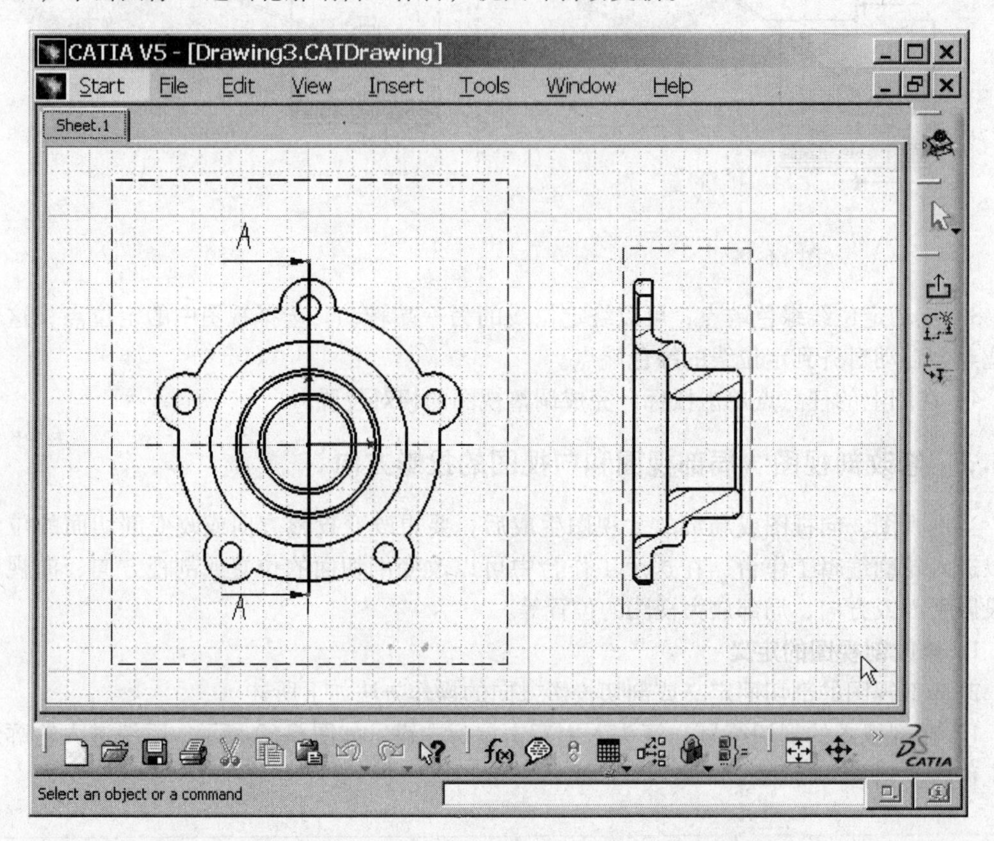

图 6-61

2. 修改局部放大视图的定义

修改局部放大视图的操作方法如下：

1）在局部放大视图符号（圆圈）上双击鼠标左键，如图 6-62 所示，系统进入轮廓编辑工作台。

2）在轮廓编辑工作台中有以下两个工具图标（见图 6-63）。

——修改局部放大视图引出的定义，可以重新绘制圆圈，定义引出的位置。

——退出轮廓编辑工作台。

3）单击图标退出轮廓编辑工作台，视图即自动更新。

修改向视图的投影平面或投影方向的操作方法与上述操作方法类似，读者可以自己练习操作。

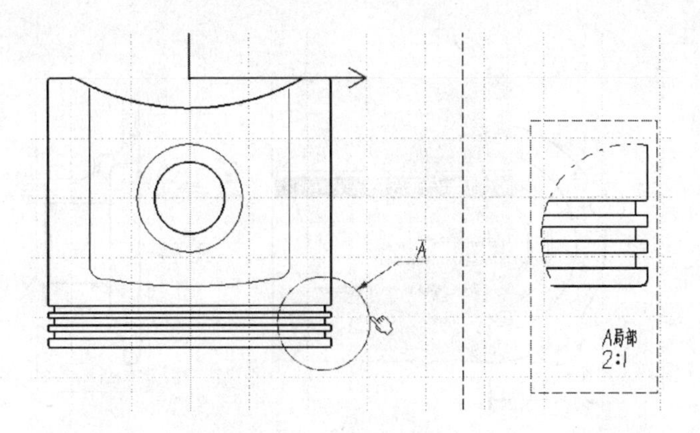

图　6-62

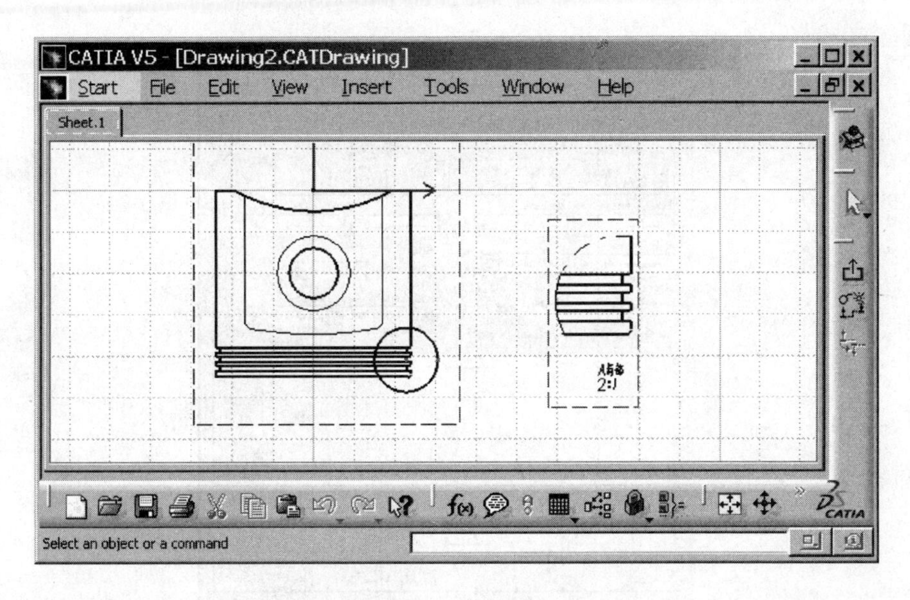

图　6-63

6.3.4　修改剖面图、局部放大视图和向视图的特性

可以通过修改制图标准来定义剖面图、局部放大视图和向视图的视图表达方式，部分内容也可以通过修改视图的特性来改变。

1. 修改剖视图（剖面图）的视图特性

修改剖视图特性的操作方法如下：

1）在剖视图引出符号（箭头）上单击右键，在快捷菜单中选择 Properties（特性）命令，如图 6-64 所示。

2）在视图特性对话框中 Callout（引出标记）选项卡中，可以修改剖相关的视图特性（见图 6-65）。

① Auxiliary/Section views. 修改剖切线的样式，可以用按钮选择四种形式。

② Line thickness. 连接线宽（如果有）。

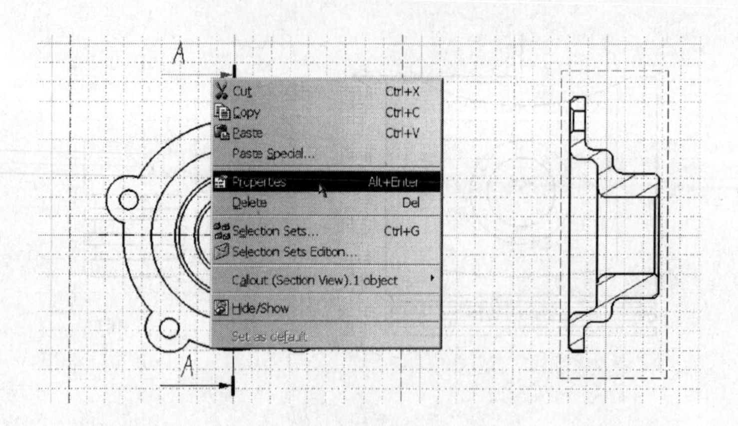

图 6-64

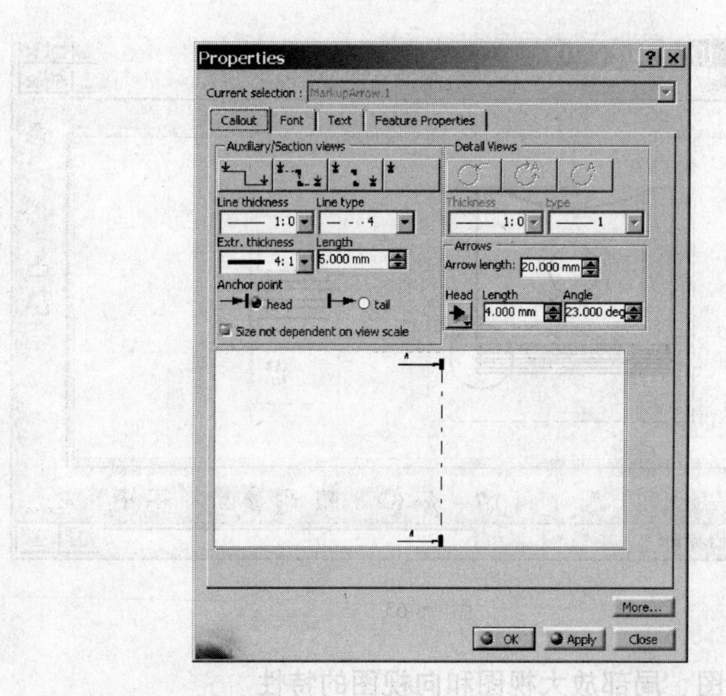

图 6-65

③ Line type. 连接线型（如果有）。

④ Extr. thickness. 剖切面及转折线宽（可以选择 2：0. 35mm）。

⑤ Anchor point. 箭头定位，可以选择指向剖切面（head）或离开剖切面（tail）。

⑥ Size not dependent on view scale. 选择时，剖切符号的大小不随视图比例变化。

⑦ Arrow length. 箭头线长度（键入 15 ~ 20mm）。

⑧ Head. 箭头样式。

⑨ Length. 箭头长度（可以键入 3. 5 ~ 5mm）。

⑩ Angle. 箭头角度（可以键入 20° ~ 25°）。

3）单击“OK”，视图特性修改完成，视图会自动更新。

2. 修改局部放大视图的特性

1）在局部放大视图引出圆圈或箭头上单击右键，快捷菜单中选择 Properties（特性）命令，如图6-66所示。

2）在视图特性对话框中引出 Callout（标记）选项卡中，可以修改剖视图的视图特性（见图6-67）。

① 可以选择局部引出的三种表达形式。

② Thickness. 圆圈线宽（选择1：0.13mm）。

③ Type. 圆圈线型。

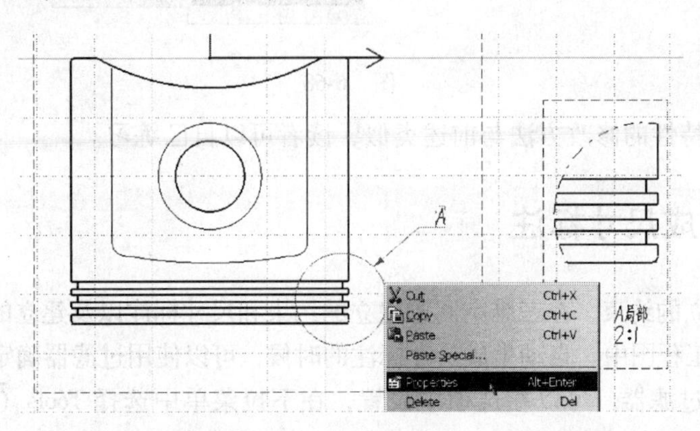

图　6-66

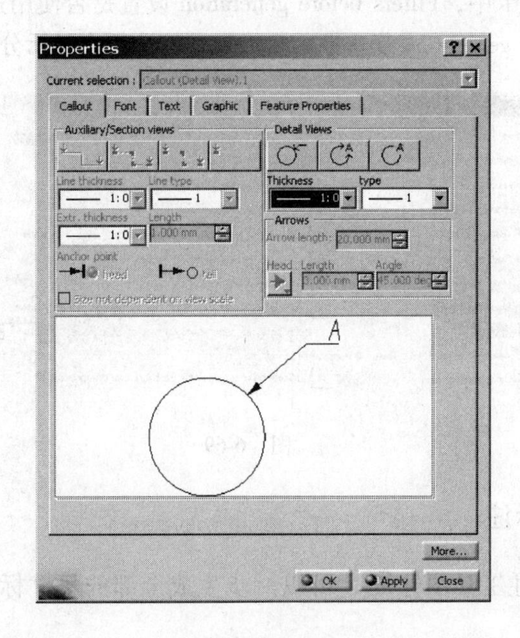

图　6-67

3）单击"OK"，视图特性修改完成，视图会自动更新。

4）选择引出箭头，在箭头的黄色方块上单击右键，在快捷菜单中还可以改变引出符号的不同表达方式，如图6-68所示。

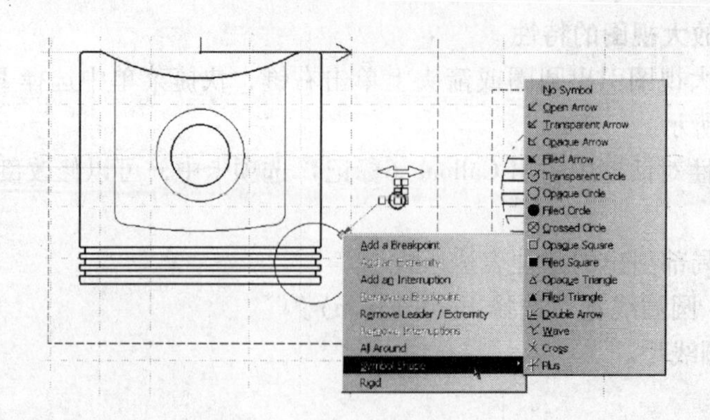

图 6-68

向视图引出特性的修改方法与前述类似，读者可以自己练习。

6.4 自动生成尺寸标注

在草图中建立的约束、在三维空间中建立的约束和尺寸标注以及建立的公差等，都可以自动转换标注到工程图中。自动生成尺寸标注的时候，可以使用过滤器确定自动标注尺寸的类型。是否使用过滤器，可以在选项中设置，在下拉菜单中选择 Tools（工具）> Options（选项），在选项对话框中选择 Mechanical design（机械设计）> drafting（草图）> Generation（生成标注）选项卡中，Filters before generation 设置是否使用过滤器，如图 6-69 所示。如果选择 Analysis after generation 复选框，生成尺寸标注后会显示分析对话框。

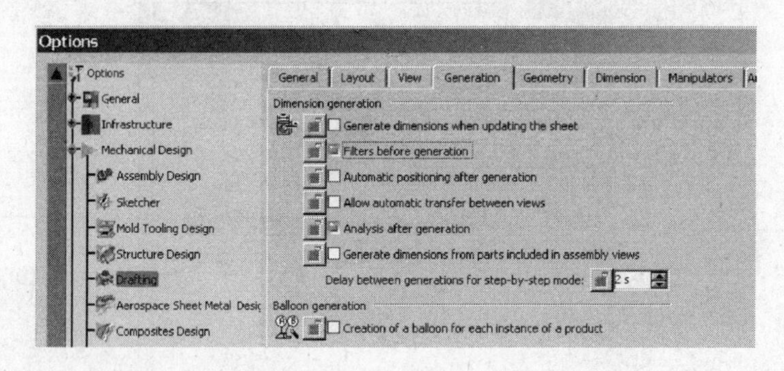

图 6-69

6.4.1 生成尺寸标注

使用生成尺寸标注工具图标，可以一步生成全部的尺寸标注。生成尺寸标注的操作方法如下：

1）单击生成尺寸标注工具图标。

2）如果在选项中设置了使用过滤器，会显示图 6-70 所示对话框，在对话框中可以进行以下设置：

① Sketcher constraints. 生成草图约束尺寸。

② 3D constraints. 生成三维约束尺寸。

③ Assembly constraints. 生成装配约束尺寸。

④ Measured constraints. 生成测量尺寸。

Option（选项）中，还可以选择：

① ... associated with un-represented elements. 生成与视图元素无关的约束尺寸。

② ... with design tolerances. 生成设计公差。

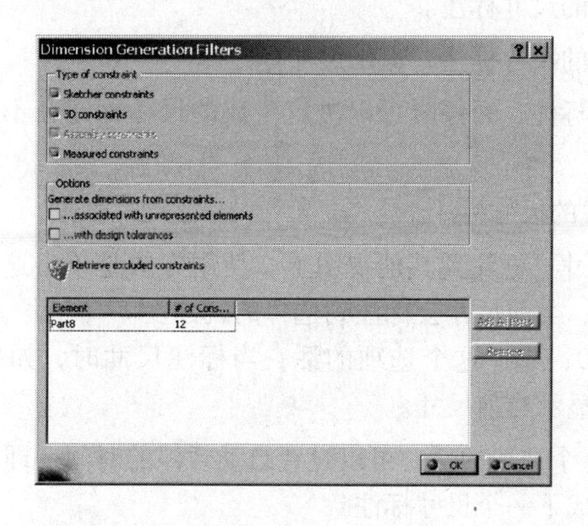

图　6-70

3）单击“OK”，即生成尺寸标注（若不使用过滤器，直接生成全部尺寸标注），如图 6-71 所示。

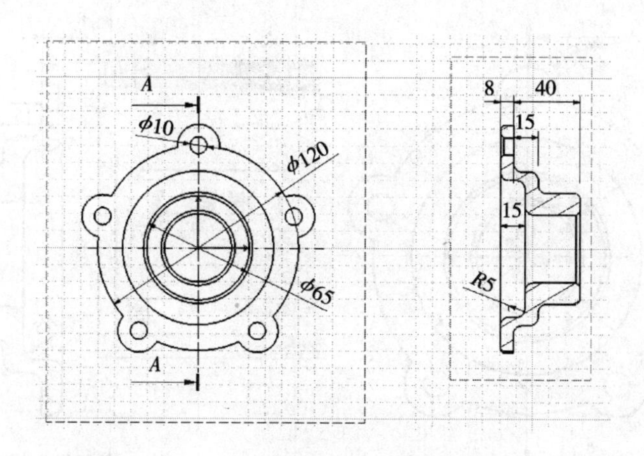

图　6-71

生成的尺寸标注会自动标注在适合的视图上，有时标注的位置可能不满足用户的要求，可以用拖动的方法重新布置各尺寸的位置。不能自动生成的尺寸标注，可以用手动的方法生成。

6.4.2　逐步生成尺寸标注

使用逐步生成尺寸命令，可以逐个地生成尺寸标注。生成时可以选择标注在不同的视图上，也可以决定是否生成某个尺寸。逐步生成尺寸标注的操作方法如下：

1）单击逐步生成尺寸标注工具图标。

2）如果在选项中设置了使用过滤器，会显示过滤器对话框。

3）显示逐步生成尺寸控制板，如图 6-72 所示。控制板中工具按钮的作用如下：

生成下一个尺寸，每单击一次生成一个尺寸标注。

一次生成剩余的尺寸标注。

停止生成剩余的尺寸标注，退出尺寸标注。

暂停生成尺寸标注，暂停时可以决定生成的尺寸标注在不同的视图上，或删除生成的尺寸。

删除当前生成的尺寸标注。

当前生成的尺寸，标注到其他视图上。使用方法是单击这个工具图标，再选择要标注到的视图的边框，当前尺寸会标注到选择的视图上。

Visualization in 3D，选择这个选项的话，当标注尺寸时，如果同时打开三维零件窗口，会在三维零件上显示当前尺寸。

Time out，选择这个选项的话，可以设置自动暂停的时间，即在不按按钮时，停留一段时间后会自动生成下一个尺寸标注。

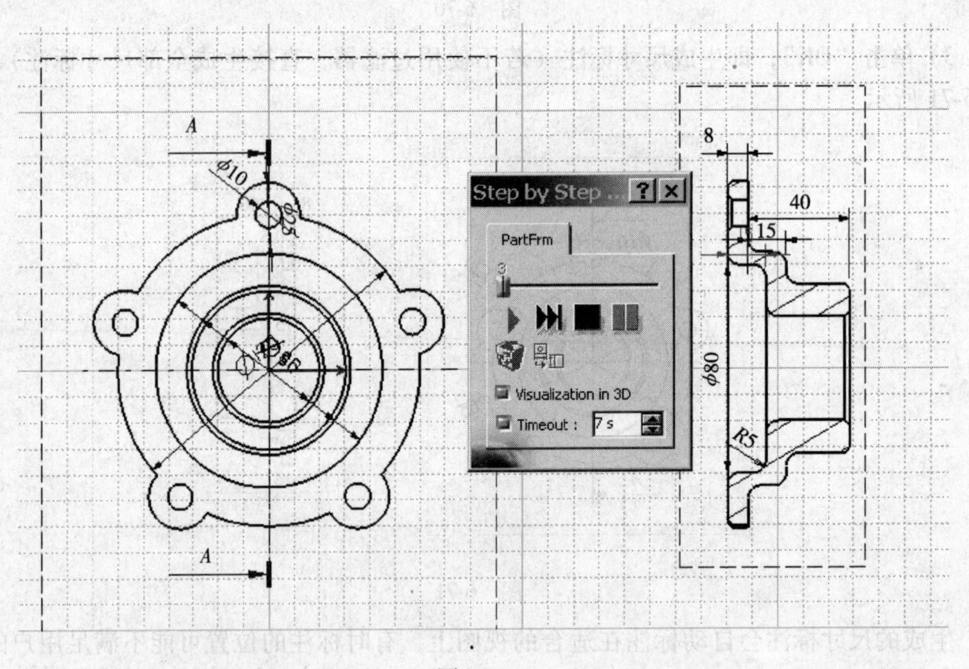

图 6-72

标注时，当前生成的尺寸显示为桔黄色。在尺寸标注的过程中可以调整当前尺寸标注的位置和标注方式。

6.4.3　标注装配图的零件号和明细表

要在图纸中标注装配图的零件号和明细表，需要事先在装配设计工作台中完成零件号和明细表的定义，定义后可以在工程图中自动生成。

1. 生成装配图的零件号

在标注装配图的零件号前，需要在装配设计工作台中做定义。装配中的零件是否定义了零件号，可以在装配设计工作台中通过查看部件的特性来确认。在装配设计工作台中右键点击部件，选择 Properties（特性）命令，在部件特性对话框中可以看到部件是否定义了零件号。图6-73所示为没有定义零件号，图6-74所示为定义了零件号，可以看出定义了零件号的部件，在特性对话框中会显示 Instance Number（引用号）。

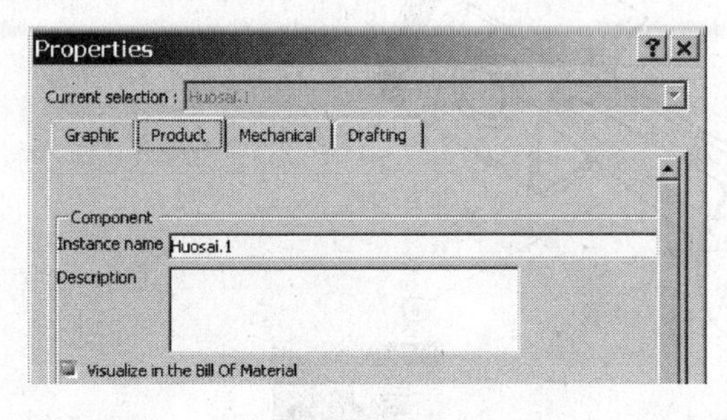

图　6-73

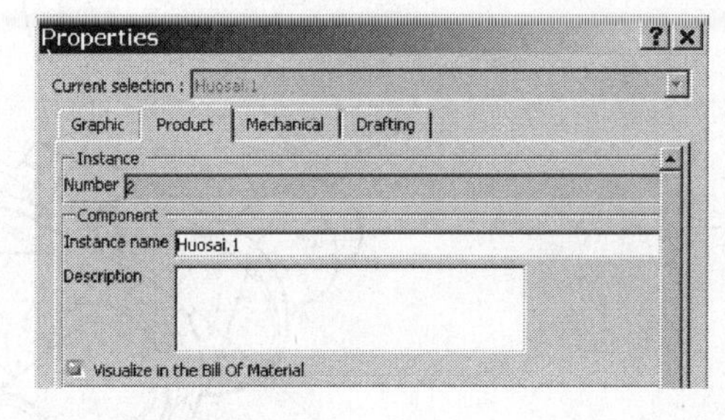

图　6-74

在装配设计工作台中为部件定义零件号，然后到工程图工作台中标注部件号的操作方法如下：

1）从工程图工作台转换到装配设计工作台。

2）在装配树上选择根节点装配，单击生成零件号工具图标，显示 Generate Numbering（生成零件号）对话框，如图6-75所示。

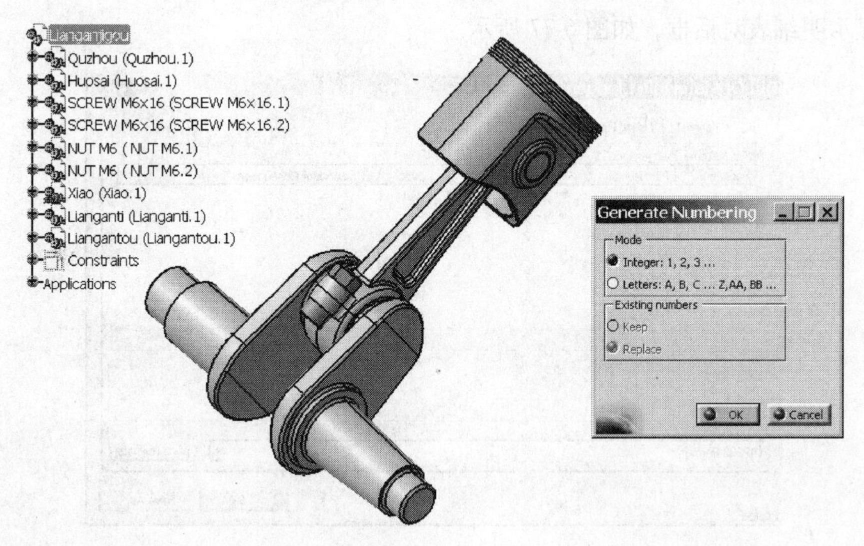

图　6-75

3）在对话框中选择零件号的标注方式：Integer（数字）或 Letter（字母），单击“OK”，即生成件号。

4）转换回工程图工作台。

5）把要标注零件号的视图置为当前视图，在生成工具栏中，单击 Generate balloons（生成零件号）工具图标。

6）完成自动生成零件号，如图 6-76 所示。

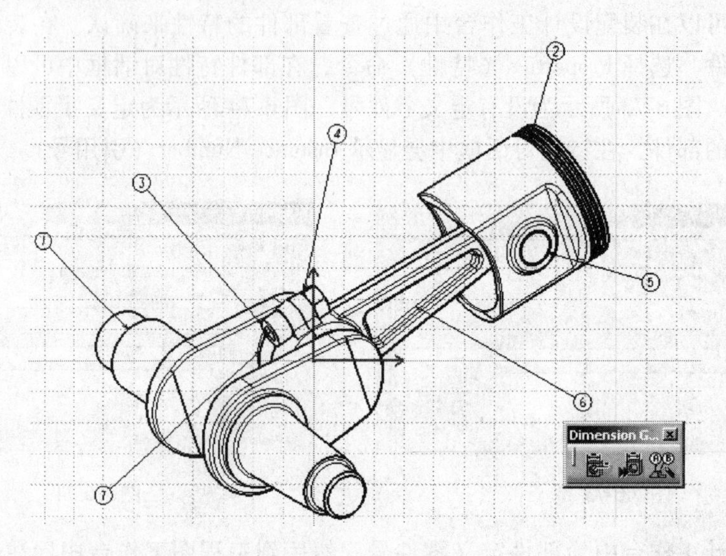

图 6-76

2. 生成明细表

当在装配设计工作台定义了部件号后，就可以生成明细表了。可以在装配设计工作台中定义生成明细表的格式，定义明细表格式的方法如下：

1）在装配设计工作台中，选择下拉菜单 Analyze（分析） > Bill of Material（明细表）命令，显示明细表对话框，如图 6-77 所示。

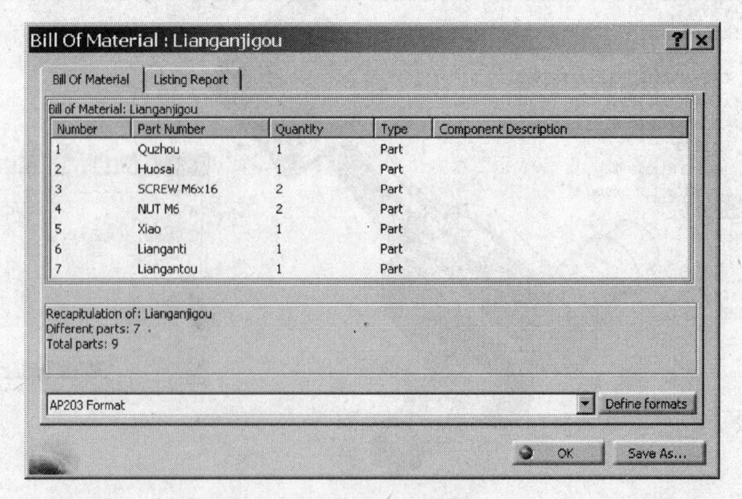

图 6-77

2）在对话框中可以查看明细表的格式，若对当前格式进行修改，选择下拉列表中已保存的格式，或单击对话框中“Define formats”（定义格式）按钮，显示定义格式对话框，如图6-78所示，在对话框中可以设置明细表中要生成的内容和格式，设置方法读者自己练习。

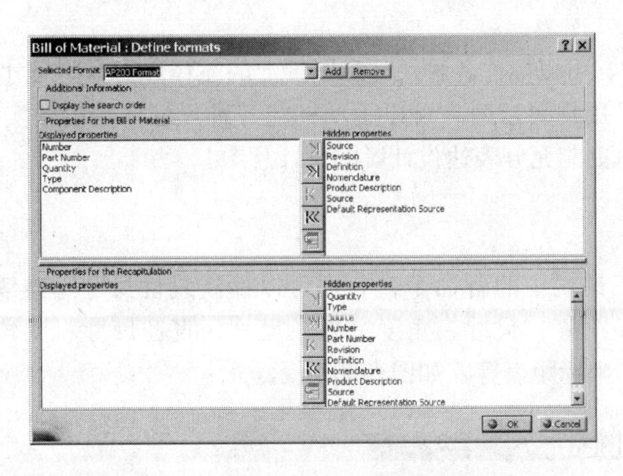

图　6-78

3）单击“OK”，即完成明细表格式的定义。返回明细表对话框，查看明细表的格式，如果满足用户要求，单击“OK”，设置完成，退出对话框。

这时就可以在装配图中生成明细表了，在装配图中生成明细表的操作方法如下：

1）在工程图工作台，选择下拉菜单 Edit（编辑）>Background（背景），进入工程图背景层（也称为背景视图）。

2）在背景层中，单击生成明细表工具图标。

3）选择菜单 Window（窗口）>Product1. CATProduct，转换到装配设计工作台。

4）在装配设计工作台中，选择装配树的根节点装配。

5）系统自动转换回工程图工作台，在工程图工作台选择一点作为明细表的插入点，即可自动生成明细表，如图6-79所示。

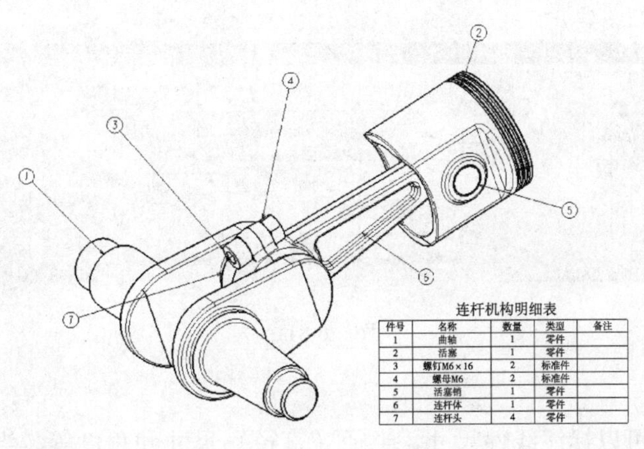

连杆机构明细表

件号	名称	数量	类型	备注
1	曲轴	1	零件	
2	活塞	1	零件	
3	螺钉M6×16	2	标准件	
4	螺母M6	2	标准件	
5	活塞销	1	零件	
6	连杆体	1	零件	
7	连杆头	4	零件	

图　6-79

6）双击生成的明细表，就可以进行编辑。完成后，选择菜单 Edit（编辑）> Working views（工作视图），即退出背景层，返回到工作视图。

6.5 手动标注尺寸

在 CATIA V5 中，可以标注各种尺寸和图纸上的注释。当有些尺寸不能自动生成，或生成的尺寸不能满足用户要求时，可以手动标注各种尺寸。在绘图实践中，往往手动标注会更实用更有效、更能充分表达设计者的设计意图。

6.5.1 标注尺寸

使用尺寸标注工具栏中的各命令，分别可以标注线性尺寸、连续尺寸、累积尺寸、基点式尺寸、长度（距离）尺寸、角度、半径尺寸、直径尺寸、倒角尺寸、螺纹尺寸、坐标距、孔尺寸表、坐标距表等，如图 6-80 所示。

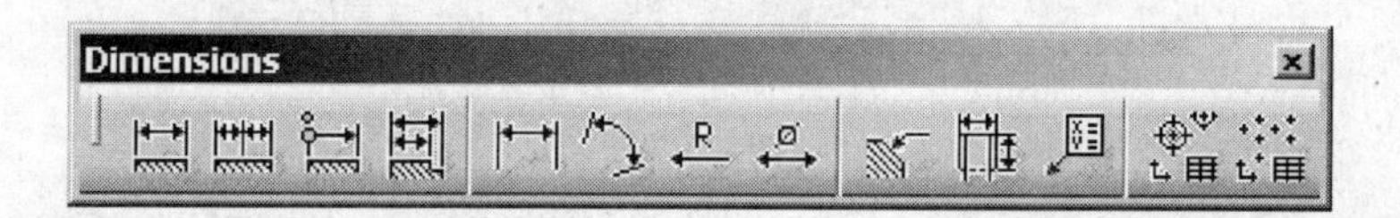

图 6-80

标注尺寸时，通常是先执行命令，再选择对象。选择的对象可以是一个对象，也可以是两个对象。标注尺寸的方法与草图中建立尺寸约束的方法类似。

尺寸标注的位置可以由鼠标拖动尺寸线，再单击一点来确定，也可以由系统自动确定，这取决于选项的设置。要设置选项，可以选择菜单 Tools（工具）> Options（选项），打开选项对话框，在选项对话框中选择 Mechanical Design（机械设计）> Drafting（草图）> Dimension（尺寸标注），如图 6-81 所示。如果选择 Dimension following the cursor，将由鼠标拖动尺寸线，再单击一点来确定尺寸标注的位置，否则系统自动放置尺寸位置，尺寸放置的位置取决于默认的尺寸线与几何体间的距离（Default dimension line/geometry distance）的设置。

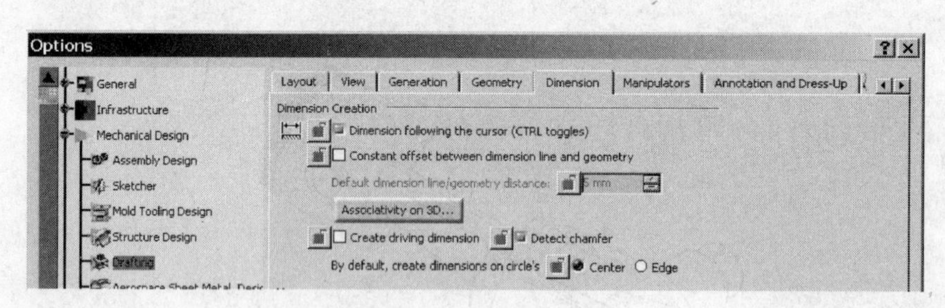

图 6-81

1. 尺寸标注

使用这个命令可以标注线性尺寸、半径（直径）尺寸和角度等，当使用这个命令标注尺寸时，系统会根据用户选择的对象，自动判断尺寸标注的类型，这是最常用的尺寸标注命令，标注方法如下：

1）单击尺寸标注工具图标。显示尺寸标注工具板，在工具板中可以选择线性尺寸的标注方式，如图6-82所示。

① 投影标注。用鼠标拖动确定标注。

② 对齐标注。与选择的对象对齐标注（默认）。

③ 强制水平标注。标注水平尺寸。

④ 强制竖直标注。标注铅直尺寸。

图 6-82

⑤ 沿一个选择的方向标注。有三个选项：沿选择的方向、垂直于选择的方向、与选择的方向成一个角度。使用这个标注方式时需要先选择一个方向线，再选择被标注的对象。

⑥ 真实尺寸标注。这个标注方式只用于轴测图的尺寸标注，标注的是轴测图的真实尺寸。

⑦ 捕捉交点。打开这个选项，可以在标注尺寸时自动捕捉线的交点。

图6-83所示为各种标注方式的结果。

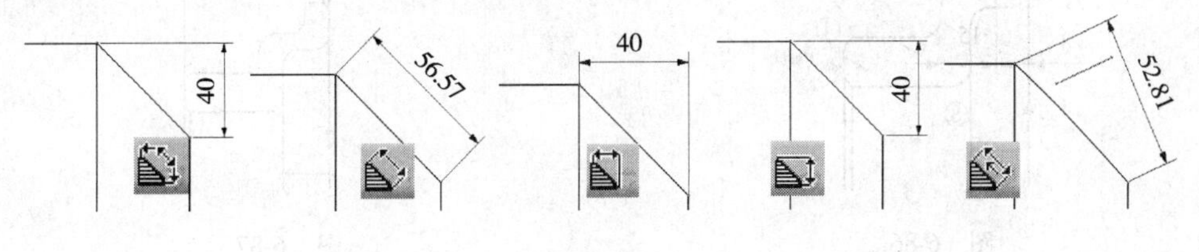

图 6-83

2）选择要标注的对象。若要改变标注方式，单击右键，在快捷菜单中选择标注方式，如图6-84所示。

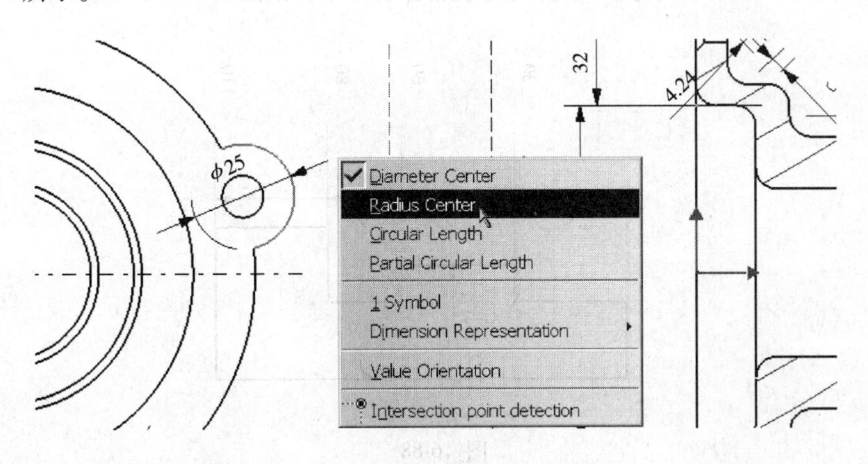

图 6-84

3）选择一点作为尺寸线放置的位置，如图6-85所示。

2. 连续标注

使用这个命令时，逐个选择标注点可以连续标注尺寸，标注方法如下：

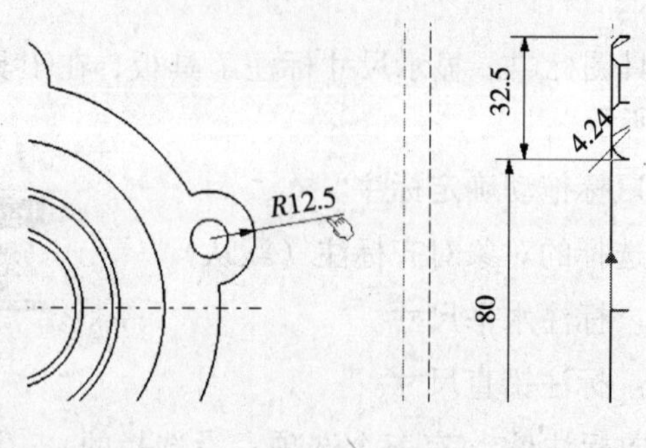

图 6-85

1）单击连续标注工具图标。

2）依次选择标注点尺寸界限的位置①、②、③……，如图 6-86 所示。

3）选择一点，确定尺寸线的位置，如图 6-87 所示。

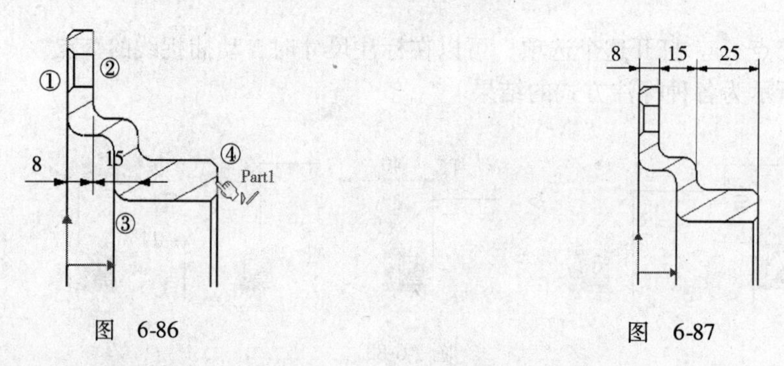

图 6-86 图 6-87

3. 累积尺寸标注

用这个命令可以标注累积尺寸，就是累加各段尺寸，如图 6-88 所示。

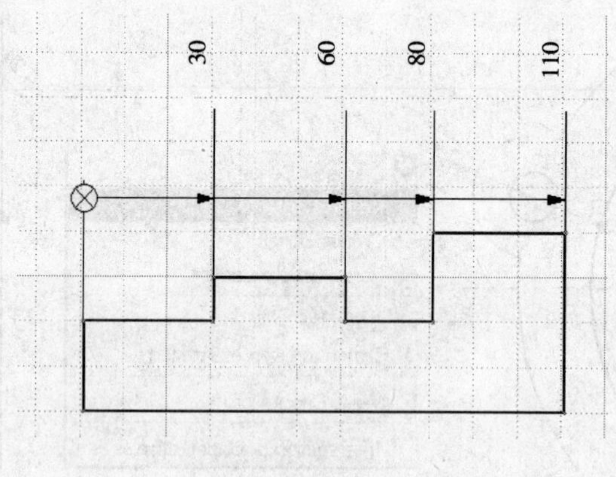

图 6-88

4. 基点式标注

当从一个基准出发，标注多个线性尺寸时，可以使用这个命令，基点式标注的操作方法如下：

1）单击基点式标注工具图标。

2）选择标注基点 B，再依次选择尺寸标注对象①、②、③、④，如图 6-89 所示。

3）单击选择一点，确定第一条尺寸线的位置，如图 6-90 所示。

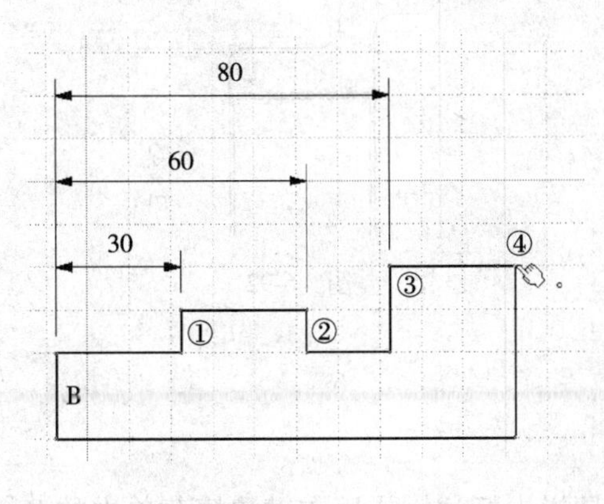

图　6-89

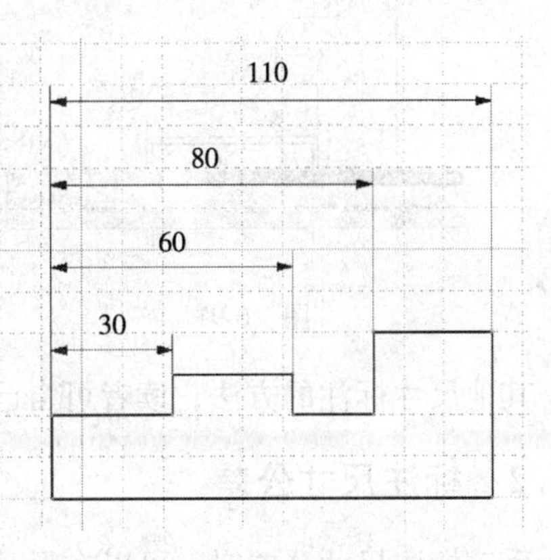

图　6-90

5. 长度（距离）尺寸

执行这个命令可以标注长度或距离等线性尺寸，选择对象时可以选择一个对象，标注这个对象的长度；也可以选择两个对象，标注这两个对象间的距离。标注方式可以在工具板中选择对齐、水平、竖直等形式。

6. 角度

执行这个命令可以标注两条线之间的角度，标注时需要选择两条线，标注放置的位置可以用鼠标拖动来决定。

7. 半径尺寸

可以用这个命令来标注圆或圆弧的半径尺寸，标注时选择被标注的圆或圆弧，再选择标注放置的位置即可，标注后尺寸文字前自动标注 *R* 字样。

8. 直径尺寸

可以用这个命令来标注圆或圆弧的直径尺寸，标注时选择被标注的圆或圆弧，再选择标注放置的位置即可，标注后尺寸文字前自动标注 ϕ 字样。

9. 倒角尺寸

用这个命令标注倒角时，会显示一个工具板，在工具板中有四种标注方式（长度 × 长度、长度 × 角度、角度 × 长度、长度）和两种标注选项（单箭头、双箭头）。标注时可以一次选择，也可以分别选择三个对象，操作方法如下：

1）单击倒角尺寸工具图标，在工具板中选择标注方式，这里选择长度 × 角度方式（Length × Angle）和双箭头选项。

2）选择倒角线，选择时鼠标的光标上显示图标 213 或 312 后单击鼠标，这样就一次选择了三个对象，也可以先选择倒角线，再选择两个被倒角线，如图 6-91 所示。

3）选择倒角尺寸标注放置的位置，完成倒角尺寸标注，如图 6-92 所示。

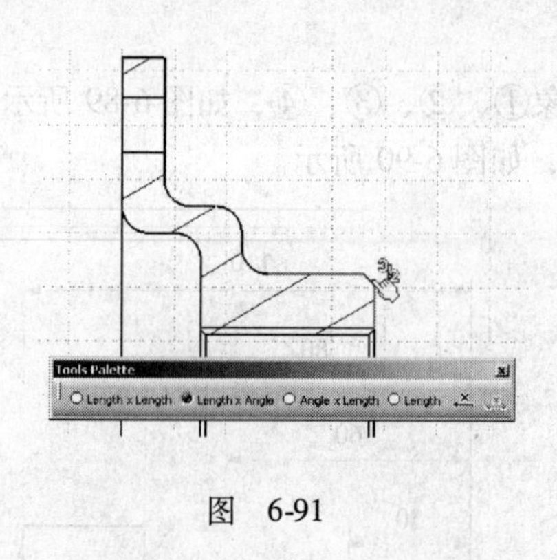

图 6-91

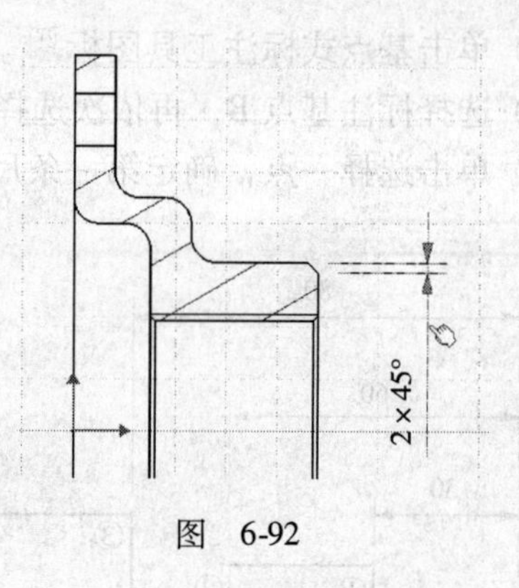

图 6-92

其他尺寸标注的方法，读者可自己练习。

6.5.2 标注尺寸公差

手动标注尺寸公差时，可以在尺寸特性工具栏中标注；或用右键快捷菜单中的 Properties（特性）命令，在尺寸特性工具栏中标注尺寸公差，Dimension Properties（尺寸特性工具栏）如图 6-93 所示。

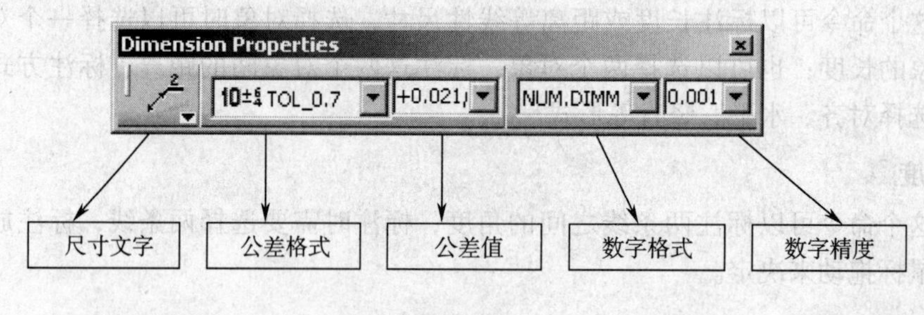

图 6-93

（1）尺寸文字 尺寸文字有四种标注方法：—与尺寸线对齐标注；—尺寸文字水平标注（半径或直径标注）；—引出对齐标注；—引出水平标注。

（2）公差格式 选择尺寸公差的标注格式，系统预定义的公差格式见表 6-1，可以根据制图标准选择适合的格式。

表 6-1 预定义公差格式

名 称	图 例	说 明	名 称	图 例	说 明
TOL_ NUM2	$38.1^{+0.15}_{-0.1}$	上下偏差（小字）	TOL_ 1.0	$38.1^{+0.15}_{-0.1}$	上下偏差（大字）
ANS_ NUM2	$38.1^{+0.150}_{-0.100}$	上下偏差，保留尾零（大字）	ISONUM	$38.1(^{+0.150}_{-0.100})$	上下偏差，带括号保留尾零（小字）
DIN_ NUM2	$38.1^{+0.15}_{-0.1}$	上下偏差（小字）	ISOALPH1	38.1 H6	配合符号（大字）
SGL_ NUM2	$38.1(^{+0.150}_{-0.100})$	上下偏差，带括号保留尾零（小字）	ISOALPH2	38.1^{H6}_{g6}	孔/轴配合符号（小字）

（续）

名　称	图　例	说　明	名　称	图　例	说　明
INC_ NUM2	$38.1^{+0.15}_{-0.1}$	上下偏差（大字）	CPL_ FLA1	38.1 H6	配合符号（大字）
TOL_ RES2	38.25 38	极限尺寸	CPL_ FLA3	38.1^{H6}_{g6}	孔/轴配合符号（大字）
TOL_ ALP1	38.1 H6	配合符号（大字）	CPL_ 50A1	38.1 H6	配合符号（小字）
TOL_ ALP2	38.1 H6/g6	孔/轴配合符号（大字）	CPL_ 50A3	38.1^{H6}_{g6}	孔/轴配合符号（小字）
TOL_ ALP3	38.1^{H6}_{g6}	孔/轴配合符号（小字）	CPL_ 75A1	38.1 H6	配合符号（中字）
TOL_ 0.7	$38.1^{+0.15}_{-0.1}$	上下偏差（小字）			

（3）公差值　在这个文本框中，可以键入公差值，键入的方法是在上下极限偏差值之间用斜杠（/）分开，例如：上偏差+0.025，下偏差-0.012时，键入0.025/-0.012；若要输入±0.012，需键入0.012/-0.012。

（4）数字格式　用这个下拉列表，可以选择尺寸数字的单位制和格式。预定义数字格式见表6-2。

表6-2　预定义数字格式

长度名称	图　例	说　明	角度名称	图　例	说　明
NUM. DIMM	38.1	毫米，用小数点	NUM. ADMS	20°29′45.6″	度/分/秒，用小数点
NUM，DIMM	38，1	毫米，用逗号	NUM，ADMS	20°29′45，6″	度/分/秒，用逗号
NUM. DINC	1.500	英寸，有尾零	INC. ADMS	20°29′45.600″	度/分/秒，用小数点、有尾零
NUM. DIMP	1.5″	英寸，有单位	NUM. ARAD	0.358	弧度
ANS. DIMM	38.100	毫米，有尾零	ANGLEDEC	20.496°	十进制角度
DISTMM	38.1	毫米，用小数点	ANGLEDMS	20°29′45.6″	度/分/秒，用小数点
DISTINC	1.5″	英寸，有单位	Grade	0.358	百分度（90°=100）
FEET-INC	1′2″	英尺/英寸			

（5）数字精度　用这个文本框，可以选择尺寸数字的保留小数的位数（默认保留两位小数），也可以键入数字，舍弃的小数位采用四舍五入方法进位。

标注尺寸公差的操作方法如下：

1）选择要标注公差的尺寸。

2）在尺寸特性工具栏中，选择标注公差的格式。

3）在公差值文本框中，键入 +0. 025/ -0. 012，然后按 Enter 键。

4）选择数字格式，这里选择 NUM. DIMM 或 mm。

5）选择数字精度，选择保留 3 位小数（0. 001），如图 6-94 所示。

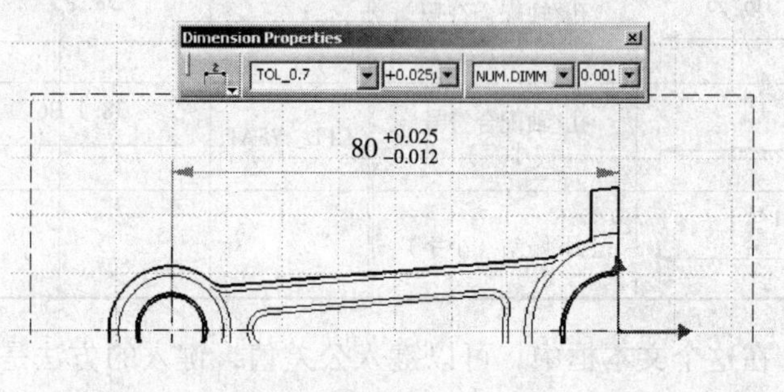

图　6-94

标注尺寸公差，也可以用尺寸特性对话框。右键点击要标注公差的尺寸，快捷菜单中选择 Properties（特性）命令，打开特性对话框，在对话框中可以编辑尺寸的特性，如图 6-95 所示。

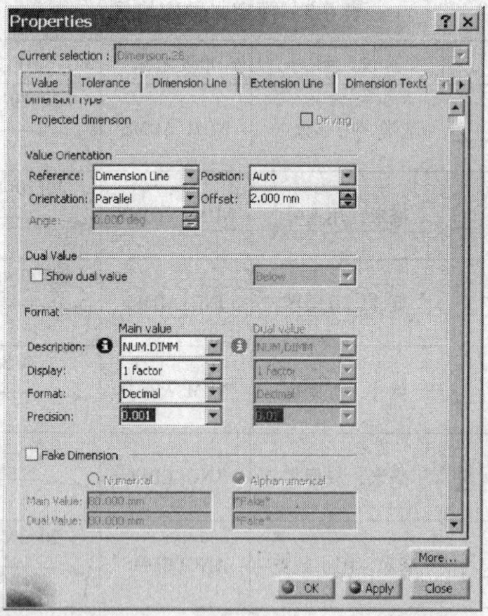

图　6-95

（1）Value（尺寸值特性）　在这个选项卡中，可以修改 Value Orientation（尺寸数字的方位）、Dual Value（双值尺寸）、Format（数字格式）、Fake Dimension（替代数字）。

（2）Tolerance（尺寸公差） 在这个选项卡中可以选择公差的格式和输入上下偏差，如图6-96所示。

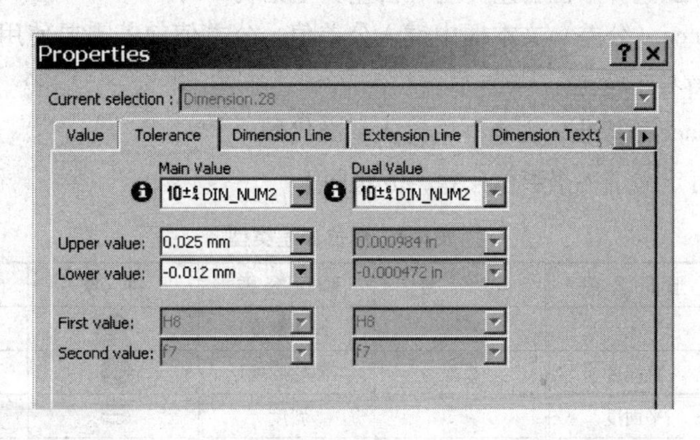

图 6-96

需要说明的是，在三维模型设计时，尺寸约束中要尽量采用设计公差，这些设计公差在数控加工和装配时都很有用，并且设计公差还可以在工程图标注中自动生成。

6.5.3 标注形位公差和基准符号

在工程图工作台可以标注形位公差（Geometrical Tolerance）和基准符号（Datum Feature）。

1. 标注形位公差

标注形位公差时，先选择标注的位置，再设置标注的公差类型和公差值，操作方法如下：

1）单击形位公差工具图标。

2）选择要标注公差的对象。

3）移动鼠标，光标上显示标注形位公差预览，按住Shift键时移动鼠标，标注线会自动正交，单击一点，选择公差标注的位置，同时显示Geometrical Tolerance（形位公差）对话框，如图6-97所示。

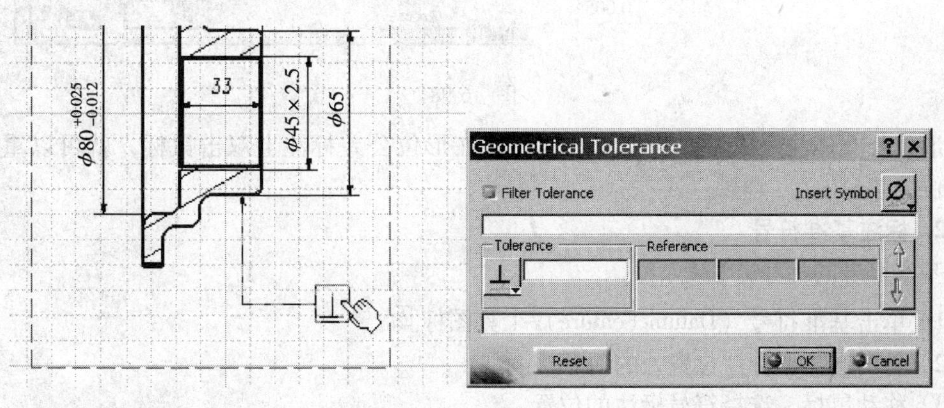

图 6-97

4）定义形位公差对话框。

①单击图标选择形位公差类型（公差类型见表6-3）。

②在 Tolerance（公差）文本框中键入公差值，公差值前若需要使用符号，单击图标 Ø 选择并插入符号。

③在 Reference（基准）文本框中键入基准代号。

④单击可定义下一个形位公差，方法同上。

表6-3 形位公差类型

符 号	形位公差	符 号	形位公差	符 号	形位公差
	无		线轮廓度		位置度
	直线度		面轮廓度		同轴度
	平面度		斜度		对称度
	圆度		垂直度		圆跳动
	圆柱度		平行度		全跳动

5）单击 OK，即完成形位公差标注，如图 6-98 所示。

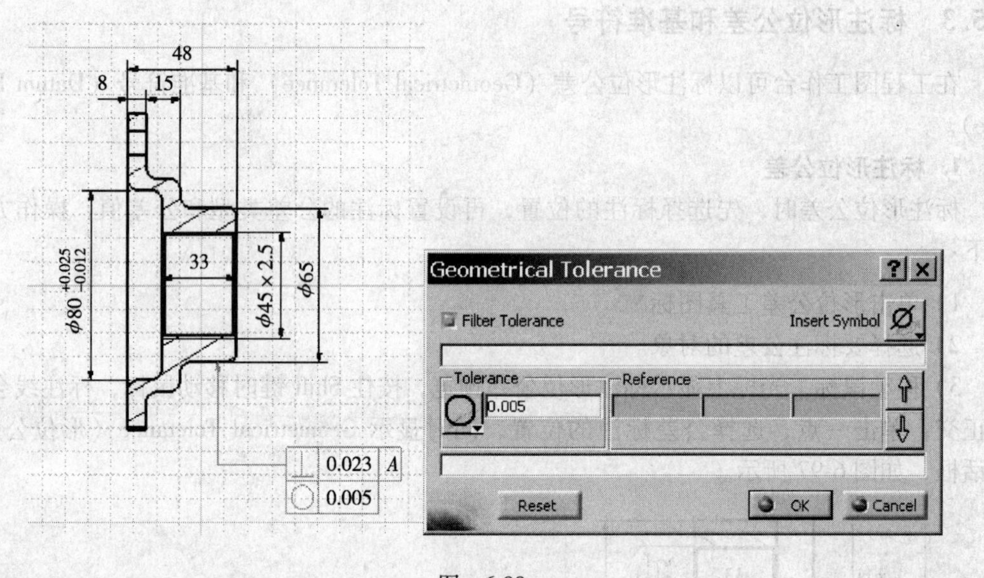

图 6-98

形位公差标注完成后，若要修改标注，在形位公差标注上双击鼠标，就可以重新定义形位公差。

2. 标注基准符号

基准符号的标注方法是：

1）单击基准符号（Datum Feature）工具图标。

2）单击选择要标注位置处的对象。

3）移动鼠标，选择符号标注的位置。

4）在基准符号对话框中输入基准代号（注意要与形位公差引用的基准代号一致），

如图6-99所示。

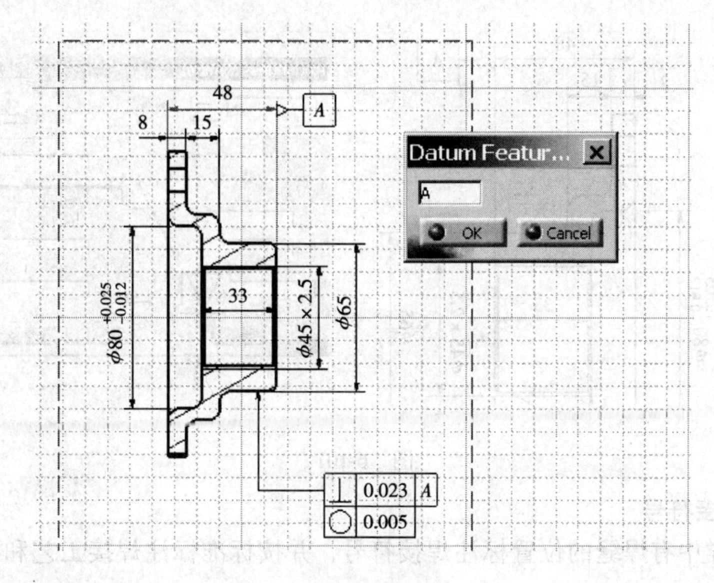

图　6-99

6.5.4　标注表面粗糙度和焊接符号

1. 标注表面粗糙度

标注表面粗糙度的操作方法如下：

1）单击表面粗糙度工具图标。

2）选择标注位置处的对象。

3）在粗糙度对话框中定义粗糙度标注的参数，键入粗糙度值，选择去除表面状态，如图6-100所示。

①——满足粗糙度要求是否去除表面均可。

②——去除表面。

③——不去除表面。

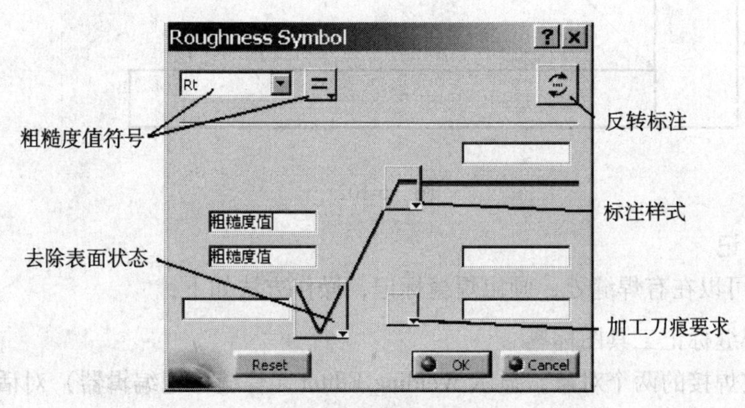

图　6-100

4）单击图标，可以翻转标注方向。单击“OK”，即完成标注，如图6-101所示。

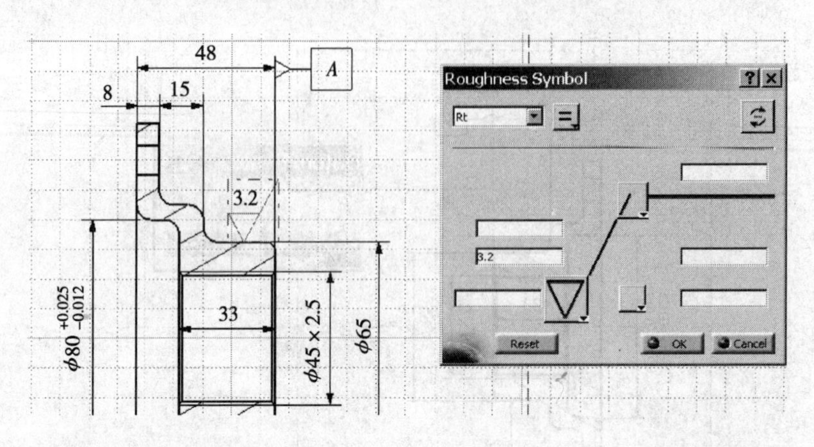

图 6-101

2. 标注焊接符号

可以在图样中有焊缝的位置标注焊接符号，并按标准标注焊接工艺和技术要求，操作方法如下：

1）单击焊接符号工具图标。

2）选择要标注的焊缝对象，显示 Welding creation（建立焊接）对话框。

3）在对话框中定义焊接工艺要求和技术要求。

4）单击“OK”，即完成标注，如图6-102所示。

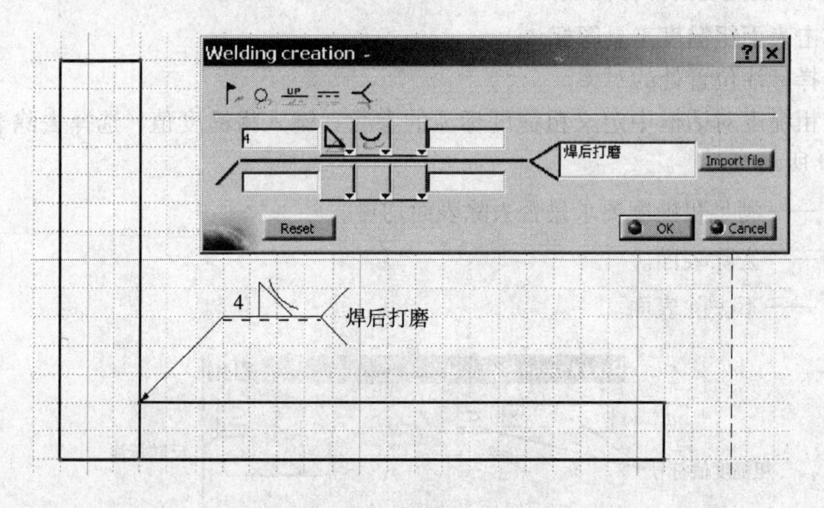

图 6-102

3. 焊缝标记

这个命令可以在有焊缝处，画出焊缝标记，操作方法如下：

1）单击焊缝标记工具图标。

2）选择被焊接的两个对象，显示 Welding Editor（焊缝标记编辑器）对话框。

3）在对话框中键入焊缝标记的尺寸，选择堆焊的形状。

4）单击“OK”，即完成标注，如图6-103所示。

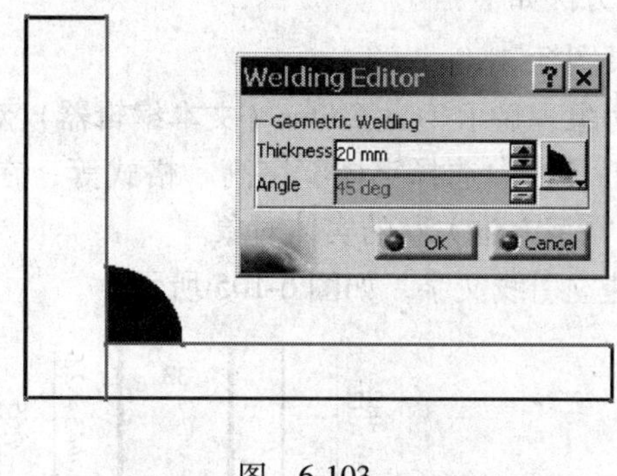

图　6-103

6.5.5　在图纸上标注文字

用文本标注工具栏中的命令，可以在图纸上标注各种文字，文字的属性还可以与实体对象链接，也可以建立文本模板和替换文字。下面只介绍标注文字的基本功能，其他功能的操作方法，读者可以参考联机帮助或其他有关书籍。

1. 标注文字

标注文字的基本操作方法如下：

1）单击文字工具图标 T 。

2）在视图上单击一点，选择插入文字的位置，显示文本编辑器对话框。

3）在对话框中键入文字，输入文字的字体、字高、格式和特殊符号等，可以在文字特性对话框中来设置。

①文字的字体，可以选择矢量字或True type字体（中文矢量字体名是SICH）。

②文字的字高，可以选择3.5mm、5mm、7mm或10mm。

③特殊符号，单击 ，选择要插入的特殊符号。

还可以选择对齐方式、修饰等。

4）右击文字，还可以定义文字方位关联的实体对象。

5）单击“OK”，即建立文字，如图6-104所示。

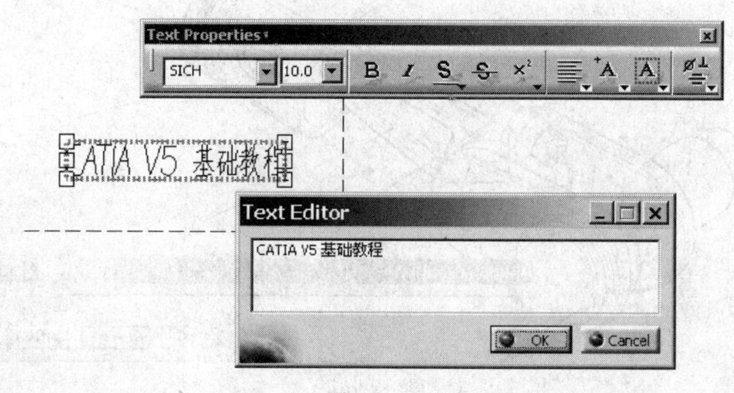

图　6-104

2. 标注引线文字

标注引线文字的操作方法如下：

1）单击引线文字工具图标。

2）选择标注引出的对象，显示 Text Editor（文本编辑器）对话框。

3）可以在文字特性工具栏中选择字体、字高、格式等，在文本编辑器中键入文字。右键点击文字，可以定义文字方位关联的实体对象。

4）单击“OK”，即建立引线文字，如图 6-105 所示。

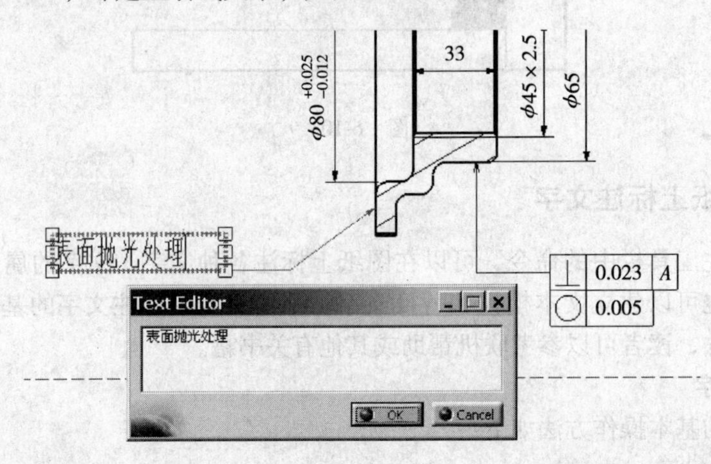

图 6-105

3. 标注零件编号

装配中的零件编号可以自动生成，也可以手动标注。手动标注的方法如下：

1）单击编号工具图标。

2）选择要标注的对象。

3）选择编号标注的位置，显示编号对话框，在文本框中输入编号数字或字母。

4）单击“OK”，即建立编号，如图 6-106 所示。

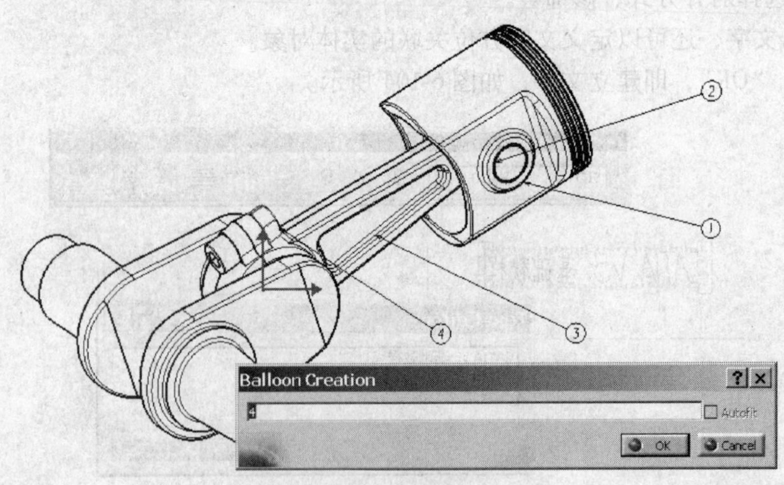

图 6-106

6.6　编辑尺寸标注

尺寸标注完成后，经常需要重新布置尺寸标注的位置、修改标注的内容和尺寸标注元素的大小等，尺寸标注元素如图6-107所示。尺寸标注元素的大小及标注方式要遵循国家标准。

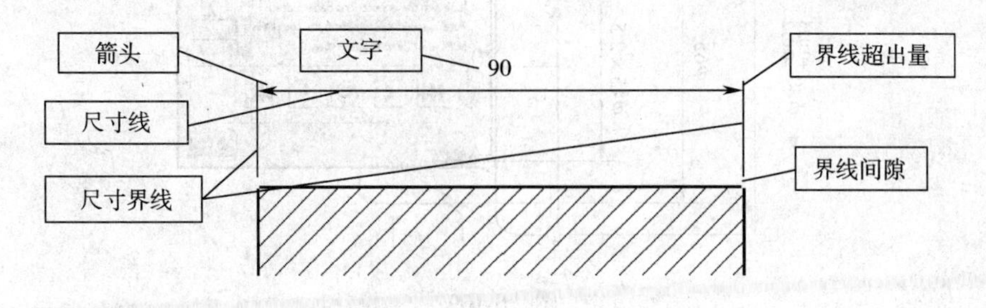

图　6-107

按现行国家标准，各尺寸标注元素的大小如下：

（1）箭头（Symbols）　实心箭头，长度3.5～5mm，角度20°～25°。

（2）文字（Text）　字体可以选择矢量字或ttf字体（例如：SICH、FangSong_GB2312），字高3.5mm或5mm。

（3）尺寸线（Dimension line）　在文字下方。

（4）界线超出量（Overrun）　2～5mm。

（5）界线间隙（Blanking）　机械图通常可以取0～1mm。

6.6.1　尺寸干涉分析

所谓的尺寸干涉，就是指尺寸线与其他的尺寸界线发生了交叉，这种交叉是不允许的，系统可以自动检测这种尺寸干涉并纠正它们，干涉分析的操作方法如下：

1）单击尺寸分析工具图标，或选择菜单Tools（工具）＞Analysis（分析）＞Dimension Analysis（尺寸分析），显示Analyze（干涉分析）对话框，对话框中显示有尺寸干涉的数目。

2）单击向前或向后搜索按钮，屏幕显示发生尺寸干涉的部位，并用圆圈表示干涉的位置，如图6-108所示。

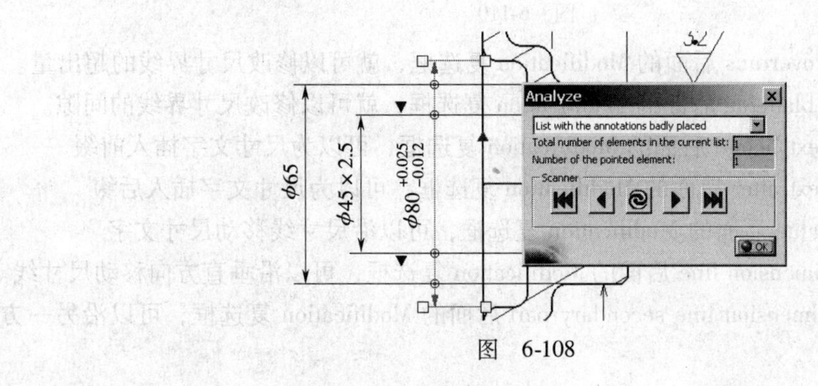

图　6-108

3）拖动干涉的尺寸使其不发生干涉，单击更新纠正干涉，如图 6-109 所示。再搜索下一个干涉并纠正。

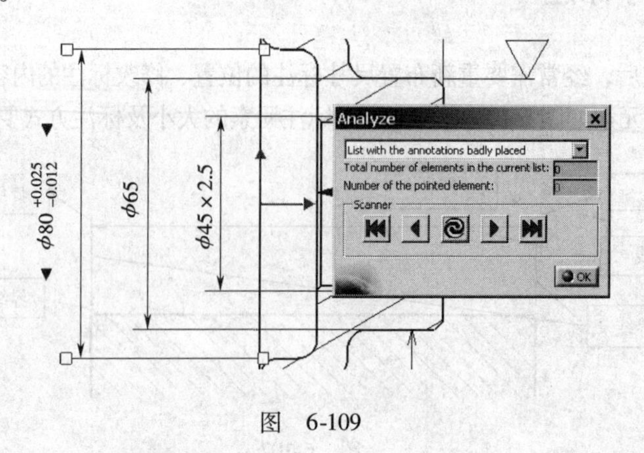

图 6-109

6.6.2 手动修改或调整尺寸标注元素

当一张工程图并不是非常复杂，尺寸标注不是太多时，用手动的方法来调整尺寸标注的布局会更加方便实用。移动尺寸线、尺寸文字、界线超出量、界线间隙等，都可以用拖动的方法来实现。在拖动修改前，要打开拖动手柄，打开拖动手柄的方法是：选择菜单 Tools（工具）> Options（选项），在选项对话框中选择 Mechanical design（机械设计）> Drafting（草图），打开 Manipulators（拖动手柄）选项卡，如图 6-110 所示。

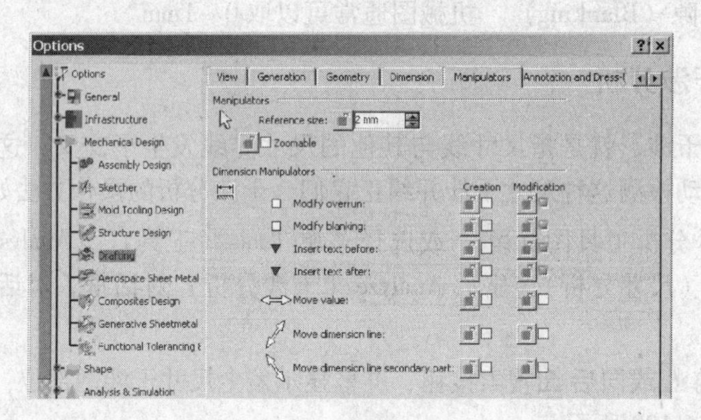

图 6-110

1）选择 Modify overruns 后面的 Modification 复选框，就可以修改尺寸界线的超出量。

2）选择 Modify blanking 后面的 Modification 复选框，就可以修改尺寸界线的间隙。

3）选择 Insert text before 后面的 Modification 复选框，可以为尺寸文字插入前缀。

4）选择 Insert text after 后面的 Modification 复选框，可以为尺寸文字插入后缀。

5）选择 Move value 后面的 Modification 复选框，可以沿尺寸线移动尺寸文字。

6）选择 Move dimension line 后面的 Modification 复选框，可以沿垂直方向移动尺寸线。

7）选择 Move dimension line secondary part 后面的 Modification 复选框，可以沿另一方向移动尺寸线。

1. 移动尺寸标注

可以直接拖动尺寸线，来移动尺寸线的位置。拖动尺寸文字，可以移动尺寸文字的位置，可以移动到尺寸线的外侧或中间。单击箭头，可以改变箭头的指向向内或向外。如图6-111、图6-112所示。

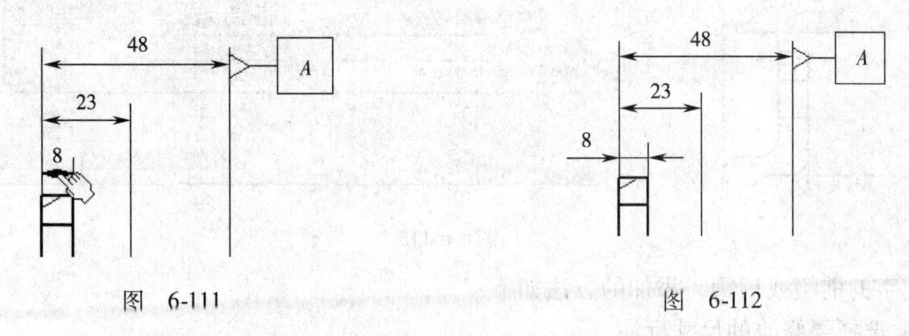

图　6-111　　　图　6-112

修改尺寸界线的超出量或间隙，要使用拖动手柄（选择时图中显示的小方块），使用拖动手柄的操作方法如下：

1）单击选择要编辑的尺寸。

2）拖动界线超出量（或间隙）手柄，改变超出量（或间隙）。拖动时，两个超出界线的超出量（或间隙）是同时改变的，要改变单个元素，可以在按Ctrl键的同时拖动手柄；要精确定义超出量或间隙，双击手柄，在文本框中键入超出量或间隙值后单击"OK"，如图6-113、图6-114所示。

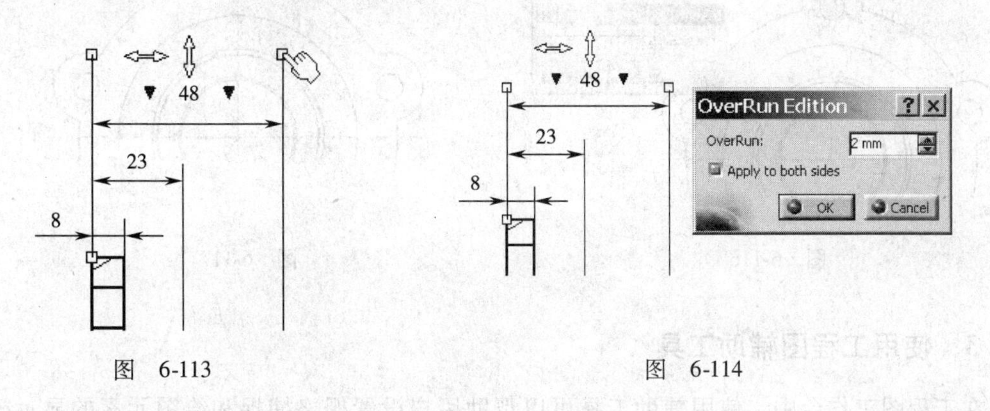

图　6-113　　　图　6-114

2. 修改尺寸的特性

右键点击要修改的尺寸，在快捷菜单中选择Properties（特性）命令，打开尺寸特性对话框，在尺寸特性对话框中可以修改尺寸的各项特性。

要使用替代尺寸，在尺寸特性对话框中选择Value（尺寸值）选项卡，选择Fake Dimension（替代尺寸）复选框，可以键入替代尺寸，选择Numerical输入数字型尺寸值，选择Alphanumerical输入数字和字母混和值，如图6-115所示将设计尺寸48改为替代尺寸52，替代尺寸是非关联尺寸。

3. 添加尺寸文字的前缀和后缀

当打开尺寸文字前面或后面的手柄（红色三角形）后，就可以单击这个手柄来添加

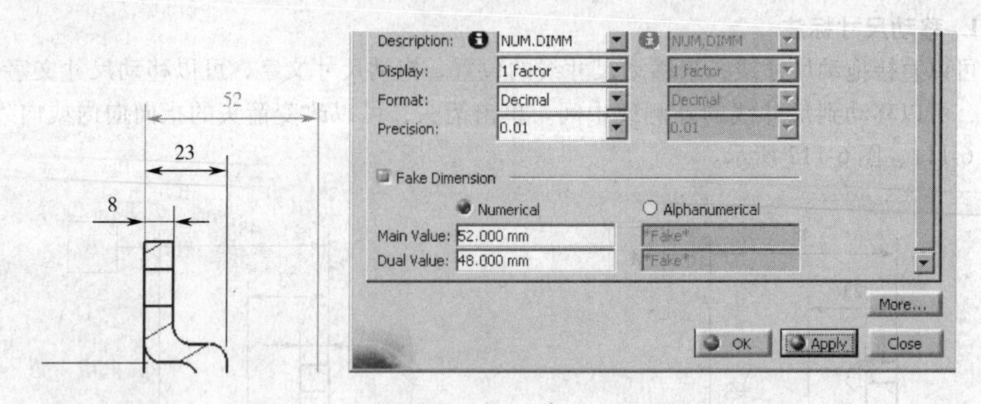

图 6-115

尺寸文字的前缀或后缀，添加的方法如下：

1）选择要修改的尺寸标注。

2）单击尺寸文字前面或后面的红色三角，会显示插入文字对话框。

3）在对话框中键入要插入的前缀或后缀。

4）单击“OK”，即插入了前缀或后缀，如图6-116、图6-117 所示。

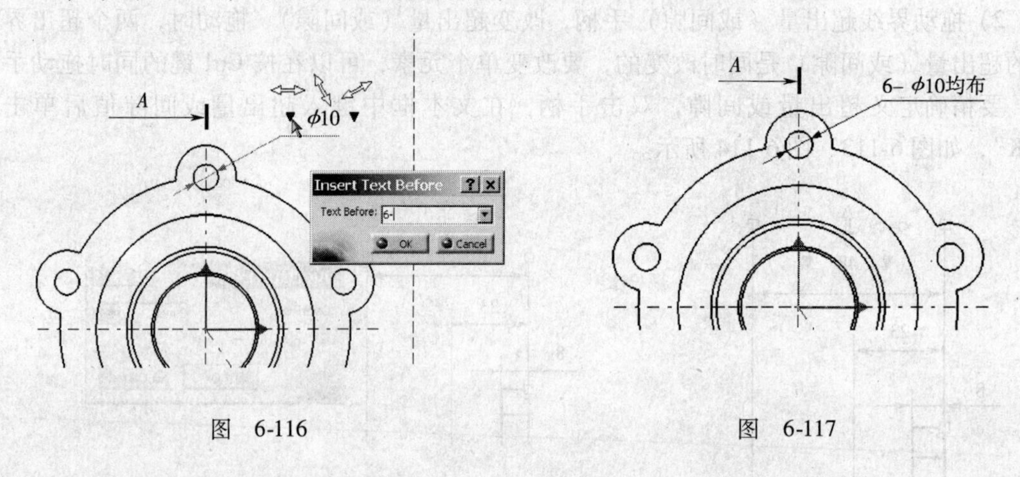

图 6-116　　图 6-117

6.6.3 使用工程图辅助工具

在工程图工作台中，使用辅助工具可以帮助用户设置栅格捕捉和绘图元素的显示模式，这些辅助工具如图6-118 所示。

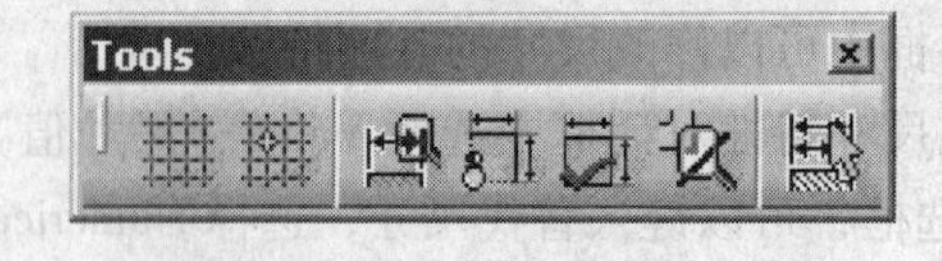

图 6-118

这些工具的功能如下：

（1） 栅格显示工具，单击显示或关闭栅格显示。

（2）栅格捕捉工具，单击打开或关闭栅格捕捉。

（3）尺寸类型分析模式，打开时，不同方式生成的尺寸用不同的颜色显示，例如：自动生成用绿色显示，手动标注用黑色显示，非关联尺寸用品红色显示等。显示的颜色可以在选项中设置，如图6-119所示。

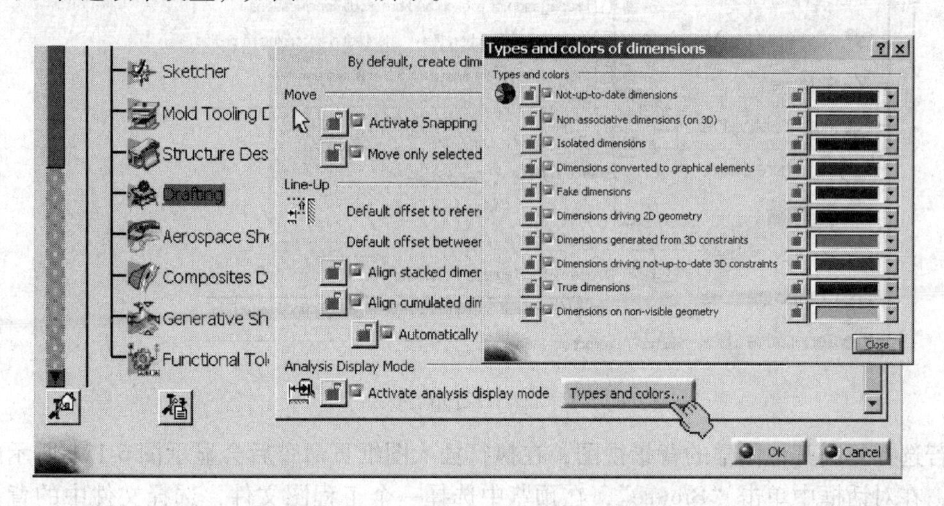

图　6-119

（4）显示工程图中建立的约束符号。

（5）绘图时自动建立几何约束。

（6）过滤生成的元素，打开时自动生成图形元素用灰色显示，手动绘制的图形元素用黑色显示。

（7）尺寸系统显示模式，一次标注的多个尺寸（如：连续尺寸或基点式尺寸等）称为尺寸系统，一个尺寸系统可以看作是一个整体，也可以视为单一的尺寸集合。

6.7　手动绘制工程图

在CATIA V5的工程图工作台中，既可以利用三维模型自动生成视图，也可以手动绘制每个视图，即使是自动生成的视图，有时候也需要进行必要的手动修改或修饰。手动绘制视图的方法与绘制草图时有些类似，下面只介绍部分基本功能。

6.7.1　插入新的图纸页及插入新视图

1. 插入新的图纸页

在一个工程图文件中，可以保存多个图纸页。你可以把一个产品的所有图样都保存到一个工程图文件中，每个零件（或装配）的图样放在一幅图纸页上。

插入新图纸页，先单击工具图标，系统用默认的背景设置自动插入一个默认名为Sheet. x的新图纸页。新图纸页的默认参数，可以在选项中设置，在Options（选项）对话框中，选择Mechanical Design（机械设计）> Drafting（草图）中的Layout（布局）选项卡，设置 Copy background view（是否复制背景视图），如果选择这个复选框，还可以设置 First sheet（复制第一个图纸页的背景视图）或 Other drawing（其他图样的背景视图），如图 6-120 所示。

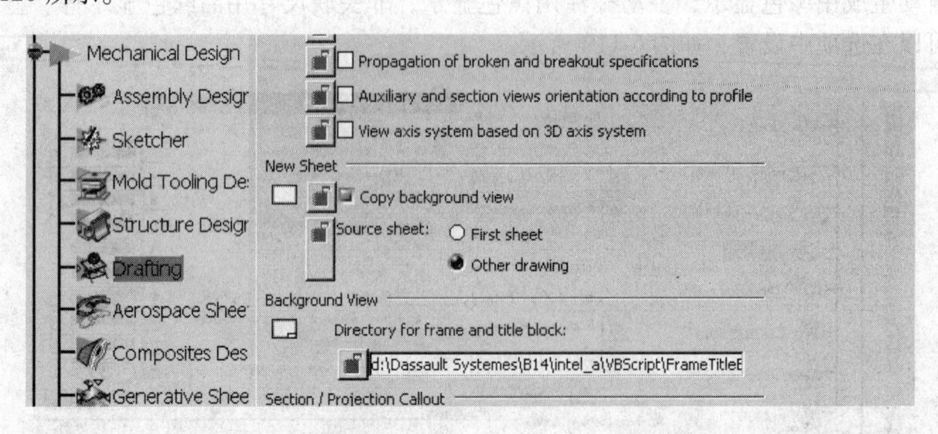

图 6-120

若选择复制其他图样的背景视图，在执行插入图纸页命令后会显示图 6-121 所示的对话框，在对话框中单击“Browse”，在预览中选择一个工程图文件，选择文件中的背景视图会插入到新的图纸页中。

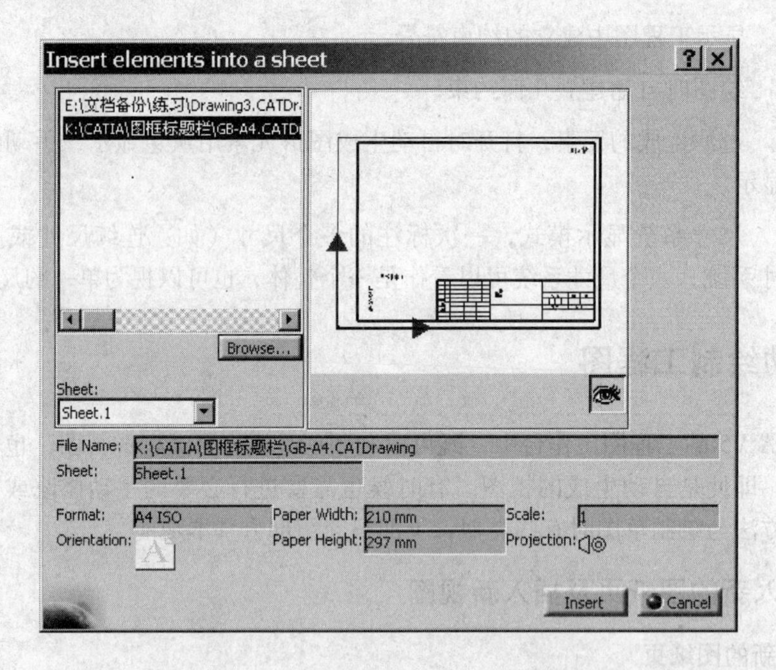

图 6-121

要修改新图纸页的名称、图幅、比例、投影标准等，可以在树上右键点击图纸页，选择 Properties（特性）命令，在特性对话框中修改这些参数，如图 6-122 所示。

2. 在图纸页上插入新视图

要在图纸页中插入新视图，先单击插入新视图工具图标，然后在图纸上选择一点

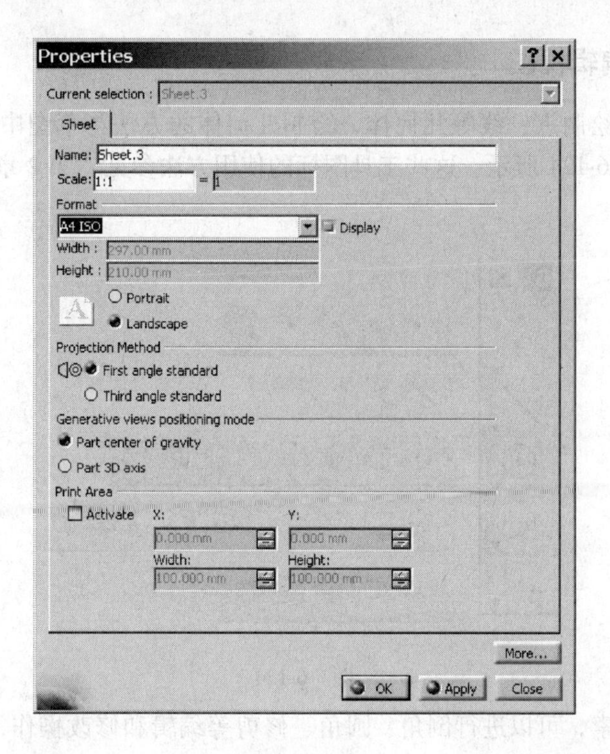

图 6-122

作为视图的插入点，如图 6-123 所示。

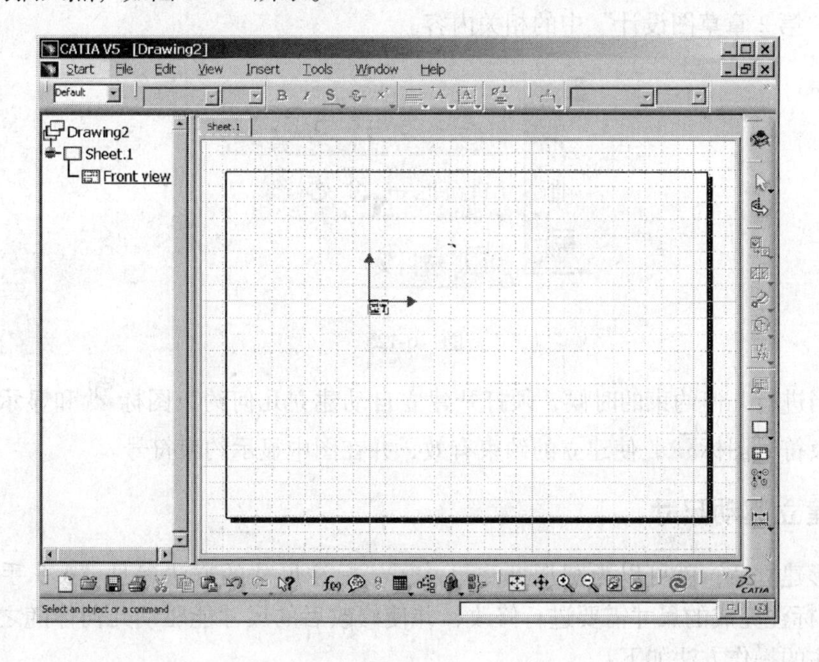

图 6-123

6.7.2 绘制和编辑视图

在视图中可以绘制点、线等几何体，绘制几何体的方法与草图中的方法类似，绘制几何体工具栏如图 6-124 所示，这些工具图标的使用方法参见“第 2 章草图设计”中的相关内容。

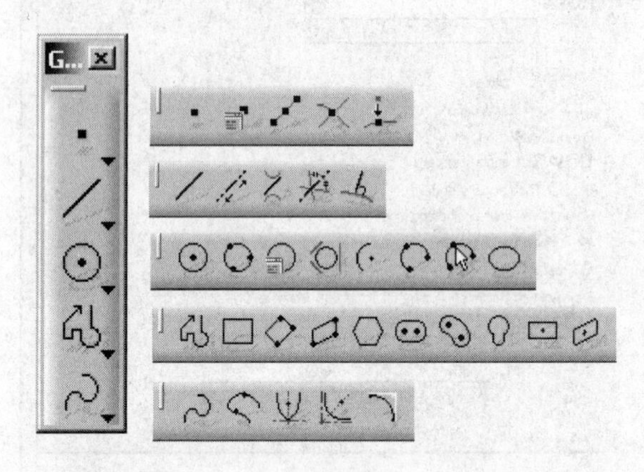

图 6-124

绘制的几何元素，可以进行倒角、圆角、修剪等编辑和修改操作，还可以进行镜像、移动、旋转等变换操作，也可以建立各种几何约束。

编辑修改工具栏如图 6-125 所示，这些工具的使用方法与草图的编辑修改方法类似，可以参见“第 2 章草图设计”中的相关内容。

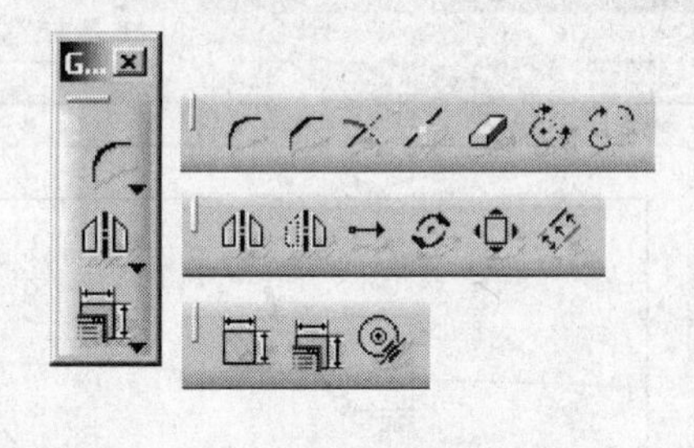

图 6-125

注：当进行几何约束的时候，须打开建立自动建立几何约束图标和显示工程图中建立的约束符号图标，使建立的约束有效，并在图中显示约束符号。

6.7.3 建立驱动尺寸

当图形建立后，就可以为图形标注尺寸了，标注尺寸的方法参见“6.5 手动标注尺寸”。通常标注完成的尺寸需要进行修改，并使修改后的尺寸能驱动几何体随之变化，修改尺寸标注的操作方法如下：

1）双击要修改的尺寸，显示尺寸值对话框，如图 6-126 所示。

2）在对话框中选择 Drive geometry（驱动几何体）复选框，修改尺寸值，如图 6-127 所示。

3）单击“OK”，尺寸标注即被修改，同时几何体的尺寸也随着标注变化。

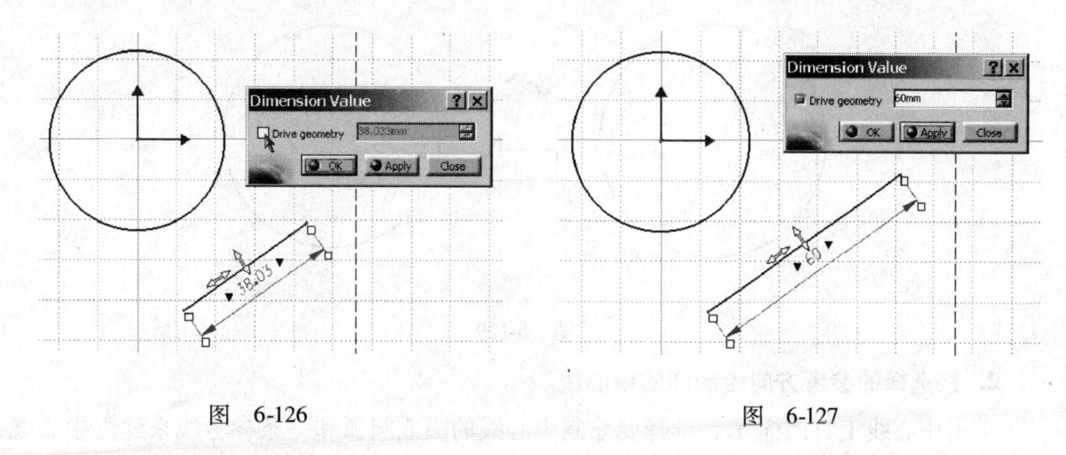

图　6-126　　　　　　　　　　　　图　6-127

6.7.4　修饰视图

使用修饰命令，可以方便地绘制视图中的修饰元素，如：中心线、轴线、螺纹符号、剖面线、箭头等。修饰工具栏如图 6-128 所示。

修饰工具栏中工具图标的功能如下：

（1）中心线　按默认方向绘制圆或圆弧的中心线。

（2）有向中心线　按选择的参考方向绘制圆或圆弧的中心线。

（3）螺纹符号　按默认方向绘制螺纹符号。

（4）有向螺纹符号　按选择的参考方向绘制螺纹符号。

（5）轴线　绘制选择的两条线间的中心线或圆柱的轴线。

（6）轴线与中心线　绘制两个圆或圆弧的中心连线和中心线。

（7）剖面线　绘制一个封闭区域的剖面线。

（8）箭头　绘制箭头线。

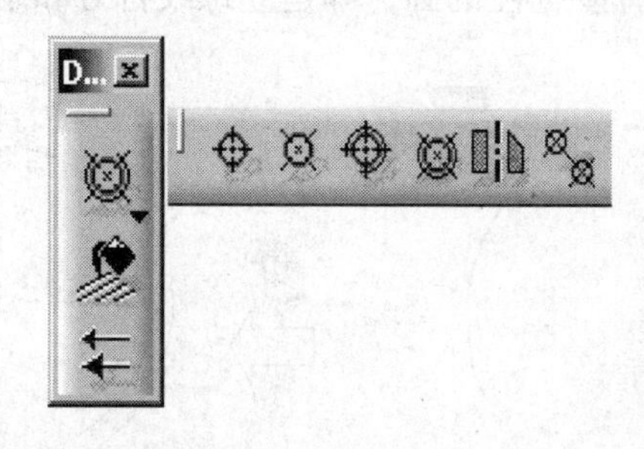

图　6-128

1. 绘制圆的中心线

单击中心线工具图标，选择要绘制中心线的圆或圆弧，即可建立中心线，如图 6-129 所示。选择中心线并拖动手柄，可以改变中心线的长度。要改变中心线中单条线的长度，按 Ctrl 键的同时拖动手柄。

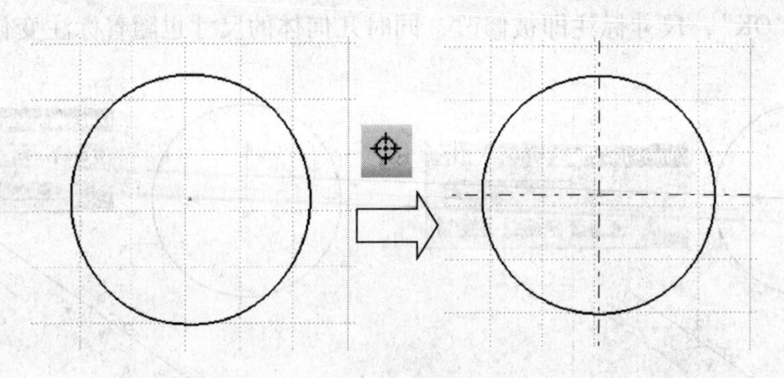

图 6-129

2. 按选择的参考方向绘制圆的中心线

单击中心线工具图标，选择要绘制中心线的圆或圆弧和一条参考线来建立中心线，中心线方向平行于参考线，如图 6-130 所示，修改中心线长度的方法同上。

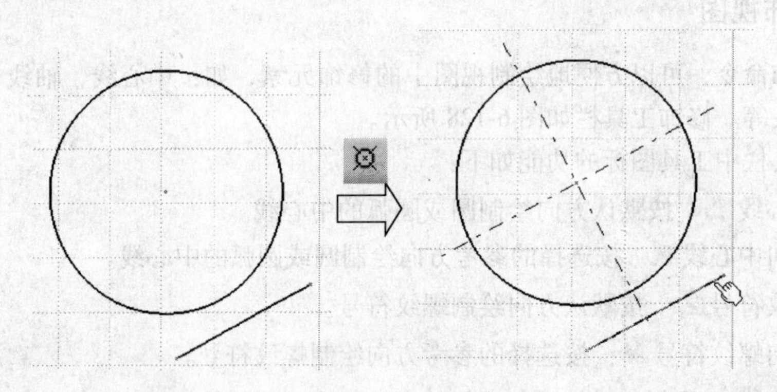

图 6-130

3. 绘制螺纹符号

单击螺纹符号工具图标，显示工具板工具栏，先在工具板中选择标注内螺纹符号或外螺纹符号，再选择要标注的圆，即建立螺纹符号和中心线，如图 6-131 所示。

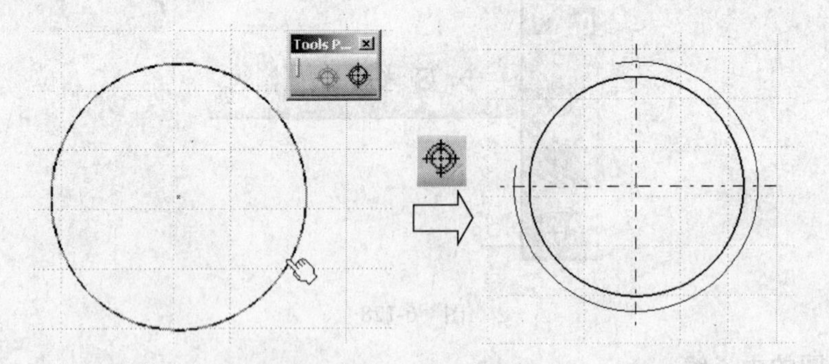

图 6-131

4. 按选择的参考方向绘制螺纹符号

单击有向螺纹符号工具图标，显示工具板工具栏，先在工具板中选择标注内螺纹符号或外螺纹符号，再选择要标注的圆和一条方向线，即可按用户要求的方向建立螺纹符号和中心线，如图6-132所示。

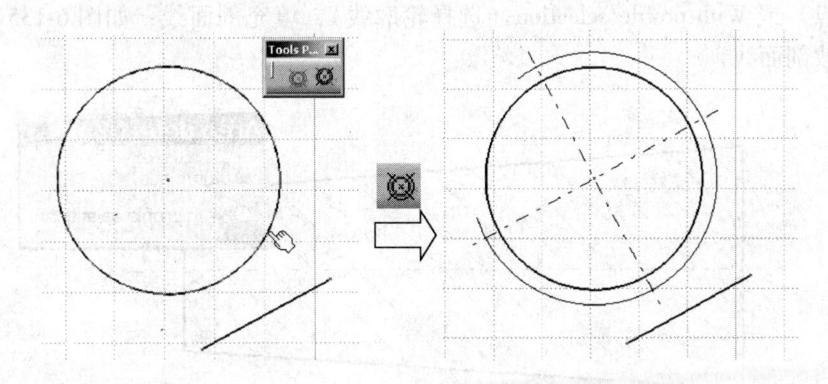

图　6-132

5. 绘制轴线

单击轴线工具图标，选择两条直线（或轴线的起点和终点），在两条线间建立轴线，如图6-133所示。选择轴线并拖动手柄可以改变轴线的长度。

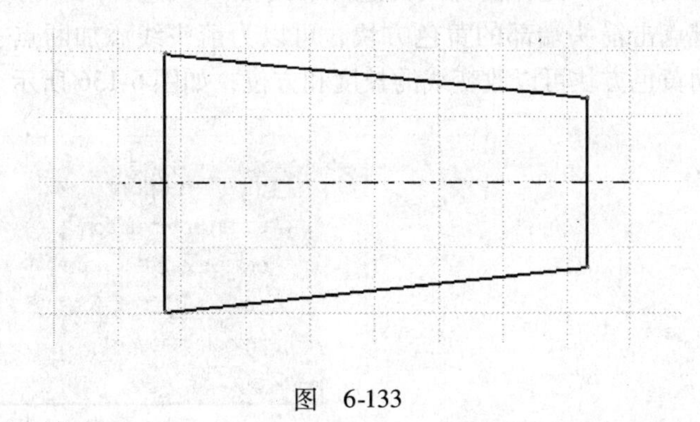

图　6-133

6. 轴线与中心线

单击轴线与中心线工具图标，选择两个圆或圆弧，绘制这两个圆或圆弧的中心连线和中心线，如图6-134所示。

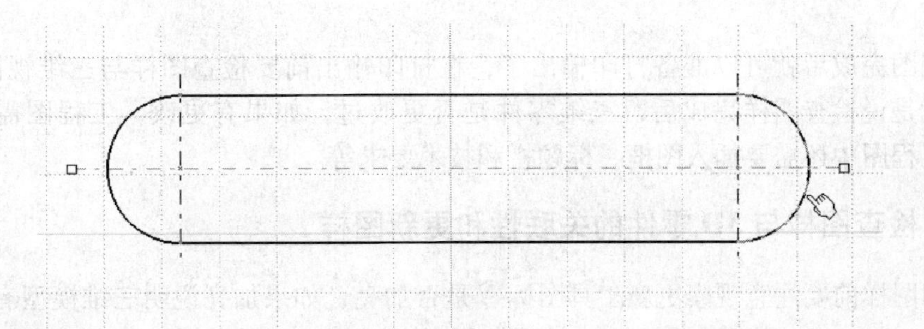

图　6-134

7. 绘制剖面线

单击剖面线工具图标，显示选择区域对话框，在对话框中可以设置 Automatic（自动选择一点）或 With profile selection（选择轮廓线），填充剖面线，如图 6-135 所示。双击可以修改剖面线。

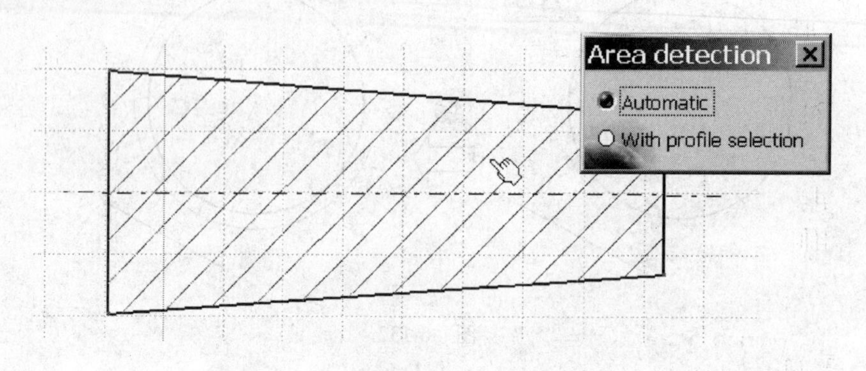

图 6-135

8. 绘制箭头线

单击箭头工具图标，选择箭头线的起点和终点（或选择两个对象），建立箭头线。选择箭头线，右键点击箭头端部的黄色方块，可以为箭头线添加断点、切断箭头线或修改箭头形式；拖动黄色方块可以改变线的长度和方位，如图 6-136 所示。

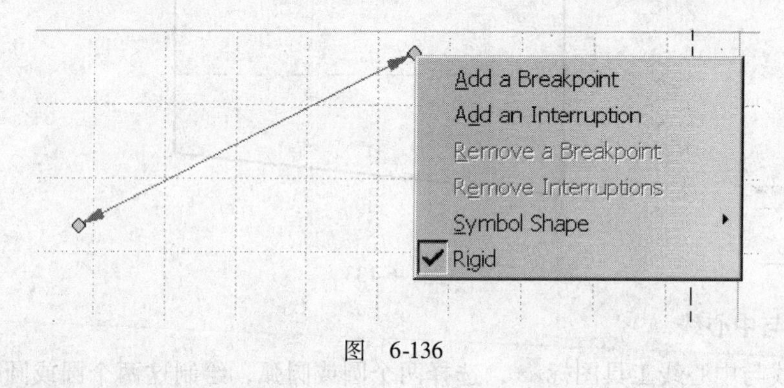

图 6-136

6.8 图样的定稿和打印输出

工程图完成后就可以准备打印输出了，在打印输出前要检查图样与三维视图的一致性。也就是说检查图样完成后，三维零件是否更改过，如果有更改，工程图需要更新。同时在工程图中还需要插入图框、标题栏和技术要求等。

6.8.1 检查图样与 3D 零件的关联性和更新图样

打印图样前要注意观察更新工具图标是否加亮，如果加亮说明三维模型有过修改，这时单击更新工具图标，就可以自动更新工程图，反映图样的最新更改。当工程图与三维模型间的关联性发生变化时，图纸树上也会有不同的显示标记，部分标记图标如下：

（1）正常视图标记 工程图与三维模型链接正确。

（2）需要更新标记　三维模型更改，工程图需要更新。

（3）链接错误标记　工程图与三维模型失去链接，这可能是由于三维零件（或产品）改名、删除或移动了文件夹等。

要查看工程图与三维模型文件的关联性，选择下拉菜单 Edit（编辑）> Links（链接），显示图 6-137 所示对话框，在对话框中选择 Pointed Documents 选项卡，可以查看文件的链接情况，使用对话框右侧的按钮，可以对三维模型文件进行 Load（加载）、Open（打开）、Find（查找）或 Replace（替换）操作。

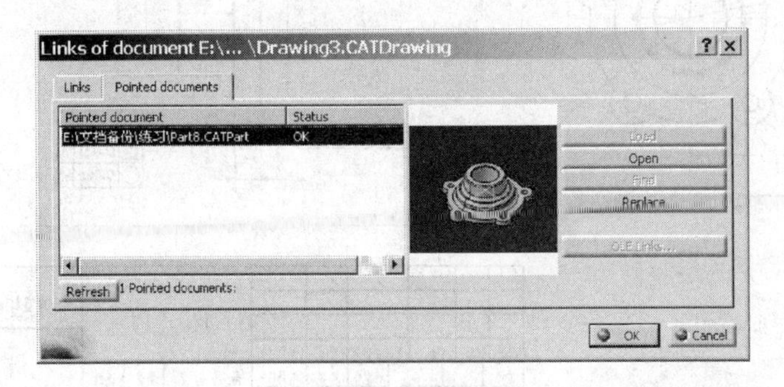

图　6-137

6.8.2　添加图框和标题栏

在工程图中插入图框和标题栏时，要插入到背景图层上。进入背景层的方法是选择下拉菜单 Edit（编辑）> Background（背景），将背景层置为当前层。下面介绍插入图框和标题栏常用的几种方法。

1. 绘制图框和标题栏

在背景图层上，用绘图命令绘制出要求的图框和标题栏。用这种方法绘制图框和标题栏的效率较低，并且也不实用，通常只用于首次绘制。

2. 用建立图框命令插入图框和标题栏

用建立图框命令插入图框和标题栏的操作方法如下：

1）在背景图层上，单击建立图框工具图标，显示插入图框和标题栏对话框。

2）在对话框中选择已有的标题栏样式，如图 6-138 所示。

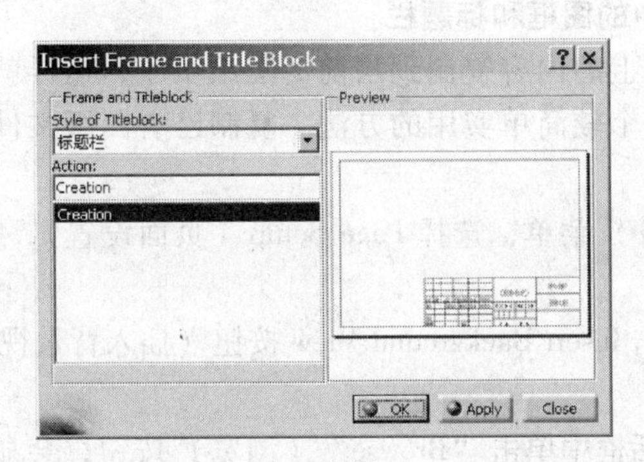

图　6-138

3）单击“OK”，即插入选择的图框和标题栏，如图 6-139 所示。

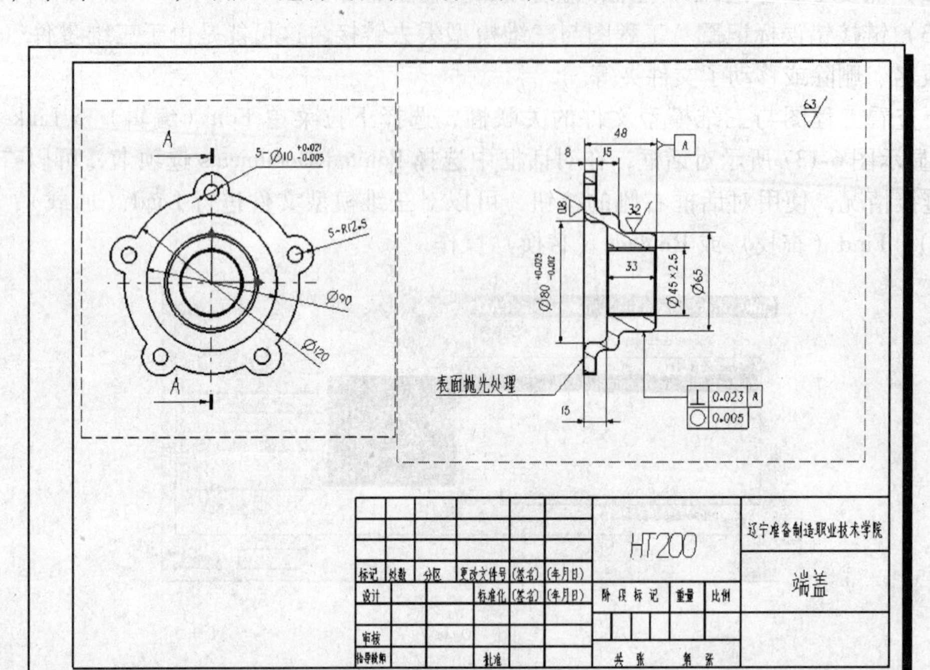

图 6-139

在插入图框和标题栏对话框的列表中，会显示已定义的图框和标题栏，还可以自己定义图框和标题栏。

要自定义图框和标题栏，需要用 Visual Basic 语言编写图框标题栏的宏程序，宏程序的文件扩展名为 . CATScript（例如：标题栏 . CATSpript）。同时还可以保存一个预览图，预览图的文件名与宏程序同名，图片格式可以是位图或其他格式的图片（例如：标题栏 . bmp 或标题栏 . jpg 等）。建立的文件要保存到 CATIA 的标题栏文件夹中，文件夹的位置可以在选项对话框中设置，默认文件夹是：安装盘 \ Dassault Systemes \ B14 \ intel_ a \ VBScript \ FrameTitleBlock \ 。这时，在插入图框和标题栏对话框中，就可以选择你自己定义的图框和标题栏，并插入到图样中。

3. 复制已有图纸中的图框和标题栏

把已有图纸背景层上的内容复制到当前的图纸页中，这样就可以重复利用已经建立的图框和标题栏，是一个较简单实用的方法。复制已有图纸文件的背景层中内容的操作方法如下：

1）单击 File（文件）菜单，选择 Page Setup（页面设置），会显示页面设置对话框，如图 6-140 所示。

2）在对话框中单击 Insert Background View 按钮（插入背景视图），显示插入对象对话框，如图 6-141 所示。

3）在插入对象对话框中单击“Browse”（浏览）按钮，会显示打开文件对话框，在打开文件对话框中选择有背景视图的工程图文件，单击 Open（打开）。

图　6-140

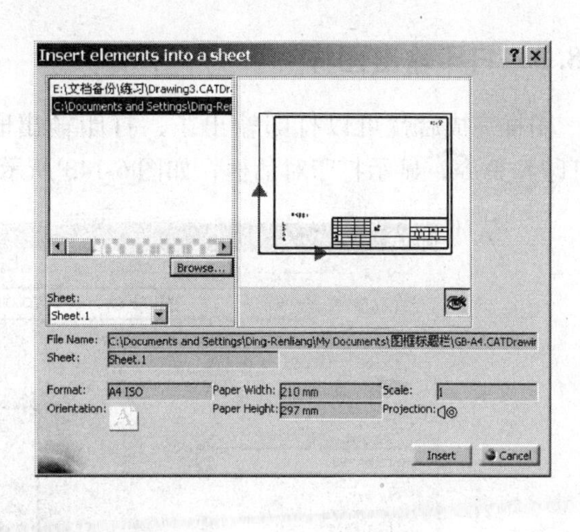

图　6-141

4）返回插入对象对话框，在对话框中可以看到要插入的背景视图的预览，单击“Insert”（插入），单击“OK”，即插入图框和标题栏，如图6-142所示。

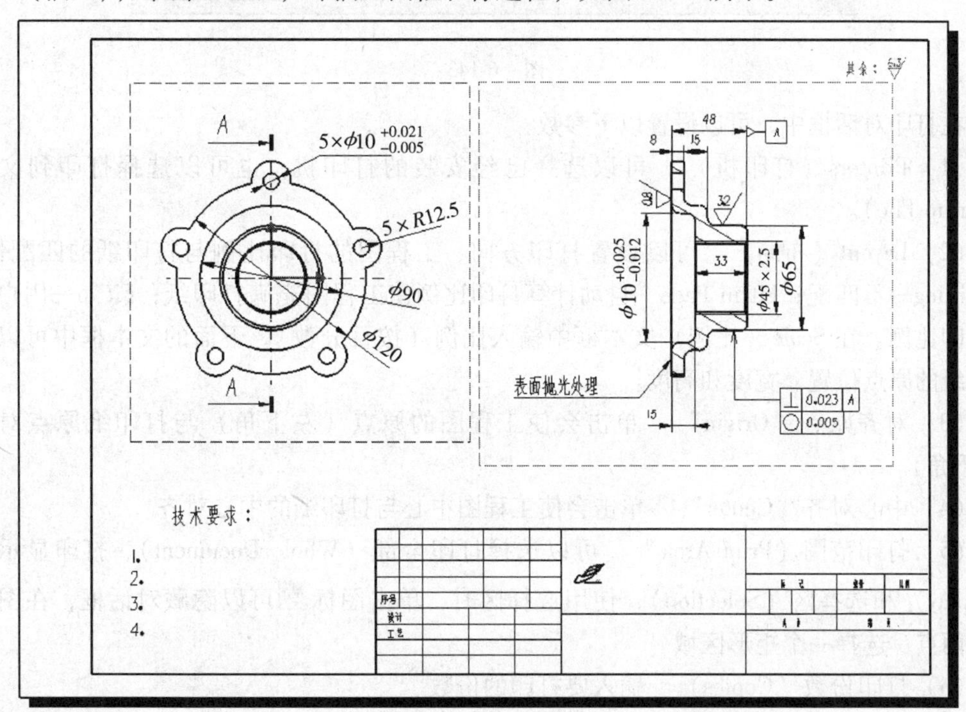

图　6-142

插入背景视图后，就可以进入背景层，对图框和标题栏进行必要的修改，完成工程图的图框和标题栏等。

6.8.3 打印输出图样

图样完成后就可以打印输出了，打印输出时，选择 File（文件）菜单，选择 Print（打印）命令，显示打印对话框，如图 6-143 所示。

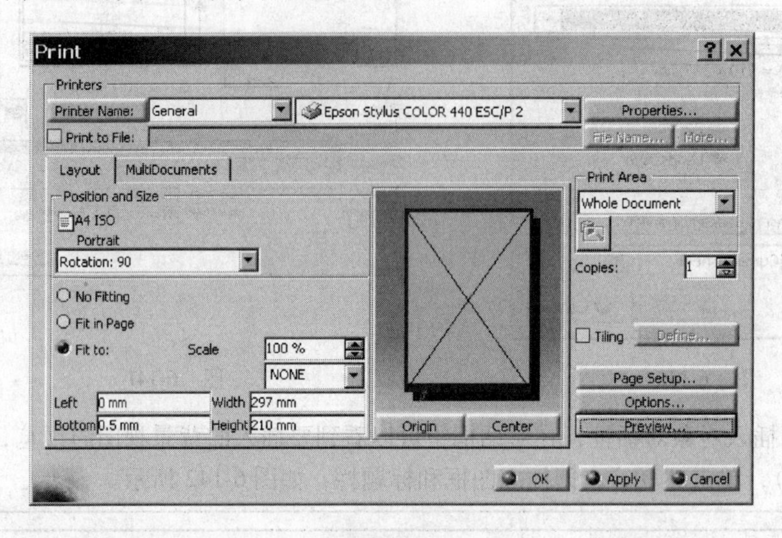

图 6-143

在打印对话框中，可以设置以下参数：

（1）Printers（打印机） 可以选择已经安装的打印机，也可以选择打印到文件（Print to File）。

（2）Layout（布局） 可以设置打印方向、工程图的打印比例与打印纸的匹配性，No Fitting—不匹配；Fit in Page—自动计算打印比例使工程图充满打印纸；Fit to—用户确定打印比例。在 Scale（比例）文本框中输入比例（按百分数）。下面的文本框中可以输入图纸的原点位置、宽度和高度。

（3）对齐原点“Origin” 单击会使工程图的原点（左下角）与打印纸原点对齐（左下角）。

（4）中心对齐“Center” 单击会使工程图中心与打印纸的中心对齐。

（5）打印范围（Print Area） 可以选择打印全部（Whole Document）、打印显示区（Display）和选择区（Selection），使用选择区时，单击图标可以隐藏对话框，在图中单击两点，选择一个矩形区域。

（6）打印份数（Copies） 输入要打印的份数。

（7）拼图（Tiling） 当工程图幅度较大而打印机的可打印幅度较小时，可以打印多个部分拼接起来形成一张完整的图样。拼图时选择 Tiling 复选框，单击“Define”，定义拼图方案。

（8）打印页面设置（Page setup） 设置打印纸尺寸和页边距，如图 6-144 所示，单击 Reset to printer default，打印纸和页边距自动设置为打印机的默认值。

（9）打印选项（Options） 可以对彩色打印（Color）、标题（Banner）和打印的样式进行设置，如图6-145所示。

图　6-144

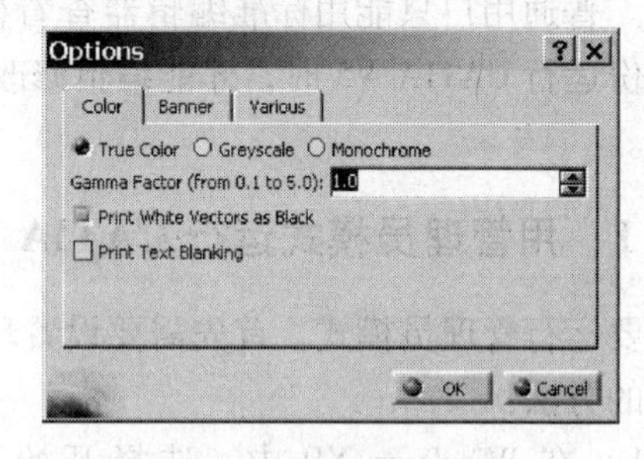

图　6-145

（10）Preview（预览），单击预览，显示图6-146所示预览窗口，可以查看打印效果。

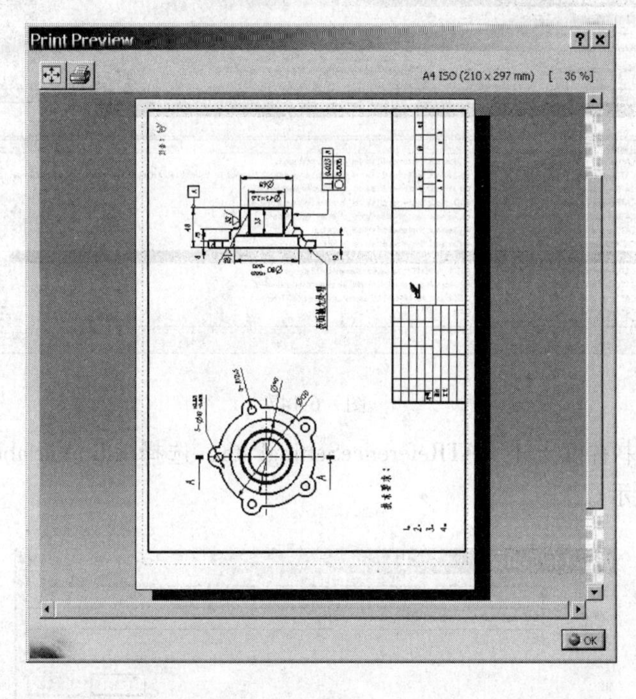

图　6-146

6.9　建立自己的工程图标准

绘制或生成工程图时，使用CATIA V5内建的标准往往不能满足用户的要求，因此需要用户自己定制制图标准。通常，在一个公司中由CATIA系统管理员根据制图国家标准和本公司的制图要求来定制标准，然后将这个标准分发给每个CATIA用户。定制的CATIA标准会保存为一个.xml文件，CATIA标准文件默认的查找路径是：安装盘\Dassault Systemes\B14\intel_a\resources\standard，在这个文件夹下的标准文件会自动显示在标准选择列表中。

用户可以使用两种方法来定义或修改标准，一种是用文本编辑器打开已有的标准文件，修改后另存为自己的标准文件；另一种方法就是用 CATIA V5 中的标准编辑器来定制标准。普通用户只能用标准编辑器查看标准，不能修改和保存标准，只有用 CATIA 管理员身份运行 CATIA V5 时，才能编辑修改和保存标准。下面介绍用标准编辑器修改标准的方法。

6.9.1 用管理员模式运行 CATIA V5

要运行管理员模式，首先需要设置环境变量，下面介绍在 CATIA V5 R14 中设置环境变量的方法：

1）在 Windows XP 中，选择开始 > 程序 > CATIA P3 > Tools > Environment Editor V5R14，打开环境变量编辑器，如图 6-147 所示。

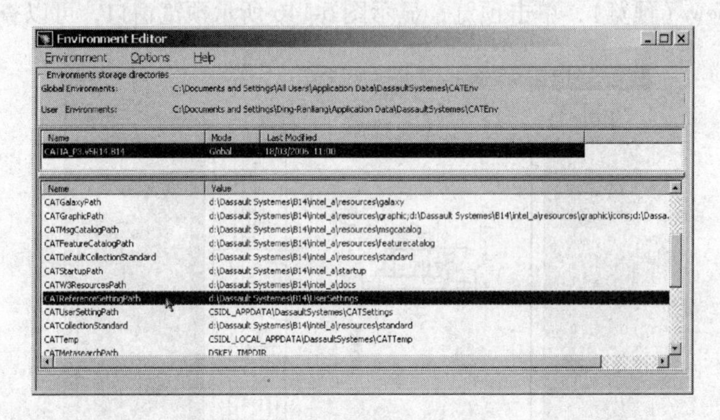

图 6-147

2）在编辑器中右键点击 CATReferenceSettingPath，选择 Edit Variable，打开变量编辑器，如图 6-148 所示。

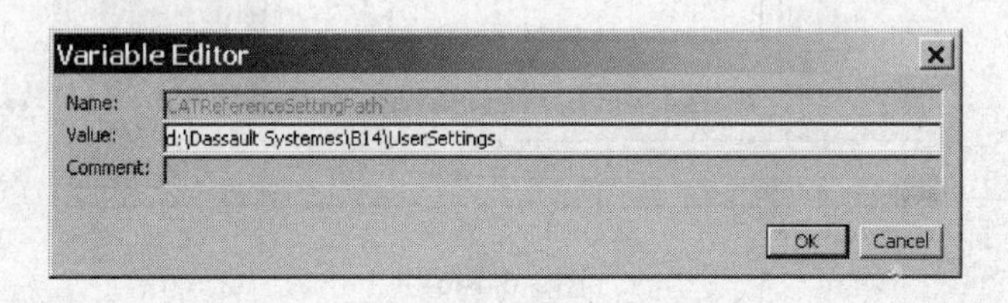

图 6-148

3）在变量编辑器中输入预先建立的用户设置文件夹的路径，单击“OK”。

4）在变量编辑器的列表中单击右键，选择 Save（保存），即保存环境变量。

5）关闭环境变量编辑器。

完成设置文件夹变量后，就可以用管理员的身份运行 CATIA 了，可以使用多种方法运行管理员模式，下面介绍用桌面快捷方式的方法：

1）在桌面上单击右键，在快捷菜单中选择新建 > 快捷方式，打开创建快捷方式对话框，如图 6-149 所示。

2）单击浏览，显示打开文件对话框，如图 6-150 所示。在对话框中选择：我的电脑 \ D：\ Dassault Systemes \ B14 \ intel_ a \ code \ bin \ CNEXT. exe，单击“确定”。

3）创建快捷方式对话框中，单击“下一步”，输入快捷方式名，例如输入“CATIA管理员”。

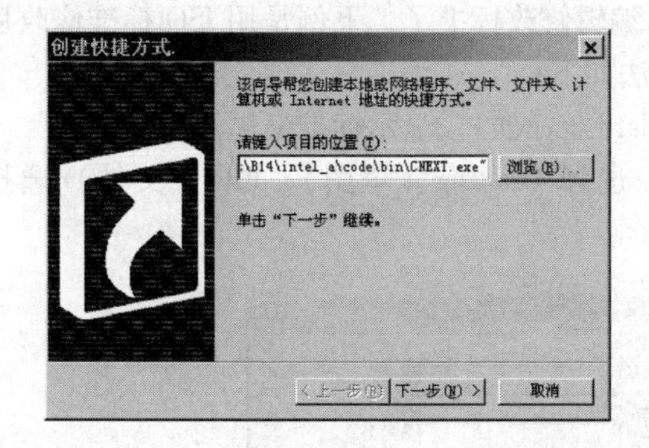

图　6-149

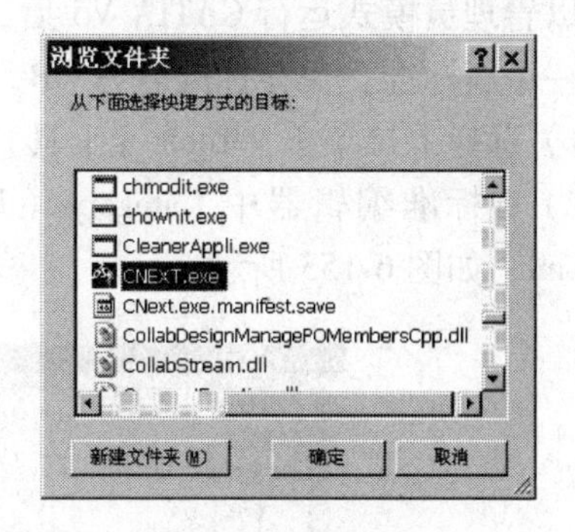

图　6-150

4）单击“完成”，即建立桌面快捷方式。

5）在桌面上，右键点击刚才建立的快捷方式，选择“属性”命令，显示属性对话框，如图6-151所示。

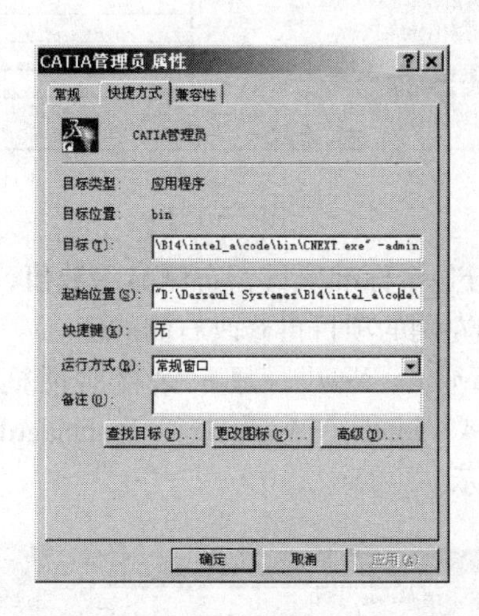

图　6-151

6）在属性对话框中，选择快捷方式选项卡，在目标文本框中文字的引号后面输入一个空格，再输入“ - admin”，单击“确定”。

图　6-152

7）双击桌面快捷方式“CATIA 管理员”，就会以管理员模式启动 CATIA V5。

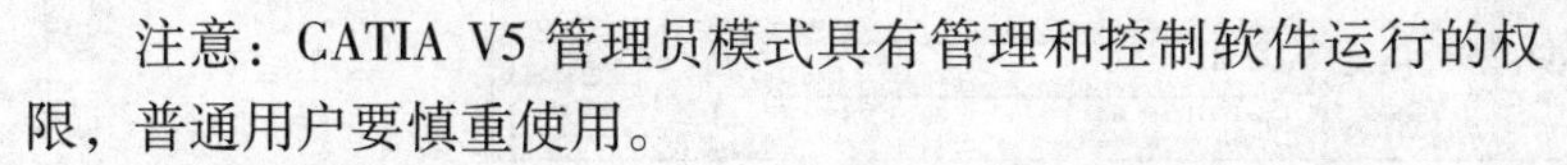

注意：CATIA V5 管理员模式具有管理和控制软件运行的权限，普通用户要慎重使用。

当使用管理员模式启动 CATIA V5 时，会显示一个警告对话框，提示是以管理员模式运行的，如图6-152所示，单击“确定”运行 CATIA V5。

6.9.2 编辑修改标准

以管理员模式运行 CATIA V5 后，就可以编辑修改标准了，下例是用 ISO 标准修改后建立一个新标准，保存标准名为 GB，操作方法如下：

1）选择下拉菜单：Tools（工具）>Standard（标准），显示标准编辑器。

2）在标准编辑器中 Category（几何体）选择 Drafting（草图），File（文件）选择 ISO. xml，如图 6-153 所示。

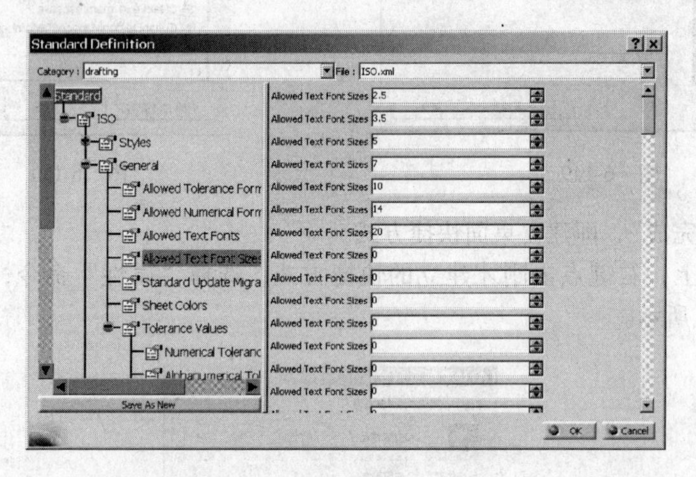

图 6-153

3）在编辑器的左侧部分显示标准项目，右侧显示数值，可以修改这些值来满足用户标准的要求，修改时先选择左侧的项目再修改右侧的值。

4）修改后，单击“Save As New”，显示保存对话框，命名为 GB，保存到地址 D：\ Dassault Systemes \ B14 \ intel_ a \ resources \ standard \ drafting \ （D 盘为 CATIA V5 安装盘），如图 6-154 所示。

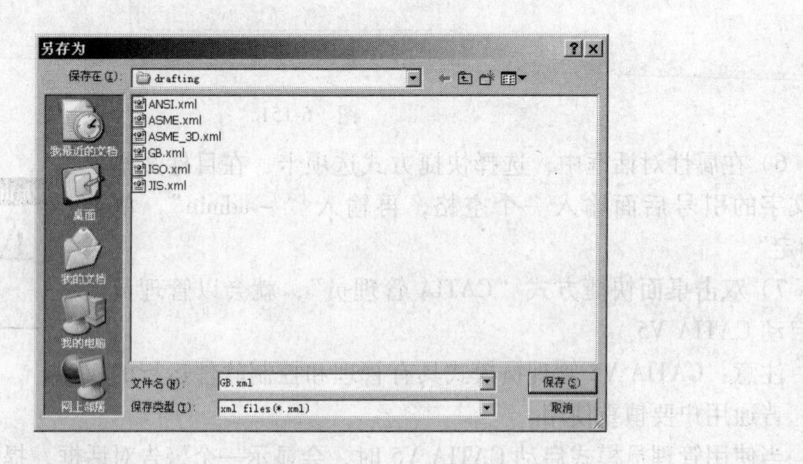

图 6-154

修改后的标准文件见附盘中的 GB. xml 文件。

附录　练　习　题

1. 草图练习题

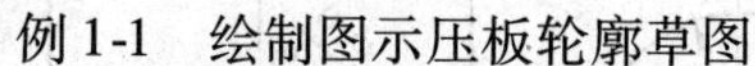

例 1-1　绘制图示压板轮廓草图

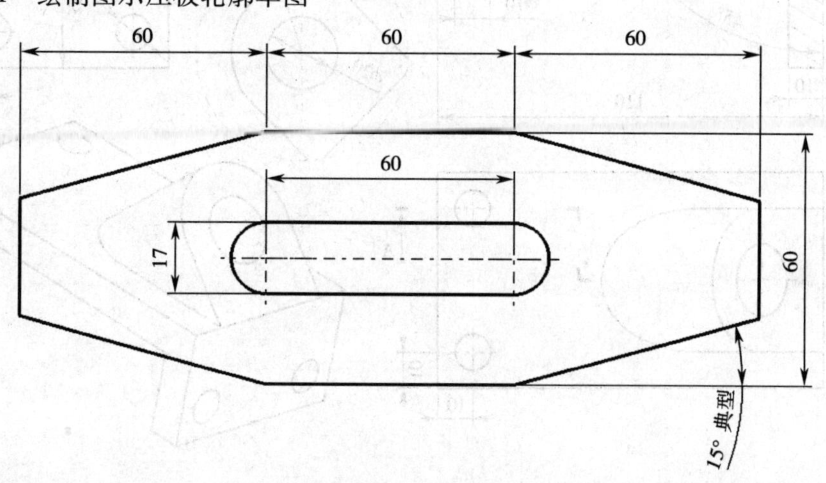

例 1-1　图

例 1-2　绘制图示草图，要求草图全约束。

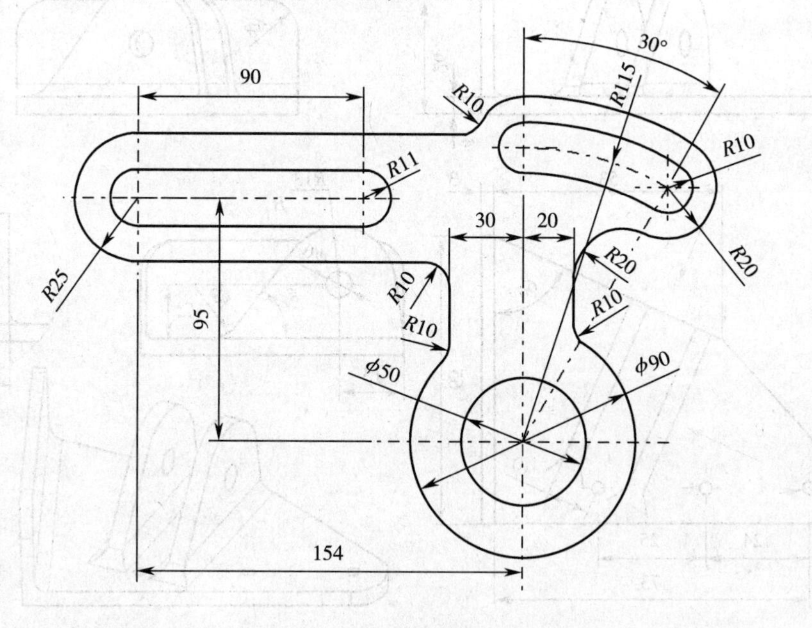

例 1-2　图

2. 零件设计练习题

例 2-1　设计图示零件

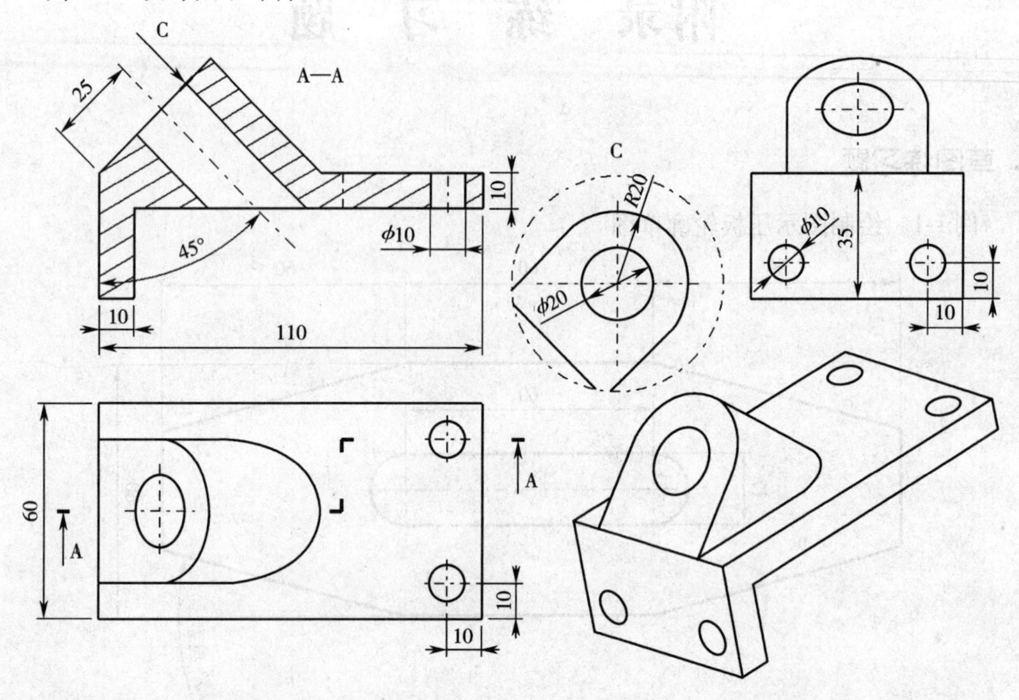

例 2-1　图

例 2-2　设计图示斜支架

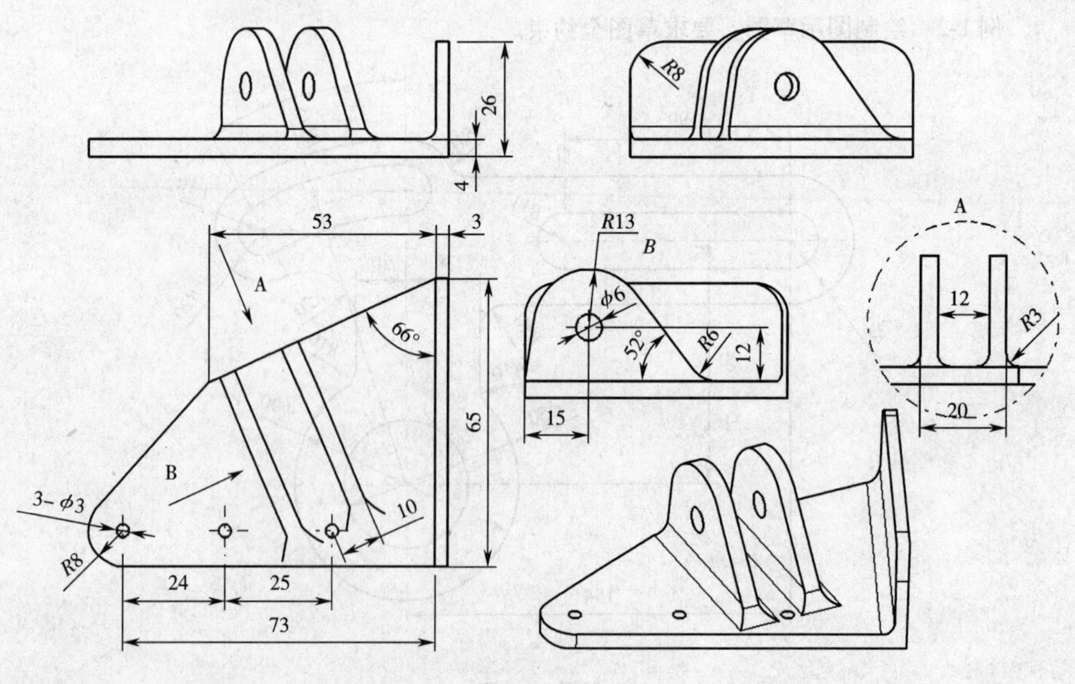

例 2-2　图

例 2-3 设计图示活塞

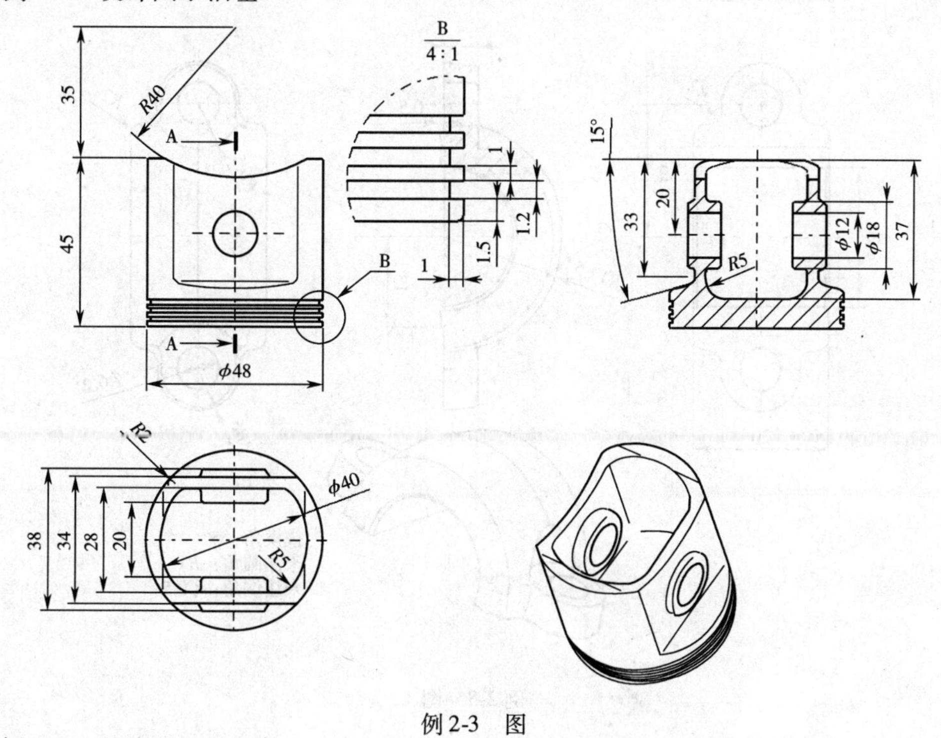

例 2-3 图

例 2-4 设计图示连杆体

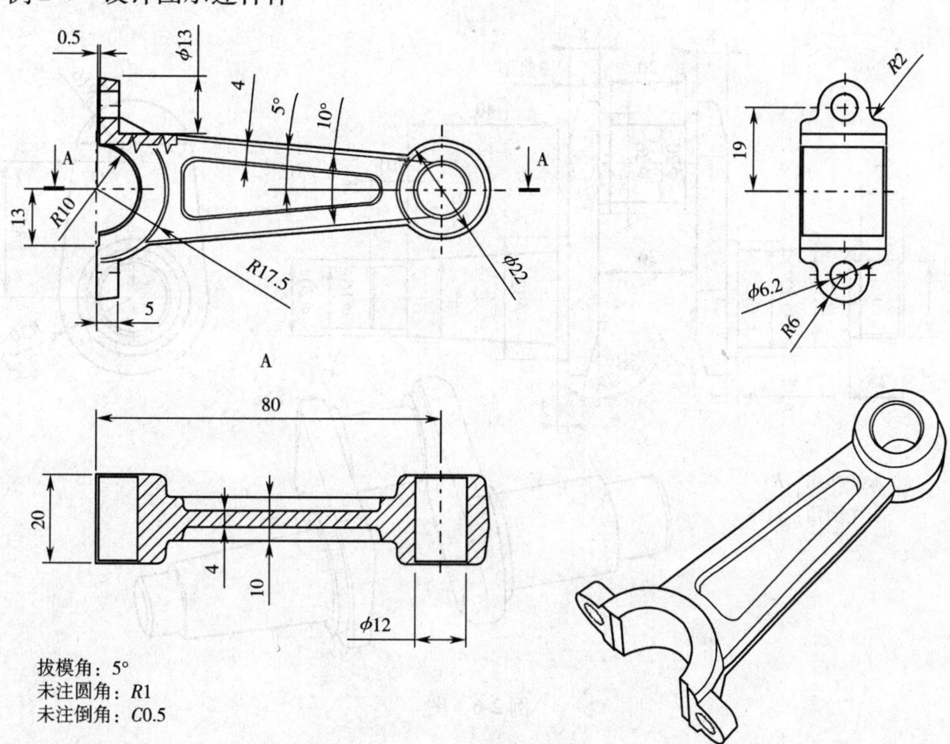

拔模角：5°
未注圆角：*R*1
未注倒角：*C*0.5

例 2-4 图

例 2-5　设计图示连杆头

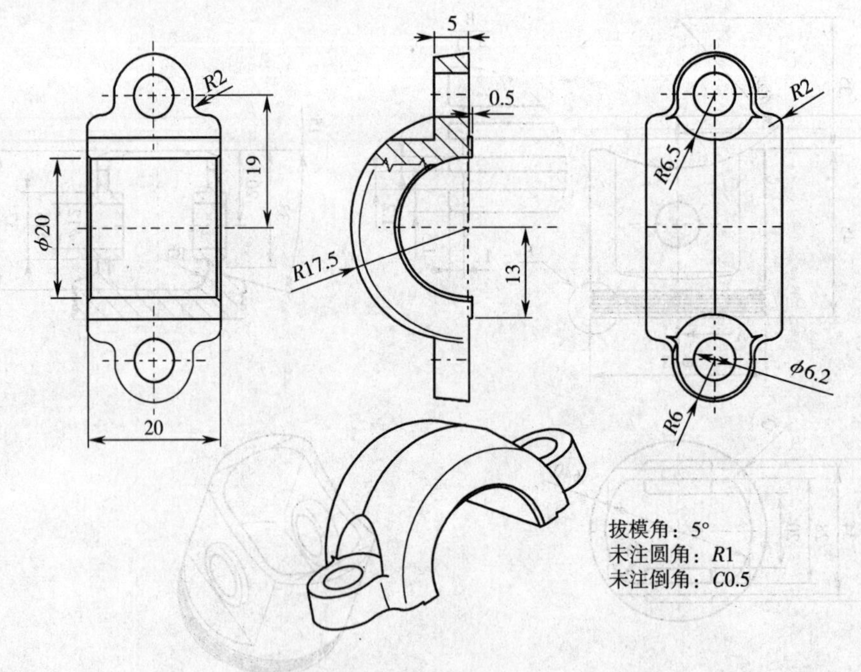

例 2-5　图

例 2-6　设计图示曲轴

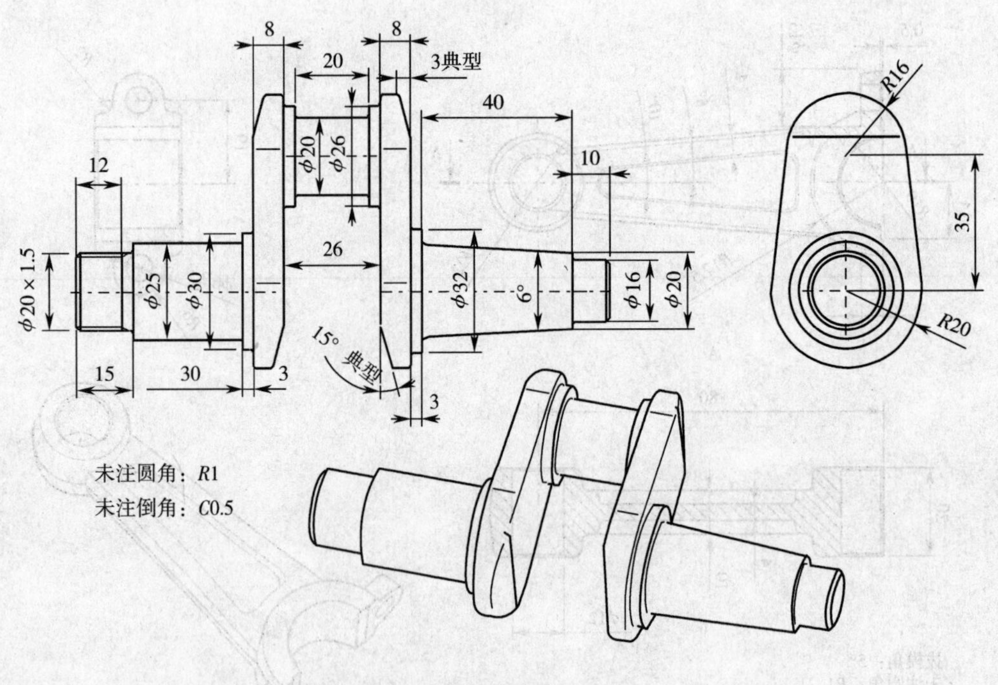

例 2-6　图

例 2-7 设计图示支架

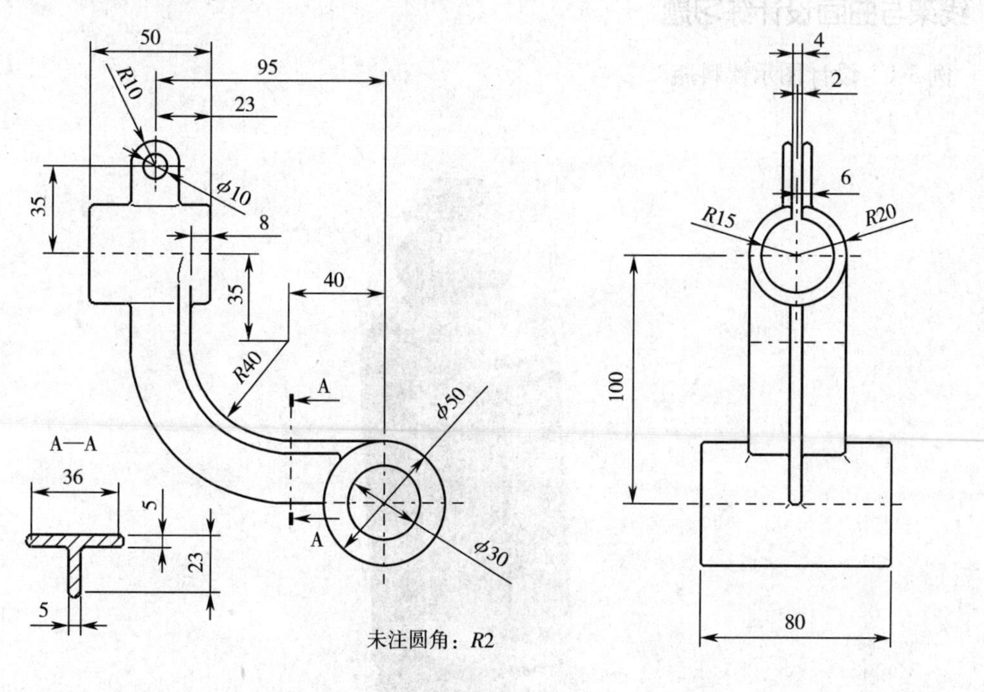

例 2-7 图

例 2-8 设计图示叉形件

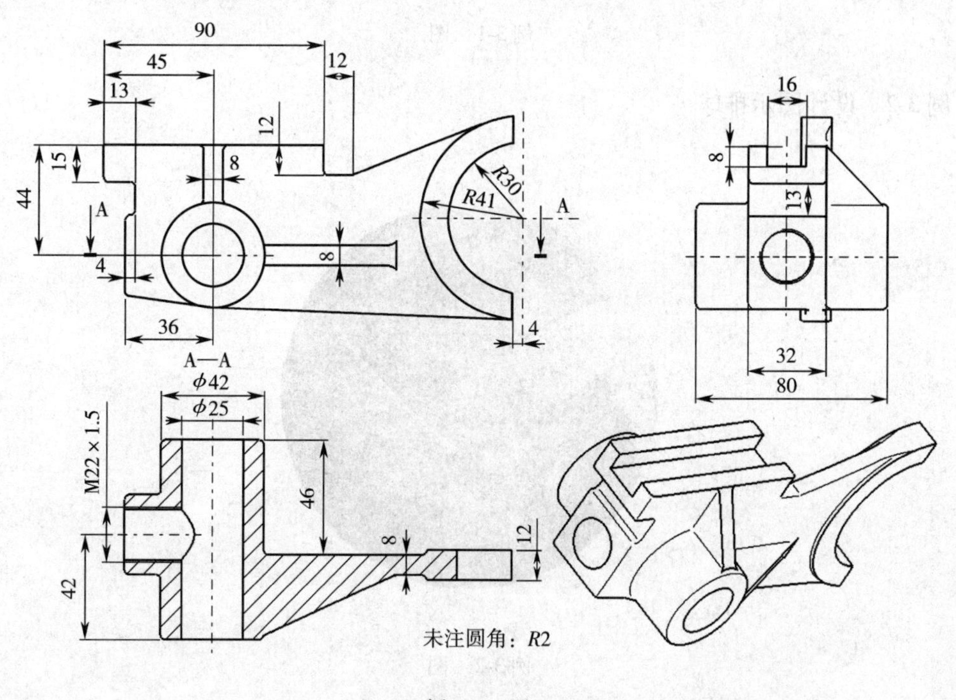

例 2-8 图

3. 线架与曲面设计练习题

例 3-1　设计图示饮料瓶

例 3-1　图

例 3-2　设计图示排球

例 3-2　图

例 3-3 设计图示篮球

例 3-3 图

4. 装配设计练习题

例 4-1 装配曲轴连杆机构

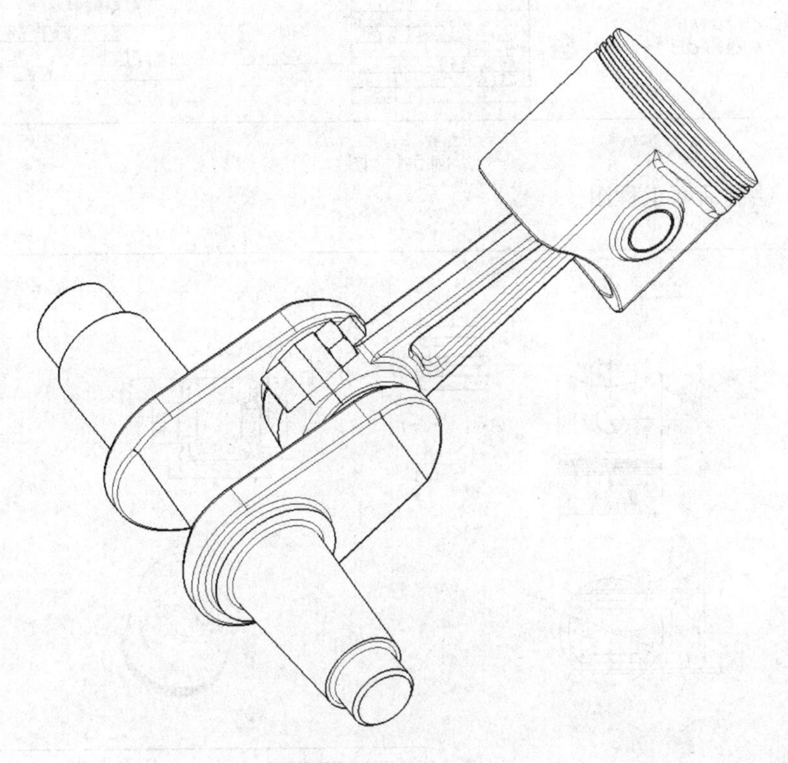

例 4-1 图

5. 工程图设计练习题

例 5-1 绘制连杆体工程图

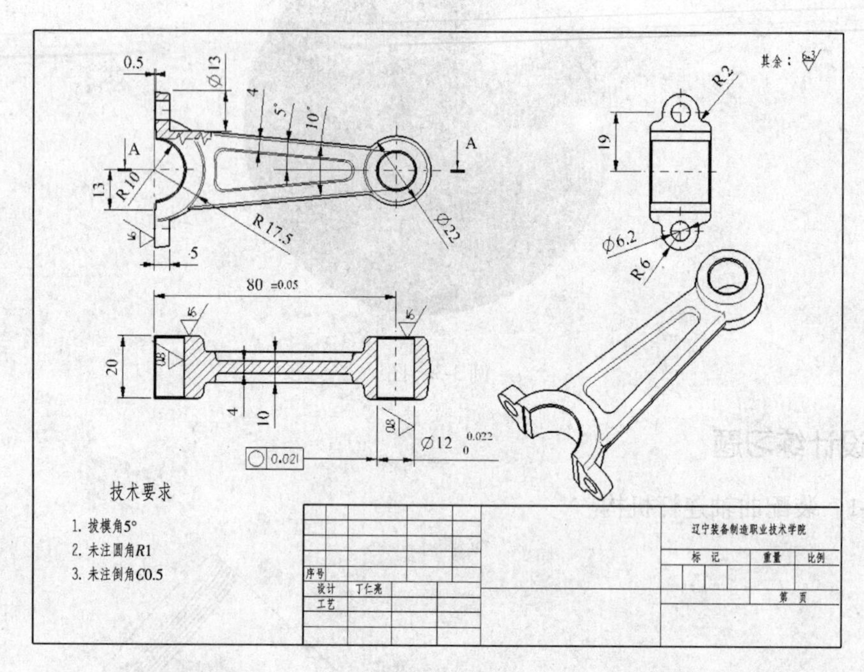

例 5-1 图

例 5-2 绘制活塞工程图

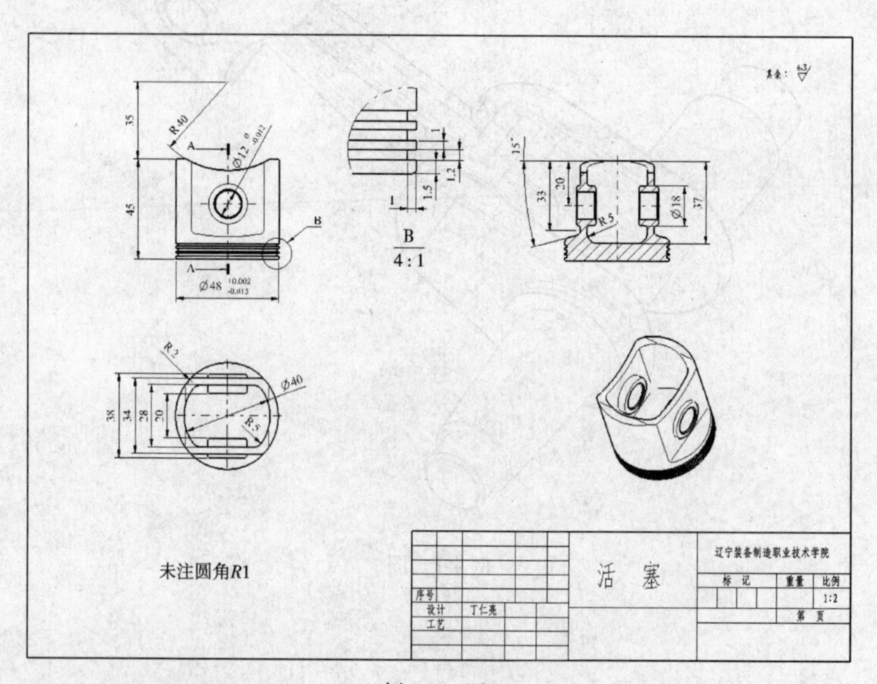

例 5-2 图

参 考 文 献

[1] 尤春风，等 . CATIA V5 机械设计 [M] . 北京：清华大学出版社，2002.
[2] 尤春风，等 . CATIA V5 曲面造型 [M] . 北京：清华大学出版社，2002.